KB102041

찰스 다윈 서간집 기원

Origins: Selected Letters of Charles Darwin, 1822-1859
by Frederick Burkhardt

This Korean edition was published by Sallim Publishing Co., Ltd.
Arrangement with Cambridge University Press Korea.

ORIGINS

찰스 다윈 서간집

기원

진화론을 낳은 위대한 지적 모험 1822~1859

찰스 다윈 지음 | 스티븐 제이 굴드 서문 | 최재천 감수 | 김학영 옮김

살림

추천의 글

은자(隱者) 다윈?

수염을 길게 늘어뜨린 노신사가 컴퓨터 모니터에 코를 박고 앉아 있다. 무슨 자료가 그리도 많이 필요한지 벌써 몇 시간째 인터넷을 뒤지느라 여념이 없다. 분주한 웹 서핑(web surfing) 중에도 새로운 메일이 도착했다는 신호소리가 나면 부리나케 이메일을 열어 본다. 또 한편으로는 책상 한 쪽에 올려놓은 스마트폰으로 페이스북과 트위터 등 온갖 소셜 네트워크 서비스(SNS: Social Network Service)에 문자를 남기느라 그의 손가락은 젊은 사람 못지않게 자판 위에서 춤을 춘다.

나는 지금 우리나라에서 가장 많은 트위터 팔로워를 갖고 있다는 소설가 이외수 선생의 얘기를 하고 있는 게 아니다. 나는 지난 4월 19일로 돌아가신 지 129년이나 되는 19세기 영국의 생물학자 찰스 다윈에 대해 얘기하고 있다. 물론 다윈이 살던 그 옛날에는 컴퓨터도 스마트폰도 없었다. 하지만 다윈은 그의 이론을 정립하기 위해 비글호를 타고 함께 항해

했던 동료들과 친척들은 물론, 대학이나 연구소의 학자들로부터 정원사, 사육사, 여행가에 이르기까지 실로 다양한 사람들과 편지를 주고받았다. 우리가 오랫동안 병약하고 수줍은 은자로 알고 있었던 다윈은 사실 수만 통의 편지를 쓰며 끊임없이 세상과 교류하고 살았던 '소통의 달인'이었다.

'기원'과 '진화'라는 이름으로 묶인 이 두 권의 서간집은 영국 케임브리지 대학교의 다윈 서간 프로젝트(Darwin Correspondence Project)의 초대 편집장이었던 부르크하르트(Frederick Burkhardt) 교수가 현재 세계 각국의 도서관이나 박물관에 남아 있는 다윈의 편지 1만 4천여 통 중에서 역사적으로 의미 있는 것들을 선별하여 엮은 책이다. 안타깝게도 부르크하르트가 이 서간집이 출간되기 바로 전 해인 2007년에 사망하는 바람에 그의 동료들인 에반스(Samantha Evans)와 펀(Alison Pearn)이 마무리하여 내놓았다. 『기원』은 다윈이 열세 살 소년이었던 1822년부터 『종의 기원』이 출간된 1859년까지 그가 쓰고 받은 편지들을 담고 있고, 그 이후부터 그의 또 다른 역작 『인간의 유래』가 출간되기 직전까지 약 10년간의 편지들은 『진화』에 담겨 있다.

2009년 '다윈의 해'를 맞았을 때 나는 어느 일간지의 요청으로 우리 시대의 대표적인 다윈학자들을 만나 대담을 진행했다. 비록 신문 지면에는 다섯 명만 소개되었지만 나는 그 일환으로 하버드 대학교 과학사학과 재닛 브라운(Janet Browne) 교수를 만날 수 있었다. 두 권으로 이뤄진 그의 『찰스 다윈 평전』이 2010년 각각 '종의 수수께끼를 찾아 위대한 항해를 시작하다'와 '나는 멸종하지 않을 것이다'라는 부제를 달고 우리말로 번역되어 나왔다. 이 두 권의 책에 따르면, 다윈은 자신의 이론에 대한 세상의 평가가 두려워 발표를 꺼리던 우유부단한 인물이 아니라 자신의 이론을 다듬고 또 그것을 세상에 널리 퍼뜨리기 위해 용의주도하게 친지들의 결집을 도모했던 노련한 책략가였다. 그런 다윈의 면모가 이 두 권의 서간집에 적나라하게 드러나 있다.

퓰리처상 수상 과학저술가 쾀멘(David Quammen)의 책 『신중한 다윈 씨』는 비글호 항해를 마치고 돌아온 지 얼마 되지 않아 자연선택 이론의 얼개를 거의 손에 쥐었지만 조물주의 존재를 정면으로 부정하는 자신의 이론이 당시 빅토리아 영국 사회에 미칠 엄청난 파장을 걱정하여 출간을 미루며 고민하던 소심한 다윈의 모습을 그린다. 이런 우리들의 오해는 그가 1844년 1월 11일 절친한 친구인 식물학자 후커(Joseph Hooker)에게 보낸 편지에서 비롯된다. 이 편지에서 다윈은 후커에게 생물의 종이 변하지 않는다는 생각이 틀렸다는 결론에 도달했다고 밝히며 그 기분을 괄호를 치고 "마치 살인을 고백하는 것 같다"고 썼는데, 이것이 바로 다윈을 정신질환자 수준으로 몰아세우는 데 가장 큰 빌미를 제공한다. 1938년 어느 날 다윈은 그의 노트에 자신이 꾼 꿈에 대하여 "어떤 사람이 교수형을 당했다가 되살아났다"고 썼는데, 이 짤막한 문장이 훗날 프로이트 학파의 심리학자 그루버(Howard Gruber)에 의해 '거세 악몽'의 징후로 진단되기도 했다.

이 같은 오해를 풀기 위해 현재 다윈 서간 프로젝트의 편집장을 맡고 있는 밴 와이(John van Wyhe) 교수는 2007년 '간격에 유의하라(Mind the gap)'는 제목의 논문을 발표했다. 그에 따르면 『종의 기원』에 이르는 다윈의 자연선택 이론 연구는 그의 다른 연구들의 기간과 비교할 때 결코 긴 것이 아니었다. 1835년부터 1859년까지 불과 27년밖에 걸리지 않은 이 연구는 식물의 수정에 관한 그의 연구가 37년, 난초에 관한 연구가 32년, 그리고 범생설에 관한 유전학 연구가 역시 27년씩 걸린 것에 비하면 결코 긴 게 아니었다. 대학이나 연구소에서 쫓겨나지 않기 위해 시시껄렁한 논문들을 양산해야 하는 요즘 우리들과 달리 정규 직업을 가질 필요도 없었던 다윈은 그저 완벽을 기했을 뿐 두려움 때문에 발표를 기피한 것은 아니라는 것이다.

다윈의 『종의 기원』이 그나마 1859년에 출간될 수 있었던 데에는 1858년 월리스(Alfred Wallace)가 보내온 편지와 그 안에 들어 있던 짤막한 논문이 결정적인 역할을 했다는 사실을 우리는 잘 알고 있다. 이 위급 상황이 라이엘(Charles Lyell)과 후커에 의해 다윈과 월리스가 공동 논문을 발표하는 것으로 연출되는 과정에서 다윈이 얼마나 노심초사했는지는 1858년 그가 라이엘, 후커, 그리고 그레이(Asa Gray)에게 보낸 일련의 편지들에 절절히 묻어난다. 그리고 월리스의 점잖은 대응으로 일이 무사히 끝난 다음 다윈이 월리스에게 보낸 1959년 1월 25일 편지 역시 압권이다. 이 책에 담겨 있는 편지들을 세심하게 읽는 독자라면 결국 "다윈의 인생은 편지로 굴러갔다"고 요약한 브라운 교수의 평가에 고개를 끄덕이게 될 것이다.

『기원』과 『진화』는 다윈이 어떤 과정을 거쳐 그의 두 대표 이론인 자연선택과 성선택을 정립하게 되었는지에 대한 과학사적 자료를 제공한다. 하지만 그에 못지않게 중요한 것은 문필가로서 다윈의 면모를 살펴볼 수 있다는 점이다. 지극히 예의 바르지만 도저히 거절할 수 없도록 치밀하고 집요하게 파고드는 그의 설득력 있는 글쓰기 능력에 탄복할 수밖에 없을 것이다. 이 책을 읽는 독자들이 다윈의 매력에 푹 빠져들리라 확신한다.

최재천(이화여대 에코과학부 교수, 『21세기 다윈혁명』 저자)

서문

편지가 전하는 삶의 드라마

-스티븐 제이 굴드 Stephen Jay Gould-

이 책은 영예로운 장르에 속하는, 특별한 종류의 강렬한 드라마로 보아야 한다. 서간집은 나로서는 개인적으로 좋아하는 장르 중 하나이지만, 모든 사람들이 편지글에 호감을 갖고 있는 것은 아니다. 그러나 편지가 전하는 이야기는 성 바울 때부터 그 인기가 꾸준하다. 편지글은 허구가 아니라 주인공이 자신의 삶을 진실하게 그리고 때로는 은밀하게 꾸밈없이 있는 그대로 구체화해서 들려주는 글이다.

많은 역사가들은 오래도록 보존이 가능한 종이 위에 편지를 쓰는 일이 줄어드는 현상을 크나큰 손실로 여기며 한탄하고 있다. 현대 기술은 우리를 역설적인 상황에 빠뜨렸다. 날이 갈수록 글의 손상과 망실을 막아 주는 더 좋은 기록 방식들이 등장하고 있어서, 우리는 정보가 당연히 더욱 풍부해진다고 생각한다. 하지만 우리가 전화기를 통해 주고받은 말은 영원히 잊혀지고, 대부분은 아니더라도 우리가 많이 쓰고 있는 편지는 사이버 공간의 이메일이나 간단한 표시로만 존재한다. 물론 종이에 출력되는 경우도 있겠지만 이 편지들은 우리가 전화기에 대고 했던 말처럼 잊혀진 세계로 버려질 공산이 크다.

찰스 다윈(1809~1882)의 삶은 정보의 양이 급격히 많아지고 있던 시대의 한가운데에 놓여 있다. 너무나 많은 정보가 망실되고 제대로 된 우편 서비스도 없었던 시대의 다음, 그리고 일거에 자료를 날려 버릴 수 있는 현대의 전자 시대가 도래하기 전의 중간 시대이다. 다윈이 살던 시절의 지식인들은 방대한 양의 편지를 썼다. 어떤 과학적 공동연구의 경우에는 매일의 기록을 확인할 수도 있다[마틴 루드윅(Martin Rudwick)이 쓴 『데본기에 관한 위대한 논쟁*The Great Devonian Controversy*』에는, 세즈윅과 머치슨이 지질학상의 시기를 설정하는 공동연구 초기 단계에 날마다 접촉한 내용들이 기록되어 있다. 이 기록은 워낙 방대하고 치밀하여 역사상 그 유래를 찾기 힘들며, 심지어 오늘날 살아 있는 주제를 역사가들이 말로 다룬다고 해도 그 기록을 능가하기 힘들다].

편지가 사실을 정확하게 전할 것이라든가 모든 것을 이야기하리라고 생각해서는 안 된다. 출판된 책이나 편지 그리고 개인적인 기록이나 일기에 이르는 각종 글 가운데, 편지는 숨겨진 개인의 감정이나 동기를 드러내는 중간 정도의 매체에 속한다(가장 사적인 일기일지라도 숨김없이 자신을 드러내 보여 주고 있는 것은 아니다. 워싱턴의 어떤 정치 담당 기자는 1993년 상원 조사위원회에서 자신을 변호하면서 자신은 일기장에 의도적으로 거짓을 기록했노라고 증언한 적도 있다). 다윈의 경우도 마찬가지이다. 다윈은 1838년에 자연선택이라는 위대한 지적 발견을 하였지만, 그의 편지를 읽는 것만으로는 그 명확한 표현을 치명적으로 놓치게 된다. 왜냐하면 다윈은 이를 철저히 숨기고자 별도의 사적인 기록으로 남겨 남들의 눈을 피했기 때문이다.

찰스 다윈은 빅토리아 시대의 훌륭한 문장가는 아니었을지도 모른다. 문장으로 말하자면 찰스 라이엘과 토머스 헨리 헉슬리를 꼽아야 할 것이다. 하지만 글의 매력과 호소력에서는 다윈에 필적할 이가 없었다. 다윈은 다정다감하고 상냥한 사람이었을 뿐 아니라 대단히 복잡하고 때로는 수수께끼 같은 인물이어서, 비록 우리가 다른 저작들에 비해 사적인 편지글을 접한다고 해도 그의 상반되는 바람과 영향력들을 하나의 통합된 형태로 파악하는 것은 여전히 불가능하다. 물론 찰스 다윈은 과학사에 등장하는 그 어떤 인물보다도 우리의 지적 세계를 되돌릴 수 없을 만큼 변화시켰으며, 위대한 통찰의 기쁨으로 (오래된 심리학의 희망과 사회적 전통들에 대해서는) 가장 고통스러운 변화를 불러왔다. 이런 핵심적인 이유 하나만으로도 다윈이 쓴 풍성하고 폭넓은 편지글들은 서구 역사에서 하나의 위대한 드라마라고 볼 만하다.

편지글을 다루는 방법은 여러 가지가 있지만, 나는 부르크하르트(Frederik Burkhardt)가 택한 전통적이고도 엄격한 연대순 배열 방식이 마음에 든다. 이 방식을 따르면 역사는 그때그때 발생하는 우발적 사건이 기초가 된다는 가장 현실적이고 원칙적인 틀을 세울 수 있으며(우발적 역사에서 핵심 사건들은 자연 법칙에 따라 예측 가능한 형태로 일어나는 것이 아니라, 주로 예기치 못한 사건들의 우연한 결과로서 발생한다), 인간의 삶 역시 우연한 역사적 사건으로 가장 잘 설명할 수 있다(이 책은 중년의 다윈이 1859년 『종의 기원*Origin of species*』을 출간하면서 끝난다. 내가 이 책의 후속편이 곧 나오기를 희망하는 까닭은 다윈의 지적 활동이 이후에도 안주하지 않았으며, 젊어서 비글호를 타고 모험을 할 때처럼 여전히 극적이고 통찰력 가득한 것이었기 때문이다. 수년간 죽음을 꿰뚫는 통렬한 신념의 힘이 가져다준 철학적 사고는 그의 파란만장한 세계 일주의 역동성에 비길 만하다).

다윈이 좋아했던 워즈워스의 말을 빌리면, '아이는 어른의 아버지'이고, 인생의 사건들은 타고난 성격을 복잡하게 형성하면서 어른의 큰 성품을 규정한다. 그러므로 연대순 배열은 여기서도 통찰을 하는 데 가장 뛰어난 도구가 된다(탁월한 인물들의 삶을 연구할 때에는 순전히 훔쳐보려는 욕구도 분명히 있지만 더 큰 이유는 그렇게 탁월하게 성취한 비밀의 원천을 알아보기 위해서다). 편지글을 연대순으로 늘어놓으면 아마도 삶을 구축하는 두 가지 주제, 즉 발전의 불규칙성과 안정적인 개인이라는 규정하기 어려운 속성을 가장 잘 이해할 수 있을 것이다.

진화라는 첫 번째 주제에 대해서는, 특이한 것에 흥미를 느낀 데서 시작하여 비글호를 타고 5년간 세계 일주를 하는 시련을 통과한 후 확신에 찬 성인에 이르기까지를 추적하는 것이 가장 좋은 방법이다.

에든버러에서 그저 심드렁하게 의학을 공부하던 다윈은 17세 생일 직전에 누이 수전에게 자연사에 대해 진실한 열정을 갖게 되었노라는 편지를 쓴다(이 열정은 이후 오랫동안 다윈을 지켜봐야 하는 부자 아버지에게 약간의 금전적 부담이 된다). "덩컨 교수 댁에서 일하는 흑인 노예가 있는데 그 사람한테 새에 대해서 이것저것 좀 배우려고 해. 아무래도 수업료가 싸기 때문에 추천해 주신 것 같아. 두 달 동안 매일 한 시간씩 배우는 데 고작 1기니밖에 안 들거든." (다윈은 노예의 신분에서 자유로워진 존 에드먼스톤과 함께 공부했는데, 다윈으로서는 처음으로 알고 지낸 흑인이었다. 둘의 좋은 관계를 계기로 다윈은 인종에 관해 자유로운 시각을 갖게 되었다) 케임브리지에서 공부하던 19살의 다윈은 사촌인 폭스에게 쓴 편지에서 열렬한 수집가의 외로움을 털어놓고 있다. "아무라도 붙들고 곤충 이야기를 하지 않으면 곧 죽을 것 같아."(59쪽)

다윈은 22세에 비글호를 타면서 항해의 위험을 바로 알아차린다. 다윈은 아버지에게 이렇게 쓰고 있다. "저는 상상을 초월할 만큼 끔찍하고 길고 고통스러운 뱃멀미를 견뎌 냈습니다. …… 그럴 때는 특히 아버지의 건포도 요리가 간절하게 생각나는데, 아마 위가 받아들일 수 있는 유일한 음식일 것입니다."(80쪽)

하지만 열대지방의 다양한 아름다움에 매료된 다윈은 고통의 기억을 지우고 기쁜 마음을 격하게 털어놓는다. "유럽 밖으로 나가 보지 못한 사람에게 열대지방의 광경이 얼마나 독특한지 설명하는 일은 시각장애인에게 색을 설명하는 일과 같습니다. …… 제가 이토록 기뻐 날뛰는 것이나 이 기쁨을 제대로 표현 못 하는 것도 이해해 주세요."(82쪽)

주로 남들이 설정했던 제한적이고 고답적인 이전의 계획들은 금세 사라지고 만다. 다윈은 이미 자신이 자연사에 대해 취미 정도의 관심을 보이는 아마추어 시골 목사가 되지는 못할 것이란 점을 깨닫는다. "지금대로라면 내 팔자에 교구목사가 될 일은 절대 없을 거야."(1832년 캐롤라인 누이에게) 하지만 성장은 고통을 동반하는 법. 다윈이 없는 동안 젊은 다윈이 사랑했던 여인은 다른 사람과 서둘러 결혼을 하게 된다. "페니가 비덜프와 결혼하지 않았다면, 잠드는 그 순간까지 페니를 그리워할 텐데. 아주 냉정하게 생각하고 싶지만, 무슨 생각을 하고 무슨 말을 해야 할지 상실감이 너무 커. 동정심을 가지고 마음을 추스르지만 내 사랑 페니를

생각하면 눈물이 나. 어째서 내가…….”(89쪽)

항해 초기에 다윈은 경험 부족을 한탄한다. “장엄한 숲 속을 거닐며 보물 한가운데 서 있는 일은 정말 괴롭습니다. 마치 이 모든 것이 온통 저를 향해 쏟아져 내린 듯합니다.”(90쪽) 그러나 다윈은 힘을 내서 여러 통의 표본을 수집하여 케임브리지에 있는 은사 헨슬로 교수에게 보낸다. “이 상자가 도착하면 교수님께서, 아니 어쩌면 강의실 전체가 비웃을까 걱정스럽습니다.”(96쪽)

항해가 계속되면서 다윈은 자신감을 회복하고 심지어 자신의 경험 부족을 오히려 다행으로 여기기 시작한다. 1834년 헨슬로 교수에게 이렇게 쓰고 있다. “하여간 저는 지층의 분열이나 융기의 윤곽에 대해 확실히 아는 바가 없습니다. 제가 본 것들에 대해 참고할 만한 책도 없습니다. 그래서 제가 생각하는 바를 제 손으로 직접 그렸습니다. 정말 형편없는 그림이지요.”(105쪽) 그는 수집하는 데에도 자신감을 보인다. “매머드 뼈화석이라고 직감했습니다. 정확하게 무엇인지는 모르겠지만, 서둘러 확인 작업이 진행되어 중요한 것으로 밝혀진다면, 이 뼈들은 마땅히 제 것입니다.”(113쪽)

항해 종반에 다윈은 자신의 지질학적 능력에 대해 완전한 자신감을 보인다. 1835년에 다윈은 누이 수전에게 이렇게 쓴다. “내 마음은 이미 확신 단계에 있지만 거대한 산맥들이 …… 파타고니아 평원과 거의 동시대에 생겨난 것으로 …… 만약 이 결과가 입증이 된다면 세계 지형 형성 이론에 상당히 중요한 자료가 될 거야.”(128쪽)

비글호를 타고 영국으로 돌아오는 길에 다윈은 산호초 섬들을 둘러보고 자신에게 처음으로 중요한 과학적 이론이 된 환초의 형성 메커니즘을 입증한다. 그는 오랫동안 이 연구를 발전시켰고 여러 달에 걸쳐 수정했다. "지난 반년 동안 나는 산호군에 대해서 아주 각별한 관심을 가져 왔어. 나는 이제까지 알려진 것보다 더 쉽고 깊이 있는 시각으로 산호를 알아보고 싶어."(143쪽)

다윈은 풍부한 경험을 갖춘 완전한 전문가가 되어 27세의 나이에 영국으로 돌아온다. 그리고 표본들에 이름을 붙이기 위해 분류학자들에게 자신의 수집품들을 나눠 주고, 오랜 은사인 헨슬로 교수에게는 여러 개의 단편들이 아니라 하나의 종합편으로 출판할 것을 충고함으로써 자신이 완전히 성장했음을 보여 준다. 선생이 이제는 학생이 되었다. "갈라파고스 제도의 식물군에 대해서 간단한 보고서를 쓰시는 것이 좋을 것 같습니다. …… 만약 다른 잡지나 보고서에 분산해서 싣게 되면 식물상의 전체적인 특징이 드러나기 어렵고, 최소한 문외한들은 진기한 종에 대한 보고서라고 인정하지 않을 것입니다."(183쪽)

다음으로 다윈이 빛나는 성공을 하게 된 데에는 그 바탕에 인품과 지성이라는 두 번째 요소가 있었다. 아마도 다윈이 과학적으로는 급진주의자였고 정치 사회적으로는 자유주의자였으며 사생활에서는 보수주의자였다고 할 때, 복잡하고도 때로는 모순된 그의 면모를 비로소 제대로 파악했다고 할 수 있을 것이다. 빅토리아 시대의 영국에서는 계급적 배경이 매우 중요했으며 그에 따라 많은 것이 좌우되었다. 바로 그러한 관점에서 보자면 다윈은 상당한 자산가였으며, 흠잡을 데 없는 사회적 지위를 갖춘 지역 명문가 출신이었다.

다윈의 지적 급진성은 단순히 어떤 형식의 진화론을 옹호하는 데서 드러나는 것이 아니라, 삶의 역사가 예정된 목적이나 필연적인 진행 절차를 따르지 않는다는 자연선택이라는 유물론적 이론이 가진 속성 때문이다. 다윈은 1844년 후커에게 보내는 편지에서 최초의 '고백들' 가운데 널리 알려진 다음의 고백을 한다. "(이건 마치 내가 살인자라고 고백하는 것 같네만) 종이 변한다는 것은 사실이네. '발전 지향성'이나 '동물들의 완만하고 자발적인 적응'과 같은 라마르크의 터무니없는 말은 내가 보기에는 가당치도 않다네. 비록 내가 이끌어낸 결론은 라마르크의 의견과 크게 다르지 않네만 변화의 방법은 아주 다르다네."(204쪽)

『종의 기원』이 출판되기 직전인 1857년에 아사 그레이에게 보내는 장난기 어린 글에서, 중년의 성공으로 마음이 느긋해진 다윈은 자신이 학계에 던진 충격을 즐기고 있었다. "지난번에 팔코너를 만났는데 그 친구도 저를 아주 신랄하게 공격하더군요. 하지만 이내 태도를 바꾸어 이렇게 말했습니다. '자네는 다른 자연학자 열 사람이 좋은 일을 해 놓는 것 이상으로 혼자서 더 큰 해를 끼칠 걸세.' 그리고 '자네는 벌써 타락의 길로 접어들었고 후커의 이름을 절반이나 더럽혔어.'라고 말이지요."(401쪽)

1858년 다윈은 '망가진' 후커에게 보낸 편지에서, 자신이 자연을 철두철미하게 재구성해 낸 데에 만족하는 글을 썼다. "내 '자연선택' 이론이 불변성으로 꽉 막혀 있는 자네의 창자를 시원하게 뚫어 주리라는 것을 생각하면 얼마나 기분이 좋은지 모를 걸세. 언제가 되었든 종이 분명히 변한다는 것을 자연학자들이 볼 수 있다면 변이에 관한 모든 법칙, 모든 유기체들의 계보, 유기체들이 이동하는 경로 등등 …… 어마어마한 상이 열리게 될 걸세."(432쪽)

다윈은 자연을 연구하는 사람으로서, 모든 주제에 대해 유물론적인 의견을 말한다. 사촌인 폭스에게 비표준 의술에 관한 의견을 밝히면서 다음과 같이 방법론적으로 예리한 지적을 한다. "아무런 치료 행위를 하지 않을 때 나타나는 결과가 어떤 것인지 아는 사람은 없지. 그런 기준이 있어야 동종요법 등과 비교해 볼 텐데 말이지. 이건 안타깝게도 논리의 결함이야. 하지만 나로서는 뭐든지 믿는 걸리 박사를(다윈은 그에게 '물 치료'를 받고 일부 효과를 보았다) 믿지 않을 수가 없네. 박사의 딸이 아팠을 때, 박사는 투시안을 가졌다는 소녀를 데려다 딸의 몸속에서 일어나는 변화를 말하라고 했다네. 또 최면술사를 불러서 딸을 재우기도 했어. 동종요법 치료사인 채프먼 박사며, 게다가 걸리 자신은 물 치료사였거든! 어쨌거나 박사의 딸은 회복이 되었다네."(280쪽)

사회와 정치를 바라보는 다윈의 자유주의 시각은 인종 문제에서 가장 두드러진다. 다윈도 영국이 문화적이며 야만적 삶이 상스럽다는 점은 의심하지 않았다. 그러나 자신이 생각하는 더 나은 수준으로 모든 인간을 '교화'할 수 있다고 믿었으며, 따라서 노예제를 혐오하고 교화의 길을 가로막는 어떠한 시스템도 싫어했다.

비글호를 타고 항해하던 젊은 다윈은 남아메리카 남단에 사는 원시적인 푸에고(Fuego) 토착민들을 보고 놀라기도 했지만 다른 인간들을 형제처럼 대해 주는 그들에게 매료되었다. 다윈은 1833년 헨슬로 교수에게 이렇게 썼다. "푸에고 섬 사람들은 제가 지금까지 보아 온 종족 가운데 가장 미개한 상태로 살고 있었습니다. 혹독하게 추운 날씨에도 거의 벌거벗은 채로 살아가고 있었으며 …… 원시적인 야생의 모습을 그대로 가지고 있는 사람들을 처음 보는 것보다 더 흥미로운 구경거리는 없을 것입니다."(99쪽) 2년이 지나서, 타히티의 선교사들이 벌인 활동을 지켜본 다윈은 사람이라면 누구나 일반적으로 높다고 인정할 만한 수준까지 '향상'시킬 수 있다는 자신의 믿음을 더욱 굳힌다(그리고 당시에 급진적 자유주의자들 사이에 풍미했던 가부장적 온정주의 태도를 보이기도 한다). "선교사들은 토착민들의 도덕성을 매우 함양시켰으며 게다가 문명인의 행동거지도 가르쳤어. …… 최근까지만 해도 지구상에서 가장 사납고 미개했을 종족이지만, 지금은 유럽 사람들이 여기 오더라도 영국에서만큼이나 안전하게 이들 사이를 걸어 다닐 수 있어."(141쪽)

다윈은 노예 제도와 이를 뒷받침하기 위해 과학적 증거가 남용되는 것을 극히 혐오했다. 1850년에 다윈은, 인종이 서로 다른 까닭은 그 종이 다르기 때문이라며 다인자 발현을 주장하고 있던 아가시의 견해에 대해 글을 썼다. "인종 구별에 관해서 제기된 문제들이 종에 관한 학설을 주장해오던 아가시의 미국 강연을 반영한 것인지는 모르겠으나, 감히 말하건대, 이건 남부의 노예 소유주들 비위나 맞추자는 소리인 것 같네."(279쪽)

다윈은 여러 사회적 개혁에 대해서도 자유주의자의 입장을 피력했다. 교육 개혁에서는 고전 강의와 틀에 박힌 학습을 별로 중요시하지 않았으며["그저 전통에 지나지 않는 관습적인 방식을 깨뜨리는 데 혁혁한 공을 세운 강의였습니다."(253쪽)], 아동 노동에 반대하는 법률을 제정하는 것을 지지했다. 다윈은 어린 소년들에게 굴뚝 청소를 시키는 관행에 반대해 싸우던 누이 수전을 칭찬한다. "슈롭셔(Shropshire)의 천박한 지주들은 무서운 몰넝이보나 너 요시부동이있나는군. 런딘 이외의 곳에서는 대부분 그 법을 위반하고 있다네. 도덕적인 병폐나 아이들의 팔다리에 궤양 같은 끔찍한 질병이 걸릴 수 있다는 사실은 말할 필요도 없고, 일곱 살밖에 안 된 어떤 집 아이가 굴뚝을 기어오르는 상상을 하면 몸서리가 쳐진다네.(299쪽)"

세 번째 요소인 다윈의 보수적인 삶의 방식과 사회적인 선호를 알기 위해서는 그가 가장으로서 자녀들에게 충고했던 내용을 들여다보는 것이 가장 좋을 것이다. 그는 아들 윌리엄에게 예의범절의 중요성을 이야기한다. "인생에서 얻는 가장 큰 행복은 사랑받는 것이란다. 그러려면 너무 무뚝뚝하고 거친 것보다는 늘 상냥하고 공손한 태도를 가져야 한다. 너는 늘 상냥하지만 조금 더 호감을 준다면 더 좋겠구나. 그런 반듯한 사람이 되려면 네 주위에 있는 사람들, 친구나 하인이나 모두에게 친절하게 대해야 한단다."(292쪽)

하지만 비록 다윈이 원칙적으로는 교육 개혁을 지지하고 있었지만 자신의 아이들을 두고는 '실험'을 강행하지 못했다. 그는 대안을 생각하고 실제로 몇몇 대안학교들을 방문하기도 했다. "내 아이들이 학교에서 일고여덟 해 동안 그 끔찍한 라틴어 운문을 배우는 데 시간을 허비할 생각을 하면 참을 수가 없다네."(279쪽) 하지만 그는 사촌 폭스에게 보내는 같은 편지에서 이렇게 주저한다. "평범한 과정을 따르지 않는 것은 위험천만한 시도인 것 같아서 두렵네. 하기야 그 과정이라는 것이 나쁠 수도 있지만 말이야."(280쪽) 다윈은 결국 인습에 굴복하고 만다. "멍청하고 진부하고 고식적인 교육을 나만큼 싫어하는 사람도 없겠지만, 내게도 인습의 속박을 부술 만한 용기는 없다네. 많이 주저했지만 결국 큰 녀석을 럭비(Rugby)에 보내고 말았네."(297쪽)

전략적 차원에서 그랬든 어느 정도 보수적인 경향 때문에 의해서든, 다윈은 『종의 기원』에서 인간의 진화에 관한 언급을 피한다. 그는 월리스에게 이렇게 쓴다. "선생이 내게 '인간'에 대해서도 논할 것인지 물으셨습니다만, 수많은 편견에 둘러싸인 그 문제는 피하고 싶습니다. 다만, 자연학자에게 인간이 가장 흥미로운 주제라는 점은 온전히 인정합니다." (415쪽)

지성과 감성의 이런 모든 특징들은 다윈의 완고한 성격과 불굴의 의지, 그리고 한결같은 열정을 형성했고, 이를 바탕으로 나아가 다윈은 빼어난 업적을 이루었다. 지적 능력만으로는 과학적 혁명을 이루어 내지 못한다. 다윈은 지성 외에도, 굽힘이 없고 자신감이 넘치는 인간이 보여 주는 성격상의 특징들을 갖추고 있었다. 또한 다행스럽게도 넉넉한 재력가였고 영향력 있는 친구들이 있었으며, 계층 구분이 뚜렷한 사회에서 높은 지위의 특별한 혜택을 누렸다.

이 책에 실린 비글호 항해 이후의 편지들을 보면, 다윈이 거둔 다양한 성과들이 연대별로 잘 나타나 있다. 이 편지들은 모두 진화의 관점으로 생명을 재구성하는 데 초점을 맞추고 있다. 『종의 기원』을 저술할 때까지 다윈이 보여 주었던 열정적 활동상을 세 기간으로 나누어 연대순으로 배열했다. 1830년대 후반에서 1840년대 초반까지, 다윈은 항해하는 동안 얻은 표본들에 관한 책을 출판할 것을 준비하고, 항해에서 얻은 경험을 토대로 주로 지질학에 관한 몇 권의 책을 집필한다. 1838년 자연선택 이론을 전개한 후 다윈은 진화에 관해 몇 가지 중요한 생각들을 하게 되는데, 이는 후일 아주 중요한 것으로 판명된다. 그 가운데 몇몇은 아주 애매했으니, 1844년 부인 엠마에게 보낸 유명한 편지에서 다윈이 지시하고 있는 구체적이고도 명쾌한 내용을 읽어 보면, 그가 자신이 이룬 업적의 중요성을 분명하게 이해하고 있고 『종의 기원』에 대한 평가에 크게 신경을 쓰고 있다는 것을 알 수 있다. "종에 관한 내 이론을 대략 마무리했소.

내 생각에, 만약 내 이론이 맞는다면, 그리고 영향력 있는 인사 가운데 단 한 명이라도 내 이론을 받아들인다면, 이는 과학계의 큰 발전일 거요. 그래서 혹시라도 내가 갑자기 죽는 경우가 생길 경우를 대비해서 마지막 부탁으로 엄숙하게 이 글을 쓴다오. 부디 내 말을 합법적인 유언으로 생각해서, 400파운드를 이 글의 출판에 쓰고, 이 글을 널리 알리는 일도 당신이 알아서 하거나 헨슬로 교수를 통하도록 하시오. …… 일을 맡아만 준다면 편집자로는 라이엘 선생님이 가장 좋겠소. 그 양반은 이 일을 달가워할 테고, 아마 몰랐던 사실 몇 가지도 이 책을 통해 배우게 될 거요."(208쪽)

1840년대 중반에서 1850년대 초반까지의 두 번째 단계에서 다윈은 끝없는 시간과 노력을 기울여 따개비와 만각류 화석의 분류에 관해 네 권의 위대한 논문을 완성한다. 다윈이 자신의 생물 연구 가운데 가장 심혈을 기울였던 작업이다. 다윈은 이 작업을 주제로 수많은 편지를 썼다. 이것을 보면 그가 얼마나 끈질긴 사람이었는지를 알 수 있다. 또한 연구 과정의 즐거움과 함께 길고도 복잡하고 상세한 이런 작업에서 겪을 수밖에 없었을 심한 낭패감도 엿볼 수가 있다.

1850년 2월 3일 후커에게 보낸 편지를 보면 때로 다윈은 연구가 도무지 끝날 것 같지 않아 암담해한다. "요즘은 만각 아강(亞綱)(Cirripedia)의 화석을 연구하느라 꽤 오랜 시간을 보내고 있는데, 사실 몇 배는 더 시간을 들여야 하는 일이라네. 모든 종족들을 혼동하기도 하고 모조리 없애 버리기도 하고, 도무지 끝이 보이질 않네."(278쪽) 좀 더 앞선 1849년 10월 12일에 후커에게 보낸 편지에서는 분류법을 둘러싼 형식주의에 대해서도 비슷한 수준의 불만을 털어놓으면서 또 한편으로는 동물 해부의 실험적 연구가 주는 기쁨에 대해서도 적고 있다. 이 당시 그는 기분이 좋아져서, 좋아하는 것이 한결같지 않다고 후커를 나무라기도 한다. "해부를 하면서, 한 번도 나 자신이 무슨 대단한 탐구적 기질이 있다고 느낀 적은 없다네. 거듭 말하지만 우선 순위에 따라 이름을 정하는 일은 정말 끔찍해. …… 내가 위안을 삼는 바는, 이 일이 언젠가는 해야 할 일이고 그렇다면 다른 사람보다는 내가 하는 것이 좋겠다는 거지. …… 자네가 편지에서 만각류보다는 종에 관해 더욱 관심이 있다고 했는데, 자네에겐 미안하지만, 종에 관한 연구에 비해 만각류 연구가 시시하다고 한 자네의 단언이 오히려 내가 종에 관한 논문을 미루고 만각류 연구를 계속해야겠다고 결정하는 데에 지대한 영향을 미쳤다네."(270쪽)

1848년 5월 10일 후커에게 했던 멋진 말이 아주 흥미로웠다. 이 말에서 다윈은 만각류 연구와 아직은 드러나지 않은 진화론적 관점 사이의 밀접한 관련성 그리고 훌륭한 관찰 경험은 모두 반드시 이론적 관점이 뒷받침되어야 한다는 자신의 철칙을 아주 잘 드러내고 있다. 다윈의 유머 감각과 자신감이 묻어나는 글의 마지막 부분에도 주목하자. "최근에 암수 양성의 만각류를 하나 구했네. 극히 미세한 수컷이 암컷의 주머니 속에 기생하고 있더군. 내가 자네에게 내 종 이론을 좀 자랑해야겠네. 그것과 가장 가깝고 밀접한 계통의 종을 대라면 자웅동체를 예로 들겠지만 나는 그것에 달라붙어 있는 작은 기생체들을 관찰했네. 지금이라도 보여 줄 수 있지만 이 기생체들은 추가적으로 덧붙은 수컷들이라네. 하지만 양성구유체의 경우에는 수컷의 기관이 비정상적으로 작지. …… 종에 관한 내 이론을 확신하지 못했다면 알아내지 못했을 사실이 있다네. 양성구유체에 있는 수컷 기관은 퇴화하고 독립적인 수컷들만이 형성되기 때문에, 양성구유 종이 암수 양성 종으로 넘어가는 단계는 아주 짧을 수밖에 없다는 거야. 그리고 우리가 지금 여기에 그 증거를 가지고 있단 말일세. 하지만 내 의도를 정확하게 설명하지는 못하겠군. 자네는 만각류나 종에 관한 내 이론을 악마의 것이라 말하고 싶겠지. 하지만 자네가 뭐라고 하든, 종에 관한 내 이론은 모두 복음일세!"(250쪽)

세 번째 단계인 1850년대에 다윈은 '종에 관한 위대한 책'을 준비하면서 실험을 거듭한다. 실험은 주로 비둘기를 비롯한 여러 동물들의 변이와 번식, 그리고 유기체들이 각기 다른 지역에서 진화론적 관점에서 나름의 형태로 생겨난 후에 지리적으로 떨어진 장소로 퍼져 나가는 현상을 설명하는 자연 이동의 방식에 집중되었다. 자연 이동을 연구하면서 다윈은 기발하고 다양하며 때로는 아주 간단하고 때로는 강박적이라 할 만큼 세세히 실험을 했다. 씨앗을 소금물에 담가 두어도 여전히 발아하는지, 씨앗이나 작은 낟알들이 새들의 발에 묻어 있는 진흙으로도 옮겨질 수 있는지, 새의 소화기관을 거쳐 나온 씨앗들 가운데 어떤 것이 살아남는지 등등. 일례로 다윈은 1856년 후커에게 이렇게 쓴다. "마침내 한쪽 발에 22개의 낟알을 묻혀 온 자고 한 마리를 구했네. 놀랍게도 완두콩 크기의 돌이 있었다네. 나는 새들에게 접착력이 있어서 가능하다는 사실을 이해했어. 작은 깃털들이 아주 강한 접착제 역할을 하는 거라고. 메추라기 수백만 마리가 이동하는 것을 생각해 보게나. 식물들이 여러 개의 만을 가로질러 옮겨지는 일이 안 일어났다면 그게 오히려 더 이상한 일일 걸세." (373쪽)

연구에 몰두할 때면 다윈은 친구와 동료는 물론이고 자기가 알고 있는 모든 사람들에게 염치없을 만큼 부탁했다. 필요하다면 그것이 아무리 별난 것이든 또 아무리 큰 노력을 요하는 것이든 요청을 했다. 늘 정중했으며 그런 수고를 끼치는 것에 대해 미리 심심한 사과를 했지만, 어쨌든 부탁했다. 내가 보기에는 이런 모습이야말로 다윈이 얼마나 철저하게 연구에 임하고 있는지를 보여 주는 것이며 또한 아랫사람일수록 더 정중하게(사회적 계층에 관한 문제는 다윈의 생물학에 깊이 스며들어 있다) 대해야 한다는 그의 양식을 드러낸 것이라고 생각한다. 비글호 항해 중에 다윈의 시중을 들었던 심스 코빙턴은 당시 오스트레일리아에 살고 있었는데, 다윈은 그에게 오스트레일리아와 뉴질랜드 지방의 만각류를 구해 달라고 부탁한다. "자네가 사는 곳이 바닷가 근처인지 모르겠네만, 혹시 그렇거든 부탁이 있네. 폭풍에 떠밀려 온 산호초나 해안가 바위, 조개껍데기 등에 달라붙어 있는 것들을(크든 작든 모두) 수집해 주기 바라네. …… 만각류는 원뿔형의 작은 조개인데, 위쪽이 네 개의 판막으로 덮여 있다네. 길고 말랑말랑한 자루 같은 것이 붙어 있을 거야. 가끔은 해변에 있는 것도 있을 걸세."(263쪽)

다윈은 비둘기 연구에 앞장섰던 테게트마이어에게 끝없는 질문을 보내고, 사촌인 폭스에게는 그럴싸한 근거를 덧붙여 폭넓은 주제에 관심을 갖도록 꼬드긴다. "내가 모든 친구들을 이용하는데…… 거세한 수사슴이 일반적인 수사슴보다 덩치가 큰지, 혹시 알고 있나?"(379쪽) 친구인 아이튼에게는 이런 부탁을 한다. "황어를 좀 구하려고 일 년 내내 애를 썼지만 구하지 못했네. 혹시 자네에게 있는지? 아니면 그물을 놓아 좀 잡아 줄 수 있겠는지? 식모를 시켜서 황어를 잘 씻은 후 배를 가르라고 해서 내장을 보내 주면, 화전(火田)에 적당한 조처를 해서 그 내용물을 그대로 뿌려 보려고 하네. 자네가 고맙게도 이 어설픈 것을 내게 보내 주려거든,

공기 주머니나 은박지에 싸서 우편으로 보내 주시게."(368쪽)

다윈은 동료 학자들에게도 예외 없이 이런 부탁을 했다. 데이나에게는 미국 만각류를 부탁하고, 아사 그레이에게는 식물 이름과 지리에 관해 방대한 도움을 청한다. 또 다른 동료에게는 대영박물관에 있는 중국 백과사전에 나오는 각종 가축과 재배 식물의 이름을 번역해 달라고 부탁한다. 다윈은 세세한 것들에 집착하여 헉슬리에게는 이런 부탁도 한다. "한 친구가 편지를 보내왔는데 조프리 드 생틸레르라는 이름을 잘못 쓴 것 같다더군. 내 기억엔 아닌 것 같네. 타이틀 페이지를 보고 좀 알려 주게. 이런 일을 시켜서 미안하네."(459쪽)

이런 모든 수고가 모여서 마침내 1859년 11월 역사적인 그날로 이어진다. 『종의 기원』이 출판된 날이다. 이전의 모든 노력이 단순히 준비 작업에 불과한 것이었다고 여긴다면 오산이다(예컨대 만각류 연구는 그 자체로서 중요한 연구였다). 진정한 삶의 드라마는 그 절정보다는 우여곡절에 있다. 이 책의 대미를 장식하는 일화는 정말 놓쳐서는 안 될 중요한 부분이다.

과학을 좋아하는 사람이라면 기본적으로 어떤 일들이 있었는지 정도는 다 알고 있을 것이다. 월리스의 독자적 발견, 1858년 린네 학회 간행물에 월리스의 논문과 함께 다윈이 더 먼저(비록 출판은 안 했지만) 계통을 세웠다는 증거를 싣기 위해 후커와 라이엘이 꾀했던 '섬세한 안배', 곧 이어 자신이 생각했던 방대한 논문 형식의 출판보다는 한 권의 책(우리가 알고 있는 『종의 기원』)으로 서둘러 출판해야겠다고 다윈이 결심한 일 같은 것을 말이다. 그러나 이 모든 드라마와 복잡한 내용들과 도의적 갈등에 대해서는 수많은 전기 작가들을 통하기보다 다윈 자신의 말을 직접 듣는 것이 훨씬 좋으리라.

1856년 5월 3일 다윈은 라이엘에게 자신의 불길한 느낌을 적어 보내면서, 출판이 자꾸 늦어져서 혹시라도 선수를 빼앗기지나 않을까 걱정한다. "오히려 선점을 하기 위해서 책을 쓴다는 사실 자체가 싫습니다. 그래도 누군가 나보다 먼저 출판을 한다면 정말 화가 나겠지요."(353쪽) 하지만 다윈은 급히 서두르며 욕심을 내지 않고 일 년 후 라이엘에게 이렇게 쓴다. "종에 관하여 끝날 것 같지 않은 책을 쓰느라 완전히 일에 치어 산답니다. 제 마음대로 되는 건 아니겠지만 그 책을 끝낼 때까지는 살고 싶군요."(390쪽) 월리스가 바짝 뒤쫓아 왔다는 사실을 느끼고 있던 다윈은 1857년 5월 1일 월리스에게 경고를 날린다. "종이 어떻게 서로 다른 변종이 되는지 그 이유가 무엇인지를 묻는 질문에서 시작한 내 연구 노트가 그 첫 장을 연 지도 올해로 벌써 20년이 되었습니다. 이제는 책을 내려고 하고 있어요. 상당 부분 쓰긴 했지만 워낙 광범위한 분야라서 이 년 안에 다 마무리 지을 수 있을지 장담을 못 하겠군요."(393쪽)

그러다가 다윈은 월리스가 쓴 결정적 논문을 받아들고 1858년 6월 18일 라이엘에게 다음과 같은 유명한 말을 남긴다. "이런 우연의 일치가 어디 있단 말입니까. 만약 1842년에 내 원고를 월리스가 갖고 있었더라도 이보다 더 멋지게 짧은 요약문을 만들지는 못했을 겁니다. 심지어 그가 사용한 용어들조차도 내 책의 각 장 제목과 같더군요. …… 그래야 저의 독창적인 학설이 박살이 나든 말든 할 게 아닌가요. 언젠가 조금이라도 가치를 인정받는다면, 이론의 다당성을 위해서 들인 노력이 가상해서라도 평가절하되지는 않겠지요."(423쪽)

놀란 다윈은 일주일 후에 전략을 구상하여 자기의 우선권이 합법적이고 명예롭게 지켜져야 한다는 뜻을 라이엘에게 넌지시(거의 노골적으로) 표시했다. "월리스나 다른 사람에게 제가 천박하게 처신하는 사람으로 보이느니 차라리 책들을 전부 불살라 버리는 게 낫겠다는 생각이 듭니다. 당신은 그가 제 손을 묶어 놓으려고 자기 논문을 제게 보냈다고 생각하지 않나요? …… 월리스가 제 전반적인 결론에 대한 개요를 보내 줬기 때문에 …… 제가 월리스의 이론을 훔친 게 아니라는 걸 보여 주기 위해서 아사 그레이에게 썼던 편지를 복사해서 그에게 보낼 수도 있지요. …… 저를 용서하십시오. 천박한 생각에서 비롯한 졸렬한 편지가 되고 말았군요."(426쪽)

그래서 라이엘과 후커는 다윈의 제안에 따라 월리스가 동인도 제도에서 꼼짝없이 머물러 있는 동안 '섬세한 안배'를 마련했다. 월리스는 그 해결책에 기꺼이 만족한다고 선언했고(내가 보기에 월리스는 쉽지 않은 상황 속에서 대단히 공정한 결정을 내린 것이라 생각된다), 이에 다윈은 약간은 정직하지 못한(하지만 정중한) 편지를 월리스에게 보냈다. "사흘 전에 선생이 나와 후커에게 보내신 편지를 받고 뛸 듯이 기뻤다오. 글을 읽으면서 느낀 선생의 품성에 대해 어떤 말로 표현을 해야 좋을지 모르겠소. 라이엘 선생님과 후커가 이끄는 대로 한 것 말고는 아무 일도 하지 않았소. 그 두 친구 생각에는 정당한 행동이었다고 하지만, 내키지는 않았소. 선생의 생각이 어떨지 궁금하오."(441쪽)

그리고 나머지 내용은 흔히 말하는 역사이기도 하고, 또한 진화라는 것이 하나의 통합적 체계로써 워낙 막강하기도 하거니와 그 함축하는 바가 여전히 논란의 대상으로 남아 있다는 점에서 지금도 진행 중인 사실들이다. 끝으로 다윈이 자신의 책을 출판사에 넘기고 라이엘에게 쓴 편지를 읽어 보자. "저는 제 견해가 다 진실이라고 강력히 확신한다는 주장은 할 수 없습니다. 하지만 신께서는 제가 결코 어려움을 피하려 하지 않았다는 사실을 아실 겁니다."(457쪽)

차 례

들어가며

이 책은 다윈이 슈루즈베리에서 학창 시절을 보낸 1822년부터 『종의 기원』이 출판된 1859년 후반에 이르기까지 쓴 편지들을 수록한 것이다. 앞부분에 소개된 몇 편은 장난기 많고 상상력이 풍부했던 12살 때와 에든버러 대학에서 의학을 공부하던 생기발랄한 16살 때에 쓴 편지들이다. 에든버러 대학에 들어간 지 이 년 만에 다윈은 의사가 되기를 바랐던 아버지의 뜻을 저버리고 신학을 공부하기 위해 케임브리지 대학으로 옮겼다. 하지만 에든버러 대학 시절과 같이 케임브리지 대학에서도 다윈은 학과 공부에 관심을 갖지 못했다. 다윈은 곤충 수집에 열을 올렸으며, 당시에는 학위가 인정되지 않았던 자연사에 대한 흥미를 일깨워 준 식물학 교수 존 스티븐스 헨슬로(John Stevens Henslow)의 열렬한 추종자가 되었다. 헨슬로 교수는 다윈이 학사 학위를 받자마자 그를 로버트 피츠로이에게 비공식 식물학자 겸 말벗으로 추천했다. 피츠로이는 남아메리카와 태평양 탐사 항해를 준비하고 있던 HMS 비글호의 선장이었다.

그 후 오 년간 비글호를 타고 세계 일주 항해를 하는 동안 다윈이 가족과 헨슬로 교수에게 보낸 편지에는 엄청난 분량의 항해 경험담과 관찰 기록이 담겨 있다. 헨슬로 교수에게 쓴 편지에서 발췌한 기록은 런던과 케임브리지의 지식인층에게 소개되었으며, 1836년 비글호가 영국으로 돌아올 때까지 굉장한 반향을 불러일으켰다. 다윈은 비로소 자연학자로 알려지게 되었고 학계의 일원이 되었다.

귀국 후 몇 년간 다윈은 항해 결과를 정리하는 데 전념했다. 그의 첫 번째 저서 『항해기*Journal of researches*』는 당시 최고의 여행서로 손꼽혔다.[1] 항해의 지질학적 측면을 다룬 이 책은 세 권으로 되어 있는데, 그 중 한 권에서 소개한 산호초 형성에 관한 새로운 이론은 당시 영국 최고의 지질학자였던 찰스 라이엘의 지지를 얻기도 했다. 영국 재무부에서 1,000 파운드의 지원금을 얻어 낸 다윈은 전문 분류학자들을 고용하여 19개의 분야로 분류한 논문 시리즈 「비글호 항해의 동물학*Zoology of the voyage of the Beagle*」을 편집하고 감독했다. 이 논문에는 살아 있는 포유류, 어류, 조류, 파충류뿐만 아니라 그 화석에 대해서도 자세한 설명이 실려 있으며, 특히 종의 습성과 분포 범위에 대한 주석에서 지리학적 개념과 지질학적 이론들을 소개하고 있다. 1846년까지 다윈은 25편이 넘는 논문을 발표했으며, 이 논문의 대부분은 항해를 하는 동안 관찰한 내용을 직접적으로 다룬 것이다.

이렇듯 다윈은 귀국 후 몇 년 동안 병마와 싸우면서도 방대한 연구 결과를 내놓았다. 다윈은 생의 대부분을 병마에 시달렸는데, 그를 담당했던 의사들은 일시적으로 증세를 완화시켜 줄 뿐 병의 원인도 찾지 못하고 치료법도 제시하지 못했다. 이는 오늘날까지도 다윈학자들과 의료역사학자들에게 큰 관심거리로 남아 있다.[2]

1846년 10월 1일 다윈은 항해의 지질학적 측면을 다룬 세 번째 책을 마무리하면서 일기에 이렇게 적고 있다. "영국으로 돌아온 지 10년이 되었다. 병마와 싸우느라 잃어버린 시간이 얼마나 많은지!" 그리고 같은 날, 칠레의 해변에서 발견한 흥미로운 만각류에 대해서도 기록하고 있다. 그는 다른 종과 비교함으로써 만각류의 생태를 이해하려고 관련 문헌들을 뒤져 보았다. 하지만 만각류 분류 문헌들이 제대로 정리되지 않은 데다 오류투성이라는 점을 발견하고, 살아 있는 만각류와 화석을 연구하기 시작했다. 그리고 팔 년 만에 동식물 전체 목(目)에 관한 최초의 분류학적 연구를 완성했다.

1854년 즈음에 다윈은 비로소 완전한 가장의 모습을 갖추었다. 1839년 1월 다윈은 사촌 엠마 웨지우드와 결혼했고, 그해 12월 첫째 아들 윌리엄 에라스무스 다윈이 태어났다. 모두 열 명의 자녀를 두었지만 그중 둘은 어린 나이에 죽었다. 다윈의 사랑을 독차지했던 세 번째 딸 애니는 1851년 열 살의 나이로 죽고 말았다. 이 시기의 편지들은 사랑하는 가족과 다윈 자신의 연대기로 볼 수 있다. 가족 간의 끈끈한 연대감은 자녀들이 어린 시절부터 성장기를 거쳐 다윈의 과학적 연구에 동반자가 되기까지 이어진다. 다윈은 어린 자녀들을 식물과 곤충 연구에 참여시키기도 했다. 편지에 구체적으로 언급하지 않았지만, 1854년과 1861년 사이에 다섯 명의 자녀들이 수컷 땅벌의 비행경로를 관찰한 기록 일지가 남아 있다.

앞에서 말한 바와 같이 그 시기에 출판된 다윈의 책들은 대부분 비글호 항해에서 얻은 결과를 다루고 있다. 하지만 후일 가장 중요하게 다뤄지게 될 또 하나의 결과물이 있었는데, 당시에는 출판되지 않았을 뿐만 아니라 그의 편지에서도 직접 언급은 없었다. 그것이 바로 '종의 문제'에 관한 연구였다.

영국으로 돌아오는 여정의 마지막 즈음에 갈라파고스(Galapagos)의 조류에 관한 연구 기록을 체계화하던 다윈은 갈라파고스 군도에 자생하는 흉내지빠귀가 대륙의 종과 유사하지만 매우 독특하고 희귀하다는 사실을 발견했다. 그리고 런던으로 돌아온 후에 남아메리카에서 발견한 멸종 포유류의 화석이 살아 있는 동물과 유사하다는 사실을 알아냈다. 때마침 조류학자인 존 굴드가 갈라파고스에서 수집한 13종의 새들을 모두 핀치로 명명하자, 이것을 계기로 다윈은 진화의 가능성에 관한 연구를 시작하게 되었다. 1837년 결심의 순간을 그는 이렇게 기록하고 있다.

> 7월, '종의 진화'에 관한 연구의 첫 장을 열다. — 지난 3월부터 수 개월간 굉장한 충격에 싸여 있었다. 남아메리카 화석의 특징 그리고 갈라파고스 군도의 종. 이 사실들, 특히 갈라파고스 군도의 종은 내 모든 연구의 기원이다.[3]

그 후 몇 년간 다윈은 종의 발생 경위를 염두에 두고 수집한 동식물의 변이에 관한 자료와, 자신이 읽은 방대한 문헌들을 이 노트에 기록하고 있다. 1838년 9월 토머스 맬서스의 『인구론*Essay on the principle of population*』(1826, 런던)을 읽던 다윈은 먹이에 대한 생존경쟁의 단서를 찾았다. 유리한 변이라면 극히 미세하더라도 생존경쟁에서 매우 중요한 역할을 한다는 것이다. 이후 다윈의 연구는 이러한 가설을 바탕으로 이루어졌는데 이 가설이 바로 그가 말하는 '자연선택'이었다.

이 편지들이 보여 주듯 다윈은 일반적으로 사람들이 생각하는 것과는 달리 종에 대해 자신이 가진 의문을 별로 숨기려 하지 않았다. 1838년과 1857년 사이에 그는 적어도 열 명과 서신을 교환하면서 종의 변이에 관하여 이야기했다. 맬서스의 글을 읽기 전인 1838년 9월 14일 라이엘에게 보낸 편지에서 다윈은 "동물의 분류, 유사성, 본능 연구와 관련해서 연일 새로운 사실들이 드러나고 있어서 흥분됩니다. 종에 대한 궁금증은 여전히 남아 있지만 저는 계속 노트를 채우고 있고, 연구에서 얻은 사실들은 하위 법칙에 따라 아주 명쾌하게 분류하고 있습니다."라고 썼다.[4]

그 후 수년간 조사를 하면서 알게 된 이론을 구체적으로 밝히지는 않았지만, 다윈은 종의 궁금증과 관련해서 찾아낸 자료 이야기를 여러 통의 편지에 썼다. 표본과 자료들을 요구하고 갖가지 질문을 퍼붓는 편지들이 세계 곳곳으로 날아갔다. 하지만 다윈에게 이론과 관련이 있는 정보를 주고 중요한 논의를 전개했던 사람은 가까이 있었던 조지프 돌턴 후커였다. 후커는 아메리카 탐험에서 돌아온 후, 큐(Kew)에 있는 왕립식물원 관리자였던 아버지의 일을 돕고 있었다. 1844년 1월 11일 후커에게 쓴 편지에서 다윈은 변이의 과정을 발견한 것 같다고 밝혔다. 두 사람은 장황하고 방대한 양의 서신을 교환하면서 우정을 쌓아 갔다. 후커는 상담자이자 비판자로 다윈의 연구에 깊이 관여하게 되었으며 자연선택과 변이의 원인을 해석하면서 더욱 긴밀한 협력자가 되었다.

1855년 9월 알프레드 러셀 월리스는 「새로운 종의 탄생을 지배하는 법칙에 관하여On the law which has regulated the introduction of new species」[5]라는 제목의 논문을 발표했다. 월리스는 말레이시아 제도의 동물과 식물의 지리적 분포에 대해 연구하고 있었으며, 모든 종들이 "예전에 존재했던 밀접한 동류의 종들과 시간과 공간이 일치하여 존재한다."는 결론을 내렸다. 라이엘이 보기에 이 논문은 월리스가 다윈의 이론을 마무리 짓는 실마리를 얻었을지도 모른다는 일종의 경고였다. 라이엘은 친구 다윈이 선수를 놓칠 것을 염려하여 서둘러 책을 내라고 강권하게 된다. 아무튼 마지못해 '개요'를 쓰기 시작하긴 했으나, 다윈은 자신의 이론에 확실한 증거를 댈 수 있으려면 훨씬 더 오래 연구할 필요가 있다는 사실을 알고 있었다. 그는 무려 25만 단어에 이르는 10여 개 챕터 분량의 책을 썼으며, 이 책을 '큰 책(big book)'이라고 불렀다. 1858년 6월 다윈은 월리스로부터 유명한 편지 한 통을 받았다. 그 편지에는 자연선택에 관해 월리스가 독자적으로 발견한 것을 설명하는 원고가 동봉되어 있었다. 라이엘과 후커는 20여 년에 걸친 다윈의 연구가 헛되지 않게 하려고, 비록 발표되지는 않았지만 같은 주제를 다루고 있는 다윈의 초기 원고의 발췌본과 월리스의 원고를 공동으로 출판할 것을 제안했다. 그 공동 논문은 1858년 6월 1일 린네 학회에서 낭독되었다.[6] 그리고 몇 주 후 다윈은 자신의 원고 요약본을 만드는 작업에 착수했다. 하지만 주장을 뒷받침하는 자료들이나 인용 자료를 상당 부분 생략했는데도 학술잡지에 싣기에는 부피가 너무 컸다. 그 결과로 탄생한 것이 바로 『종의 기원』이다.

슈루즈베리

Shrewsburg

방학을 맞아 슈루즈버리의 집에 와 있던 찰스 다윈은 13살이 되기 전까지 여섯 통의 편지를 썼다. 이 편지들을 「비망록」에 직접 쓴 것으로 볼 때, 우편으로 보낸 서한은 아니며 상상 속의 인물이나 가족들 중 누군가를 염두에 두고 쓴 것 같다. 막내 여동생 에밀리 캐서린 다윈(Emily Catherine Darwin)에게 썼을 가능성이 가장 크다.

친구에게 보내는 편지 1822년 1월 1일

1822년 1월 1일

사랑하는 친구야

정말 역겨워서 봐 줄 수가 없었어. 에라스무스 형이 방에서 나가자마자 누나들은 형이 괜히 성질을 부린다면서 욕을 해대는 거야. 너도 알다시피 형은 상태가 별로 안 좋잖아. 류머티즘이 있는 데다 몸도 허약해. 메리앤[1] 누나가 특히 더 심하게 욕을 했어. 메리앤 누나가 월경 중일 때 얼마나 신경질을 부리는지[2] 너도 알거야. 하지만 내가 보기에 오늘 에라스무스 형은 기분이 아주 좋아 보였어. 형은 내가 좋아할 거라고 생각했는지, 캠벨 성경책을[3] 뽑아 주려고 제비뽑기 참가 표를 얻으러 다니다가 돌아왔어. 오늘은 여기까지야.

잘 있어.

참, 그 보물 상자 잘 받았어.

친구에게 보내는 편지 1822년 1월 2일

친구야

에라스무스 형은 오늘도 어제처럼 기분이 아주 좋은 것 같았어. 누나들도 형을 전혀 괴롭히지 않았고 말이야. 네가 괜찮으면 찬장에 있는 광물 조각들을 닦고 손질하는 일을 얼른 좀 도와주면 좋겠어. 어제 쓴 편지도 잘 읽었길 바란다.

난 여전히 잘 지내.

사랑스러운 강아지.

1822년 1월 2일

친구에게 보내는 편지 1822년 1월 3일

1822년 1월 3일

사랑하는 친구야

꼬치꼬치 캐묻길 좋아하는 먼서 베오도스[4] 씨를 너도 좋아했으면 좋겠어. 어렸을 때 나는 그 사람이 아주 뻔뻔스럽다고 생각했거든. 하지만 네 생각은 다를 수도 있을 거야. 그 사람은 항상 아빠는 어떠시냐는 둥 이것저것 물어봤거든. 네가 지난번에 쓴 편지에 슈루즈베리에서 누나들이 누구에 대해 수다를 떨었는지 안다고 했는데, 내 생각에는 아빠였을 것 같아. 답장 쓸 때 자세히 알려줘.

난 여전히 너의 토베 케이스 동지야.

추신. 베일리[5]씨는 성질이 아주 못됐어, 너한테는 그러지 말아야 할 텐데 말이지.

친구에게 보내는 편지 1822년 1월 4일

내 친구야

너도 알겠지만, 셰익스피어를 읽을 때 메리앤 누나가 집어치우라고 했잖아. 그 일은 좀 유감스러워. 하지만 난 메리앤 누나가 정말 좋아. 메리앤 누나는 존스[6] 누나에게도 잘하거든. 나한테 무슨 일이 있었는지 말해 줄게. 너도 알겠지만 존스 누나가 좀 아프잖아. 그래서 어젯밤에 메리앤 누나하고 함께 존스 누나한테 갔어. 메리앤 누나가 밖에서 기다리는 동안 나는 후다닥 마을로 가서 케이크를 사 왔어. 그런데 그 바보 같은 늙은이가 존스 누나 방에 있는 거야. 한 방 날아올 것 같은 분위기였어. 그래서 그 방엔 들어가지두 않았어. 젠장, 그냥 떠쳐니 왔이.

난 언제나 너를 사랑하는 정의파 주먹코야.

추신. 클레어 누나[7] 일로 네가 놀라지 않았으면 좋겠다.

1822년 1월 4일

친구에게 보내는 편지 1822년 1월 4일

사랑하는 친구야

지리 공부가 끝나고 나서 캐롤라인 누나가 나더러 리처드 아저씨네 망아지를 빌려오라고 했어. 그래서 막 나가려고 하는데 누나가 정말 고상하지 않은 질문이지만 꼭 따져야겠다면서 내게 묻는 거야. 매일 아침 목욕을 하느냐고. 그래서 "아니." 그랬지. 누나는 정말 더럽다면서 그럼 이틀에 한 번은 씻느냐고 묻더라고. 또 "아니." 그랬어. 그럼 대체 얼마 만에 목욕을 하느냐고 또 묻기에 일주일에 한 번이라고 했어. "그래도 발은 매일 닦지?" 하기에, 아니라고 했지. 누나는 정말 구역질난다면서 목욕 좀 하라고 잔소리를 늘어놓는 거야. 그럼 목이랑 어깨는 닦겠다고 했더니 그럴 바에야 차라리 목욕을 하래. 그래서 그렇게는 못 하겠다고 했더니 버릇없이 말하지 않겠다고 약속하라며 구박을 하는 거야. 학교 기숙사에서는 한 달에 한 번만 발을 닦는데 뭐 어떠냐고 말해 줬지. 조금 지저분한 얘기지만 학교 규정이 그런 걸 내가 어쩌겠어. 캐롤라인 누나는 토할 것 같은 표정을 지으면서 방에서 나갔어. 에라스무스 형한테 그 얘기를 했더니 배꼽 빠지게 웃으면서 누나더러 와서 우리들을 직접 씻겨 보라고 하지 그랬냐는 거야. 캐롤라인 누나는 형하고 나한테서 역겨운 냄새가 난다고 우리 옆에 앉지도 않을 거래. 형하고 나는 한참 동안 노닥거렸어.

언제나 너를 사랑해.

너의 정의파 주먹코.

1822년 1월 4일 두 번째 편지

친구에게 보내는 편지 1822년 1월 12일

내 친구에게

어제 돔벤을 타고 즐겁게 놀았길 바란다. 아주 즐거운 산책이었어. 처음엔 시시했는데, 버그 레이턴 대령이 나타나기 전까지는 꽤 즐거웠지.[8] 그 아저씨랑 채석장까지 걸었어. 유모와도 재미있게 지냈어. 메이의 물건들* 말이야. 깜짝 놀랐어. 피부를 창백하게 만들어. 입술연지라는 건가 봐.[9] 분명 한 접시에 18펜스짜리 싸구려일 텐데, 메리앤 누나는 소중하다는 거야.

나는 영원한 너의 강아지 몰이꾼이야

*세면 용품

1822년 1월 12일

다음 여름엔 꼭 두 개의 동굴을 파서 한 곳엔 전쟁놀이 장난감을 넣고, 다른 곳에는 유물들을 넣어 두자. 챙길 것은 숟가락, 접이식 칼, 찾게 되면 물총도. 둑 위 개암나무 옆에 있는 의자 위쪽 물푸레나무에 이름을 새기자. 이 정도면 된 것 같아. 종이엔 기계 설계도를 그리는 거야. X에 핀 하나를 나무껍질에 박아 넣어. 핀 위에 나무 조각을 꽂아서 손잡이처럼 올렸다 내려다 하는 거야. aa는 그 나무 조각이고, bb는 끈인데 둑으로 늘어뜨려. cc는 스프링 대신에 달아 놓을 추들이야. dd는 색깔 있는 천이나 리본이고, e는 내가 앉을 나무야. g는 둑이지. f(한 글자는 해독 불

능) 빨간 천이 내가 앉은 쪽으로 올라가면, 다른 쪽은 바닥에 닿는 거지.

아빠가 그러셨는데 금요일에는 어쩌면 윌커트로 가야 할 거래. 거기 가면 예쁜 물건들이 많지만 욕심내면 안 된다고 하셨어. 그러니까 네 사랑하는 강아지도 조심시키는 게 좋을 거야.

이번엔 다운즈에게 꼭 물어봐야지. 드럼도 쳐야 하고, 파이프도 연주하고 …… 이 정도면 됐어 …….

애슬턴(Athelyon)에 갔어. 거기서 레이놀즈 양과 얘기를 했거든. 난 그녀가 참 좋아. 그녀는 참 예쁜데, 메리앤 누나랑 캐롤라인 누나의 친구인 줄은 몰랐어. 레이놀즈 엄마는 퀘이커 교도의 피가 섞였는데, 참 좋은 분이야. 내 생각엔 레이놀즈는 목사랑 결혼할 것 같은데, 레이놀즈 씨는 결혼 전에 한 4, 5년 두고 보려는 것 같아. 이 남자가 생활비도 좀 대고 있어. 하지만 자세히는 모르겠어.[10] 클루드 씨 부부가 마음에 들어.[11] 특히 아저씨가 더 마음에 들어. 에라스무스 형은 별로 마음에 안 들었나 봐. 네가 꼭 알아야 하는데, 형이 나랑 같이 있었거든. 형은 다 마음에 안 들었던 모양이야. 하지만 나는 좋았어. 클루드 양과 아저씨는 말이 엄청 많은 것 같아.

에든버러

Edinburgh

"슈루즈베리에서의 학교 생활이 신통치 않아서 아버지는 내가 아직 어린데도 1825년 10월에 형이 다니고 있는 에든버러 대학으로 전학을 시켰고 나는 이 년 동안 에든버러에 다녔다." (『자서전』, 46쪽)

로버트 웨링 다윈에게 보내는 편지 1825년 10월 23일

에든버러

일요일 아침

아버지께

생각했던 대로 에라스무스 형이 저의 여행에 각별히 신경을 써 주어서 달리 드릴 말씀은 없지만, 7파운드를 썼다는 말씀은 드려야겠어요. 어제 저녁에 하숙집에 들어왔는데 아주 맘에 들고 학교에서 멀지도 않아요. 하숙집 주인은 맥케이 부인인데 깔끔하고 친절해요. 그리고 공손해요. 주소는 에든버러 로디안가 11번지에요. 1층에서 계단 네 개만 올라가면 되고 다른 데보다 하숙비도 저렴해요. 햇빛도 잘 들고 깨끗한 침실이 두 개, 멋진 거실까지 있는데 1파운드 6실링이에요. 게다가 에든버러에서 햇빛이 잘 드는 침실은 정말 보물이에요. 하숙집 방들은 거의 대부분 햇빛 들어올 구멍도 없고 공기도 잘 안 통한대요. 첫날 아침에 우리는 정말 마음씨 좋은 신학박사가 아니었다면 만나 볼 엄두도 내지 못했을 홀리 박사님을 찾아가 부탁을 드렸어요. 박사님은 우리를 자기 서재로 데려가서 지도도 보여 주고 언제든지 찾아와도 좋다고 허락을 해 주셨어요. 정말로 스코틀랜드 사람 앞에서 잉글랜드 사람은 창피한 줄 알아야 할 거예요. 그만큼 친절하고 예의가 바르거든요.

버틀러 박사님뿐만 아니라 어떤 거만한 영국 목사들이 행여나 우리처럼 낯선 아이 둘을 자기 서재로 데려가서 구경을 시켜줬겠어요? 형하고 저는 그 박사님을 찾아가서 대화다운 대화를 나누고 셋이서 마을도 산책했어요. 우리는 정말로 감동을 받았답니다. 브리지 가는 정말 여태 한 번도 본 적 없는 멋진 곳이었어요. 그리고 거리 양 옆으로는 사람들이 어찌나 많은지 강물이 흘러가는 것 같았어요. 오전엔 그렇게 산책을 하면서 마을을 익혀 두었죠. 그리고 저녁에는 스티븐스라는 여가수가 공연하는 연극을 보러 갔어요. 아주 끝내주는 연극이에요. 여기선 꽤 인기 있는 여가수에요. 앙코르 요청을 하도 많이 받아서 공연을 못 할 정도랍니다. 월요일에는 오페라 '마탄의 어쩌구(?)'를 보러 가요.[1] 하숙집으로 들어가기 전에 우리는 프린세스 가에 있는 스타 호텔에 잠시 있었어요.

다음 주 수요일에는 입학 요강이 발표되고 토요일에 입학허가를 받아요. 10실링 내고 책을 받아서 이름을 적고 나면 입학식이 끝나는 거예요. 하지만 교수님한테 표를 받기 전까지 도서관은 들어갈 수 없대요.

우리는 지금 막 교회에 다녀왔는데 고작 20분짜리 설교더라고요. 적어도 2시간 30분 동안 월터 스콧 경의 은혜가 충만한 설교를 듣고 싶었거든요.

아버지의 사랑하는 아들 찰스 다윈 드림.

캐롤라인 다윈에게 보내는 편지 1826년 1월 6일

에든버러

1826년 1월 6일

캐롤라인 누나에게

누나 편지 정말 고마워. 그 편지가 덩컨 교수의 길고 지루한 약물학 강의를 듣고 나온 우리를 구원해 준 셈이야. 그 강의나 교수가 어떤지 누나는 모를 테니까 간단하게 말해 줄게. 덩컨 교수는 정말 지독한 공부벌레야. 이성으로 똘똘 뭉친 사람이라 감정이란 게 비집고 들어갈 틈도 없을 거야. 그 교수의 강의가 바로 약물학인데 정말이지 그 지루함이란 이루 말할 수가 없어. 그런데 요 며칠 아침마다 조금씩 개선의 기미가 보이는 거야. 나는 부디 일말의 기대감만이라도 가져 봤으면 좋겠어. 아침 8시에 시작하는 강의니까.

호프 교수의 강의는 10시에 시작해, 강의도 맘에 들고 교수도 괜찮아(그 강의가 끝나면 에라스무스 형은 리자즈 교수의 해부학 강의를 들어. 아주 멋진 교수야). 그리고 12시에는 병원 실습을 나가. 그다음엔 먼로 교수의 해부학 강의를 들어. 먼로 교수나 그의 강의에 대해서는 도무지 고상한 척을 할 수가 없어. 정말 지저분한 사람이거든. 일주일에 세 번은 임상강의가 있어. 그게 뭐냐 하면, 진짜 환자들이 누워 있는 병원에서 하는 강의야. 아주 재밌어. 주절주절 늘어놓으니 내가 강의를 하는 것 같군. 강의 얘기는 이제 그만 할게.

이젠 정말 착한 꼬마가 돼야지(아빠가 '에든버러 대학에 다니는 어엿한 대학생'인 데도 불구하고 나를 꼬마라고 불러서 비록 놀라기는 했지만). 그런데 존슨이라는 친구에 대해서 얘기를 안 할 수가 없어. 존슨이라는 녀석은 하숙집을 세 번이나 옮겨 다녔어. 아주 싸구려 집들만 골라서 다녔던 거야. 하숙집 주인들이 번번이 사기를 쳐서 결국 문제를 해결하지는 못했지. 누나도 곧 에라스무스 형이 정식 신문처럼 보내게 될 편지를 좋아하게 될 거야. 엠마가 누나랑 같이 있다고 편지에 썼던데, 아직 같이 있다면 조시아랑 이야기 좀 해 보라고 부탁해 봐. 아직 티타늄을 구하지 못했는데 조만간에 다시 구해 보려고 해. 그리고 캐티랑 수전 누나더러 나한테 편지 좀 하라고 해 줘. 편지 받는 게 얼마나 큰 낙인지 모를걸? 혹시 형이나 내가 답장을 늦게 보내더라도 누나는 '사랑하는 까만 코 동생'에게 재밌는 편지를 더 많이 보내 줄 거지? 에라스무스 형은 벌써 알고 있을 걸? 내가 식구들 얼굴을 직접 보는 것보다 편지 읽는 걸 훨씬 좋아한다는 걸 말이야. 그리고 우리 귀여운 조카도 잘 돌봐줄 거라 믿어. 이제 다음번 생일이 되면 내가 몇 살이 되는 줄 알아? 열일곱이라고. 만약 어쩔 수 없이 일 년 정도 외국에 나가야 한다면 스물한 살이나 되어야 학위를 받을 수 있어. 글씨를 잘 쓰겠다고 한 적은 없으니까 편지 읽으면서 화 내지 말고.

언제나 누나를 사랑하는 동생 찰스 다윈.

아빠에게 사랑한다고 전해 줘. 그리고 며칠 내로 편지 드린다고 말씀드리고.

수전 다윈에게 보내는 편지 1826년 1월 29일

에든버러

1월 29일

사랑하는 수전 누나

가족 모두가 내게 편지를 보내 줘서 누구에게 먼저 고맙다고 해야 할지 모르겠어. 일일이 감사의 말을 전하진 못하니까 누나가 대신 전해 줘. 아빠부터 우리 막내 키티에게도 말이야. 에든버러 축제가 이제 막 시작했어. 지난주에 집회가 있었고 곧 또다시 열릴 거래. 에라스무스 형과 나는 첫 번째 집회에 나가 볼 생각이었지만 다음으로 미뤘어. 돈을 너무 헤프게 써 버렸거든. 토요일에는 홀리 교수님 댁에서 저녁을 먹었는데 정말 즐거웠어. 그리고 그리빌 씨와 극장에 갔는데 그분은 굉장한 식물학자야. 홀리 교수님이 아빠가 궁금해하셨던 것에 대해서 몇 가지 정보를 주셨는데 아빠께도 곧 알려드릴 거야. 다음 주 금요일에는 덩컨 교수님 댁에서 파티가 있어. 지난번 파티보다는 좀 괜찮아야 할 텐데. 지난번에는 완전히 멍청한 박제 표본이 된 기분이었거든. 덩컨 교수 나이가 얼마인 줄 알아? 자그마치 여든이 넘으셨어. 그런데도 강의를 하는 양반이야. 그런데 홀리 교수가 그러는데, 덩컨 교수가 아주 급속도로 건강이 나빠지시고 있대. 누나, 난 아주 진저리가 날 만큼 한가해서 소설 두 권을 한꺼번에 읽고 있어. 누가 날 좀 호되게 혼내준다면 좀 나아질 텐데. 누나가 날 좀 따끔하게 혼내 줘. 『그랜비』에 완전히 푹 빠져 있거든.[2] 해리엇 부인이 질소 가스에 대해서 말했던 것 기억하지? 존슨이 질소 가스를 마셔 버렸어.

완전히 뿅 간 기분이라는 거야. 그래서 우리도 방학 때 한 번 해 보려고. 『유레 화학 사전*Ure's Chem. Dic.*』에도 나와 있더라고. 웨지우드 아저씨도 질소가스를 마시고는 코를 싸쥐고 뻗었대. 질소가스를 마시면 완전히 기절해 버리는 수도 있거든. 에라스무스 형이 케임브리지에 사는 한 남자를 아는데 그 사람이 그렇게 기절을 했는데 겨우 귀만 열려서 들을 수 있었나 봐, 움직이는 건 고사하고 말도 안 나오더래. 그런데 끔찍하게도 관자놀이 동맥을 찢어야 한다는 둥 하는 소리가 들리는 바람에 죽을 맛이었다는군. 덩컨 교수 댁에서 일하는 흑인 노예가 있는데 그 사람한테 새에 대해서 이것저것 좀 배우려고 해. 아무래도 수업료가 싸기 때문에 추천해 주신 것 같아. 두 달 동안 매일 한 시간씩 배우는 데 고작 1기니밖에 안 들거든.

잘 지내고 있으니까 염려 마. 찰스 다윈 …….

캐롤라인에게 보내는 편지 1826년 4월 8일

에든버러

4월 8일

캐롤라인 누나에게

아마 난 이 편지를 끝내지 못할지도 몰라. 그래도 누나가 보내 준 자상하고 따뜻한 편지에 감사는 해야겠지. 누나가 나한테 신경을 써 주고 보살펴 주었는데도 고마워할 줄도 몰랐어. 내가 왜 그렇게 배은망덕했는지 모르겠어. 누나가 『성경』을 읽으라고 해서 읽고 있어. 누나가 제일 좋아하는 부분은 어디지? 난 복음서가 좋던데. 누나는 어떤 복음서가 최고라고 생각해? 답장 쓸 때 알려줘. 누나 편지를 내가 얼마나 기다리는 줄 모를걸. 지난 며칠 동안 이곳은 날씨가 정말 좋았어. 그래도 돌아가고 싶은 마음은 굴뚝같아. 호프 교수의 전기학 강의는 늘 훌륭해. 그래서 그 시간이 좋아. 강의는 이제 많이 줄었어. 그래도 9일이나, 어쩌면 2주 정도는 더 있어야 해. 그때쯤이면 돈이 바닥날 것 같은데, 아빠가 5파운드나 10파운드 정도만 보내 주시면 좋겠어. 아빠에게도 바로 돈을 보내 달라고 말씀드려야지. 이 편지가 도착하려면 사흘은 더 있어야 할 텐데 그러면 앞으로 엿새는 지나야 답장을 받겠군. 형이 책을 잘 받았는지 궁금해. 답장 쓸 때 알려줘. 운하를 거쳐서 글래스고까지 간 다음 거기서 또 슈루즈베리까지 육로로 실어 나를 테니까 내 책들은 우선 배편으로 보냈어. 쓰고 나니까 편지가 정말 엉망이네. 누나도 엉망이라는 말이 뭔 뜻인지 알거야. 그렇다고 누나 편지가 내 편지처럼 형편없다는 말은 아니고.

〈존 불*John Bull*〉[3](영국 토리당의 주간지) 지난 호랑 다음 호를 슈루즈베리로 보냈어. 누나 읽어 보라고. 지난번에 보내 준 건 잘 받아서 읽었겠지. 정말 깔끔한 편지를 쓰겠다고 마음먹었는데 아무래도 난 마무리가 안 되나 봐. 벌써 들통 났잖아.

가족들에게 안부 전해 줘. 이 편지는 보여 주지 말고.

캐롤라인 누나에게 사랑하는 동생 찰스 다윈이.

[에든버러에서 찰스 다윈이 보낸 나머지 편지들은 남아 있지 않다.

찰스 다윈의 형인 에라스무스 앨비 다윈은 런던에서 의학 공부를 계속 하기로 결심했다. 홀로 남은 다윈은 의학에 점점 흥미를 잃고 자연사를 폭넓게 공부하게 되었다. 1827년 3월에 쓴 동물학 관찰 노트에는 두 종류의 해양무척추동물 플루스트라(*Flustra*)와 폰톱델라 뮤리카타(*Pontobdella muricata*)에 관한 기록이 있다. 1827년 3월 27일 다윈은 플리니 자연사 대학협회(Plinian Natural History Society of University)에 자신의 관찰 기록을 보고했다.]

케임브리지

“에든버러 대학에서 이 년을 보내고 난 다음에 아버지가 눈치를 채신 건지 누나에게 들었는지 내가 의사가 될 생각이 없다는 것을 아셨다. 결국 아버지는 목사가 될 것을 권유하셨다. 당시에 나의 목표라는 것은 기껏해야 한심한 운동선수가 되는 것이었는데 아버지는 그것을 무척 완강히 반대하셨다.” (『자서전』, 56쪽)

이 문제의 결말은 1828년 초에 학위를 받기 위해서 다윈이 케임브리지의 신학대학에 입학하는 것으로 일단락 지어졌다. 그곳에서 다윈은 곤충학에 눈을 뜨게 해준 자신의 육촌 윌리엄 다윈 폭스를 만나게 된다.

윌리엄 다윈 폭스에게 보내는 편지 1828년 6월 12일

12일 금요일

폭스 형에게

아무라도 붙들고 곤충 얘기를 하지 않으면 곧 죽을 것 같아. 내가 이 편지를 쓰는 단 한 가지 이유는 내 머리를 좀 비우고 싶어서야. 그러니 이 편지를 다 읽기 전에 눈치 채겠지만, 내가 형을 생각해서 쓰는 게 아니라 오직 내 흥에 취해서 쓴다는 걸 형은 꼭 이해해 주어야 해. 케임브리지를 떠난 후로 줄곧 아주 가지가지로 게으름을 피웠어. 곤충학을 듣는 다른 애들도 마찬가지였어. 그런데 아주 흥미로운 곤충을 몇 마리 손에 넣게 된 거야. 누나가 그 곤충 세 마리를 대충 그려줬어. 첫 번째 곤충은 확실히 퀸즈 대학 버드나무 아래에서 볼 수 있는 호어(William Strong Hoar, 퀸즈 대학의 학부생이었음—옮긴이)처럼 생긴 녀석이야. 갈런느도 잘 모르더군.

이 곤충은 나무 울타리 수피 속에서 발견했는데 아주 활동적이어서 눈길을 끌었어. 세 마리를 박제했어. 끝내주는 작품이야.

두 번째 곤충은 지극히 평범한 곤충인데 풍뎅이 비슷하게 생겼는데 혹시 이 곤충의 이름을 알고 있어?

세 번째 곤충은 넉줄꽃하늘소(*Quadrifasciata*)와 아주 닮았는데 정말 아름다웠어. 몸의 크기는 정확히 같아. 이 작은 녀석들에 대해서 제대로 알고 싶어서 형에게 이 녀석들을 소개하는 거야. 케임브리지를 떠나기 전에는 형이 얼마나 소중한 친구인지 전혀 몰랐어. 난 이 말을 끊임없이 외친다고. "폭스 형을 여기로 데려와!"

진심으로 말하는데, 이번 여름이 다 가기 전에 이곳으로 와 줘. 우리 아버지도 형을 보고 싶다고 전해 달라고 하셨어.

세 종류의 무당벌레(*coccinelle*)를 잡았는데, 호어를 닮은 한 녀석은 형이 희귀하다고 말한 곤충이야. 그리고 또 하나는 겉날개 표면에 흰 점 일곱 개가 있어! 분명히 형도 관심이 있을 것 같아서 말하는데, 붉은 점 네 개가 있는 녀석하고 검은색 무당벌레가 두점무당벌레(*bipunctata*) 네 마리 혹은 다섯 마리하고 짝짓기를 하는 걸 봤어(아마 형이 가지고 있는 검은 무당벌레들도 대부분 ○개의 점이 있을 거야. 이건 다른 종인 것 같아). 두 마리가 짝짓기 하는 건 자주 봤지만 이런 경우는 정말 드물지. 스티븐스가 만든 절지동물의 하악골 구조 표 Ⅲ에서 클리비나 콜라리스(*Clivina collaris*)를 찾아 봤거든.[1] 그리고 아름다운 구릿빛 방아벌레도 말이야.

이렇게  빗처럼 생긴 더듬이가 있더군. 비루스 필룰라(*Byrrhus Pillula*) 그림을 갖고 싶다고? 얼마든지 구할 수 있어.

나를 믿어 폭스 형. 그럼 잘 지내.

슈루즈베리에서 찰스 다윈이.

그림 1
옅은 푸른빛을 띠는 검은 색,
그림보다 실제는 폭이 좁다.

그림 2
좀 더 밝은 색이고 금속같은 느낌이다. 다리들은 모두 빼고 그렸다.

그림 3
가장 잘 묘사했다.

첫 번째 그림은 홍날갯과(*Pyrochroidae*)의 곤충과 많이 닮았고, 폭이 아주 좁은 거저릿과(Blaps)와 아주 비슷해. 비교해 볼 수도 있어.

두 번째 그림: 이 벌레 이름은 나에게 꼭 알려 줘.

에라스무스 앨비 다윈에게 보내는 편지 1828년 12월 21일

슈루즈베리

형에게

수전 누나가 세 번째 종이를 내게 주면서 편지를 쓰라는데 왜 그래야 하는지 모르겠어. 하지만 부끄럽고 무례했던 내 행동에 대해서 사과가 너무 늦은 건 사실이야. 변명의 여지도 없고 말이야. 형을 본 지가 너무 오래된 것 같아 ……. 형이 케임브리지를 떠난 후에 난 대학 내에 아주 괜찮은 방에 들어가게 됐어. 다음에 케임브리지로 오면 보여 주겠지만 하숙집보다 훨씬 쾌적해. 형이 좋아할 만한 그림에 대해서 충분히 알았어. 그래서 정말 괜찮은 그림을 사 놨는데 얼른 보여 주고 싶어. 어제 케임브리지에서 내려 왔는데 너무 허전해. 이번 크리스마스 때는 친구들이 모두 떠나기 전에 가서 에든버러 동창들을 만나야 할 것 같아. 폭스는 학위 때문에 엄청 긴장하고 고민하면서 케임브리지에 남아 있어. 학위를 주는 조건이 너무 엄격하거든. 최소한 50명은 낙제를 시킬 거라고 다들 포기 상태야. 폭스와 난 거의 붙어 살다시피 했거든. 곤충학은 알면 알수록 놀라워. 프라이스도 케임브리지에 남았어. 제자까지 몇 명 데리고 말이야. 아마 형에게도 곧 편지를 쓸 거야. 케네디는 세인트 존스(St. Johns)의 강사가 되었고, 휘틀리는 후년이나 그 내후년에 강사가 될 거야. 대단한 것 같아. 수전 누나의 편지에 이어서 쓰자니 더 형편없어 보이는군. 하지만 형이 다시 오기를 얼마나 기다리는지 알겠지? 의학박사님 얼굴을 다시 보고 싶어. 페니 오언은 독일식의 미사여구를 줄줄이 늘어놔도 될 만큼 그 어느 때보다 매력이 넘쳐.[2]

에라스무스 형에게. 사랑하는 동생, 찰스 다윈.

W. D. 폭스에게 보내는 편지 1830년 3월 25일

케임브리지

목요일

폭스 형에게

시험 통과!!![3] 그동안 편지 못한 것을 사과할 테니 나를 너무 몰아세우진 말아 줘. 그래도 이건 정말이야. 통과되기 전까지 온 신경이 곤두서고 상태도 안 좋았는데, 형의 지친 모습이 자꾸 눈에 아른거렸다고. 그럴 때마다 내 게으른 모습을 비웃게 되더군. 어쨌든 난 통과야, 통과했다고! '통과'라는 멋진 단어만으로 편지지 전체를 다 채울 수 있을 거야. 어제야 비로소 이 유쾌한 소식을 들었지. 일주일 전만 해도 내가 어느 반에 들어갈지 몰랐거든. 시험마다 방식이 전부 달랐어. 한 가지 장점이라면 하루만에 모두 끝난다는 점이었어. 시험은 다소 엄격하게 치러졌어. 엄청나게 문제가 많더군.

형의 계획을 듣고 싶다. 우리가 무얼 하면서 즐겁게 지내면 좋을지, 어떤 곤충들을 잡을 계획인지 말이야. 물론 이곳으로 올 생각이겠지. 우리의 은신처에 다시 갈 생각을 하면 심장이 뛴다. 곤충학 분야에 장래성이 있을 것 같은 후배 둘하고 정기적으로 늪지대로 나가서 곤충을 잡을 계획이야. 우리가 제닝스 씨만 곤충들과 함께 촌구석에 내버려 두지 않은 건 정말 하늘이 도운거지. 새 캐비닛이 도착했고 이제 신나는 일로 채울 일만 남았어.

당분간 마을에 내려가서 오페라도 보고 호프 교수님도 뵐 작정이야.

우리 형에게는 말하지 마. 물론 형을 만나는 거야 상관없어. 만약 내가 곧 가거나 형이 올 수도 있지만, 형의 계획이 정해지면 내 계획도 맞춰봐야지. 그러니 편지받는 대로 답장 해 줘. 바로 오겠다는 긍정적인 대답을 기대하고 있을게.

빨리 보고 싶어. 그때까지 잘 지내. 진실한 형의 친구 찰스 다윈.

존 스티븐스 헨슬로 교수에게 보내는 편지 1831년 7월 11일

슈루즈베리

월요일

[찰스 다윈은 1831년 1월 22일 학사학위 시험을 통과했다. 시험을 통과한 168명의 학생 중에 다윈은 10등을 했다. 마지막 두 학기 동안 멘토이자 친구였던 존 스티븐스 헨슬로는 다윈에게 지질학 강의를 들을 것을 권했다. 에든버러 대학 시절 다윈은 지질학을 절망스러울 만큼 지루한 과목이라고 여겨 포기한 적이 있었다. 그 해 6월 다윈은 케임브리지 대학의 지질학 교수 우드워디안, 아담 세즈윅과 함께 웨일스로 지질학 탐사 여행을 준비한다.]

존경하는 교수님

더 일찍 소식을 전해 드렸어야 했는데, 클리노미터(경사계)를 기다리느라 늦었습니다. 하지만 모든 일이 잘 돌아가고 있다고 말씀드릴 수 있어서 무척 기쁩니다. 제 방에 작업대를 들여놓고 가능한 모든 각도와 방향에 맞춰 놓았습니다. 이제 웬만한 지질학자 만큼이나 정확히 측정할 수 있게 되었다고 감히 말씀드릴 수 있습니다. 목재 클리노미터는 25실링을 줬습니다만, 눈금이 새겨진 놋쇠 판의 뚜껑은 ……. 다른 것들도 많이 써 봤지만 제가 아직은 클리노미터를 지질학에 쓰는 데 서툴러서 첫 번째 탐사에 망치와 함께 이것을 가지고 가더라도 큰 도움이 될지 오히려 출발할 때보다 걱정입니다. 하지만 이건 어디까지나 저의 걱정일 뿐이고, 이 강력한 장비들이 어느 날 제대로 작동하기만 한다면 세상 어딘들 못 가랴 싶습니다. 세즈윅 교수님께서 말씀하시는 것을 못 들었는데, 세븐 강의 지층 조사를 빠뜨릴까봐 염려가 됩니다.[4] 하지만 교수님께서 강력히 권하셨을 거라 믿습니다. 교수님도 읽으셨겠지만 훔볼트의 책을 읽고 또 읽었습니다.[5] 그 무엇도 카나리 제도의 거대한 드래곤 트리(the Great Dragon tree)를 찾아가는 길을 막지 못할 것입니다. 그리고 L. 제닝스에게 멋진 딥테라(diptera, 파리목의 곤충, 특히 파리—옮긴이)를 잘 받았으며 제겐 매우 소중하다는 것을 전해주시길 바랍니다. 그리고 그 작은 곤충에 핀을 어떻게 꽂았는지도 여쭤 봐 주세요. 부탁이 많아서 죄송합니다.

당신의 믿음직한 제자 찰스 다윈 드림

아이튼도 마음속에 열정이 가득하다면서 자기를 기억해 달라고 합니다.

제안

The Offer

8월 24일, 헨슬로우 교수는 다윈에게 이렇게 썼다.

"조지 피콕에게 부탁을 하나 받았네. 피츠로이 선장이 정부 차원에서 남아메리카 남단까지 조사해 달라는 의뢰를 받았는데, 그 선장에게 자연학자 겸 말벗이 되어 줄 만한 사람을 추천해 달라고 말일세. 내가 아는 한 자네가 그 일에 적격일 것 같고 아주 잘해낼 거라고 생각해서 말을 해 뒀네. 자네가 자연학자라고는 말하지 않았지만, 자연사에 기록할 만한 중요한 가치가 있는 자료들을 수집, 관찰, 기록하는 데는 충분한 자격이 있다고 해 두었네."

J. S. 헨슬로 교수에게 보내는 편지
1831년 8월 30일

슈루즈베리

목요일

존경하는 교수님께

피콕 씨의 편지는 토요일에 도착했고, 어제 저녁 늦게야 받아 보았습니다. 생각하면 할수록 교수님께서 저를 생각해서 주신 기회를 기쁘게 받아들여야 한다고 생각합니다. 하지만 저의 아버지께서는 단호히 거절하시진 않았지만 안전하지 않을 거라시면서 항해를 반대하는 말씀을 하셨습니다. 아버지의 말씀은, 성직자가 되는 데 항해 경험은 그다지 적절하지 않다는 겁니다. 게다가 피츠로이 선장님과 적응할 시간이나 기회도 없었다는 것이지요. 그것은 분명히 심각한 문제이긴 합니다. 체력뿐만 아니라 그 같은 일을 감당할 마음의 준비를 할 시간이 매우 부족하니까요. 하지만 아버지의 반대만 아니라면 전 그 모든 위험을 감수할 용의가 있습니다.

자연학자라는 것이 자리를 잡은 직업도 아니지 않습니까? 교수님께서 겪으실 곤란한 상황에 대해 책임을 느낍니다. 이보다 더 좋은 기회는 없을 겁니다. 10월에 케임브리지에 가서 뵙고 말씀을 나누고 싶습니다. 저와 세즈윅 교수님의 탐사 여행은 거의 완벽했습니다. 그리고 교수님의 편지를 받기 며칠 전까지 램지 씨의 사망 소식을 듣지 못했습니다. 지금까지 저는 굉장히 운이 좋았나 봅니다. 제가 존경하고 사랑하는 사람을 잃어 본 적이 없습니다. 그냥 아는 사람이 죽은 것이지만 잠깐이나마 상실감을 충분히 느낍니다. 램지 씨가 이 세상에 없다는 것이 도무지 믿기질 않습니다. 정말 좋은 분이었습니다.

교수님을 존경하는 찰스 다윈 드림.

설령 제가 간다고 하더라도 아버지의 반대가 매우 심할 것이고, 아마 전 기력이 다 떨어질 겁니다. 기력이 다 떨어지면 무슨 의미가 있겠습니까 …….

아버지에게 보내는 편지 1831년 8월 31일

메이어

8월 31일

["8월 마지막 날, 나는 메이어(Maer, 웨지우드가의 집이 있는 곳—옮긴이)에 갔는데 그곳에서 상황이 달라졌다. 가족들은 모두 내편이었으며

다시 한 번 아버지를 설득해 보기로 마음먹었다.”『비글호 일기』, 3쪽]

아버지께

또다시 아버지를 불편하게 해 드려서 죄송합니다. 심사숙고 끝에 항해 제안에 대한 제 생각을 다시 말씀드리는 것을 용서해 주십시오. 제가 이렇게 간청하는 이유는 그 문제에 대해서 아버지나 누나들의 시각과 웨지우드가 사람들의 시각이 전혀 다르다는 것 때문입니다.

조스 삼촌께 저의 강한 신념이 틀리지 않다는 것과 아버지의 반대 의견들을 말씀드렸습니다. 삼촌은 자상하게 당신의 생각을 말씀해 주셨습니다. 삼촌의 의견을 적어 보냅니다. 아버지의 허락을 간절히 바랍니다. 된다, 안 된다는 대답을 주신다면 고맙겠습니다. 만약 이후에 아버지의 훌륭한 판단과 평생 제게 보여 주셨던 진심 어린 관대함에 절대적으로 순종하지 않는다면 전 배은망덕한 놈이 될 것입니다. 그리고 두 번 다시는 그 문제를 거론하지 않겠습니다. 아버지께서 허락해 주시면, 곧바로 헨슬로 교수님과 신중하게 의논을 한 다음에 슈루즈베리로 돌아가겠습니다. 위험도 따를 테고, 웨지우드가 사람들이 모두 현명하다고 할 수는 없지만, 비용은 큰 문제가 되지 않습니다. 그리고 제가 집에 머문다고 해도 시간은 흐지부지 흘러갈 것입니다. 바라건대, 제 마음은 이미 기울었습니다. 한순간도 망설일 거라고 생각하지 마세요. 그렇게 생각하신다면 잠시 동안은 편하실지 모르지만 아버지도 늘 마음이 불편하실 겁니다.

다시 한 번 간곡히 말씀드리지만, 전 이번 항해가 장래의 안정된 삶에 어울리지 않는다는 생각은 하지 않습니다. 이 편지로 아버지께서 불안해하지 않으시길 바랍니다. 내일 아침에 이 편지를 차편으로 보내겠습니다.

마음의 결정이 내려지신다면 다음 날 같은 방법으로 답장을 주세요. 만약 집에 계시지 않을 때 이 편지가 도착하면, 그래도 아버지께서 편하신 방법으로 빨리 답변을 주시기 바랍니다. 조스 삼촌의 친절에 무슨 말로 감사를 드려야 할지 모르겠습니다. 삼촌께서 제 일에 얼마나 관심을 가져 주시는지 결코 잊을 수 없을 겁니다.

아버지, 저를 믿어 주십시오.

당신의 사랑스러운 아들, 찰스 다윈 드림.

(1) 앞으로 성직자가 되기에는 저의 평판이 좋지 않습니다.

(2) 무모한 계획일지도 모릅니다.

(3) 저 말고도 다른 사람들에게도 제안을 했을 것입니다.

(4) 다른 사람들이 제안을 받아들이지 않은 것은 배나 탐사에 중요한 사안이 걸려 있어서일 것입니다.

(5) 앞으로도 안정적인 삶을 살 수 없을 것입니다.

(6) 편의 시설도 좋지 않을 것입니다.

(7) 아버지께서 다시 한 번 저의 직업에 대해 생각해 주시길 바랍니다.

(8) 물론 무익한 일이 될 수도 있을 것입니다.

[조스 삼촌의 편지는 다윈을 지지하는 데 중점을 두고 있다. 여덟 번째 항목은 이렇게 결말을 맺고 있었다. "탐사 항해를 하는 것이 다윈의 직업을 염두에 두고 보면 무익한 것일 수 있지만, 미지의 세계에 대해 알고 싶은 한 사람으로서 다윈을 생각한다면, 이번 항해는 사람들과 세상사를 두루 살필 수 있는 매우 소중한 기회가 될 것이다." 편

지를 부치고 나서 다윈은 사냥을 나갔다.

"10시에 조스 삼촌은 슈루즈베리로 가시겠다는 소식을 전해 오셨다. 나도 함께 가자고 하셨다. 우리가 그곳에 도착했을 때 이미 모든 것이 결정이 되어 있었다. 매우 고맙게도 아버지께서 허락을 해 주신 것이다." (『비글호 일기』, 3쪽)

케임브리지에 있는 동안 헨슬로 교수와 항해에 대해서 의논을 하고, 다윈은 피츠로이 선장의 절친한 친구인 알렉산더 우드를 만났다. 우드는 피츠로이에게 다윈에 대해 적어 보냈다. 다윈에 대한 선장의 반응은 당황스러웠다.]

수전에게 보내는 편지 1831년 9월 5일

런던 스프링가든즈 17번지

월요일

지난번 편지는 아침에 썼던 거야. 점심 무렵에 우드 씨가 피츠로이 선장의 답장을 받았는데 정말 솔직하고 공손하게, 내가 가는 걸 반대한다고 썼대. 그래서 바로 포기했어. 헨슬로 교수님도 피콕 씨가 이야기를 잘못 전한 건 매우 유감스러운 일이라고 생각하신다면서 단념하라고 하셨어. 시내로 나가기 싫었지만, 내려가서 좀 더 자세한 상황을 알아보고 가능성을 찾아보기로 했지. 피츠로이 선장이 시내에 있어서, 그를 만났어. 누나도 믿기 어렵겠지만, 내가 할 수 있는 한 그를 좀 치켜세우면서 잘 보이려고 했는데 그럴 필요가 없더군. 분명히 그 선장은 내게 마음을 열고 친절했어. 친구를 데리고 떠나기로 약속한 것 같았는데 아마 그 친구가 회사에 남아야 해서 갈 수 없게 되었나 봐. 나를 만나기 바로 오 분 전에 그 편지를 받았대. 나에겐 오히려 잘 된 일이지, 선장이 내가 가는 것을 반대한 이유는 내 방을 따로 마련해 줄 수 없어서였다는군. 만약 내가 간다면 선장과 선실을 같이 써야 한대. 숙박이나 편의 시설도 충분하지 않고 말이야. 작은 선실을 같이 쓰는 걸 내가 불편해할까 봐 그런 것이지, 사실 자기는 전혀 불편하지 않다는 거야. 이런 최악의 상황을 내게 모두 알려주는 게 자기 도리라고 생각한대. 그래서 일요일에 플리머스(Plymouth) 항구로 가서 배를 구경하기로 했어.

솔직하게 핵심에 접근하는 선장의 태도는 대단히 매력적이었어. 자기하고 같이 지내게 되면 엄청 열악한 상황에서 지내야 한대. 와인은 구경도 못하고, 식사도 최대한 소박하게 하고 말이야. 사실 계획도 피콕 씨가 말한 것처럼 훌륭한 것만은 아닌가 봐. 피츠로이 선장은 섣불리 결정하지 말고 좀 더 진지하게 생각하라더군. 하지만 탐사 여행은 분명히 고생한 것보다 훨씬 더 큰 즐거움을 줄 거라고 생각한대.

우리가 탈 배는 10월 10일까지는 그냥 정박해 있을 거라는군. 60명 정도의 선원하고 대여섯 명의 정부 관리 그리고 그 외에 얼마가 더 탈 건가 봐. 작은 배인데, 삼 년간 항해를 할 거래. 선장도 매년 30파운드 정도를 낸다니까 나도 그만큼 내야 해. 피츠로이 선장 말로는 내가 장비 일체를 포함해서 500파운드를 쓰는 건 너무 지나치다는 거야. 그리고 좀 안 좋은 소식은 세계 일주를 하게 될지 확실하지 않대. 하지만 기회는 충분히 있으니까 결정되기 전까지는 낙담하지 말라고 했어. 누나도 알지만, 그동안 여러 번 마음이 바뀌었으니 내가 알아서 결정해야겠지.

피츠로이 선장이 그러는데, 폭풍우 치는 바다는 어마어마하대. 만약 내가 내키지 않으면 언제고 영국으로 돌아올 수 있다는 거야. 그 항로를 이용하는 배들이 많다더군. 그리고 예를 들어 두 달 정도 바다 사정이 좋지 않으면 안전하고 괜찮은 곳에 나를 내려 줄 수 있대. 그리고 나를 지원할 수 있을 만큼 책도 많고 장비나 총도 가지고 있다고 해. 짐을 줄이고 싼 옷가지들을 준비하는 게 더 나을 것 같아. 일정을 짜는 것도 나에게 맞출 거야. 닻을 내리고 한 2주 정도 거기 있을 거래. 보퍼트 선장에게 내 생각을 충분히 다 말했더니, 일단 출발을 해서 세계 일주를 하지 못하면 내가 속은 거라고 생각해도 좋대. 내일모레 좀 더 확실한 지시 사항이 있는지 알아보기로 했어. 피츠로이 선장은(우드 씨의 편지 덕분인지 몰라도) 가능한 한 내 편의를 봐주겠다고 말했어. 그의 일 처리 방식이 맘에 들어. 한 번은 내게 이렇게 묻는 거야. "내가 혼자 있고 싶을 때 선실에서 나가 달라고 해도 될까요? 만약 우리가 서로 그 점을 배려해 준다면 잘 지낼 수 있을 거요. 그러지 못하면 서로 원수가 되겠죠." 우리는 마데이라(Madeira) 섬에 일주일 머물고 남아메리카에서 가장 큰 도시를 구경할 거야. 보퍼트 선장은 남쪽 바다를 가로질러 갈 항로를 구상하고 있어.

내가 하도 급하게 편지를 써서 누나가 우편 요금이 아깝다고 생각할 만큼 재미없어 할까 봐 걱정이군. 내가 피츠로이 선장에 대한 편견 없이 올바른 판단을 내렸기를 바랄 뿐이야. 내 판단이 확실하다면 선장과 나는 정말 잘 맞을 것 같아. 오늘 저녁 식사도 같이 했어. 누나가 듣고 싶다고 하면 해 줄 얘기가 많아. 정말 유쾌한 시간이었거든. 남자에게는 정말 기회라는 게 있어, 나도 그런 걸 경험했고, 오늘이 있기 전에는 그런 기회를 다 포기하고 있었어.

아버지께도 안부 전해 줘. 가장 사랑하는 수전 누나에게.

안녕, 찰스 다윈.

[1831년 9월 5일, 피츠로이 선장은 찰스 다윈에게 받은 감동을 프란시스 보퍼트에게 다음과 같이 썼다.

"나는 다윈에게서 참으로 많은 면을 보았네. 오늘 아침 거의 두 시간 동안 대화를 나누고 저녁 식사도 함께 했네. 내가 보기엔 다윈은 괜찮은 사람이네. 자연학자로서 나와 동행할 수 있도록 허락을 해주길 바라네. 그리고 자네나 다윈이 생각하는 것보다 조금이라도 더 편안하게 여행을 할 수 있도록 해 보겠네. 그의 짐과 소지품들을 모두 배에 싣도록 하고 일할 공간을 마련해 줄 것이네. 신중하게 생각해 보건대, 다윈은 내가 지난 금요일에 생각했던 것보다 자신의 일을 훨씬 잘 감당할 수 있을 것 같아. 그리고 만약 다윈이 우리의 기대에 미치지 못한다면, 승선 장부에서 다윈을 빼고 안 빼고는 내가 결정할 수 있으니까 영국으로 돌아가든지 아니면 다윈이 원하는 대로 남아메리카나 그 밖의 다른 곳으로 보내 주면 될 것이네."

장비 준비와 기상 악화로 출항이 연기되어, 비글호는 1831년 12월 27일에야 비로소 플리머스 항을 출발했다.][1]

비글호 항해
: 남아메리카, 동부 해안
The Voyage: South America, East Coast

아버지에게 보내는 편지 1832년 2월 8일-3월 1일

브라질 바이아 혹은 세인트 사우바도르

존경하는 아버지

이 편지를 쓰는 지금은 2월 8일입니다. 생자고[St. Jago, 카보베르데(Cape De Verd)]를 지나온 지 하루가 되었습니다. 적도 부근 어딘가에 본국으로 돌아가는 배가 있어서 그 배를 만날 기회를 엿보고 있습니다. 하지만 언제가 될는지 그날이 되어봐야 알 것 같습니다. 이제부터 우리가 영국을 떠난 그날부터, 짧지만 지금까지 진행해 온 일들을 말씀드리겠습니다.

우리는 12월 27일에 출항했습니다. 지금까지는 운 좋게도 맑은 날이 이어지고 있으며 바람도 알맞습니다. 영국 해협과 마데이라 섬 그리고 아프리카 해변의 강풍을 무사히 피할 수 있었습니다. 강풍을 피하기는 했지만 바람 때문에 바다가 얼마나 거칠어질 수 있는지 새삼 깨달았습니다. 비스케이(Biscay) 만에서 저는 상상을 초월할 만큼 끔찍하고 길고 고통스러운 뱃멀미를 견뎌 냈습니다. 아버지도 믿기 어려우시죠? 하지만

비글호

아무리 값비싼 대가를 치르더라도 경험을 쌓을 겁니다. 24시간 동안 꼬박 바다에 있어 보지 않은 사람은 뱃멀미가 어떤 것인지 정말 모를 겁니다. 실제로 뱃멀미를 시작하면 바로 기진맥진해져서, 곧 기절할 것 같은 기분이 듭니다. 제가 할 수 있는 일이라고는 해먹(매달아 놓은 그물 침대)에 누워 있는 것 뿐이에요. 그러면 그나마 조금 나아집니다. 그럴 때는 특히 아버지의 건포도 요리만 생각납니다. 그걸 먹으면 좀 견딜 수 있을 것 같습니다.

1월 4일 우리는 마데이라 섬에서 멀리 나아가지 못하고 있었습니다. 파도가 점점 거칠어졌기 때문입니다. 섬은 바람을 그대로 맞고 있어서 몰아치는 바람을 막아 줄 것 같지 않았습니다. 하지만 나중에 보니 우리가 정말 운이 좋았던 거예요. 그때 저는 너무 아파서 일어나 볼 엄두도 안 났어요. 6일 저녁 우리는 산타크루스(Santa Cruz) 항구로 들어갔습니다. 그때부터는 저도 조금 안정을 되찾았습니다. 훔볼트의 글에서 읽은 눈부시게 아름다운 전경을 생각하며 신선한 과일 나무들이 무성한 아름다운 계곡을 그려 봤습니다. 하지만 우리가 얼마나 실망했는지 아버지는 아마 상상도 못 하실 거예요. 작고 창백한 한 남자가 설명하기를, 우리가 12일 동안 강제로 격리되어 엄격한 검역을 받아야 한다는 겁니다. 선장이

"지브(방향 전환용 삼각형 돛—옮긴이)를 펼쳐라."하고 말하기 전까지 배 안은 거의 무덤처럼 적막했습니다. 우리는 곧 그 지긋지긋한 곳을 떠났죠. 테네리프(Teneriffe)와 그랜드 카나리(Grand Canary) 사이에서는 바람이 없어서 배가 나가지 못하고 하루를 머물렀는데, 항해를 시작한 후 처음 즐거움이라는 걸 느꼈습니다. 경치가 장관이었거든요. 테네리프 섬 꼭대기는 마치 딴 세상처럼 구름에 둘러 싸여 있었어요. 다만 그 아름다운 섬에 갈 수 없었던 것이 너무나 아쉬웠습니다.

테네리프 섬에서 생자고까지는 지극히 순조로운 항해였습니다. 배의 후미 쪽에 그물을 달아 놨는데 진기한 바다 생물들을 엄청 잡았어요. 전 대부분의 시간을 선실에서 보내는데, 날씨가 좋은 날은 갑판에 나가기도 합니다. 맑고 깨끗한 하늘은 바다와 어우러져 한 폭 그림을 그려 놓은 것 같습니다. 16일 우리는 카보베르데의 수도 프라야(Praya) 항에 도착했습니다. 바로 어제 2월 7일까지 무려 23일을 그곳에 있었습니다. 아주 유쾌한 시간을 보냈습니다. 실제로 즐거운 일이 있었던 것이 아니라, 일을 하느라 굉장히 분주했어요. 일은 의무이자 큰 즐거움입니다. 테네리프를 떠난 후 한가했던 시간이 한 시간 반이나 될까 싶습니다. 생자고에서는 자연사의 몇몇 분야와 관련된 굉장한 수확이 있었습니다. 열대지방에 서식하는 일반적인 동물들에 대해서 제대로 설명해 놓은 기록이 거의 없다는 사실을 알았습니다. 물론 제가 말하는 것은 하등동물들입니다. 화산지대를 지질학적으로 연구하는 일은 가장 흥미롭습니다. 그 자체로도 흥미롭지만 정말 아름답고 외딴곳이거든요.

코코아나무가 우거진 곳이나 바나나나무 숲, 커피나무 숲 그리고 끝없이 펼쳐진 야생화 정원을 누비며 즐거움을 만끽할 수 있는 사람은 오직 자연학자들뿐일 겁니다. 연구 자료도 풍부하게 얻었고, 즐거움도 한껏 느꼈지만, 이 섬은 우리가 항해를 하면서 둘러 보게 될 수많은 장소 중에서 가장 재미없는 곳이라고 합니다. 전체적으로 섬은 불모지나 다름없었어요. 하지만 그와는 대조적으로 계곡은 정말 아름다웠습니다. 그 장관은 말로 다 표현할 수가 없습니다. 유럽 밖으로 나가 보지 못한 사람에게 열대지방의 광경이 얼마나 독특한지 설명하는 일은 장님에게 색을 설명하는 일과 같습니다. 전 재미난 것을 보거나 쓸 거리가 있으면 항해 일지(마구잡이식으로 적어 두긴 하지만)에 기록하거나 편지를 씁니다. 제가 이토록 기뻐 날뛰는 것을 이해하시고, 이 기쁨을 제대로 표현 못하는 것도 알아주세요.

수집물이 엄청나게 늘었습니다. 그래서 리우(Rio)에서 생각했는데, 배편으로 짐을 보내야 할 것 같습니다. 비록 항해가 연기되어 플리머스에서 한없이 기다리기는 했지만, 그게 오히려 운이 좋았던 것 같아요. 덕분에 자연사의 다양한 분야에 관해 자료를 수집하고 준비를 할 수 있었습니다. 많은 사람들이 제게 좋은 조언을 해 주셨습니다. 여러 일을 하는데 배가 이렇게 유용한 장소가 될 줄은 몰랐습니다. 모든 것이 손만 뻗으면 닿을 수 있고, 제한된 공간이면서 질서정연해서 전 그야말로 쓸어 담기만 하면 됩니다.

고요하고 잔잔한 바다를 멀리 떠나와 있다가 고향으로 돌아가는 기분으로 바라보기도 합니다. 한마디로 말하자면, 배는 필요한 모든 것이 있는 안락한 집입니다. 뱃멀미만 아니라면 아마 세상 모든 사람이 뱃사람이 될 수도 있을 거예요. 에라스무스 형이 얘기한 것처럼 아주 위험한 상황은 없다고 생각합니다. 하지만 그런 상황이 있다 하더라도, 형은 아마 뱃멀미를 십 분의 일도 알지 못하고 말했을 거예요. 정부 관리들과도 친해졌습니다. 위컴, 영 킹, 스톡스 등 거의 모두하고 친합니다. 선장은 여전히 친절하고 여러모로 제게 신경을 써 줍니다. 항구에서는 하는 일이 서로 달라서 선장과 마주할 시간이 거의 없었습니다. 제 평생 그토록 피로를 잘 견디는 사람은 처음 봅니다. 선장은 잠시도 일을 손에서 놓지 않습니다. 일하지 않을 때는 주로 생각을 합니다. 스스로 목숨을 끊지 않는 한 항해를 하는 동안 선장이 하는 일은 실로 어마어마할 겁니다.

저는 매우 잘 지내고 있습니다. 더운 날씨도 아직은 다른 사람들처럼 잘 견디고 있습니다. 아마 곧 진짜 뜨거운 날씨가 어떤 건지 실감을 하게 될 테지요. 우리는 브라질 해안을 출발해서 페르난도지노롱냐(Fernando Norunho)로 향하고 있습니다. 그곳에는 오래 있지 않을 겁니다. 그곳과 리우 사이의 수심을 비교해 보고 아마 바이아(Bahia)로 갈 겁니다. 이 편지를 다 쓰고 나면 그곳에서 기회를 봐서 부치겠습니다.

2월 26일, 바이아에서 200마일 정도 떨어진 곳입니다. 10일에 라이라(Lyra)가 우편선을 타고 리우로 온다고 들었습니다. 그녀 편에 영국으로 짧은 편지를 보냈습니다. 이제껏 한 번도 영국으로 돌아가는 배를 만나지 못했습니다. 하지만 바이아에서는 편지를 부칠 수 있을 거라고 생각합니다. 편지를 쓰기 시작한 후 지금까지는 적도를 지나온 것과 면도 의식을 빼고는 특별한 일이 없었습니다. 페인트와 타르로 얼룩진 거품을 얼굴에 문지르고 면도날 대신 실톱을 가지고 면도를 해야 하는데 정말 기분 나쁜 일이죠. 그러고 나서는 돛에 담긴 짠 바닷물에 얼굴을 반쯤 담그는 거예요. 항로를 따라 50마일쯤 북쪽으로 올라가서 세인트폴(St. Paul)의 암벽에 닿았습니다. 대서양에 접해 있는 이 작은 암벽은 (약 1/4마일 남짓 이어져 있는데) 거의 아무도 발을 들여 놓지 않은 곳입니다. 불모지나 다름

없는 이곳의 주인은 새들입니다. 사람에게 잡혀 본 적이 없는 그 새들을 우리는 돌과 막대기만 던졌는데도 많이 잡았습니다. 그 섬에 몇 시간 정도 있다가 포획물을 보트에 싣고 돌아왔어요. 거기서 우리는 브라질 사람들이 유배지로 사용하는 작은 섬 페르난도지노롱냐로 갔습니다. 파도가 거칠어져서 어쩔 수 없이 그곳에 정박을 했는데, 선장은 다음 날 출발하기로 결정했습니다. 해변에서 보낸 그 하루는 매우 즐거웠습니다. 섬 전체가 하나의 숲을 이루고 있었는데, 덩굴식물이 얽혀 있는 길을 발로 밟아 다져가며 나아가느라 무척 힘들었습니다. 이렇게 오지의 자연사를 알게 되면 너무 흥분되고 특히 지질학적으로 알게 되면 신이 납니다.

바이아에서 시간을 좀 더 절약하려고 이 편지를 써 두었습니다. 열대지방의 가장 두드러지는 특징은 뭐니 뭐니 해도 식물의 모양이 아닌가 합니다. 코코아 너츠는 아버지가 알고 계시는 색보다 좀 더 우아한 밝은 색을 입혀서 상상하시면 됩니다. 유럽의 나무들과는 다릅니다. 바나나나무나 열대의 파초 속 나무들(Plantains)은 온실에서 보는 것과 거의 비슷합니다. 아카시아나 타마린드(Tamarinds)의 푸른 잎은 매우 인상적이죠. 하지만 눈부시게 아름다운 오렌지나무들은 설명하기도 어렵고 그림을 그릴 수도 없지만, 그냥 느낌으로는 영국에 있는 오렌지나무에 비해서는 약간 흐리나 포르투갈의 월계수 잎보다는 색이 더 진하고 모양도 훨씬 아름답습니다.

코코아 너츠와 포포(Papaws, 파파야), 열매를 잔뜩 매달고 있는 연둣빛 바나나와 오렌지나무들이 지천으로 널려 있습니다. 그런 광경을 보면, 아무리 과장을 한다 해도 말로는 표현할 수 없다는 생각이 듭니다.

3월 1일 바이아 혹은 세인트 사우바도르. 우리는 2월 28일 오전에 이곳에 도착했습니다. 그리고 새로운 땅의 숲을 산책하고 돌아와서 이 편지를 씁니다. "그 누구도 바이아의 고풍스런 마을처럼 아름다운 곳을 상상할 수 없을 것이다. 이 마을은 멋진 나무들이 우거진 숲으로 둘러 싸여 있다. 그리고 세인트 사우바도르의 거대한 만으로 밀려 들어 온 고요한 바다를 내려다보며 가파른 언덕 위에 자리 잡고 있다. 하얗고 뾰족하게 생긴 집집마다 폭이 좁고 긴 창이 나 있어서 밝고 우아하게 보인다. 수도원, 포르티코(Porticos, 기둥이 받치고 있는 현관—옮긴이), 관공서들은 저마다 특색 있게 지어졌다. 만에는 거대한 배들이 흩어져 있다. 한마디로 말하자면, 브라질에서 가장 아름다운 곳이다."(저의 일지에 적어 놓은 글입니다) 꽃과 나무들 사이를 산책하는 이 우아하고도 이국적인 즐거움은 경험해 본 사람이 아니고는 도저히 이해할 수 없을 겁니다. 적도 부근의 기후는 불쾌할 정도로 뜨겁지 않으며, 지금은 우기이기 때문에 무척 습합니다. 하지만 제게는 매우 적당한 기후인 것 같습니다. 이런 나라에서 얼마 동안 조용히 살고 싶다는 생각이 듭니다. 열대지방에 대해서 더 알고 싶으시다면 훔볼트의 책을 읽어 보세요. 과학적인 이야기들은 건너뛰시고 테네리프를 떠나는 대목부터 읽으세요. 그의 책을 읽고 전 존경심을 느꼈습니다. 아이튼에게 제가 아메리카 대륙에 있다는 것과 자기가 하려는 일을 곧 시작하지 않으면 나중에는 분명히 후회할 거라고 전해 주세요(누나들에게 해야 할 말인데!). 이 편지는 5일에 부칠 겁니다. 너무 늦게 받아 보실까 걱정이 됩니다. 세상의 반대편에서 들려 올 소식을 애타게 기다리고 계실까 봐 미리 말씀드립니다. 편지가 도착하려면 어쩌면 일 년이 걸릴지도 모르겠습니다.

12일쯤에 우리는 리우로 출발할 예정인데, 가는 길에 얼마 동안은 아브롤호스 사주[Albrolhos shoals(砂州)]의 수심을 재어 보아야 합니다. 제 경험에 비추어 볼 때, 아이튼도 스페인어나 프랑스어뿐만 아니라 그림도 배워야 하고 훔볼트도 읽어야 한다고 전해 주세요. 볼 수는 없지만 남아메리카에서 간절하게 소식을 기다린다는 말도 전해 주세요. 리우에 도착했을 때 편지를 받을 수 있기를 기대하고 있습니다. 편지를 보내실 때, 그 전에 편지를 쓴 날짜를 적어 주세요. 배가 잘 나아가려면 각자 자기가 맡은 임무를 잘 수행해야 합니다. 선장 말이 이제 연습은 할 필요가 없답니다. 왜냐하면 우리는 이미 배에 대해서 훤히 알게 되었거든요. 배에 대해서 관심이 생기기 시작했습니다. 특히 요즘은 더 그렇고요. 배에 대해서라면 남아메리카에서 우리가 최고라고들 합니다. 피츠로이 사람은 정말 대단한 선장입니다. 오늘은 정말 근사한 날이었답니다. 돛을 감아올리고 항해하는 사마랑호(Samarang, 영국 군함)를 우리가 추월했습니다. 사마랑호는 최신식인데다 어마어마한 군함입니다. 하지만 비글호는 그냥 평범한 범선입니다. 에라스무스 형은 사마랑호에 대해 들어서 알고 있을 거예요. 그날 밤 저는 선장 말고는 들어갈 수 없는 신성한 쿼터데크(Quaterdeck)에 앉아 있었답니다. 편지 내용이 들쭉날쭉해서 죄송해요. 하루 일과를 모두 마치고 밤에 쓴 편지라서 그렇습니다. 항해 일지를 쓰는 일도 골칫거리입니다. 하지만 아버지께도 제가 둘러본 곳에 대해 알려드리고자 열심히 씁니다.

지금까지 항해는 매우 훌륭했습니다. 하지만 항해 계획의 전반적인 문제에 대한 아버지의 지혜를 이제야 깨닫습니다. 되돌아 갈 기회는 얼마든지 있습니다. 누군가 이러한 상황에 대해 저에게 조언을 구한다면 제가 느낀 바대로 아주 신중하게 용기를 북돋아 주겠습니다. 다른 사람들에게는 일일이 편지 쓸 시간이 없어서, 메이어로 편지를 보낼 생각입니다. 아름다운 열대지방 한복판에 있지만 늘 곁에 있다고 생각하면 얼마나 든든한지 모른다는 이야기를 하려고 합니다. 이제 더는 기뻐 날뛰지 않을 거예요. 하지만 순수한 기쁨에도 이성을 잃지 않은 제 자신이 자랑스럽습니다.

가족들 모두에게 사랑한다고 전해 주세요. 그리고 오언에게도요.

여기 있는 수많은 생명들이 무성하게 자라듯 열대지방에 대한 저의 애정도 깊어만 갑니다.

제가 신세계를 걷고 있다는 사실이 눈으로 보면서도 아직 실감나지 않습니다. 아마 아버지도 그러실 겁니다.

너그러운 마음으로 제 편지를 받아 주세요. 사랑하는 아버지께.

아버지의 사랑스런 아들 찰스 다윈.

누나들에게 써 왔던 편지 첫 장을 찾았어요.

캐롤라인에게 보내는 편지 1832년 4월 2~6일

리우데자네이루(Rio de Janeiro)

4월 5일

사랑하는 누나

오늘 아침에야 누나가 12월 31일에 쓴 편지와 캐서린이 2월 4일에 쓴 편지를 받아 보았어. 선장은 리우 항구는 환할 때 봐야 한다면서 지난밤에 배를 정박해 두기로 결정했어. 정말 장관이더군. 좀 더 두고 봐야 알겠지만, 웨일스에서 보던 울퉁불퉁한 산들과는 달라서 지금은 오히려 신기할 따름이야. 산 전체가 푸른 식물들로 덮여 있고, 정상은 야자수 잎이 늘어진 것 같은 모양을 하고 있어.

높은 탑들과 성당이 있는 도시가 산 아래쪽에 자리를 잡고서 드넓은 만을 내려다보고 있어. 만에는 각 나라의 깃발이 꽂혀 있는 군함이 정박해 있고.

우리는 돛을 차곡차곡 접으면서 해군 제독함 바로 옆으로 천천히 배를 댔어. 그리고 일이 끝나자마자 곧바로 돛을 펴고 나아갔어. 탐사선이 이렇게 완벽하고 신속하게 배를 조작하는 건 아주 이례적인 일이야. 우리는 이렇게 지휘체계에 따라 훈련이 잘 되어 있다는 걸 보여 주면서 매우 흡족해 했지. 그리고 그 짧은 동안에 편지 꾸러미를 전해 받은 거야. "아래로 보내.", "이런 얼간이들 보고만 있으면 어떡하나! 자기 일을 해야지!" 위컴이 소리쳤어. 한 시간 만에 내 편지들을 받았어. 태양은 밝게 빛나고 경치도 좋고, 우리의 작은 배는 물고기처럼 나아가고, 난 속으로 이렇게 말했어, 일단 봉투에 적힌 이름이라도 먼저 보자고. 하지만 그것으로는 성에 안 차더군. 숲이니 바다니 야자나무, 대성당 따위는 저승 뒷전이고 우선 읽어나 보자고. 그리고 덤벼들어 읽기 시작했어. 가족들이 보낸 편지를 읽어 내려가는 짜릿한 즐거움을 만끽했지. 처음엔 우리 집이 아주 생생하게 떠오르고 그곳에 있는 것 같은 흥분이 일었어. 그러고 나서는 사랑하는 모든 사람들을 하나하나 다 보고 싶어졌어.

다른 사람에게 엄청난 기쁨을 줄 능력을 가진 사람이 얼마나 되겠어.

그런데 오늘 내게 그런 기쁨을 준 사람이 바로 누나야. 사랑을 받고 있다는 확신이 들어서인지 사랑이 담긴 답장을 받아서인지 모르겠지만 무척 행복해. 어느 쪽이건 내가 넘치게 받고 있다는 생각이 들어. 누나 편지와 함께 샬롯이 쓴 편지도 받았는데, 아름다운 마을의 교회와 신성한 결혼식 장면들에 대해 썼더군. 뱃사람들이 결혼하듯 그렇게 일사천리로 결정을 해 버리는지 놀라워. 그런 방식이 유행인지, 결국 페니도 그렇게 가 버렸군. 결혼한 당사자들은 기쁠지 모르지만, 난 단연코 반대야. 이게 내 운명인지 이러다가 난 결혼도 못 할 거야. 누나는 물론 아직 미스 다윈이라고 불러야지. 솔직히 지금 내가 누구에게 쓰고 있는지도 헷갈려. 수전 누나, 누나는 J. 프라이스와 결혼할 자격이 충분해. 샬롯에게도 편지를 쓰고 싶군. 어디로 어떻게 보내야 할지는 모르지만 말이야. 분명히 이 결혼은 잘못된 거야. 메이어가는 웨지우드가에 비하면 하찮은 가문이잖아. 페니가 비덜프와 결혼하지 않았다면, 잠드는 그 순간까지 난 페니를 그리워할 텐데.[1] 아주 냉정하게 생각하고 싶지만, 무슨 생각을 하고, 무슨 말을 해야 할지 상실감이 너무 커. 동정심을 가지고 마음을 추스르지만 내 사랑 페니를 생각하면 눈물이 나. 메이어가의 햇살 가득한 꽃밭을 똑바로 바라볼 수 있을까? 이런! 내 이성과 감정, 그리고 문장들이 눈물과 웃음으로 범벅이 되는 것 같군. 가족들 모두 편안한 밤 보내.

사랑하는 누나와 가족에게. 안녕.

찰스 다윈.

헨슬로 교수에게 보내는 편지
1832년 7월 23일-8월 15일

존경하는 교수님

우리는 지금 리우 플라타(Rio Plata)를 향해 가고 있습니다. 이제야 교수님께 편지 쓸 시간이 났습니다.

제 수집품에 대해서 부탁을 드려야 할 것 같습니다. 행여나 수집품이 너무 적다고 하시지나 않을지 걱정입니다. 하지만 열심히 모은 것입니다. 하위 종족(種族)에서는 적은 양만 가지고도 수백 개의 종 못지않은 사실을 확인할 수 있다는 것을 기억해 주십시오. 상자에는 지질학 표본들도 꽤 많이 들어 있습니다. 가짓수에 비해서 양이 너무 적다는 건 압니다. 하지만 열대지방의 뜨거운 태양 아래서 돌덩어리들을 운반하느라 애써 보지 않았다면 아무도 저를 비난하지 못할 것입니다. 다양한 종류의 암석 표본을 만들고, 표본마다 설명을 붙여 놓았습니다. 교수님께서 더 연구하고 싶으신 암석이 있다면 제가 기꺼이 광물학적인 정보들을 드리겠습니다. 특히 1번부터 254번까지의 암석은 생자고 섬에서 수집한 것입니다. 제 목록을 보시고 뭐라고 말씀하실지 알 것 같습니다. 식물들이 별로 없지요. "부끄러워서 얼굴을 못 들겠습니다(Pudet Piagtque mihi)." 하지만 식물을 관찰하고 특성을 파악하는 데 문제가 좀 있었습니다. 제가 잘 알지도 못하는 것들을 수집하자고 할 수는 없었습니다.

장엄한 숲 속을 거닐며 보물 한가운데 서 있는 일은 정말 괴롭습니다. 마치 이 모든 것이 온통 저를 향해 쏟아져 내린 듯합니다. 생자고와 같이 불모지나 다름없는 아브롤호스에서 세상의 모든 화초 식물을 다 채집한 것 같아서 매우 기분이 좋습니다. 그리고 동물 네 마리를 알코올이 든 병에 담아서 집으로 보냈습니다. 세 개가 더 있는데, 네 개를 채워서 보내야겠습니다. 화물 요금이 얼마나 나올지 걱정입니다. 리우에서는 많은 거미를 채집했습니다. 작은 곤충들도 약상자에 가득 모았는데, 곤충을 수집하기에 그다지 좋은 시기는 아닙니다. 딥테라는 상자의 3/4 정도를 채웠지만 보내지는 않았습니다. 하등 생물 중에서 제가 찾은 우아한 색깔을 가진 두 종류의 플라나리아만큼 흥미로운 건 없을 거예요. 게다가 건조한 숲에서 찾았거든요! 플라나리아(Planaria)를 달팽이와 유사하게 봐왔던 것이 오류라는 것을 깨닫고 무척 놀랐습니다. 같은 속[또는 같은 과(科)]라도 해양 생물은 눈으로 봐서는 믿기 어려울 만큼 다른 구조를 갖고 있었습니다. 적도 부근의 해수 표면층의 색이 다르다는 것은 이미 알려져 있습니다. 제가 조사한 바에 따르면 그것은 아주 극미한 생물인 오실리토리아(Oscillitoria, 남조류의 흔들말속—옮긴이) 때문인데 1제곱인치당 개체 수가 최소한 10만 개 정도는 됩니다. 이 사실을 알고 나서 할 말을 잃었습니다. 교수님은 아마도 절 자연학의 뮌하우젠 남작(허풍선이 남작의 모델이 된 인물—옮긴이)이라고 생각하실 겁니다. 각각의 종을 모으는데 시간을 그렇게 많이 허비하지 않았다면 무척추동물 표본을 훨씬 더 많이 만들 수 있었을 겁니다. 제가 내린 결론은, 수집한 장소와 날짜를 적어두는 일보다는 두 종류의 플라나리아의 고유한 색과 모양을 기록하는 것이 자연학자들에게는 훨씬 더 가치 있는 자료가 될 것 같습니다. 제 수집물에 대한 교수님의 의견을 듣고 싶습니다. 제가 노력하는 것도 교수님의 말씀을 듣기 위해서입니다. 한 말씀이라도 해 주시기 바랍니다.

지금 우리는 강어귀에 정박해 있습니다. 말 그대로 낯선 풍경입니다. 모든 것이 불타는 듯하고, 하늘에는 마른번개가 치고, 바다는 찬란하게 빛나고, 돛대는 푸른 하늘을 찌르듯 솟아 있습니다. 몬테비데오(Monte Video)의 평원을 들쑤시고 다닐 생각에 마음이 들떠 있지만, 모든 자연학자들에게 있어서 운명과도 같은 열대지방에 대한 아쉬움이 남습니다. 어두운 숲 속에서 썩은 나무 둥치에 앉아 있는 기쁨은 말로 표현할 수 없고 결코 잊을 수 없을 겁니다. 교수님이 이곳에 함께 계시면 얼마나 좋을까 생각했습니다. 바나나를 보면, 케임브리지에서 교수님과 함께 바나나를 보고 감탄했던 일이 떠오릅니다. 그땐 그 과일을 언제 먹어야 할지 몰랐죠.

8월 15일. 우리는 이곳 몬테비데오에 제법 오래 머물고 있습니다. 날씨도 좋지 않고, 해변에서는 끊임없이 싸움이 이어지고 있어서 육지에 발을 들여 놓을 수 없을 것 같습니다. 지난 몇 달 동안 거의 아무 것도 수집하지 못했습니다. 하지만 오늘은 밖에 나갔다가 마치 노아의 방주에 동물들을 데리고 들어오듯 각종 생물을 잡아왔습니다. 놀랍게도 메마른 바위에 기생하는 플라나리아 두 종류를 발견했습니다. 제닝스에게 이런 생물에 대해 들어 본 적이 있냐고 물었습니다. 그리고 신기하게 생긴 달팽이와 거미, 딱정벌레, 뱀, 전갈 등 손에 닿는 대로 채집을 했습니다. 새장에 모두 넣고 무게를 달아보니 112파운드가량 되더군요.

금요일에 우리는 리우네그루(Rio Negro) 강을 향해 갈 겁니다. 그리고 거기서 본격적으로 우리의 임무를 수행할 것 입니다. 남쪽의 습하고 험악한 기후가 두렵기도 하지만, 기대하고 있습니다. 엄청난 즐거움을 얻으려면 물론 뱃멀미나 고통도 견뎌야만 합니다.

모두 사랑한다고 전해 주세요. 그리고 저를 믿어 주세요. 존경하는 헨슬로 교수님께.

찰스 다윈 드림.

헨슬로 교수에게 보내는 편지 1832년 10월 26일~11월 24일

몬테비데오[부에노스아이레스(Buenos Ayres)]

존경하는 교수님

10월 24일에 이곳에 도착했습니다. 네그루 강의 북쪽에 있는 파타고니아(Patagonia) 해변까지 순항하여 온 다음, 복잡하게 얽힌 해안 기슭을 측량하는 데 시간을 허비하지 않으려고 물개 잡이용 작은 범선을 이용하기로 했습니다. 피츠로이 선장은 그 배 선원 두 명을 고용하고 그 배에 담당자들을 태웠습니다. 장비를 꾸리는 데 거의 한 달이 걸렸습니다. 장비가 다 꾸려지자마자 이곳으로 왔고 이제 남쪽으로 긴 항해를 준비하고 있습니다. 티에라델푸에고(Tierra del Fuego)의 매우 험준한 산악지대를 볼 생각에 매우 흥분이 됩니다. 파타고니아 해변을 떠나고 나면 즐길 일만 남았습니다 자연의 여신이 은총을 베풀기를 기대했지만 그런 나라는 이제 존재하지 않더군요. 슬프게도 현실은 모래 언덕만 400킬로미터 가까이 이어진 해변만 따라가야 했습니다. 이렇게 지긋지긋한 모래 언덕은 태어나서 처음 봅니다. 아마도 그 유명한 리우 플라타도 별반 다를 게 없을 것 같습니다. 소금기 있는 거대한 강은 끝없이 이어지는 초록 식물로 경계가 그어져 있었는데 어떤 자연학자라도 그 광경을 보면 괴로움에 소리를 지를 겁니다. 차라리 폭풍의 땅 "케이프 혼(Cape Horn) 만세!"라고 소리 지르고 싶더군요.

선원들이 툭하면 그러는 것처럼 저도 이제는 마구 소리를 질러 댑니다. 그리고 상황을 바로 잡고 자연사에 관해 제가 해야 할 일을 설명합니다. 하지만 불운은 거기서 끝이 아니었습니다. 프랑스 정부에서 수집가들[2]을 리우네그루로 보냈다는 것입니다. 6개월 전부터 그들은 수집을 하고 있었고 이제 희망봉을 돌아 나갔다는군요. 저의 이기적인 욕심인지 몰라도 그들이 저보다 먼저 알짜배기들을 모두 가져갔을까 봐 걱정이 되었습니다. 수집에 관계된 저의 행운이나 불운에 대해 이야기를 나눌 만한 사람이 없어서 교수님께 털어 놓기로 마음먹었습니다. 실은 뼈 화석을 채취하는 데는 행운이 따랐습니다. 서로 다른 동물의 뼛조각을 여섯 개 정도 가지고 있는데, 대부분이 이빨입니다만, 뭉개지거나 부서진 것으로 보입니다. 주의 깊게 살펴본 결과, 여기서 장황하게 말씀드릴 순 없지만, 전 그 뼈들의 지질학적 위치를 파악했습니다. 첫 번째 상자에 들어 있는 것은 카비아 속(*Cavia*, 천축서속—옮긴이)의 완벽한 족근골과 척골입니다. 두 번째 상자에는 거대 동물의 상악골과 두개골, 속이 빈 정방형의 어금니가 들어 있는데, 두개골은 정면 상이 제대로 드러난 것입니다. 처음에는 메갈로닉스(*Megalonyx*)나 메가테리움(*Megatherium*)의 뼈라고 생각했습니다. 확실히 이 뼈들의 표면이 뼈로 만든 다각형 모양의 큰 접시들의 표면과 같았는데, '나중에 관찰'(무엇의 뼈일까?)했을 때 메가테리움의 뼈로 보였습니다. 하지만 곧바로 확인해 보니 이것들은 지금도 이곳에 수없이 많이 살고 있는 속의 한 종인 거대한 아르마딜로(*Armadillo*)의 뼈가 틀림 없습니다. 세 번째 상자에 있는 것은 거대 동물의 상악골인데 어금니부터 이어져 있습니다. 이는 빈치류(Edentata, 貧齒類)의 것으로 보입니다. 그리고 네 번째 상자에 있는 커다란 어금니는 몇 가지 점에서 거대 설치류(Rodentia, 齧齒類)의 어금니 같습니다. 다섯 번째 상자에 들어 있는 좀 작은 이빨들은 같은 설치목에 속한 것들입니다. 교수님께서 그것들을 열어 관심 있게 살펴보시고 나서 무슨 말씀을 하실지 정말 궁금합니다. 각각의 번호표가 뒤섞이지 않도록 주의하셔야 합니다. 해양 연체동물 화석과 함께 담아 놨는데 이것들은 현존하는 것들과 같은 것으로 보입니다. 그것들이 있었던 층으로 봐서 이 나라에 몇 차례에 걸친 지질학적 변화가 있었던 것 같습니다.

화석에 대해서는 이 정도로 하고 이제 살이 있는 것에 대해서 말씀드리겠습니다. 좀 엉성하게 만든 새의 표본이 있을 겁니다. 조류학적 안목이 없는 제게는 종달새, 비둘기, 도요새를 교묘하게 혼합해 놓은 것처럼 보였습니다. 저로서는 좀 당황스러웠지만, 그래도 우리가 잘 알고 있는 새로 밝혀질 거라고 생각합니다. 매우 흥미로운 양서류를 발견했는데, 두 발이 완전하게 달려 있었습니다. 새로운 트리고노세팔루스(Trigonocephalus)는 살무사(Crataius)나 방울뱀(Viperus)의 습성과 매우 관련이 깊은 것 같습니다. 그리고(제가 아는 바로는) 새로운 도마뱀류(Saurians)도 매우 많습니다. 작은 두꺼비에 대해서도 말씀드리자면, 전 이것이 새로운 종이길 바라지만, 어쩌면 생김새 때문에 '디아블로쿠스(diablocus, 악마)'라고 할지도 모르겠네요. 밀턴이 '두꺼비처럼 웅크리고'[3]라고 말했을 때, 그는 분명히 이것을 보고 아주 독창적으로 표현한 것일 겁니다. 색깔은 베르너

[4]식으로 말하면 검은색 잉크 같기도 하고 주홍빛이 도는 붉은색 같기도 하고 담황색이 도는 것도 같습니다. 자연사를 연구하는 제게는 더할 나위 없이 멋진 항해입니다. 해양 갑각류(Pelagic Crustaceae) 중에 새롭고 희귀한 속도 있습니다. 식충류(Zoophites, 食蟲類)도 아주 흥미로운 동물이죠. 플루스트라(Flustra)만 해도 제가 표본을 만들어 놓지 않았다면 아무도 그 불규칙한 구조를 믿지 않을 겁니다. 이것들이 신기한 이유는 해양 동물의 한 과(科)가 아니기 때문입니다. 처음 봤을 때, 구조는 분명히 해파리(Medusa)와 비슷해 보였지만, 그보다는 훨씬 고등생물입니다. 저는 그 생물들의 구조를 몇 번이고 관찰했습니다만, 그것들은 분명히 현존하는 목(目)에는 포함시킬 수 없을 것 같습니다. 일반적으로 몸체가 투명한 것이 특징인 살파(Salpa, 플랑크톤의 일종)는 아마 거의 동물로 봐야 할 것 같습니다. 비록 매우 단순한 구조지만 또 다른 형태의 동물로 불러야 할 것 같습니다.

바이아블랑카(Bahia Blanca)에서 발견한 화훼 식물들은 모두 말려서 보관해 두었습니다. 이 표본들을 포장해서 상자에 넣어 두겠습니다. 세 상자 정도 되는 것 같습니다(이 편지를 보내기 전에 날짜나 특징 등을 잘 적어 두겠습니다). 이 상자들이 도착하면, 교수님께서, 아니 어쩌면 강의실 전체가 비웃지 않을까 걱정스럽습니다. 교수님이 아니었다면 전 아무것도 하지 못했을 겁니다. 작은 상자에는 물고기 표본이 들어 있는데, 열대지방을 지나는 동안 알코올이 증발하지 않고 잘 남아 있는지 확인해 보시기 바랍니다.

갑판 위에 서서 보노라면, 모든 것이 잘 돌아가고 있는 것 같습니다. 다만 한 가지 아쉬운 점은 집으로 돌아갈 날이 까마득히 멀게 느껴진다는 것입니다. 얼마나 걸릴지 모르겠어요. 벌써 일 년이 지나갔습니다. 아마 우리가 남아메리카의 동부 해안을 떠나기도 전에 또 한 해가 그렇게 가겠죠. 진짜 항해는 아마 그때부터 시작일 겁니다. 과연 제가 잘 견뎌낼지 모르겠습니다. 불길한 생각보다는 슈루즈베리나 케임브리지에서 보낸 행복한 시간들이 자주 떠오릅니다. 시간과 운명을 믿습니다. 그리고 제가 가는 길이 곧 저의 삶이라는 것을 느낍니다.

우리는 부에노스아이레스에 일주일간 머물고 있습니다. 11월 24일. 이곳은 꽤 큰 도시입니다. 하지만 온통 진흙투성입니다. 진흙을 묻히지 않고는 아무 데도 갈 수 없고 아무 일도 할 수 없습니다. 이곳에서 우루과이의 퇴적층에 대해서 많은 정보를 얻었습니다. 조개껍데기가 박혀 있는 석회암과 곳곳에 있는 조개껍데기 층에 대해서 들었습니다. 플라타에서 겨울을 보낼 수 있다면 매우 흥미로운 지질학적 탐사 여행을 할 수 있을 것 같습니다. 거대한 뼛조각들(837번과 838번)을 구입했는데, 확신컨대, 앞서 말씀드린 거대 동물의 뼈일 겁니다! 그리고 씨앗도 조금 구했습니다. 교수님께서 그것들의 가치를 인정하실지 모르지만, 만약 가치가 있다고 생각하신다면 조금 더 얻을 수 있을 겁니다. 그것들을 상자에 담아서 리유(Lieu) 선장이 운항하는 요크 공의 정기선 편으로 보냈습니다. 팰머스(Falmouth)로 곧장 갈 모양입니다. 큰 상자 두 개는 뼈 화석들을 담은 것이고, 작은 상자에는 물고기 표본, 그리고 동물 가죽이 담긴 알코올 병들, 딱정벌레들을 담은 작은 약상자들이 담겨 있습니다. 곰팡이가 슬었을지도 모르니 마지막 상자를 먼저 열어 보시기 바랍니다. 뼈 화석들을 제외하고 나머지 수집품들은 좀 불충분할 겁니다. 하지만 제가 얼마나 많은 시간을 바다에서 보냈는지 감안해 주세요. 제가 보낸 것들의 상태가 어떤지, 표본의 종류나 양에 대해 그 어떤 비평이라도 기꺼이 듣고 싶습니다. 조금 더 작은 상자에 커다란 두개골 일부가 있는데, 뼈의 앞부분은 큰 상자에 있습니다. 교수님께서 상자들을 받아 보실 때쯤 전 아마 매우 분주히 돌아다니고 있을 겁니다. 몇 달 동안 소식을 전하지 못할지도 모르겠습니다.

다시 연락드릴 때까지 잘 지내세요. 교수님께 진심으로 감사드립니다. 찰스 다윈 드림.

교수님을 가장 존경한다는 걸 꼭 기억해 주세요.

헨슬로에게 보내는 편지 1833년 4월 11일

1833년 4월 11일

존경하는 교수님

저희는 지금 포클랜드 제도(Falkland Islands)에서 리우네그루 강(콜로라도 쪽인지)을 향해서 가고 있습니다. 비글호는 몬테비데오로 갈 예정입니다. 하지만 그게 여의치 않으면 전 리우네그루에 머물까도 생각하고 있습니다. 우리가 문명화된 항구를 떠나온 지도 벌써 여러 달이 흘렀습니다.

최근에는 거의 대부분을 티에라델푸에고의 남쪽 지방에서 지냅니다. 이곳은 정말 진저리나는 곳입니다. 거의 아무 일도 할 수 없을 만큼 강한 바람이 쉴 새 없이 몰아칩니다. 우리는 23일 동안이나 케이프 혼에 발이 묶여 있었는데, 도저히 서쪽으로 갈 방도가 없었습니다. 마지막으로 불어 닥친 강풍은 몹시 지독해서 결국 출항을 포기해야 했지요. 파도가 보트 한 척을 산산조각 내고 갑판에 물이 차서 배 안의 모든 곳이 침수되고 말았습니다. 건초 표본용 종이는 거의 못쓰게 되어 버렸고, 수집물도 절반 정도가 엉망이 되었습니다. 결국 우리는 항구로 들어가서 거기서부터 보트를 타고 내륙의 수로를 이용해서 서쪽으로 갔습니다. 다행히 저는 보트 팀에 합류하게 되었습니다. 보트 두 대에 나눠 타고 300마일가량 수로를 따라 왔습니다. 지질학적 조사를 할 멋진 기회를 얻기도 했고, 미개한 종족들도 볼 수 있었습니다. 푸에고(Fuego) 섬 사람들은 제가 그동안 봐 왔던 그 어느 종족보다 훨씬 더 미개한 상태로 살고 있었습니다. 혹독한 날씨에도 불구하고 그들은 거의 벌거벗은 채로 살고 있으며, 임시로 지은 것처럼 보이는 집은 마치 여름에 아이들이 장난 삼아 나무 가지로 지은 집 같습니다. 원시적인 야생의 모습으로 살고 있는 사람을 처음 보는 것만큼 흥미로운 구경거리는 없을 겁니다. 그것은 직접 경험해 보지 않고는 거의 상상도 할 수 없을 겁니다. 굿석세스(Good Success) 만으로 들어서자 우리를 환영하는 고함소리가 울려 퍼졌습니다. 너도밤나무가 가득한 거무스름한 숲으로 둘러싸인 절벽 위에 앉아서 팔을 높이 들어 거칠게 휘저었고 머리카락은 길게 늘어져서 마치 딴 세상의 유령들 같았습니다. 이곳의 기후는 혹독함과 온화함이 교묘히 어우러진 것 같습니다. 동물계에 대한 것도 앞서 보내드린 편지의 내용과 거의 비슷합니다. 그래서 더 수집하지 않았습니다. 티에라델푸에고의 지질학적인 특징은 매우 흥미롭습니다. 이곳은 화석이 거의 없으며 일반적으로 화강암과 점판암 지대가 이어져 있습니다. 균열과 지층 그리고 그 밖의 것들과의 관계를 밝히는 것이 저의 가장 중요한 관심사입니다. 광물학적인 관점에서 이곳 암석들의 유사성에서부터 화산의 진원지에 이르기까지 모두 알아보고 싶습니다. 항해를 하는 동안 동물에 대해서는 거의 아무 것도 하지 못했습니다. 남쪽의 대양은 대륙의 불모지나 다름없이 그저 파도만 칠 뿐입니다. 갑각류(Crustaceae)에 관련된 작업만 했습니다. 조에아(Zoea, 절지동물로 십각류의 발생 중에 생기는 유생—옮긴이) 유생을 발견했는데 아직은 잘 알려지지 않은 목(目)이며, 두 개의 작살처럼 생긴 다리가 있고, 몸통은 그의 1/6 정도의 길이로 매우 특이한 형태입니다. 확신컨대, 그것의 생김새나 그 외의 근거들로 봤을 때 에리크투스(Erichthus) 유생일 겁니다! 십각류(Decapod, 十脚類) 구조의 일부분에 대해 말씀드리자면, 매우 불규칙적이며, 등 부분에 달린 맨 끝의 다리 한 쌍은 작고, 집게발 대신 다른 다리들처럼 억센 털과 비슷한 구부러진 부속지(附屬肢)가 달려 있습니다. 부속지에는 컵 모양의 돌기들이 있는데 두족류(Cephalopods, 頭足類)의 다리와 생김새가 비슷합니다. 대양의 생물들은 부유하는 먹이를 잡는 데 아주 적합한 구조로 되어 있습니다. 다소 모호한 산호족(Corallinas)의 증식에 대해 알아낸 것이 있습니다. 이번 항해에서는 조금 엉성하지만 이 진귀한 것들의 목록을 만들어야겠습니다. 티에라델푸에고를 떠나서 우리는 포클랜드 제도로 향했습니다.

포클랜드에 도착한 우리는 영국 깃발이 꽂힌 걸 보고 적잖이 놀랐습니다. 이 새로운 제도가 황량해 보이지만 해상권 장악에 아주 중요한 기점이 될 것 같습니다. 제가 발견한 것 가운데 가장 흥미로운 것은 가장 원시적인 형태의 암석으로 보이는 운모를 함유한 사암층과 실루리아기나 데본기의 조개껍데기(Terebratula)와 그의 아속(亞屬)과 엔트로키투스(Entro chitus)가 포함되어 있는 퇴적층입니다. 유럽에서 굉장히 멀리 떨어진 곳임에도 이곳의 퇴적층이 유럽에서 가장 오래된 퇴적층과 유사하다는 점이 매우 흥미롭습니다. 물론 이것들은 모형이고 본뜬 것에 지나지 않지만 매우 완벽하게 형태가 보존되어 있습니다. 이 종들을 확실하게 밝히고 싶습니다. 교수님께 저의 역할을 잘해내고 있다는 말씀을 드리는 것보다 더한 기쁨은 없습니다. 교수님의 답장만 손꼽아 기다립니다. 뱃멀미와 열악한 상황에서 제게 가장 큰 위로가 되는 것은 항해를 마치고 케임브리지로 돌아간 후 교수님과 학교 주변을 산책하는 모습을 그려 보는 것입니다. 그날이 참 요원하게 느껴집니다. 내년 여름, 우리는 다시 티에라델푸에고로 갑니다. 그때부터 본격적인 세계 일주 항해가 시작됩니다. 피츠로이 선장은 170톤급의 범선을 구입했습니다. 요선(僚船)을 가지고 있다는 것은 여러 측면에서 매우 유리합니다. 어쩌면 항해 시간도 단축될 겁니다. 항해 시간이 줄어드는 것이야말로 제가 가장 바라는 바이긴 하지만 태평양의 산호초와 각종 바다 생물들을 생각하면 제 결심은 더욱 굳어집니다.

사모님과 다른 친구들에게도 안부 전해 주세요. 저의 모교 케임브리지와 그곳의 모든 사람들이 그립습니다. 언제나 저의 든든한 후원자 헨슬로 교수님께 감사와 존경을 보냅니다.

찰스 다윈 드림.

화석을 발견한 사람과 이야기를 나누면서 확신을 얻었습니다만, 지질학회에 보낸 메가테리움의 화석 표본은 제가 집으로 보낸 뼈 화석과 같은 층에서 발견된 것입니다. 벼랑에서 강물에 휩쓸려 내려와 퇴적층을 이룬 것 같습니다. 세즈윅 교수님께도 이 사실을 말씀드려 주십시오. 그리고 웨일스에서의 짧은 탐사 여행은 결코 잊을 수 없을 거라고 전해 주세요.

헨슬로에게 보내는 편지 1834년 3월

포클랜드 제도

1834년 3월

존경하는 교수님

이곳에 도착해서 교수님께서 8월 31일에 쓰신 편지를 받았습니다. 한동안 교수님의 편지만큼 반가운 일은 없었습니다. 게다가 제가 보낸 두 번째 표본들을 잘 받으시고 흥미로우셨다니 무척 기쁩니다.

얼마 되지 않는 메가테리움 뼛조각들이 클리프트 씨에게 가치 있는 연구 대상이 되었다니 정말 놀랍습니다. 뼛조각들을 닦으면서 번호를 표시해 둘 때 번호가 지워질까 봐 매우 불안했습니다. 일부 조각은 최근의 조개껍데기들과 같이 사력층(砂礫層)에서 발견되었지만 다른 것들은 다른 층에서 발견되었기 때문입니다. 그다음 번호는 아구티(Agouti, 중남미, 서인도 제도에 서식하는 들쥐의 일종—옮긴이)의 뼈들인데, 지금은 아메리카에서만 서식하는 동물 속입니다. 같은 속 가운데 어느 하나가 메가테리움과 공존했다는 것이 입증된다면 신기한 일이겠지요. 이러한 사항들을 감안해서 번호를 매겼으므로 아주 소중하게 보관해야 합니다. 제가 비교해부학에 대해 문외한이라서 번호에 의존할 수밖에 없습니다. 그래서 제가 언급하는 표본 번호와 교수님께 보낸 번호가 일치하지 않으면 저의 지질학 노트는 무용지물이 될 것입니다.

이 표본들을 받으신 다음에는 아마 1833년 11월과 7월에 플라타에서 부친 화물 두 개를 더 받으실 겁니다. 나중에 받으시는 화물은 지금쯤 플리머스에 도착했을 것 같은데, 화석이 들어 있어서 제법 무거울 겁니다. 조금이나마 교수님의 불편을 덜어 드리고자 순서대로 보냅니다. 메가테리움의 두개골 화석이 하나 있고, 그리고 또 하나는 동물의 뼈 잔해인데 일전에 보내드린, 이렇게 이빨 네 개가 달려 있는 상악골도 이 동물의 화석이었습니다. 이 동물이 뭔지 정말 궁금합니다.

몬테비데오를 출발하기 바로 전에 2실링을 주고 메가테리움의 두개골을 샀는데 발견 당시의 외관이 완벽하게 보존되어 있습니다. 비록 가우초(Gaucho, 남미 대초원의 카우보이—옮긴이)들이 이빨을 부러뜨리고 하악골을 잃어버렸습니다만 두개골의 하부와 내부는 비교적 완벽하게 보존되어 있습니다.

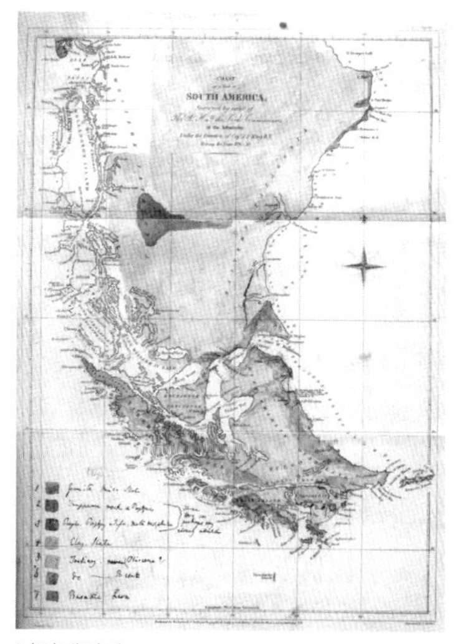

남아메리카

지금은 저를 밀어붙여 줄 자극이 필요합니다. 그중에서도 저를 가장 고무시키는 일은 아마도 저의 수집물에 대해 지대한 관심을 가져 주는 클리프트 씨와 같은 분을 만나는 것입니다.

교수님께서 식물 표본에 대해 만족하신 것 같아서 무척 기쁩니다. 식물표본이 하도 엉망이어서 부끄러운 마음에 집어던져 버리고 싶었습니다. 분명히 약속하지만, 교수님께 조금이나마 기쁨을 드릴 수 있다면 배나 수집가들이 드나들지 않은 낯선 곳에 갈 때마다 수집을 하겠습니다. 데지레 항(Port Desire)의 파타고니아 해변과 산훌리안(St. Julian) 그리고 티에라델푸에고의 동쪽 지역에서 꽃을 비롯한 모든 식물을 수집했습니다. 티에라델푸에고와 파타고니아는 기후나 지형이 같습니다. 그리고 씨앗들도 함께 보냈습니다(어떤 씨앗들은 너무 작아서 쓰레기라고 생각하실지 모르겠습니다). 파타고니아의 흙은 매우 건조하고 자갈도 많은 데다 푸석푸석합니다. 티에라델푸에고 동쪽 지방의 흙은 자갈이 많은 이탄질이며 습기가 많습니다. 플라타를 떠난 후부터 저는 파타고니아 남쪽 지방의 형성 과정에 대해 연구해 볼 기회가 많았습니다. 지층은 대부분 조개껍데기가 섞여 있었습니다. 제3기에 형성된 지층으로 생각되는데, 이들 조개나 산호는 그 일부가 지금도 바다에 살고 있습니다. 물론 지금은 멸종된 것들도 있습니다. 이 퇴적층에는 크기가 큰 굴 껍데기들이 주로 섞여 있고 반암 자갈들이 이 층을 덮고 있는데, 1,130킬로미터 이상 지층이 이어져 있습니다. 가장 특이한 점은 남아메리카의 남동부 전체가 바다 본연의 특징을 그대로 간직한 상태에서 융기했다는 겁니다. 산훌리안 항에서는 거의 완벽하게 보존된 거대한 동물의 뼈들을 발견했는데 제 생각엔 마스토돈(Mastodon)인 것 같습니다. 뒷다리뼈는 원형 그대로이고 매우 단단합니다. 팜파스(Pampas)에서는 폭이 좁은 이빨을 가진 마스토돈의 뼈들이 발견된 적이 많지만, 이곳이 위도 49에서 50도 사이이고 팜파스에서 멀리 떨어진 곳이라는 점도 흥미롭습니다. 그런데 남과 북을 잇는 경도에서 거의 967킬로미터 정도 떨어진 곳에서 발견한 메가테리움의 고대 화석에 견주어 봤을 때, 마스토돈과 메가테리움은 형제지간처럼 유사성이 많습니다.

티에라델푸에고에서 저는 패민 항(Fort Famine) 근처의 점판암에서 발견한 암모나이트 종에 대해 매우 흥미를 느꼈습니다(킹 선장이 발견했을 겁니다). 동부 해안에 충적세의 평야가 있었던 점으로 미루어 보면 사족(四足) 동물(quodropeds)이 섬에 살았다는 것이 더욱 확실해 집니다. 또 그곳에는 너도밤나무 잎이나 현생종의 조개의 흔적이 있는 사암층도 있습니다. 사암층 표면에는 푸른색을 띠는 화석의 근육 조직도 찍혀 있습니다.

이것이 바로 저의 은사님인 교수님께 드리는 지질학 보고서입니다! 지질학에 완전히 매료되었습니다만 마치 두 다발의 건초 더미 사이에서 갈팡질팡하는 영악한 동물처럼, 오래된 암석 결정체와 더 부드러운 화석층 사이에서 어느 것이 더 좋은지 선택을 못 합니다. 지층을 생각하며 골머리를 앓을 때는 교수님께서 중요하게 말씀하시는 굴이나 더 중요하게 여기시는 메가테리움 따위에는 전혀 관심이 없습니다. 하지만 근사한 뼈들을 파낼 때는, 과연 저처럼 수고스럽게 망치로 화강암을 두드리는 사람이 또 있을지 의아해 합니다. 하여간 저는 지층의 분열, 융기의 윤곽에 대해 확실히 아는 바가 없습니다. 제가 본 것들에 대해 참고할 만한 책도 없습니다. 그래서 제가 생각하는 바를 제 손으로 직접 그렸습니다. 정말 형편없는 그림이지요. 가끔 저는 산처럼 중요한 것은 없으며, 티에라델푸에고의 산들이 바로 원시적인 모습 그 자체가 아닐까 생각합니다. 교수님께서 조언을 좀 해 주십시오. 과연 지층의 균열과 각 층에 쌓인 퇴적물 사이에 어떤 관계가 있을까요?

이제 저의 두 번째 연구 대상인 동물학에 대해 말씀드리겠습니다. 이 위도 상에서 더 작은 산호 종의 식충류를 연구하면서 남쪽 바다로 나아갈 준비를 하고 있습니다. 식충류에는 흥미로운 점이 많은데, 아주 놀라운 녀석 하나는 제가 북쪽에서 발견했다고 말씀드린 플루스트라와 같은 종류입니다. 그곳에서 봤던 녀석들은[독수리(Vulture)의 머리와 비슷하게 생겼으면서 팽창 가능한 주둥이를 가지고 있습니다] 가장자리에 움직이는 기관이 달려 있습니다. 하지만 더 흥미로운 것은 (제가 보기에는) 스트루시오 레아(Struthio Rhea) 이외에도 타조의 또 다른 종이 존재한다는 데 의심의 여지가 없다는 것입니다. 가우초들과 인디언들도 그것에 대해 이야기를 하곤 합니다만 그들이 관찰한 바에 신뢰가 갑니다. 그 동물의 머리와 목, 가죽, 깃털 그리고 다리를 보관하고 있습니다. 깃털의 색이나 다리의 크기에서 매우 차이가 나는데, 무릎 아래까지 깃털이 나 있습니다. 그리고 둥지를 만드는 습성이나 지리학적인 분포 면에서도 매우 특이한 것 같습니다.

최근에는 많은 일을 했습니다. 기분 좋은 날씨 그리고 안데스 산맥의 지질학적 특징 등 앞으로 일어날 일들이 더 기대됩니다. 생물의 잔해로 가득한 평원(운이 좋다면 살아 있는 동물을 잡을 수 있을 겁니다), 그리고 대양과 해변에 가득한 생명체들. 비록 백발이 성성한 노인이 되어 돌아오는 모습이 훤히 보인다 해도 예기치 못한 일이 벌어지지 않는다면 항해를 멈추지 않을 것입니다.

책을 보내 주셔서 대단히 고맙습니다. 지금 저는 옥스퍼드 보고서(영국 과학진흥 협회에서 발행한 보고서)를 읽고 있습니다. 교수님이 쓰신 회보는 전부 훌륭합니다. 보고서를 받아서 읽는 그 짜릿한 흥분은 영국에 계신 교수님으로서는 상상도 못하실 겁니다. 멀리 떨어진 외국에서 간행물을 받아 볼 기회조차 없는 사람에게 그 보고서는 굉장한 영향을 줄 수밖에 없습니다. 숙명처럼 내 앞에 놓인 바윗덩어리를 내려칠 때면 케임브리지 총장(아담 세즈윅)의 달변이 떠오르면서 저의 망치는 다시 힘을 얻습니다. 내리치고 또 내리칩니다. 제 팔뚝의 힘이 코르디예라 산맥(Cordilleras)까지 닿기를 바랍니다. 보퍼트 선장 편에 케임브리지 보고서의 복사본을 보내 주십시오.

잊은 게 있습니다. 전에도 그렇게 했지만 앞으로도 곤충을 담은 약상자에는 연필로 십자 표시를 해 둘 것입니다. 곤충 상자는 건조 상태를 각별히 유지해야 합니다. 그래야 문제가 없을 겁니다.

이 편지가 언제 도착할지 지금으로선 알 수가 없습니다. 살인이 난무하고 주민보다 죄수들의 수가 더 많아지는 이 어수선한 상황이 그리 호전될 것 같지는 않습니다. 상선을 빌려서 리우로 갈 수 있다면 표본들을 더 보내겠습니다(식물들과 씨앗 표본들입니다).

케임브리지의 친구들에게도 안부 전해 주십시오. 케임브리지에서의 일들을 그리운 마음으로 추억합니다.

건강히 잘 지내십시오.

교수님을 존경하고 사랑하는 찰스 다윈 드림.

비글호 항해
: 남아메리카, 서부 해안

The Voyage: South America, West Coast

헨슬로에게 보내는 편지 1834년 7월 24일~11월 7일

발파라이소(Valparaiso)

1834년 7월 24일

헨슬로 교수님께

지금 막 상자를 받았습니다. 교수님의 정성이 담긴 편지 두 통도 받았습니다. 그 편지 때문에 제가 얼마나 행복한지 모르실 겁니다. 올 3월까지는 교수님의 소식을 전혀 듣지 못했습니다. 제가 보낸 수집물이 정말 형편없어서 교수님께서 뭐라고 하실지 걱정했습니다. 하지만 우려했던 것과는 달리 졸였던 제 마음을 편안하게 해 주시니 마음을 설레게 한 죗값을 치르셔야 합니다. 저 또한 더욱 열심히 맡은 일에 몰두해서 은혜에 보답을 해야겠지요.

조금 늦었지만, 지난 1월에 쓴 편지에 대해 몇 가지 의견을 말씀드리고자 합니다. 교수님께서는 제게 노트의 복사본을 만들어서 집으로 보내라고 하셨습니다. 물론 저도 그렇게 하면 유리한 점이 많다는 것을 압니다. 하지만 그때부터 최근까지 줄곧 바다에서 보내고 있으며 아주 맑은 날을 제외하곤 끈질긴 뱃멀미에 시달리고 있습니다. 날씨가 좋은 날에는 대양의 생물들이 저를 에워싸고 있어서 책상 앞에 앉아 있기가 힘듭니다. 아무리 분별력이 있는 사람이라고 하더라도 해변에서 시간을 그렇게 낭비할 수는 없을 겁니다.

노트도 이제 제법 두꺼워졌습니다. 4절판 종이로 600쪽가량을 채웠습니다. 이 가운데 절반은 지질학에 관련된 내용이고 나머지는 완벽하진 않지만 동물에 관한 내용입니다. 동물에 관한 내용은 한 가지 원칙을 세워서 설명을 했습니다. 실물이 없는 것은 각 부분과 사실만을 토대로 묘사를 하고, 실물이 있는 것은 표본으로 만들었습니다. 제 개인적인 일지는 별도로 기록하고 있습니다(이 편지가 아주 단정치 못하다는 것은 압니다만 전 무척 기쁩니다. 교수님이 절 이렇게 만드셨어요. 그러니 결과에 대해서도 책임지셔야 합니다). 육상 플라나리아에 대해서 말씀드리자면, 이것은 분명히 연체동물이 아닙니다. 지난밤에 교수님의 편지를 읽었습니다만, 오늘 아침에 잠시 산책을 나갔다가 신기하게도 처음 보는 흰색 플라나리아 종과 퀴비에가 분류한 바지눌루스(Vaginulus) 속의 종(남아메리카에서 제가 발견한 세 번째 새로운 종)이 함께 있는 것을 봤습니다. 제 생각에 이 생물이 제닝스가 언급했던 그 생물이 아닐까 합니다. '퀴비에가 분류한 온키디움(Onchidium) 속' 저도 그렇게 알고 있습니다. 해양 연체동물 가운데 가장 많이 봤던 속인데 리우에서 발견한 것은 처음 보는 녀석입니다. 12월에 쓰신 편지에 상자 네 개가 안전하게 도착했다는 말씀을 듣고 기뻤습니다. 새의 외피가 들어 있는 수하물을 하나 더 받으시기 전에는 저를 이해하기 힘드실 겁니다. 부에노스아이레스에서 채집한 씨앗들은 싹이 나왔는지요?

포클랜드에서는 교수님께 보낼 편지와 상자를 확인했습니다. 그 편지에는 파타고니아에서 가져온 씨앗들도 들어 있습니다. 지금도 제법 무게가 나갈 만큼 표본을 만들어 놨지만 영국으로 부칠 기회가 전만큼 자주 있지 않아서 오래 기다리셔야 할 것 같습니다. 그리고 지금 막 몇 가지 화석을 보냈습니다. 매머드(Mammoth) 화석 뼈라고 직감했습니다. 정확하게 무엇인지는 모르겠지만, 서둘러 확인이 진행되어 중요한 것으로 밝혀진다면, 이 뼈들은 마땅히 제 것입니다.

포클랜드 제도를 출발한 우리는 산타크루스 강을 따라 올라가서 코르디예라 산맥 안쪽으로 약 32킬로미터 정도 들어갔습니다. 하지만 비축한 식량이 부족해서 되돌아 나와야 했습니다. 이번 탐사는 제게 매우 중요합니다. 파타고니아 거대 지층군의 가로축 부분을 조사하는 기회이기 때문입니다. 제가 추측하기로는(그 부근의 화석에 대한 면밀한 조사가 가능할 것 같습니다) 가장 주된 지층은 마이오세[Miocene, 중신세(中新世)]에 형성된 것으로 보입니다(라이엘의 표현을 빌려서 말하면 그렇습니다). 파타고니아에서 현재 살아 있는 조개들을 보고 판단한 것입니다. 이 층은 거대한 용암층을 포함하고 있습니다. 이는 안데스 산맥의 대부분에서 화산 활동이 있던 시대와 유사하다는 점에서 매우 흥미롭습니다. 이 시대 전에 이 지층의 상부는 대부분 점판암과 반암으로 이루어져 있습니다. 지층의 생성 방식(생성 연도 등도)을 비롯해 이 시기에 대한 정보를 어느 정도 수집했습니다. 이것은 라이엘 선생님에게도 매우 흥미로울 것입니다. 돌아갈 때까지는 라이엘 선생님의 세 번째 책을 다 읽을 것입니다. 제가 얼마나 재미있게 읽고 있는지 아실 겁니다. 그가 그린 목판화들은 정말 살아 움직이는 것 같습니다. 전 그 그림들을 따라 그리지도 못하고 그저 말로 인용할 뿐입니다. 바로미터(Barometer, 기압계)를 가지고 있는데 이번 지층 연구에 제대로 사용해 보고 싶습니다.

산타크루스의 계곡은 그 형태가 좀처럼 보기 드문 것이어서 처음 보자마자 당황스러웠습니다. 마젤란(Magellan) 해협처럼 산타크루스의 협곡도 한때 북쪽 해협이었다는 근거를 찾을 수 있을 것 같습니다. 제가 영국으로 돌아가면 교수님은 저의 지질학 연구물들을 추려 내시느라 고생하실 겁니다. 지질학에 대한 지식도 없고 이상한 방식으로 배워서 쓸 만한 자료가 얼마나 될지 확신이 서질 않습니다. 얼마가 되었든 간에 제가 모은 정보들이 판명이 날 것을 생각하면 수집하는 즐거움도 굉장히 큽니다.

티에라델푸에고에서 저는 산호를 채집하고 연구했습니다. 그리고 깜짝 놀랄 만한 사실을 관찰했습니다. 세르툴라리아(Sertularia) 속의 생물인데[라무루(Lamouroux, 프랑스의 생물학자—옮긴이)가 분류한 것입니다][1] 외형적인 면을 비교해서 본다면 두 종류로 나눠집니다. 이 둘의 차이점을 설명하기란 참으로 어렵습니다. 폴립(Polyp) 종은 그 구조의 전반적인 것부터 부분에 이르기까지 확실히 다릅니다. 라마르크나 퀴비에가 다소 인위적으로 이들을 분류하긴 했지만 저는 현존하는 산호충의 다양한 과(科)들이라고 확신할 만큼 충분히 관찰을 했습니다. 그들은 이것들을 같은 것으로 분류했지만 린네는 퀴비에의 분류를 재배열해 놓았습니다.

이것들을 해부해 보고 싶습니다. 구조의 미세한 부분까지 잘 할 수는 없겠지만 구조적으로 차이를 밝히는 대략적인 실험은 해 봐야 할 것 같습니다.

한겨울이라서 비글호는 마젤란 해협에 정박해 있습니다. 불규칙적으로 거친 파도가 몰아치는 해협에서는 항로를 찾기 어렵기 때문입니다. 나브로 경이 서부 해안을 남부의 황무지라고 부르는데 이유는 '보기만 해도 황폐한 곳'[2]이기 때문입니다. 기상 악화로 우리는 칠로에(Chiloe) 섬으로 갔습니다. 한 영국인이 저에게 아주 잘 만든 세 개의 사슴벌레(Lucanoidal insect) 표본을 주었습니다. 이것들은 케임브리지 문헌학 보고서에 언급된 바 있는데, 제게 준 것은 수컷 두 마리와 암컷 한 마리입니다.

칠로에 섬은 용암층과 퇴적층으로 이루어져 있습니다. 용암층은 역청암이 풍부하게 있는 곳도 있으며 다소 편재되어 있는 곳도 있습니다. 지금이 여름이라면 칠로에 섬에서는 곤충들을 엄청나게 채집할 수 있을 것입니다. 물론 칠레와 마찬가지로 식물학 연구지로도 알려져 있습니다.

잊기 전에 말씀드립니다만, 표본 상자 네 개를 보냈습니다. 그 안에 유리병이 네 개씩 담긴 상자가 세 개 있을 겁니다. 만일의 경우에 대비해서 말씀드리지만 그 상자들은 지질학 표본 밑에 있습니다. 그러니 주의하지 않으면 알코올이 흘러나올 수 있습니다. 부에노스아이레스에서 부친 화물에는 메가테리움 두개골과 번호를 매기지 않은 표본들이 있을 텐데 이 화물을 받으시는 대로 제게 답장을 주십시오. 안전하게 도착했는지 매우 걱정됩니다.

우리는 그저께 이곳에 도착했습니다. 멀리 보이는 산들의 전경은 실로 웅장하기 그지없습니다. 날씨까지도 화창하고, 길고 지루한 남쪽 바다 항해를 하고 온 우리에게 맑고 건조한 공기를 선사합니다. 따사로운 햇살과 먹음직스럽게 구운 고기는 평생 맛보기 힘든 최고선(最高善)이 아닌가 합니다. 고기를 절반쯤 먹을 때까지는 암석 덩어리들은 보기도 싫더군요. 사실 운모, 석영, 장석과 같은 것들은 어디에나 널려 있거든요. 교수님께 지나치게 어리광을 부리는 것 같습니다. 하지만 교수님은 자연사학 분야에서는 저의 아버지와 같은 분이니, 아들이 아버지에게 하듯 말하는 저를 이해해 주세요. 아버지처럼 관대하신 교수님이 학생부감으로서 노고가 많으신 줄 압니다.

10월 28일. 이 편지는 지난 6월부터 제 서류가방 속에 들어 있었습니다. 실은 이 편지를 보내도 될지 고민하느라 여태 보내지 못했는데, 이제는 표본 상자에 넣어서 보내야겠습니다. 이곳에 도착하자마자 지질학 탐사를 했습니다. 그리고 안데스의 기저 부분을 마음껏 돌아다닐 수 있어서 기뻤습니다. 나라 전체가 각력암으로 이루어진 것으로 보입니다(점판암일거라고 생각했거든요). 이것은 전반적으로 잦은 열의 작용 때문에 완전히 변형된 것입니다. 그래서 다양한 종류의 반암이 끊임없이 생성된 것 같습니다. 하지만 생성의 흐름을 보여 주는 암석은 아직 발견하지 못했습니다. 변질된 현무암의 암맥은 매우 거대합니다. 근세의 화산 활동이(지금은 만년설로 덮여서 찾을 수 없지만) 코르디예라 산맥의 중심부에서 있었던 것은 확실합니다. 마이푸(Maypo) 강의 남쪽으로 가기 위해 전 게이(M. Gay)가 쓴 제 3기 지질시대의 지층에 대해 읽어 보았습니다.[3] 제가 보기에 조개 화석들은 파타고니아 지층 대에서 본 최근의 화석과는 완연하게 다릅니다. 유럽과 마찬가지로 남아메리카에도 에오세(Eocene)와 마이오세(Meiocene)가 있었다는 것을 입증할 수 있다면 매우 흥미로울 것입니다(최근에는 더 많이 발견됩니다). 약 396미터에 달하는 고지대에서 최근의 조개 화석이 무더기로 발견된 것은 정말 놀라운 일입니다. 해안성의 조개들이 나라 각 지역에 분포한다는 점도 놀랍습니다. 1822년에 있었던 것과 같은 소규모의 융기가 연속적으로 일어났기 때문에 396미터까지 융기한 것이라고 생각합니다. 칠레의 저지대가 대부분 최근까지 바다로 덮여 있었다는 명확한 증거를 가지고 보니, 이곳의 모든 경관과 계곡의 형성 과정이 무척 흥미롭습니다. 물과 바다의 흐름이 이렇게 깊은 협곡을 만들어 냈을까요? 이런 의문이 종종 들었는데 맨 아래의 충적층에서 현생종의 조개껍데기 화석을 발견하면서 해답을 찾았습니다. 충분한 근거는 없지만, 저로서는 안데스 산맥 꼭대기의 상당 부분이 제 3기에 형성되었다는 사실을 믿기 어렵습니다.

이번 탐사 마지막에는 상당히 유감스럽게도 저의 건강이 악화되어서 이곳까지 오기도 힘들었습니다. 지난달에는 내내 누워 있어야 했습니다. 다행히 지금은 빠르게 회복되고 있습니다. 그나마 이제는 곤충 채집이라도 잘 했으면 좋겠는데 그것마저도 불가능해 보입니다. 왜냐하면 저 한사람으로는 역부족이기 때문입니다. 칠레에는 채집가들이 거의 떼로 몰려와 있는 것 같습니다. 이 나라에는 목수나 구두장이나 그 밖의 평범한 직업을 가진 사람보다 자연학자가 훨씬 더 많아 보입니다.

포클랜드 제도에서 쓴 편지에는 메가테리움 화석 상자가 잘 도착할지 걱정을 늘어놓았습니다. 부에노스아이레스로부터 온 소식에 의하면 그 화물은 베이싱웨이드 범선(Brig Basingwaithe)에 실려서 리버풀(Liverpool)로 갔다고 합니다. 만약 화물을 제대로 받지 못하시면 문제가 커질 것 같습니다. 10월에 상자 두 개와 단지 하나를 포츠머스(Portsmouth) 항을 경유하는 HMS 사마랑호 편으로 보냈습니다. 잘 받으실 거라 믿습니다. 이 편지와 함께 상당량의 조류의 외피도 보내겠습니다. 그리고 그 상자에 서류 뭉치와 곤충들을 담은 약상자도 넣었습니다. 다른 약상자는 특별히 주의할 것은 없습니다만 상자 두 개를 열어 보시면 잘 말린 육상 플라나리아가 들어 있을 겁니다. 건조 방법은 제가 개발하였습니다(하지만 부서지기 쉽습니다). 백색종을 조사하다 보니 플라나리아의 내부 구조에 대해서 조금이나마 이해가 되더군요. 그리고 두 개의 작은 씨앗 봉지도 있을 겁니다. 또 교수님께서 흥미로워 하시면 좋겠는데, 식물 표본들은 파타고니아에서 채집한 것으로 꽃이 피는 것은 모조리 모았습니다. 그리고 조금 엉성하긴 해도 조심해서 막아 둔 병이 있을 겁니다. 안데스 산맥 기슭에 있는 카우케네스(Cauquenes)의 온천물과 가스를 담은 것인데 오랫동안 치료의 효험이 있다고 알려져 있습니다. 그 물과 가스는 충분히 연구해 볼 가치가 있으니 분석해 보고 싶다는 사람이 있거든 해 보라고 하십시오. 지금은 이곳 온천들의 발생지나 그 밖의 여러 가지에 대해 조사한 내용이 얼마 없는데도 복사본을 만들 시간조차 없습니다. 그리고 리우에서 채집해서 보내드린 거미류의 상태가 어떤지 알려 주세요. 예를 들어 보존 상태 같은 것 말입니다. 더 채집할 만한 가치가 있는지 알고 싶습니다.

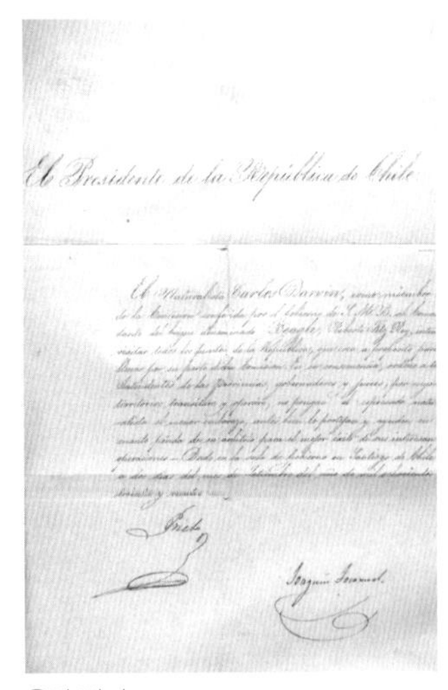
El Presidente de la República de Chile

육필 편지

저희는 내일모레면 출항을 합니다. 마침내 저희의 계획이 막바지에 이르고 있습니다. 티에라델푸에고에 작별을 고하게 되어 무척 기쁩니다. 비글호는 트레스몬테스(Tres Montes) 반도 이남으로는 가지 않을 것입니다. 우리는 그곳부터 시작해서 북쪽을 측량합니다. 코노스 제도(Chonos archipelageo)는 다행히 잘 알려지지 않은 곳입니다. 우리는 화산 불빛을 따라서 코르디예라 산맥 깊숙한 곳이로 갈 겁니다. 우리의 항해가 어디까지 이어질지 모르지만 여하튼 저는 지금 이 순간 항해의 매력을 가장 강렬하게 느낍니다.

두서없이 써 내려간 편지입니다. 너그러이 봐 주세요. 그리고 저를 응원해 주세요.

존경하는 교수님께.

당신의 진정한 제자 찰스 다윈.

11월 7일

캐롤라인에게 보내는 편지 1834년 10월 13일

발파라이소

1834년 10월 13일

사랑하는 캐롤라인 누나

지난 2주 동안 몸이 별로 좋지 않아서 침대에 누워 지냈어. 지금은 잠시나마 겨우 일어나 앉을 수 있는 정도고. 조금이라도 움직이고 일을 해야겠다고 생각해서 지금 이 편지를 써. 이번 탐사를 끝내고 육지로 돌아오는 길에 광산에서 며칠을 있었어. 그곳에서 치치(chichi)라고 하는 아주 싱겁고 신맛이 나는 와인을 마셨는데, 거의 반쯤 죽겠더군. 술이 깰 때까지 꼼짝할 수 없었어. 첫날에는 말을 탔는데 다시 한 번 속이 뒤집히더군. 그러니 몸이 좋아질 리가 없지. 식욕도 완전히 떨어지고 기운도 더 떨어졌어. 먼 길을 돌아다니느라 힘들었는지 결국 완전히 녹초가 되고 말았어. 바이노가 가지고 있던 감홍(甘汞, 살균제)을 거의 내게 다시 줬어. 지금은 조금이나마 기운을 차릴 것 같아.

내가 여기까지 올 수 있었던 것은 정말 운이 좋아서였어. 조금이라도 망설였다면 포기하고 말았을 거야. 건강이 좋지 않다는 걸 알아도 사람에게는 잠재력이라는 게 있나 봐. 일이 이렇게 되지만 않았어도 말을 타고 신나게 달려 보는 건데 말이야. 산티아고(St. Iago)까지 일주를 했어. 아콩카과(Aconcagua) 산의 협곡에서 출발해서 산을 빙 둘러 타고 내려왔어. 키요타(Quillota)에 있는 벨(Bell) 산 정상에서 이틀 밤을 보냈어. 안데스 산맥 중에 가장 높은 봉우리로 높이가 자그마치 7,563미터나 되는 산이야. 코르디예라 산맥과 칠레를 한눈에 굽어볼 수 있을 만큼 장관이야. 이곳에서 난 안데스 계곡의 광산에서 일하는 콘웰 출신인 광부의 집을 방문했어. 웨일스의 산들을 헤집고 다녔던 것처럼 한 손에 망치를 들고 거대한 산맥 기슭을 마음껏 돌아다녔지. 눈만 아니었어도 더 높은 곳까지 뚫고 나아갔을 거야. 지금은 남쪽으로 내려와서 칠레의 수도인 화려한 도시 산티아고에 와 있어. 산티아고는 평원에 있는 도시인데 전에는 호수였던 분지야. 평평하고 고른 대지와는 대조적으로 정상에 눈을 얹고 있는 산들이 도시 주변을 둘러싸고 있어서 아주 그림 같은 곳이지. 산티아고에서 약 192킬로미터 정도 남쪽에 있는 산페르난도(St. Fernando)까지 갔어. 그 도시에는 강도나 살인자들이 많다고 하면서 나더러 사람을 하나 고용해서 데리고 다니라고 했는데, 꽤 비싸더라고. 지금 생각해 보니 꼭 그럴 필요는 없었던 것 같아. 지금까지 한 것 중에 가장 비싼 탐사였는데, 지질학적으로 충분한 소득이 될 만한 것은 거의 언지 못한 것 같아. 하지만 칠레에서 최근에 형성된 조개 화석들을 아주 많이 수집하는 행운은 좀 있었지.

산페르난도로 가는 길에 안데스의 협곡에 있는 카우케네스 온천에서 며칠 머무르면서 지질학 연구를 좀 더 할 수 있었어. 산페르난도에서 곧장 바닷가로 나가기 위해서 육지를 가로질러 갔다가 되돌아 왔어. 말했지만 이곳 발파라이소에 있는 코필드 씨 집까지는 무척 고된 길이었거든. 누나도 이 말을 들으면 안쓰럽게 여기겠지만 범선 어드벤처호가 팔렸다는군. 선장은 해군 본부로부터 아무런 고무적인 소식을 듣지 못했고, 아주 크고 비싼 범선을 찾긴 했는데 너무 커서 단번에 포기하고 말았어. 지금 위컴 대위는 영국을 떠나올 때와 별로 달라진 게 없어. 그나마 일은 그럭저럭 해 나가고 있지만 별로 나아진 바가 없어. 방이 없어서 무척 곤란해. 수집물들을 쌓아둘 공간도 턱없이 부족해. 어디를 둘러봐도 말로 표현할 수 없을 만큼 비참한 상황이야. 대위 몇 명이 사병으로 좌천이 되었고 그렇게 강등된 사람들이 꽤 있어. 우리의 어린 화가 마르텐을 배에서 내보내야 했어. 하늘이 도왔는지, 선장은 항해를 연기하지 않겠다고 단언했어. 그 말은 우리가 2년 안에 뉴사우스웨일스(New S. Wales)에 간다는 말이지.

배가 아파 고생하다 보니 고향 생각이 더 간절해지더군.

약 2주 후면 비글호는 해안을 따라 내려가서 콘셉시온(Concepcion)과 발디비아(Valdivia)를 지나서 칠로에 섬 뒤쪽을 연구하러 갈 거야. 내 생각에 우리는 티에라델푸에고에 다시 들를 것 같아. 신께서 우리를 인도하시겠지. 모두가 그 지긋지긋한 곳을 너무 싫어해서 도망할까 봐 아직은 아무에게도 알리지 않은 것 같아.

우리 항해는 말로는 참 멋있어 보이지. 현실은 그렇지 않지만. 사실 남아메리카를 조사하고 케이프 혼 대신에 희망봉을 돌아오는 항해지. 남아메리카의 나라들을 제외하고 다른 나라들은 들르지 않을 것 같아. 항해의 목적이 이렇다고 해서 내가 불평을 할 입장은 아니지. 비록 여행으로 치자면 아주 형편없지만 그래도 내가 추구하는 바를 위해서는 훨씬 더 낫다고 생각해. 출항하기 전에 다시 쓰겠지만 지금은 편지를 자주 못해서 죄책감이 들어. 오언 씨의 자상하고 긴 편지를 받았는데 짧게나마 답장을 해야지. 편지 쓰는 것도 내겐 정말 내키지 않는 일이야. 물론 집으로 보내는 편지가 그렇다는 말은 아니야. 하지만 내 개인적인 이야기 말고는 별 이야깃거리도 없는 항해에 대해서 편지를 쓰는 건 정말 진저리가 나.

나와 서신을 왕래하는 사람 중에 좀 특이한 사람이 있어. 폭스 씨라고, 리우에 사는 목사거든(영국의 시인 바이런의 편지에 등장하는 폭스 말이야. 빚쟁이들이 알아보지 못하게 아프고 난 뒤에 이름을 바꿨더군).

정치적인 소식들 때문에 우리들도 마음이 뒤숭숭해. 리버풀에서 온 배에서 막 전해 들었는데, 그레이 경의 사임 후에 과연 누가 그 뒤를 이을지 모르겠군.[4]

아버지와 가족들에게 사랑한다고 전해 줘.

언제나 나를 믿어 주는 캐롤라인 누나에게.

찰스 다윈.

캐서린에게 보내는 편지 1834년 11월 8일

발파라이소

1834년 11월 8일

사랑하는 캐서린

지난번 편지는 몸이 아주 안 좋을 때 써서 좀 우울했던 것 같구나. 하지만 지금은 모든 것이 밝은 태양 아래 있는 것처럼 좋단다. 이 주 동안 두어 차례 앓아누웠지만 지금은 다시 건강을 되찾았어. 피츠로이 선장은 매우 친절하게도 이유를 묻지도 않고 열흘 정도 항해를 연기해 주었어. 비글호 선상에서 약간의 문제가 있었는데 모두에게 좋은 쪽으로 잘 결말이 났단다. 피츠로이 선장은 지난 두 달 동안 정말 지독하게 일을 하더군. 다른 배들의 관리자들이 피츠로이 선장을 끊임없이 성가시게 했는데도 말이야. 결국 범선을 출항시키는 데 곤란을 겪었어. 그는 제독함에서도 냉대를(아마 선장이 토리당원이기 때문일 거야) 받은 데다 수없이 잡다한 문제들 때문에 결국 살이 쭉 빠지고 병이 났어. 병적인 우울증을 겪고 나더니 모든 판단력과 결단력을 잃어버리더군.

선장은 자기가 정신착란을 일으킬까 봐 걱정했어(집안 내력인 것 같아). 바이노의 말에 따르면 사람은 그런 일이 있고 나면 육체적으로 영향이 있을 뿐만 아니라 완전히 탈진을 해 버린다는 거야. 그런 일은 없어야겠지만, 만약 선장이 해임되고 나면 위컴이 지도권을 쥐게 될 거래. 위컴이 지도권을 쥐게 되면 남부 쪽의 조사만 마치고 항해는 끝날 거고, 그러면 영국으로 바로 돌아가야 할지도 몰라. 선장의 결정에 따라 비글호의 불운은 모두에게 깊은 영향을 줄 수 있어.

물론 그런 일은 일어나지 않았지만, 그가 가장 괴로워한 것은, 정신 상태에 따라서 전체적인 지휘권을 충분히 행사하는 게 힘들어질지도 모른다는 거였어. 그 지휘권이라는 것은 시간이 허락하는 한 서쪽으로 더 나아가서 태평양 횡단을 지휘하는 거지.

위컴은 (사심 없이 지도권을 포기했고) 자기가 지휘권을 가지게 되면 티에라델푸에고에 다시 갈 명분이 없다는 사실을 강력히 주장하면서 선장에게 사임 후에 얻는 게 뭐가 있겠냐고 물었단다. 선장의 직으로 돌아와서 태평양의 부름을 따르는 것이 어떻겠냐고 말이야. 결국 모두가 기쁘게 선장은 동의를 했고 그의 사임은 취소됐어.

만세! 만세! 비글호는 트레스몬테스 반도 남쪽으로는 단 1마일도 가지 않을 거야(트레스몬테스 반도는 칠로에 섬에서 약 321킬로미터 정도 떨어진 곳이야). 그곳에서 발파라이소까지는 5개월 정도가 걸릴 거야. 우리는 칠로에 섬 뒤편에 거의 알려지지 않은 신비의 섬들이 있는 코노스(Chonos) 제도를 조사할 거야. 트레스몬테스 반도는 가장 남단에 있는 곳으로 최근에 형성된 지층이 있어서 지질학적으로도 매우 흥미로운 곳이기 때문에 내겐 정말 환상적인 곳이야. 선장은 태평양을 건너자고 말했지만, 내 생각은 페루 해안의 조사를 제대로 끝내자고 설득하는 게 좋을 것 같아. 페루 쪽은 기후도 아주 좋아. 그 나라는 완전히 불모지나 다름없지만 지질학자에게는 굉장히 흥미로운 곳이거든. 영국을 떠나고 나서 처음으로 모든 것이 명확해 보여. 그리고 가족에게 돌아갈 날도 그리 멀지 않았고. 태평양을 가로질러 시드니에 닿으면 그곳에서 영국까지는 그리 오래 걸리지 않을 거야.

선장이 병이 났을 때, 순간적으로 난 비글호를 떠나야겠다고 생각했거든. 그런데 그건 정말 어리석은 생각이었어. 단 5분 동안의 반란이 내 감정을 휘저어 놓았던 거야. 오랫동안 지쳐 있었고 길고 지루한 항해는 정말 우울했거든(항해를 중단하는 일은 결코 없었을 테지만). 하지만 이제 그 반란이 다 끝난 이 시점에서 돌아가겠다는 생각 따위는 절대 하지 않을 거야. 내가 지난 2년 동안 쌓은 지질학의 성을 이제 와서 무너뜨릴 수는 없잖아. 슈루즈베리에 돌아가는 생각을 하면서 밤새도록 행복에 겨워했고, 낮이면 불모의 땅, 페루의 평원이 내 마음을 사로잡았지. 항해 계획은 대충 이래(물론 너는 비웃을지 모르지만, 아마 내가 계획대로 하겠다고 하면 아버지는 당장 그렇게 하라고 하실 거야). 여름에는 칠레의 코르디예라 산맥을 조사하고, 겨울에는 페루의 항구들을 거쳐서 리마(Lima)까지 돌아본 다음 내년 이맘때쯤에는 발파라이소로 돌아오는 거야. 그리고 코르디예라 산맥을 넘어서 부에노스아이레스까지 간 다음 거기서 영국으로 돌아가는 거지. 물론 탐사가 제대로 잘 이루어질지 모르지만 어쨌든 16개월이 지나면 가족의 품으로 갈 거야. 티에라델푸에고의 열악함을 잘 견딘 경험 덕분에 태평양을 건너는 일이 끔찍할 것 같지는 않아.

지금으로서는 모든 것이 완벽해 보여. 이제부터 해야 할 일은 남서부 해안 일부를 조사하는 일인데 그다지 흥미로운 일은 아니야. 바닷가는 무척 위험하고 기후도 케이프 혼보다 더 열악해. 일단 항해를 시작하면, 확신컨대 선장은 다시 생기를 되찾을 거야. 벌써 그동안 잃어버렸던 불굴의 냉정을 되찾은 것 같아.

내일은 배로 나가 보려고 해. 지난 6주 동안 코필드 씨 집에서 지냈거든. 너는 코필드 씨가 얼마나 친절한 사람인지 모를 거야. 그는 원주민이나 외국인 모두에게 존경과 사랑을 받는 사람이야. 이 집의 안주인이 되고 싶어 하는 칠레 아가씨들이 몇 명은 된다고. 그리고 칠레에서는 돈을 헤프게 쓰지 않겠다는 약속을 지켰노라고 아버지께 전해 줘. 100파운드를 찾았어(커티스 은행의 로바츠 씨에게는 굳이 알릴 필요가 없겠지?). 50파운드는 내년치 뱃삯으로 선장에게 드려야 하고, 작은 항구에 가기 위해서 바다로 나갈 때 30파운드를 써야 해. 정말 진심으로 말하지만 지난 4개월 동안 180파운드도 안 썼어. 6개월 동안은 돈을 더 찾지 않으려고 한단다. 소소하게 진행되던 일들이 어제 다 마무리가 되었어. 1파인트의 약 덕분에 많이 좋아졌단다. 지난 일 년 동안은 정말 안 좋았거든. 병이 나지만 않았어도 칠레에서의 4개월이 무척 즐거웠을 텐데 말이야. 거기다 재수 없게도 작은 지진이 있었어. 저녁 식사가 한창일 때 침대에 누워 있었는데, 갑자기 부엌 쪽에서 왁자지껄한 소리가 들리는 거야. 누구하나 말해 주는 사람도 없이 서로 빠져 나가려고만 해서 그야말로 아비규환이었어. 그 순간 침대가 좌우로 약하게 흔들리는 걸 느꼈어. 저녁 식탁에 나이 많은 베테랑들이 있었는데 그들은 소리를 들었대. 진동이 오기 전에 소리가 먼저 들리나 봐. 늙은 베테랑들은 지진을 이성적으로 따지지 않더군.

사랑하는 캐서린에게 찰스 다윈.

수전에게 보내는 편지 1835년 4월 23일

발파라이소

1835년 4월 23일

보고 싶은 수전 누나

누나가 11월에 쓴 편지는 며칠 전에 받았어. 지난번에 이야기했던 편지 세 통은 아직 못 찾았어. 하지만 곧 찾게 되겠지. 안데스에서 멘도사(Mendoza)까지 탐사를 마치고 일주일 전에 돌아왔어. 영국을 떠난 후 그렇게 성공적인 여행은 처음이었어. 돈은 엄청 들었어. 하지만 내가 얼마나 즐거웠는지 아신다면 아버지도 분명 나무라지는 않으실 거라고 생각해. 이번 탐사는 즐거움 그 이상이었어. 남아메리카의 지질학에 대해 내가 일으킨 돌풍을 생각하면 말로 표현할 수 없을 만큼 행복해. 말 그대로 내가 한 일을 생각하면 잠을 다 설칠 지경이야. 경치도 장관이고 굉장히 낯설어. 3,600미터가 넘는 고지대라서 그런지 낮은 곳에서 볼 때와는 모든 것이 다르게 보여. 아름다운 풍경은 수도 없이 봐 왔지만 이렇게 강렬한 인상을 주는 경관은 처음이야. 산 정상의 지층들은 마치 부러진 파이의 껍질처럼 겹겹이 쌓여 있는데, 이건 지질학자에게 아주 명백하고 중요한 증거들이라고 할 수 있지. 포르티요(Portillo) 능선은 일 년 중 지금이 가장 위험한 시기이기 때문에 이곳에서 더 지체할 수가 없었어. 그리고 멘도사의 작은 마을에서 하루를 머물고 우스파야타(Uspallata) 능선을 타고 천천히 돌아오기 시작했어. 이번 탐사는 총 22일이 걸렸어. 침대까지 가지고 다녔으니 아주 드물게 편안한 여행이었지. 눈이 올 때를 대비해서 일꾼 두 명과 노새 열 마리를 데리고 갔는데 두 마리에는 주로 식량을 싣고 갔어. 하지만 모든 일이 잘되려고 그랬는지 올해는 길에 눈도 쌓이지 않았더군.

누나들이 지질학의 시시콜콜한 내용까지 관심을 갖진 않겠지만 내가 묘사하는 것을 어느 정도까지는 이해할 수 있을 거라 생각해서 중요

안데스 산맥의 단면도

한 조사 결과에 대해 짧게나마 말해 줄게. 거대한 산맥을 들어 올리는 힘이 작용하는 방식은 내가 분명히 증명해 보일 수도 있어. 지층이 두 겹이라는 것은 한 층이 생기고 나서 한 시대가 지나는 동안 또 한 층이 생겼다는 걸 보여 주는 거야. 더 오래된 지층이 바로 안데스 산맥의 중심축을 이루는 거지. 이 지층을 형성하는 암석의 종류와 순서를 설명해 줄 수도 있어. 약 610미터 정도의 두께로 석고를 함유한 층이 있다는 점이 가장 큰 특징이야. 이러한 성분을 함유한 지층은 아마 세계에서 이곳이 유일한 곳이라고 생각해. 가장 중요한 것은 내가 3,600미터의 고지에서 조개 화석을 찾아냈다는 사실이야. 이러한 사실은 유럽의 지층과 견주어 봤을 때 거의 같은 시기에 형성되었다는 것을 보여 주는 거야. 코르디예라 산맥의 다른 층은(내 마음은 이미 확신의 단계에 있지만) 파타고니아 평원[또는 영국의 와이트(Wight) 섬의 상단부]과 거의 동시대에 생겨난 것으로서 산맥의 상당 부분을 차지하는 정상 부근의 층은 가장 최근에 약 4,200미터 정도가 융기한 것으로 보여. 만약 이 결과가 입증이 된다면, 세계 지형 형성이론에 상당히 중요한 자료가 될 거야. 이렇게 지구의 지층이 최근에도 멋있게 변화했다면 극렬한 변화가 이전에만 있었다고 주장할 근거는 없다는 거지. 이처럼 최근에 형성된 지층에는 금, 은, 구리 등의 광맥이 있다는 점이 매우 특이해. 지금까지 이러한 광맥은 더 오래 전에 형성된 지층과 관련이 있다고 여겨졌거든. 이와 같은 (금광맥과 유사한) 층에서 석화된 나무들이 곧추 서 있는 것을 발견했어. 이들 주변에는 사암이 퇴적해서 쌓이면서 수피에 자국을 남겼어. 사암과 용암이 수백 미터 두께로 이 나무들을 감싸고 있는 거야. 이렇게 형성된 암석이 수면 아래로 퇴적했다는 건데, 아직은 어디서 자란 나무들인지 흔적을 찾을 수는 없지만, 이들은 분명히 한때는 해수면보다는 위에 있었던 거야. 그러니까 육지가 엄청난 압력을 받아 해수면 아래에서 수백 미터 두께의 퇴적층을 이루었다는 거지.

지질학적인 이론이나 설명을 너무 장황하게 늘어놓는다고 핀잔을 줄까 봐 걱정이군.

누나도 알겠지만, 위도가 낮은 곳이라도 북극과 비슷한 추위의 고지대에서는 북극 지방의 식물이 빈번하게 발견돼. 이런 진기한 현상을 만년설 속에서 찾았어. 북극 탐험가들이 '붉은 눈[赤雪]'이라고 하는 극미세 식물군이야. 헨슬로 교수님께서 학회 간행물에 실을 가치가 있다고 생각하신다면 이 지의류(Lichen, 地衣類)에 대한 자료를 교수님께 보내드릴 생각이야.

영국으로 보낼 마지막 표본 화물들을 준비하고 있어. 이번 마지막 탐사에서 노새에 실을 반 바리 정도 되는 자료를 더 구했어. 증거가 충분하지 않으면 내가 위에서 말한 사실들을 누가 믿어 주겠어. 코필드 씨 집에 있다가 일주일쯤 전에 이곳에 도착했어. 그 사람은 정말 친절하고 아주 성격이 좋은 친구야. 코르디예라에 다녀온 후에는 휴식을 취해야 할 것 같아서 생자고에 일주일 정도 머물렀어. 콜클루 씨(환경이 열악한 남아메리카의 여행기를 쓴 작가야) 집에 있었어. 그는 매우 유쾌한 사람인데, 나를 위해서 많은 수고를 도맡아 주었어. 내가 만난 영국 상인들은 모두 매우 친절하고 상냥해. 피치포드(Pitchford)에 있는 코필드 씨에게 인사 좀 전해줘. 그분 아들에게 신세를 졌거든. 누나가 전한 소식들 중에 가장 유감인 건 가여운 레이턴 대령의 죽음이야. 그의 죽음을 얼마나 슬퍼할지 짐작이 가. 내가 돌아가기 전에 많이 변해 있을 것을 생각하니 마음이 아파. 내가 돌아갈 때까지 모두 안녕해야 해.

비글호는 나를 이곳에 내려 주고 콘셉시온으로 돌아갔어. 피츠로이 선장은 대지진이 있은 후로 매우 꼼꼼하게 지면과 해수면의 높이를 측정하고 있어. 해수면의 불규칙하고 부분적인 상승은 이제 잠잠해졌지만 미세한 진동은 아직 계속되는 것 같아. 산타마리아 제도는 3미터 정도 상승한 곳인데, 선장은 수위선(水位線)보다 수십 센티미터 높은 곳에서 썩은 물고기의 흔적이 있는 지층을 발견했어. 비글호는 어제 이 항구를 지나갔어. 나는 배 한 척을 빌려서 비글호로 갔어. 선장은 지금은 아주 건강해. 선장의 진급에 대해 처음으로 그와 대화를 나눴어. 그는 완전히 결정한 것 같아. 이제는 아무도 선장에게 한 달이나 항해를 연기하자고 설득할 수 없을 거야. 한 곳에서 시간을 너무 많이 허비하면 또 다른 무엇인가를 포기해야 하거든. 이제 우리는 중요한 지점을 축으로 경도를 따라서 항해하게 될 거야.

7월 중순까지로 휴가가 연장되었어. 그래서 10주 정도는 시간이 있어. 내가 가기 편한 항구에서 다시 비글호에 탈거야. 내일모레 난 코킴보(Coquimbo)로 출발해. 말 세 마리와 짐 실은 노새 한 마리 그리고 지금까지 여행할 때마다 함께 다닌 믿음직한 일꾼 한 명을 데리고 갈 거야. 게다가 북쪽 사람들은 아주 정직해. 말하자면 잔인하지 않다는 말이야. 그곳은 날씨도 별로 덥지 않고 비도 거의 안 오는 곳이야. 나는 코피아포(Copiapo)까지 가 볼 생각이야. 무척 멀긴 하지만, 분명히 큰 소득이 있을 거야. 그곳에는 암염(巖鹽) 광산, 석고, 질산칼륨, 유황, 광맥이 포함된 암석층, 오래 된 해안 지대, 특이한 형태의 협곡, 석화된 조개껍데기, 화산과 진기한 전경 등 지질학자들이 가장 흥미로워할 만한 것들이 많거든. 그 나라는 지질학적으로는 거의 알려진 바가 없어(사실 남아메리카 전체가 그렇긴 해). 아타카마 사막(Desert of Atacama)에서 칠로에 섬 끝까지 칠레 전체를 볼 수 있을 거야. 모든 계획이 훌륭하지만, 지금은 불길한 생각도 들어. 가장 두려운 것은 바로 돈이야. 내가 가려는 그 나라는 인구가 굉장히 적어서 돈을 찾기가 힘들 것 같아. 그래서 이곳에서 돈을 찾아서 그곳으로 송금을 해야 해. 말을 도둑맞거나 강도를 당하거나 일꾼이 아프거나 할 수도 있고, 6.4킬로미터 내지는 8킬로미터 정도를 가야지만 돈을 찾을 수 있는 곳이 나오는데, 이러한 일에 대해 준비를 하고 있어야 해. 간단히 말해서 결국 내가 100파운드, …… 또 얼마, 또 얼마를 찾았다는 말이야. 그중에 60파운드를 안데스를 넘으면서 벌써 다 써 버렸어. 9월에 우리는 남아메리카의 해안을 떠날 거야. 아버지는 내가 태평양을 횡단하는 동안 돈을 더 찾지 않을 거라고 생각하시겠지. 바다에서는 돈을 찾을 수 없을 테니까. 하지만 난 어떤 상황에서도 돈을 쓸 수 있어.

여행 경비는 아무것도 아니야. 하지만 코킴보에 도착하면 말도 쉬어야 하고, 160킬로미터 정도 떨어진 곳에 근사한 게 있다는 소릴 들었거든. 마부를 더 쓰려면 돈을 더 달라고 할 게 뻔하고 난 그 유혹을 뿌리치지도 못할 거고 지금까지도 유혹을 이겨 본 적이 없어.

아버지의 인내심도 바닥이 났을 거야. 비탄에 잠기는 대신 아들에게 웃어 주시려면 엄청난 인내심이 필요할걸? 농담이야. 진짜 그렇게 생각한 건 아니야. 코필드 씨가 현금으로 바꿔서 자기 아버지에게 보내면 아버지는 올드 뱅크로 가져가서 거래를 하는 것 같아.

폭스 형이 내게 길고 애정 어린 편지를 보냈어. 그런데 그는 내가 받은 적도 없는 편지 얘기를 하더군. 지금은 일이 너무 많아서 리마에서 답장을 쓸 거야. 폭스 형이 '나의 사랑스러운 아내'라고 표현하는 걸 들으니 어찌나 생소하던지. 세상에! 폭스 형이 왜 매력적인 베시와 결혼하지 않은 건지 모르겠어. 그의 아내에 대해서 뭐라고 이야기하는지 듣고 싶군. 세상이 어떻게 돌아가기에 아이튼이 결혼을 했다는 거야. 폭스 형은 자기 아내에게 똑바로 앉는 것부터 가르쳐야 할 거야. 하지만 난 그에게 이렇게 썼어. 행복하라고 …….

에라스무스 형이(작년에 쓴 편지에는 그 가족들의 이름이 빠진 적이 없는데, 형이 헨슬레이 일가와 지금도 함께 사는지) 케임브리지에 왔었다는 말을 들으니 집에 돌아가고 싶은 마음이 더 간절해지더군. 형이 일요일마다 집에 와서 킹스(King's)와 트리니티(Trinity)의 두 명강사 휴얼과 세즈윅 교수에 대해서 이야기해 주는 것은 정말 즐거운 일이었어.

누나의 음악적 재능을 꾸준히 살리는 게 좋을 것 같아. 피아노-포르테의 선율이 아주 허기질 만큼 그리워. 가여운 할망구, 그렇게 매일 밤마다 얌전한 누나를 놀려 댔던 일 기억하지? 내가 우편마차 원더(Wonder)[5]를 타고 돌아가면 첫날밤을 라이온(Lion)에서 자야 할지, 아니면 누나의 평온한 밤을 깨뜨리면서 놀라게 해야 할지 아직 결정하지 않았어. 아직은 계획된 것이 거의 없어.

슈루즈베리에서의 모든 일들이 마음속에서 점점 더 선명하고 아름답게 자라나는 것 같아. 단언하지만 아카시아나 유럽산 너도밤나무는 정말 근사해. 그 한 그루 한 그루를 다 기억하고 있는데, 누나들이 그 나무를 베어 버린다면 그땐 가만 안 둘 거야. 우리 집 뒤편의 풍경처럼 아름다운 풍경은 본 적이 없어. 노스웨일스(North Wales)와 비슷하지. 내 기억 속에 있는 스노든(Snowdon) 산은 코르디예라 산맥의 어느 봉우리보다 훨씬 높고 아름다워. 누나는 내가 분별력도 잃었다고 말할지 모르겠군. 시간이 다 됐네. 그래. 누나가 그리워. 나무들이 어떻게 되든 내겐 가족이 더 중요하지. 아까 한 말은 농담이었어. 잘 지내. 가족들에게 진심으로 사랑한다고 전해 줘. 아버지께 용서를 빌어.

사랑하는 동생 찰스 다윈.

헨슬로에게 보내는 편지 1835년 8월 12일

리마

1835년 6월 12일[6]

존경하는 교수님

이 편지는 아메리카의 해변에서 보내는 마지막 편지입니다. 그래서 더욱 이 편지를 써야겠다는 생각이 듭니다. 이제 며칠 후면 비글호는 갈라파고스 군도를 향해서 갈 것입니다. 영국에 조금이나마 더 가까이 간다는 사실과 활화산을 볼 수 있다는 사실 때문에 이번 항해는 무척 즐겁고 흥미로울 것 같습니다. 용암은 질리도록 봤지만 분화구는 한 번도 본 적이 없습니다. H. M. S 콘웨이호(Conway) 편에 제법 큰 표본 상자 두 개를 보냈습니다. 콘웨이호는 지난 6월 말에 출발했습니다. 편지도 함께 보냈습니다. 그때 이후로 전 육로를 이용해서 발파라이소에서 코피아포까지 여행을 했습니다. 코르디예라 산맥보다 볼거리가 더 많았습니다. 저의 지질학적인 관점은 지난번 편지를 쓸 때와 조금 달라졌습니다. 지질층의 상단부는 제가 생각했던 것처럼 아주 최근의 것은 아닌 것 같습니다. 이번 탐사를 통해 코르디예라 산맥의 고대 지질사의 상당 부분을 이해할 수 있었습니다. 한때 해저 밑바닥에서 뿜어져 나온 용암의 거대한 흐름을 보면 연속적인 화산 작용이 일어나 형성된 것이 확실합니다. 퇴적층을 동반한 이러한 작용이 번갈아 일어나면서 거대한 층을 형성했으며, 그 후에 이러한 화산들이 수백 미터 두께의 거친 역암층으로 이루어진 섬이 된 것입니다. 이 섬들은 지금은 아름다운 나무들로 덮여 있습니다. 역암층에서 둘레 4.5미터 정도의 완전히 규산화된 덩어리를 발견했습니다. 조밀한 결정화 작용(수중에서 일어난 용암작용이라는 데 의심의 여지가 없습니다)의 반복으로 퇴적암층이 만들어지고, 융기와 굴절을 일으키면서 단단히 굳어져서 안데스의 기저를 형성한 것 같습니다. 이 지질층은 암모나이트, 테레브라튤라(Terebratula), 그리파이트(Gryphite), 마이틸리(Mytili), 굴(Oyster), 가리비(Pecten) 등의 생물들이 살았던 시기에 형성된 것입니다.

분명하진 않지만, 칠레 중심부의 기저층들은 가장 거친 역암층인 반암을 만든 변성 작용으로 만들어진 것이 아닐까 합니다. 안데스의 코르디예라 산맥은 암모나이트 시대 이후부터 웅장하게 솟아오른 것으로, 그 거대한 규모만으로도 충분히 감탄할 가치가 있다고 봅니다. 이 산맥들은 지구 전체의 지리에 두드러진 특징을 보여 주는 것입니다. 이 산맥이 가지는 지질학적 의미는 한 가지 측면에서 제게 큰 기쁨을 주었습니다. 라이엘 선생님의 글에서 읽었습니다만, 지구의 지각이 둥글게 돌아가며 바뀌고 있다는 사실은 정말 충격에 가까웠습니다. 그 말이 사실이라면 어디선가 유럽 대륙의 두 번째 지층이 형성된 시대에 만들어진 제3기의 암석 구조를 가진 지질층이 발견되든지 아니면 이 산맥들이 섬 한복판에 있거나 분지로 남아 있어야 합니다. 안데스의 상단부에서 용암층과 퇴적층이 교대로 나타난 것은 앞에서 말한 환경에서 지층이 축적되었다는 사실과 정확히 일치하는 것입니다. 결론적으로 이 산맥을 구성하는 (약 2,440미터 두께의) 서로 다른 지질층은 대략 세 개의 구획으로 나눌 수 있습니다. 지질학에 심취하기 전에 석영과 장석을 구분하는 법 같은 아주 기초적인 지질학부터 다시 배우라고 말씀하실까 봐 걱정이 됩니다. 최근에 저는 마리 데살리네스 도르비니의 남아메리카에 대한 기록을 입수했습니다. 저는 그가 팜파스의 지질학적 측면에 대해 기술한 것을 열심히 읽었는데 배울 만한 것이 없어서 화가 났습니다. 하지만 어쨌든 도르비니의 의견도 제가 얻은 결과와 같아서 다행으로 여깁니다. 그것은 매우 중요한데 볼리비아(Bolivia) 전체를 설명할 수 있을 만큼 중요합니다. 그 나라에 대한 도르비니의 지질학과 칠레에 대한 저의 지질학적인 이론들이 맥락을 이을 수 있으면 좋겠습니다. 코피아포를 떠나서 우리는 이키케(Iquique)에 들렀습니다. 조사를 했지만 나트륨 화합물층에서 질산염의 위치는 아직도 이해가 안 됩니다. 이곳 페루는 무정부 상태가 계속되고 있어서 탐사를 할 수 없습니다.

저의 든든한 후원자이신 헨슬로 교수님께.

사랑하는 제자 찰스 다윈.

돌아오는 길

Hameward Bound

캐롤라인에게 보내는 편지 1835년 12월 27일

뉴질랜드의 베이오브아일랜즈(Bay of Islands)

1835년 12월 27일

캐롤라인 누나에게

갈라파고스 섬에서 편지를 쓰고 그 이후론 편지를 보낼 기회가 좀처럼 없었어.[1] 포경선 한 척이 이제 곧 런던으로 출발한대. 비 내리는 멋진 일요일 저녁에 누나에게 편지를 쓸 기회가 생겨서 정말 기분이 좋아. 지금 우리는 앤티퍼디스(Antipodes) 제도의 자오선을 지나고 있어. 세상이 좌우로 나뉘는 지점에서 바로 오른쪽에 있는 셈이야. 지난 한 해 동안은 정말 돌아가고 싶었고, 점잖지 못하게 불평만 해 댔어. 그런데 지금은 아침부터 저녁까지 줄곧 신음소리만 심하게 내고 있어. 집으로 돌아가는 여행에서는 매 시간이 소중해. 한 시간을 허비하면 예전에 일주일을 허비한 것보다 더 손실이 커. 그런데도 지질학도 안중에 없고 끔찍한 뱃멀미만 있을 뿐이야. 지금까지는 고통스러운 것만큼 기쁘기도 했는데 이제는 고통만 더 커지는 것 같아. 내 모든 즐거움은 온데간데없어. 앞으로 여덟 달

후에나 도착할 슈루즈베리로 이미 다 달아나 버린 것 같아.

조용한 선실에서 신선한 돼지고기와 감자로 편안하게 저녁 식사를 하면서도 이런 불평을 할 수 있다면 우중충한 날 뱃머리를 돌려 바다로 나간다 해도 나는 정말 아주 관대해질 수 있을 거야. 나를 좀 위로해 줘. 그래도 여덟 달 후에 내가 가족들과 난롯가에 앉아 있을 거라는 생각을 하면 모든 것을 견딜 수 있어. 분화구의 섬 갈라파고스를 떠난 후, 꼬박 25일 동안 망망대해에서 바라본 경치는 괜찮았어. 몇 사람은 숭고하다는 말을 하며 즐거워 할 정도였지. 타히티(Tahiti) 섬에서는 열흘을 머물렀어. 전형적인 섬의 매력에 감동했지. 어느 정도 문명화된 이곳의 원주민들의 친절하고 겸손한 태도는 아름다운 경치와 야생의 자연과 조화를 이루고 있어.

산 깊숙이 들어가서 사흘 정도 간단하게 탐사를 했어. 그리고 밤에는 동료가 야생 바나나 잎으로 만들어 준 작은 집에서 잤어. 이곳의 나무들은 브라질의 나무들과는 비교가 안 되지만 아름답기로 치자면 이번 항해의 초기에 받았던 강렬한 인상을 일깨울 만큼 아름답지. 처음 여섯 달 동안의 기억은 바뀌지 않을 거야. 그보다 다섯 배나 더한 즐거움이 있다고 해도 말이야.

타히티로 돌아가야 하지만 타히티가 아무리 아름다워도 가족들을 생각하면 그냥 시시하게 느껴져. 선장과 다른 선원들(물론 의사 결정에 영향력을 가진 사람들)은 선교 활동을 하기로 결정했어. 열흘이라는 시간을 가지고 속단하기는 어렵지만 우리는 충분히 좋은 영향을 끼쳤고, 누구도 해를 끼쳤다고는 할 수 없을 거야. 산에서 나를 안내하던 사람들이 잠자기 전에 모두 무릎을 꿇고 원주민 말로 진심어린 기도를 하는데 정말 인상적이었어. 그 섬의 여왕은 우리를 존경하는 사람들 목록에 올려 주더군.

뉴질랜드를 향해서 우리는 거의 3주간 항해를 했어. 우리는 이곳에서 약 열흘 정도 머물 거야. 뉴질랜드라는 나라에도 그렇고 이곳 원주민들에게도 실망했어. 타히티 사람들을 보고 와서 그런지 이곳 원주민들은 잔인해 보여. 선교사들은 원주민들의 도덕성을 매우 함양시켰고 게다가 문명인으로서의 행동거지를 가르치기도 했어. 최근까지만 해도 지구상에서 가장 사납고 미개한 종족이었지만, 지금은 유럽 사람들이 이곳에 와도 영국에서 있는 만큼이나 안전하게 이들 사이를 걸어 다닐 수 있다는 게 사실이야. 정말 자랑할 만한 일이지. 얼[2]의 책을 읽으면서 정말 화가 치밀더군. 극도의 불공평을 넘어서 완전히 배은망덕한 것처럼 보였어. 얼이 책에서 선교사들을 냉정하다고 비난했지만, 선교사들은 오히려 그를 더 정중하게 대했던 것 같아. 얼이 아주 노골적으로 선교사들이 음탕한 짓을 한다고 했으니 충분히 원성을 살 만도 한데 말이야. 15마일 정도 떨어진 선교지를 찾아가서 즐거운 저녁 시간을 보냈어. 그들은 내가 평소에 알고 지내던 사람처럼 좋은 분들이었어.[3]

그래서 선교사들에 대해서 제대로 글을 좀 써 봤어. 누나는 아마 관심 있어 할 거야. 항해를 하면서 봤던 그 어느 풍경보다 시드니를 본다는 생각에 들떠 있어. 하지만 우리는 그곳에서 아주 잠깐, 겨우 2주 정도만 머무를 거야. 그래도 말을 타고 구석구석 달려 보고 싶어. 우리는 시드니에서 킹 조지 해협(King George's sound)을 향해 가서 계획대로 나아갈 거야. 참, 8월 1일이나 그 전에 플리머스에서 편지를 찾아야 한다는 거 잊지 마.

구름이 낀 11월 아침에 해협으로 들어간 늙은 베테랑 조타수처럼 "아, 한 점 …… 푸른 하늘이 없구나!"하고 말할 수 있다면 얼마나 기쁠까.

아버지와 에라스무스 형, 메리앤 누나와 모두에게 내 사랑을 전해 줘. 잘 있어 캐롤라인 누나.

찰스 다윈.

캐롤라인에게 보내는 편지 1836년 4월 29일

모리셔스, 포트루이스(Mauritius, Port Lewis)

1836년 4월 29일

보고 싶은 캐롤라인 누나

우리는 오늘 아침에야 이곳에 도착했어. 배 한 척이 영국으로 떠난다기에 기회를 놓치지 않으려고 편지를 써. 내가 워낙 지쳐 있고 멍한 상태라서 내 편지도 지루하기 짝이 없을 거야. 시드니와 호바트(Hobart)에서 편지를 썼고, 호바트를 떠난 다음에 우리는 킹 조지 해협으로 갔어. 오스트레일리아 어디를 가도 큰 매력은 못 느끼겠어. 확실히 지난번 갔던 곳보다 더 적응이 잘 되는 곳은 아니야. 이런 느낌으로 종지부를 찍게 되는군.

그리고 우리는 킬링 제도(Keeling Islands)를 향했어. 그곳은 수마트라(Sumatra) 해안에서 약 800킬로미터 정도 떨어져 있는 곳인데 환초로 둘러싸인 얕은 바다에 있는 섬들이야. 그곳에 들른 건 정말 운이 좋았어. 산호 폴립이 자라는 걸 볼 수 있었거든. 지난 반 년 동안 나는 산호군에 대해서 아주 각별한 관심을 가져 왔어. 나는 이제까지 알려진 것보다 더 쉽고 깊이 있는 시각으로 산호를 알아보고 싶어. 석호(潟湖) 섬의 직경이 약 48 킬로미터에 달하는데 이들이 해저에 있는 같은 크기의 분화구 위에 생겨난 섬들이라고 하는 건 정말 말도 안 되는 가설인 것 같아.[4]

킬링 제도에서 곧바로 이곳으로 왔어. 지금까지 우리가 본 것들은 아주 만족스러워. 물론 경치는 타히티에 비길 수 없고, 웅장함이야 브라질에 비하면 아무 것도 아니지만 그래도 아름답고 마음에 드는 풍경이야. 하지만 여기 이 나라는 완전히 둘러보기 전까지는 우리 마음을 사로잡을 것 같지 않아. 더 멀리 있는 미지의 세계일수록 좋은 법이지. 우리는 모두가 향수병에 걸렸어. 똑같은 오 년이라도 외국에서 살기 위해 고향을 떠나 있는 것과 그냥 방랑을 하면서 고향을 떠나 있는 것과는 굉장히 달라. 이곳은 전에 봤던 곳보다 특별히 내가 가 보고 싶은 곳도, 찾고 싶은 것도 없어. 그러니 내가 찾고 싶겠냐고. 소용돌이에 휘말려서 모두가 현기증을 느껴. 그런데도 선장은 막무가내로 밀어붙이기만 하고 제대로 지휘를 못하고 있어. 젠장, 최근에는 한 시간도 손해 보지 않고 잘 나가나 했는데 또 이런 일이 벌어진 거지. 희망봉을 출발할 때 강풍을 용케 피할 수 있다면 누나가 이 편지를 받고 나서 8주 후에는 영국에 도착할지도 몰라. 희망봉과 세인트 헬레나(St. Helena)를 지나서 가게 될지 확실치 않아. 브라질 바닷가의 바이아를 지나야 끝날 것 같아. 전과는 조금 다른 기분으로 아름다운 경치를 바라보고 있어. 평범한 삶의 일 년을 내주고 그런 곳에서의 한 시간을 살 수 있다면 좋겠지만 한 순간이라도 내 고향집을 생각하면 대영제국을 다 준다고 해도, 이 멋진 열대지방을 다 준다 해도 싫지. 바다에 있는 동안 날씨는 쾌청했어. 게다가 무척 바빠서 시간도 그럭저럭 잘 가더군. 전에 써 둔 지질학 자료들을 다시 정리하고 있어. 거의 전부 다시 쓰는 거나 마찬가지야. 머릿속의 생각들을 표현한다는 게 얼마나 어려운 일인지 새삼 깨닫고 있어. 그나마 설명을 하는 건 쉬운 일이야. 하지만 적절한 관련성을 찾기 위해서 추론을 하거나 명확하고 적당하게 말을 만드는 것은 전에도 말했지만 내겐 너무 어려운 일이야.

지질학에 대해 관심이 점점 더 많아져. 심지어 이제는 저명한 지질학자들이 내 관찰 기록을 보고 가치를 인정해 주기를 바랄 정도야. 런던에서 한 일 년 정도 살아야겠다는 생각이 들어. 그곳에서 내 자료들을 철저히 검토해서 더 근사하게 만드는 작업을 해야 할 거야. 에라스무스 형에게 내 이름을 윈담(Whyndam)이나 다른 클럽에 올려 달라고 부탁해 줄래? 나중에라도 그런 데 가입하지 않는 것이 좋다고 해도 손해 볼 일은 아니니까. 선장의 사촌이 윈담에 있는데, 선장은 그 사촌이 나를 윈담에 들어가게 할 수도 있을 거래. 런던의 변두리라도 좋으니 에라스무스 형한테 크고 괜찮은 방이 있는 하숙집을 알아봐 달라고 말해 줘. 이제는 영국에서 지낼 계획을 세워야겠어. 이제는 정말 먼 나라 이야기가 아니야. 그리고 아버지께는 내가 30파운드를 더 찾았다고 말씀드려 줘. 선장은 날이 갈수록 즐거워 보여. 자기 앞에 놓인 일들도 아주 긍정적으로 바라보고 말이야. 선장도 나처럼 하루 종일 뭔가를 기록하느라 정신이 없어. 지질학에 대해서는 아니고, 항해 일지일 거야. 선장의 일지가 공개될까 봐 약간 걱정이 되지만 여러 면에서 분명히 훌륭한 기록일 거야. 선장은 아주 쉬고도 근사하게 글을 쓰거든. 선장은 내게 일지의 출판에 합류하지 않겠냐는 제안을 했어. 자기 일지와 내 기록을 합치는데 내 기록의 편집과 처분권을 자기가 갖겠다는 거야. 물론 기꺼이 그러겠다고 했지. 그가 자료들을 원한다는 것은 내 기록의 시시콜콜한 부분까지도 출판할 가치가 있다고 생각하는 거 아니겠어. 이미 선장은 내가 항해 중에 쓴 글을 다 읽어 봤는데 좋다고 했어. 누나의 의견을 듣고 싶어. 요즘은 사람의 발길이 닿지 않은 곳이 없는데, 세상 구석구석에 관한 이야기를 출판한다는 것이 먹히기나 할지 말이야. 배를 타고 여기저기 떠도는 자연학자들은 많지만 그중에 지질학자가 없다는 것은 내겐 행운이야. 경쟁자가 하나도 없는 분야에 입성한 셈이지. 누나에게 장담하지만 꽤 걱정스럽긴 해도 헨슬로 교수님께서 근엄한 표정을 지으시며 내 기록을 보고 칭찬하실 일이 기대돼. 만에 하나라도 교수님께서 탐탁지 않아서 손사래를 치신다면 그 즉시 과학자의 길을 포기할 거야. 과학이 나를 포기하게 만든 거니까. 전력을 다해서 일을 했거든. 완전히 내 자랑만 늘어놓았군. 난 너무 지쳤어. 그냥 들떠서 쓴 얘기고, 내 기분에 취해서 한 말이야. 내 얘기만 했지만 가족을 생각하는 내 마음은 신만이 아시겠지.

아버지와 가족 모두에게 내 사랑을 전해 줘.

사랑하는 캐롤라인 누나에게.

사랑하는 동생 찰스 다윈.

수전에게 보내는 편지 1836년 8월 4일

브라질 바이아

8월 4일

사랑하는 수전 누나

이 편지에 남아메리카 해안 주소가 적힌 이유를 간략하게 설명해야 할 것 같아. 정말 이례적인 일인데 경도가 맞지 않아서 남반구를 완전히 한 바퀴 도는 데 문제가 있을지 모른다고 피츠로이 선장이 걱정을 하더군. 그래서 우리는 영국의 경도에 맞춰 다시 물러서게 되었어. 이런 지그재그식 항해는 정말 짜증스러워. 기분도 완전히 가라앉았어. 바다는 두말할 것도 없고 그 위에 떠 있는 배들도 아주 진저리가 날 정도로 싫어. 하지만 10월 중순까지는 영국으로 돌아갈 거라고 믿어.

누나가 보낸 두 통의 편지는 기분 좋은 소식들로 가득하더라고. 특히 세즈윅 교수님이 내 수집물에 대해서 하신 말씀은 정말 기분 좋았어.[5] 고백하지만 수집물들은 대단히 만족스럽거든. 적어도 일부는 진실로 판명이 날 거고, 내가 생각한 대로 하고 말거야. 감히 한 시간이라도 쓸데없이 허비하는 사람이라면 인생의 가치도 제대로 알지 못할 거야. 세즈윅 교수님이 내 이름을 거론하셨다는 건 아주 희망적이야. 수많은 지질학적인 질문에 대해서 조언을 아끼지 않으실 거란 얘기지.

수전 누나와 가족 모두 잘 지내.

찰스 다윈.

조사이어 웨지우드 2세에게 보내는 편지

슈루즈베리

사랑하는 삼촌

비글호는 지난 일요일 저녁에 팔머스에 도착했습니다. 그리고 어젯밤 늦게 집에 도착했어요. 얼마나 기쁜지 정신이 하나도 없습니다. 하지만 누나들이 저보다 먼저 소식을 전하게 할 수는 없지요. 사랑하는 친구와 가족들을 다시 만난다는 게 얼마나 기쁜지! 사나흘 안에 런던으로 다시 돌아가야 해요. 그곳에서 비글호를 찾아가 정산을 하고 나면 슈루즈베리에 좀 더 오랫동안 머물 겁니다. 메이어가와 그곳에 계신 친척들을 다시 만나고 싶습니다. 그래서 이삼 주 사이에 방문할 거예요. 가장 존경하는 삼촌에게 제일 먼저 감사를 드려요. 내가 무슨 말을 하고 있는지 모를 만큼 행복합니다.

저를 믿어 주시는 삼촌께.

사랑하는 조카 찰스 다윈.

1837년

영국으로 돌아온 다윈은 여러 차례에 걸쳐 런던에 다녀왔다. 헨슬로우 교수에게 보낸 편지와 비글호 항해 중에 보낸 표본들은 과학계에서 다윈의 입지를 굳혀 주었다. 찰스 라이엘, 리처드 오언과의 만찬에서 그는 지질학회 회원으로 선출되었고 그의 수집물에 대한 실험을 전문가들에게 의뢰하기로 결정되었다. 12월에 다윈은 케임브리지에 숙소를 잡고 헨슬로우 교수가 보관하고 있던 표본들을 다시 정리했다.

캐롤라인에게 보내는 편지 1837년 2월 27일

케임브리지

1837년 2월 27일 월요일

캐롤라인 누나에게

거의 12시가 다 되었어. 하지만 잠자기 전에 케임브리지에서의 마지막 편지를 써야 할 것 같아. 지금 막 과학협회에서 짧은 보고서를 읽었고, 표본들을 전시하고 구두로 설명을 했어. 아주 순조롭게 잘 끝났고, 휴얼 교수님과 세즈윅 교수님이 적극적으로 참여해 주신 덕분에 토론회도 아주 훌륭하게 끝났어. 세즈윅 교수님이 방금 노리치(Norwich)에서 돌아오셔서 함께 차를 마셨어. 그 교수님은 항상 특별하게도 아버지와 우리 가족의 안부를 물으셔. 가끔씩 난 교수님이 어떻게 된 건 아닐까 하는 생각이 들어. 아주 멍해 보이기도 하고 특이해 보이기도 하지. 하지만 세상에서 가장 기품이 넘치는 분이기도 해. 금요일 아침에 숙소를 옮길 거야. 케임브리지의 생활은 정말 즐겁게 끝난 것 같아. 누나가 지난번 편지에서 라이엘 선생님의 연설에 대해 물었지? 나에 대해서는 별로 말하지 않았는데, 내 보고서를 출판하는 것에 대한 말만 넌지시 했을 뿐이야. 하지만 누나가 더 듣고 싶다면 알려 줄게(그리고 희망봉에서 보낸 선교 보고서도 함께 말이야).[1] 어제 라이엘 선생님께 들었는데, 그 보고서가 앞으로 이삼일 안에 출판된다더군. 그리고 라이엘 선생님은 일요일에 배비지 씨 댁에서 열리는 모임에 내가 갔으면 하고 바라더군. 배비지 씨도 내게 초대장을 보냈어. 선생님의 말로는 그 모임이 런던에서 가장 잘 알려진 문필가들의 모임이라는 거야. 그 모임에는 예쁜 여자들도 있다더군.

구약성서의 연대기가 잘못 되었다는 허셜 경의 의견에는 전혀 새로운 것이 없다고 누나가 말했잖아. 나도 물론 모호한 방법으로 연대기라는 단어를 사용하긴 하는데, 나는 허셜 경이 언급한 것처럼 천지창조의 시기를 구약이라고 보지 않고, 이 세상에 처음으로 인간이 만들어져서 그 멋진 모습을 드러낸 이후부터를 구약이라고 봐. 내가 아는 바로는 대부분의 사람들이 그 시기를 약 6천 년가량으로 보는데, 허셜 경은 중국어나 백인들의 언어나 [……][2] 언어들이 하나의 어족(語族)에서 갈라져 나오는 데까지만 해도 몇 배나 더 긴 시간이 흘러 갔다고 보는 거야.

사랑하는 누나에게 찰스 다윈.

W. D. 폭스에게 보내는 편지 1837년 3월 12일

그레이트 말버러 가(Great Marlborough Street) 43번지

일요일 밤

친애하는 폭스 형

케임브리지에서 쓴 편지 이후로 꽤 오랜 시간이 지났어. 완전히 정착을 할 때까지는 시간이 필요했어. 완전히 정착했다고 말하기는 좀 뭣하지만 화요일이면 그레이트 말버러 가 북쪽의 36번지에 있는 하숙집으로 들어가. 일 년을 계약했어. 지금은 43번지에 있는 형의 집에 있어. 이웃과 아주 가까이 지내서 즐거워. 케임브리지에서의 체류 기간이 생각보다 길어졌는데, 그곳에서 끝내야 할 일이 있었기 때문이야. 더 자세히 말하자면 지질학 표본들을 살펴보는 일이었어. 케임브리지는 여전히 매우 즐거운 곳이야. 하지만 예전에 느끼던 즐거움에 비하면 절반도 안 되는 것 같아. 신학 대학 교정을 조용히 걸어 다녀도 누구 하나 나를 알아보는 사람이 없으니 한편으로는 조금 쓸쓸한 느낌도 들더군. 케임브리지에서 지내는 동안 가장 불편했던 점은 사교 모임이 많았다는 거야. 그것도 매일 밤마다 말이야. 물론 그것 때문에 즐거움도 컸지만, 이런 큰 도시에서 벌어지는 그런 사교 모임에는 늘 뒷말이 따르는 법이지. 애석하긴 하지만 너무 분명한 진실이라 오히려 염려스러운 것은, 이 지저분하고 음침한 도시처럼 자연사 연구에 적격인 도시는 없다는 것이야. 이곳에서는 아무도 남의 일에 간섭을 안 하거든. 전혀 말이야. 그러니 자연을 관찰하기에는 안성맞춤이라는 말이지.

지난번 편지에서 형은 나더러 책을 쓸 준비를 하라고 다그쳤잖아. 지금 나는 모든 걸 포기하고 그 일에만 매진하고 있어. 우리의 계획은 다음과 같아. 피츠로이 선장이 두 권을 쓰는데, 킹 선장과 티에라델푸에고까지 항해하는 동안 수집한 자료들과 이번에 우리가 항해하는 동안 모은 자료들을 바탕으로 쓸 거야. 그리고 세 번째 책은 내가 쓸 건데, 자연학자

육필 원고

의 일지 형식으로 쓸 생각이야. 하지만 시간 순서가 아니라 장소를 기준으로 쓰려고 해. 동물의 습성에 관해서 많은 부분을 할애할 거고, 지질학적 그림이나 나라들의 모습 그리고 개인적인 생각들도 모두 쓸어 담아서 내놓으려고 해. 그러고 난 다음에 지질학에 대해 자세한 보고서를 쓸 작정이고. 동물학에 대한 논문도 작성하고 말이야. 그래서 내년이나 어쩌면 후년까지 엄청나게 많은 일을 해야 할 거야. 그 일이 다 끝날 때까지는 휴일도 없을 것 같아. 형이 내게 한 말 기억해? 새로 발견한 타조 이름에 '다위니(darwinii)'가 들어간다는 것 말이야. 게다가 굴드 씨가 이름을 지었다니! 화요일에는 동물학회지에서 그것에 관한 내용을 읽을 수 있겠네.

잘 지내.

사랑하는 친구 다윈.

캐롤라인에게 보내는 편지 1837년 5월 19일~6월 16일

그레이트 말버러 가 36번지

누나, 아버지께 뭣 좀 여쭤 봐 줘. 아버지께서 세번(Severn) 강이 홍수로 넘쳐흐르는 게 아니라 깨끗하고 덩어리지지 않은 눈이 땅으로 스며들어 흐르는 거라고 말씀하셨던 것 같은데, 그러셨는지 아니면 그 반대로 말씀하셨는지 궁금하다고 말이야. 『주노미아*Zoonomia*』에 있었는지 왕립 식물원 자료에서 봤는지 모르겠지만 동물의 본능 취득 과정에 대한 글이 있었는데 이를테면 까마귀가 총을 무서워하는 본능 같은 것 말이야.[3] 매우 건강했던 선원들도 태평양의 스테이션 섬(Station Island)에만 가면 희귀한 전염성에 감염되는 사례를 자주 보면서 굉장한 관심이 생겼어. 윌리엄스 선교사는 아주 강하게 주장하더군. 건강한 영국인이 오지의 원주민들과 처음 어울리게 되면 늘 질병이 생긴다는 거야. 하지만 아메리카, 특히 희망봉 원주민의 멸망과 오스트레일리아와 폴리네시아 원주민들의 멸망 사이에 뭔가 미심쩍은 법칙이 관련된 것은 아닌지 의구심이 강하게 들어. 몇 년 전에 아버지께서(매컬로크의 말을 인용해서) 하신 말씀이 생각 나. 어떤 작은 섬에 사는 사람들은 그곳에 배가 들어올 때마다 유행성 감기를 앓는다는 거야. 그 말은 곧 배가 특정한 바람을 몰고 다닌다는 말로 설명이 될 것 같아. 내 기억이 맞는지 여쭤 봐줘. 아무리 생각해 봐도 질병에 감염되지 않은 사람들이 몰려다닌다고 치명적인 질병이 퍼지는 경우는 없다고 봐. '옥스퍼드 재판'이 그런 경우일까? 그게 몇 년도였지? 그와 비슷한 다른 사례에 대해서는 아버지도 말씀하신 적이 없는 것 같아. 누나도 이제는 어엿한 숙녀가 되었겠군. 윌리엄 엘리스(William Ellis)의 『폴리네시안 리서치*Polynesian Researches*』를 읽어 봐.[4] 거기 보면 엘리스는 쿡 선장의 방문으로 어떤 종류의 질병이 발생했다는 사실에 대해 아무런 비평을 하지 않았어. 혹등고래에 대해서 아주 웃긴 이야기가 하나 있는데 어쩌면 다른 경우에서는 어느 정도 사실일지도 몰라. 엘리스의 책은 장별로 잘 나눠져 있어서 누나가 귀찮지만 않다면 읽고 싶은 곳을 쉽게 찾아 읽을 수 있을 거야. 그리고 사람 몸을 절단하는 데 기계를 사용해서 구멍을 낸다면 거의 사람을 죽이는 것 아니냐고, 죽은 개에게라면 모를까 살아 있는 개에게도 이렇게 할 수 있는지, 혹시 그런 시술에 대해 아버지께서 들은 적이 있는지 여쭤봐 줘. 완전히 이상한 질문들만 나열해 놓았지? 아버지께서 내가 미친 게 아니냐고 생각하실 것 같군.[5] 질문들도 뒤죽박죽으로 엉켜 있는 것 같네.

아버지께 사랑한다고 전해 줘. 내가 한 질문들 때문에 아버지께서 골치 아파하지 않으시길……. 잘 지내.

찰스 다윈.

프랜시스 보퍼트에게 보내는 편지 1837년 6월 16일

1837년 6월 16일

보퍼트 씨에게

선생님께서도 아시다시피 전 피츠로이 선장과 세계 일주 항해를 무사히 잘 마쳤고, 지난 5년간 자연사의 다양한 분야와 관련해서 엄청나게 많은 자료를 수집할 수 있었습니다. 그 자료들을 검토한 과학자들 몇 분은 결과물을 출판하자는 의견을 내놓으셨습니다. 하지만 출판 분량이 방

대해서 혼자 힘으로는 비용을 다 댈 수가 없었습니다. 그래서 프랭클린 경이나 리처드슨 박사가 정부의 지원을 받은 것처럼 책이 출판될 수 있도록 저도 정부의 지원을 받으려고 과감히 시도를 해 봤습니다. 책이 나오게 된다면 국가적인 명예가 될 겁니다. 제가 희망을 걸고 있는 것은 적어도 막연한 추측으로 요구를 하는 것이 아니라는 점입니다. 특히 제가 말씀드린 총비용은 표본들의 보존을 위해 필요한 재료 구입비만 계산한 것이고 보조로 일할 사람의 급여는 기꺼이 제 힘으로 지급할 것입니다. 지금까지 모은 수집물들에 더 추가를 할 수도 있고 아니면 공공 박물관에 이것들을 배포할 수도 있습니다. 그러면 수집물들을 알아서 잘 관리해 주겠지요. 그리고 세 곳의 학회장들로부터 출판과 관련하여 추가로 몇 가지 의견을 전해 들었습니다. 도판 인쇄를 비롯한 각종 지원을 정부가 제공할 것이고, 책에는 새로운 종과 아직까지 알려지지 않은 종에 대해 독점적으로 싣게 될 것입니다. 다른 자연학자들의 의견도 그렇고 제 생각에도 약 150개 정도의 도판이 필요할 것 같습니다. 그리고 삽화나 판화 작업에 들어가는 비용은 1천 파운드 정도가 들 것으로 생각됩니다. 이 비용은 1년 6개월 동안 나눠서 청구할 것입니다.

제게 선처가 내려지길 바랍니다. 진심으로 감사드립니다.

찰스 다윈.

[동봉]

다윈 씨가 H.M.S 비글호에서 보내온 수집물들은 매우 중요한 가치를 지니고 있으며 대단히 새로워서 매우 큰 감명을 받았습니다. 도판으로 인쇄하여 균일한 품질의 책으로 출판하자는 데 의견이 모아졌습니다. 자연

과학에 매우 유용한 자료가 될 것입니다.

서머셋(Somerset) 더비(Derby)에서 W. 휴얼(Whewell)

W. D. 폭스에게 보내는 편지 1837년 7월 7일

그레이트 말버러 가 36번지

7월 7일 금요일

친애하는 폭스 형에게

형 소식을 들은 지 꽤 된 것 같아. 왜 그동안 안부 편지도 한 통 보내지 않았어? 다시 게으름뱅이가 된 건 아니겠지? 아니면 내가 남아메리카의 새들이나 동물들 그리고 물고기들만 생각하느라 옛 친구를 잊었다고 생각하고 있나? 슈루즈베리에 한 8일 정도 잠깐 들렀다가 어젯밤에야 돌아왔어. 형이 관심을 기울일 만한 소식들이 몇 가지 있어. 캐롤라인 누나가 조스 웨지우드와 결혼을 한대. 형이 그를 기억할지 모르겠네만 맏아들이야. 꽤 존경할 만하고 호감도 가고 굉장히 진지한 사람이야. 하지만 조금만 더 적극적이었으면 좋겠어. 그는 아는 것도 무척 많고 뛰어난 사람인데 자기 능력을 제대로 발휘하지 못하는 것 같아. 그 결혼은 캐롤라인 누나를 위해서도 잘 된 일이야. 정말 행복해질 것 같아. 아기를 갖게 되면 더욱 행복해지겠지. 빽빽 울어 대는 개구쟁이 녀석을 누나처럼 좋아하는 사람도 드물 거야. 이런 식으로 말하니까 내가 은혜도 모르는 철면

피 같군. 누나는 어린 시절 내내 나에게 어머니 같은 존재였거든. 그리고 잊은 게 하나 있어. 빽빽 울어 대는 개구쟁이 녀석에 대해서 말인데, 모든 어린이들이 천사 같긴 하지만 그런 천사 같은 아이들을 말하는 거라고 생각지는 말게.

항해 일지가 어느 정도 마무리가 되었기 때문에 휴가를 내서 슈루즈베리에 다녀왔어. 지금은 그 공백을 메우는 일도 그렇고 8월 첫째 주까지 출판 준비를 모두 마쳐야 해서 무척 바빠. 책을 쓰는 사람들은 정말 존경스러워. 무슨 책이든 간에 영어로 글을 쓴다는 것은 너무 힘들어서 가늠할 수도 없어. 아, 가장 힘든 수정 작업이 아직 남아 있어. 이 작업이 끝나면 본격적으로 지질학에 덤벼들어야겠어. 지질학회에서 발행한 간행물을 몇 개 읽었는데, 대단한 호평을 하더군. 그래서 나도 왠지 모를 자신감이 생겨. 솔직히 내가 꼬리를 뽐내는 공작새 같은 기분도 들지만, 그렇다고 자만심에 빠지고 싶진 않아. 사실 내 지질학 보고서들이 라이엘 선생님과 같은 사람들의 관심을 받게 될 줄은 전혀 기대하지 않았어. 라이엘 선생님은 내가 돌아온 이후에 가장 왕성하게 의견을 교환하는 친구가 되었지.

우리가 곤충학에 매료되었을 때를 종종 떠올려. 지금 이 순간에도 오스메스톤(Osmaston) 근처의 숲이 떠올라(큰 곰팡이와 톡톡 튀는 딱정벌레들로 유명했던 그 숲 말이야). 7년이라는 긴 시간이 아니라 바로 한 달 전에 그곳을 휘젓고 다녔던 것처럼 선명하군. 케임브리지에서 보낸 행복한 날들도 모두 지나갔지만 그곳이 내 마음속에 아름다운 그림처럼 남아 있는 한 결코 그곳을 잊을 수는 없을 거야.

잘 지내길 바래, 폭스 형.

사랑하는 친구 찰스 다윈.

찰스 라이엘에게 보내는 편지 1837년 7월 30일

그레이트 말버러 가 36번지

1837년 7월 30일

"6월에 '종의 세대간 돌연변이 Transmutation of Species'에 관한 노트를 처음 펼쳤다. 지난 3월 초부터 남아메리카 화석들의 특징에 관해서 그리고 갈라파고스 군도의 종에 대한 생각들로 가득 차 있었다. 이러한 사실들은(특히 후자는) 내 모든 관점의 기원이다."(1837년 저널)

갈라파고스 섬에는 27종의 육상 조류가 있다고 봅니다. 한 가지(매우 광범위하게 분포하고 있는 종)만 제외하고는 모두가 새로운 종이지요. 북아메리카 조류의 형태도 있고 일부는 남아메리카 조류의 형태인데 전체적으로는 아메리카 조류의 형태로 보면 됩니다. 갈라파고스 군도의 위치가 적도 부근임을 감안하면 그리 기이한 일도 아니지요. 파충류도 마찬가지고요. 최근에 조개에 관한 연구를 하면서 종의 존재에 대해서 놀라지 않으셨나요? 저는 조류의 종과 외형의 변화에 대해서 관심을 많이 갖고 있었습니다. 모든 것이 가변적이라는 사실이 굉장히 놀랍지 않습니까? 하지만 제가 이해할 수 있는 기본적인 이론에 동의하는 자연학자는 두 명도 안 되는 것 같습니다. 오언 교수(그는 지금 영국 북부로 한 달 정도 쉬러 갔습니다)와 저는 오늘 아침에 의과대학에서 아주 흥미진진한 시간을 보냈답니다. 우리는 설치류 이외에도 11~12가지의 거대 동물의 흔적을 찾아냈거든요. 그중 하나는 별개의 종이었지만 대부분은 엄밀히 말해서 남아메리카에 서식하는 속이었습니다.

바이아블랑카에는 최소한 다섯 종의 거대 빈치류가 있었습니다! 과연 이 거대 동물들은 무엇을 먹고 살았을까요? 현존하는 아르마딜로처럼 그 동물들도 사막 근처에서 살았을 것이라고 확신합니다. 동물의 크기와 식물의 양 사이에는 아무런 관련이 없다는 것을 알았어요. 스미스 박사가 내게 준 사실 자료들을 보고 정말 놀랐답니다.[6] 좀 과장해서 말하자면 코뿔소가 공기만 들이마시고도 살 수 있다는 것을 증명할 수도 있을 겁니다. 저는 코뿔소가 분명히 소식가일 것이라고 확신합니다. 아프리카 수퇘지의 엄니가 빈치류에도 있다는 사실을 어떻게 설명하겠습니까? 선생님도 저의 증거 자료들을 읽으셨을 테고(실제 이빨도 보셨겠지요) 한때 팜파스에서 말은 오늘날과 같이 흔한 동물이었다는 것을 확인할 수 있을 겁니다. 이 수많은 동물들이 과연 왜 죽었을까요, 최근까지도 신체적인 변화는 거의 없었는데 말이지요. 정말 신기하지 않습니까.

[8월에 다윈은 영국 재무부 장관으로부터 『비글호 항해의 동물학』의 출판 지원금 1,000파운드를 받았다. 포유류 화석, 포유류, 조류, 어류, 파충류 등 각 분야의 전문가들에게 원조를 받아서 각 표본들을 정확히 설명할 수 있었다. 다윈에게 도움을 준 사람은 리처드 오

언, 조지 로버트 워터하우스, 존 굴드, 레너드 제닝스 그리고 토머스 벨이었다. 다윈은 작업을 전체적으로 감독하면서 자신의 관찰 일지에서 지리학과 지질학적인 자료, 동물들의 서식 환경과 습성에 관한 자료 등을 제공했다.]

헨슬로에게 보내는 편지 1837년 10월 14일

슈루즈베리

10월 14일

존경하는 교수님

비서관직에 대한 교수님의 제안에 대해서는 그저 감사할 따름입니다. 그 제안에 대한 답을 드리기가 매우 송구스럽습니다. 하지만 나중에라도 제게 공정한 평가를 내려 주실 것을 바랍니다. 저는 여름 내내 이 문제로 고민을 했습니다. 몇 가지 이유로 그 제안을 거절해야 할 것 같습니다. 우선, 영국 지질학에 관해서 저는 거의 문외한입니다. 적어도 협회에 제출하기 전에 문서를 읽고 요약하기 위해서는 어느 정도의 지식은 갖추고 있어야 할 것입니다. 그리고 저는 다른 언어에 대해서도 거의 무지합니다. 아주 간단한 단어도 프랑스어로 어떻게 발음하는지조차 모릅니다. 언어라는 것이 얼마나 많이 인용됩니까. 프랑스어도 읽지 못하는 비서관은 협회에 있으나마나 할 겁니다. 그리고 두 번째는, 시간을 낼 수 없다는 점입니다. 정부의 일을 하는데 기술자들을 돌보고, 감독하고 필요한 물자들을 공급해야 합니다. 그것은 매우 중요한 일이고 철저하게 해야 하는 일입니다. 제가 쓴 지질학 자료들은 초고 상태라서 아무도 조개 화석들을 알아볼 수 없습니다. 그래서 제가 충분히 검토해야 합니다. 저는 협회에서 제안을 거두고 시간을 낭비하지 않기를 바랍니다. 일 년 반 정도 안에 저의 지질학 연구가 마무리 되면 그때부터, 고등생물에 관한 설명은 다른 사람에게 맡기더라도, 무척추동물에 관한 자료 정리를 마무리하는 데에 저의 온 시간을 쏟아부어야 합니다. 정부 일을 맡게 되면 저의 계획이 어긋나게 되고 그러면 지질학에 관련된 일은 앞으로 3년 정도는 연기해야 할지도 모릅니다.

현재로서는 과학적으로 큰 비중을 차지하는 것 가운데 실질적인 것들을 조금이나마 추려 놓긴 했지만 언제 어떻게 될지 모르고, 그 생생함과 즐거움이 사라져 버릴 수도 있습니다. 경험한 바로는 회보를 만들기 위해서 이론화하는 작업에도 시간이 많이 걸리고, 제가 작성한 서류들을 다듬는 것조차도 적잖은 시간이 필요합니다. 만약 제가 비서관이라면, 각 서류들을 이중으로 이론화해야 하고 그러려면 읽기 전에 따로 공부부터 해야 할 것입니다. 그리고 적어도 2주에 사흘 정도는(더 길 수도 있지만) 출근을 해야 할 것입니다. 게다가 뜻밖의 일이나 부수적인 일들이 생기면 시간을 더 많이 뺏길 겁니다. 제가 알기로는 로일 박사님도 사무실 일로 시간을 많이 뺏기더군요. 제가 단지 휴식을 포기하고 이제까지보다 더 열심히 일한다면 시간을 내서 비서관직을 맡을 수 있을지도 모릅니다. 하지만 교수님께 간절히 부탁드립니다. 글쓰기가 느리다는 점이나, 한 번에 두 가지 일을 해야 한다는 점 그리고 불가피함 때문이라든지 어떤 이유로든 제가 정해진 기한 내에 지질학에 관한 일을 마칠 수 없다면, 출판 일정은 분명히 아주 먼 훗날로 늦춰질 것입니다. 협회에서 2주마다 사흘씩 골치 아픈 일을 떠맡기는 것도 그 이유가 되겠죠. 과학의 신봉자로서 지금 하고 있는 작업을 완성하기 위해서 모든 것을 쏟아붓는 동안은 저의 의무에 충실해야 한다고 생각합니다. 현재 저보다 시간도 많은 다른 사람이 충분히 할 수 있는 일을 제 일을 미루면서까지 할 수는 없습니다. 더욱이 그 자리가 명예로울지라도 아직은 과학자로서는 풋내기이고 배워야 할 것이 너무도 많은 저에게는 버거운 자리인 것만은 분명합니다.

제가 알고 있는 휴얼 교수님은 아마도 비서관직을 수행하는 데 드는 시간을 제가 너무 과장하는 것이라고 생각하실 겁니다. 하지만 저는 아주 간단한 글을 쓰는 데도 많은 시간이 걸린다는 걸 분명히 알고 있습니다. 제가 이기적이어서 휴얼 교수님의 제안을 거절하는 것처럼 보이는 것은 원치 않습니다. 그분은 누구보다 제가 하는 일에 관심을 가지고 관대하게 지켜봐 주신 분입니다. 그리고 무엇보다 저는 온 마음과 열정을 다하지 않고 대충대충 버티면서 그 자리를 맡을 생각은 없습니다. 그리고 정부 일과 지질학 연구를 동시에 하는 건 불가능할 것입니다.

건강이 얼마나 버텨줄지 모르겠습니다만, 저의 마지막 과제는 부가적인 일은 제쳐두고 제가 해야 할 일들에만 전념하는 것입니다. 교수님도 제가 실언을 하지 않는다는 걸 알고 계시겠지요. 시내에서 클라크 박사님을 만나서 조언을 구했는데, 처음에는 제게 몇 주 동안 글을 쓰는 일이나 교정하는 일을 모두 그만두라고 강권하셨습니다. 최근에는 조금만 흥분해도 곧 지쳐 버리고 심장 박동이 거칠어집니다. 2주에서 사흘을 뺀 나머지 날 동안을 모두 쉰다고 해도 지금으로서는 비서관직이 저에게 주기적으로 고통스러운 일이 될 겁니다. 사실 시내에서 돌아올 때만해도 어떻게든 해 보려고 했습니다. 하지만 비서관 자리가 탐나는 자리기는 해도 그 제안을 수락하겠다고 말씀드릴 수는 없습니다.

제 이야기만 장황하게 늘어놓아서 죄송합니다. 워낙 중대한 사안이라서 그렇습니다. 이기적으로 생각하거나 화를 낼 수도 없고, 저의 모든 안위와 계획을 희생해서라도 비서관직을 수락하겠다는 말씀을 드릴 수도 없습니다. 휴얼 교수님을 만나시거든 제 의견을 전해 주십시오. 그분만 괜찮으시다면 이 편지를 읽어 보게 하셔도 됩니다. 저는 교수님을 부모님처럼 생각합니다. 교수님의 의견을 들려 주십시오. 그리고 이 사안에 대해서만큼은 교수님이나 다른 사람들이 가진 넘치는 의욕에 견주어 저를 판단하지 말아 주시길 바랍니다. 물론 색다른 일을 많이 해 볼 수록 즐거움도 커질 것입니다. 저 스스로 무능한 사람이 되기 싫지만 그래도 역시 저에게 그 자리는 과분합니다.

존경하는 교수님께.

애제자 찰스 다윈

[찰스 다윈은 윌리엄 휴얼 교수의 강력한 제안을 뿌리치지 못했다. 결국 다윈은 1838년 2월 16일 지질학 협회의 비서관 중 한 명으로 선출되었고, 1841년 2월 19일까지 직무를 수행했다.]

1838년

수전에게 보내는 편지 1838년 4월 1일

일요일 저녁

사랑하는 할망구

어제 저녁에 선장과 함께 차를 마셨어. 피츠로이 부인이 자기 아기 이야기를 해 줘서 즐거웠어. 아기가 얼마나 사랑스럽던지 작고 여린 목소리는 마치 아름다운 음악처럼 들리더군. 선장은 꽤 잘 지내고 있었어. 그는 왜곡된 사물이나 그릇된 태도를 가진 사람들을 대하는 데 탁월한 능력을 지닌 사람이야. 자기 책을 쓰느라 무척 열심히 일하고 있어. 내 생각에 6월이면 출판될 것 같아. 킹 선장의 일지를 몇 장 봤는데, 본심은 정말 아닌데 피츠로이 선장에게는 어쩔 수 없이 훌륭한 책인 것 같다고 말했지. 하지만 실제로는 꼬마한테 푸딩만 왕창 먹인 꼴이지. 뚱뚱해지기밖에 더하겠어. 허섭스레기만 수두룩이 모아 놓은 자연사 책이더군. 하지만 피츠로이 선장의 책은 그보단 낫겠지.

지난 2주 동안 아주 규칙적으로 말을 탔어. 덕분에 아주 건강해진 것 같아. 슈루즈베리에서 하루에 저녁을 두 번씩 먹었던 때 이후로 몸이 별로 좋지 않았어. 몸무게만 늘었어. 이틀 전인가 무척 더웠던 날에는 말을 타고 동물학회까지 갔는데, 올 들어서 가장 재수 좋은 일이 있었어. 코뿔소들이 밖으로 나와 있었어. 발길질을 하고 바로 선 모습은(비록 아주 높은 곳까지 닿진 않았지만) 좀처럼 보기 힘든 광경이어서 무척 즐거웠어. 코뿔소 우리에서 이리저리로 후다닥거리며 뛰어다니더군. 마치 거대한 소처럼 말이야. 내달리다 얼마나 갑작스럽게 휙 돌아서는지 정말 놀라웠어. 바로 옆 우리에는 코끼리들이 있었는데 코뿔소들이 노는 모습을 보고 아주 놀란 것 같았어. 말뚝 근처로 가서 유심히 지켜보더니 네 발을 부지런히 움직이는 거야. 꼬리 끝을 삐죽 세우고, 코도 길게 내밀고는 고장 난 트럼펫 몇 대가 빽빽거리는 것처럼 소리를 질러대는 거야.

그리고 잘 조련된 오랑우탄도 봤어. 조련사가 사과 하나를 주지는 않고 보여 줬어. 그러자 드러누워서 발길질을 하고 버르장머리 없는 아이가 칭얼대듯이 우는 거야. 아주 부루퉁해 보였어. 그렇게 두세 번 발작을 하고 나서 조련사가 "제니, 울음을 그치고 얌전해지면 사과를 줄게." 하고 말했어. 그랬더니 그 말을 다 알아들은 어린아이처럼 낑낑거리는 울음을 멈추는 거야. 오랑우탄이 성공했지. 그래서 사과를 받았어. 흔들의자로 뛰어올라가 앉더니 사과를 먹더군. 아주 만족스러운 표정으로 말이야.

원숭이 이야기는 이쯤 해 두고, 요즘 코뿔소처럼 말괄량이 같은 마티노 양에 대해서 얘기해 줄게. 에라스무스 형은 온종일 그녀와 붙어 있어. 그녀의 성격이 북극의 산처럼 단호하지 않다면 곧 형에게 넘어 올 거야. 하루는 라이엘 선생님이 찾아갔는데, 식탁 위에 예쁜 장미가 한 송이 있었나 봐. 그녀는 라이엘 선생님에게 그 장미를 보여 주면서 에라스무스 다윈이 준거라고 말하더래. 얼마나 운이 좋은 거야! 그녀는 정말 솔직해.

그녀가 솔직하다는 걸 몰랐다면 충격을 받았을 거야. 물론 그녀는 매력적인 여자야. 라이엘 선생님이 갔을 때, 로저스와 제프리 대위, 엠프슨도 와 있었다는 거야. 천재들을 한 자리에 불러 모은 여자야. 나이가 많은 로저스는 마티노를 열렬히 숭배하는데, 마티노 양의 미소가 아주 매력적이라는 거야. '요람에 누운 아이가 간지럼을 타는 것'처럼 보인다는군. 그런 미소는 세상에 없을 거라면서. 아기도 정말 예쁜 아기지 …….

아버지께 안부전해 줘.

찰스 다윈.

[이후 몇 개월간 다윈은 동물학 연구 이외에도 지질학 분야에 대한 정리를 시작했고, 종의 변이와 관련하여 꾸준히 자료를 수집했다.

11월 9일, 다윈은 사촌인 엠마 웨지우드에게 청혼을 하기 위해 스태퍼드셔(Staffordshire) 메이어의 웨지우드가 저택으로 갔다. 그리고 11일, 일요일 '운명적인 날' 엠마는 그의 청혼을 받아들였다. (1838년 일기)]

엠마 웨지우드에게 보내는 편지 1838년 11월 14일

슈루즈베리

수요일 아침

사랑하는 엠마

메리앤 누나와 수전 누나가 이곳에 있는 모두에게 좋은 소식을 들려줘서 얼마나 기쁘고 행복한지 전해 달라는군요. 많이 생각한 끝에 우리 거위 가족은[1] 한 가지 결론을 내렸어요. 세상에 나만큼 운이 좋은 사람은 없다는 거예요. 그리고 당신만큼 좋은 여자도 없다는 결론이었소.

솔직하게 말하면, 메이어를 떠난 후 아주 여러 번 생각을 했소. 내가 표현을 제대로 한 건지, 당신에게 얼마나 고마운지, 그리고 이런 생각이 들 때마다 당신에게 어울릴 만한 사람이 되도록 노력해야겠다는 다짐을 했다오.

당신이 결정해야 할 여러 복잡한 문제에 대해서 깊이 생각해 보길 바라오. 토요일에 내가 돌아가면 많은 이야기를 나눕시다. 서재에 있는 벽난로에 불을 피워 두시요. 둘이서 이야기를 나누기에 참 좋은 장소지요.

집에 관한 문제는 런던 중심가가 좋은지 교외가 좋은지 ……. 이 문제로 난롯가에 모여서 격렬하게 토론을 한 모양이오만, 교외 쪽으로 의견이 기우는 것 같소. 하지만 다른 의견도 고려해 볼 수 있다고 하더군요. 아버지께서는 어디서 살든지 첫 해에는 검소하고 소박하게 살아야 한다고 조언을 해 주셨소. 가장 염려스러운 점은, 그동안 당신은 메이어의 유일한 자랑거리인 성대하고 유쾌한 파티를 즐기며 살았는데, 그에 비하면 우리

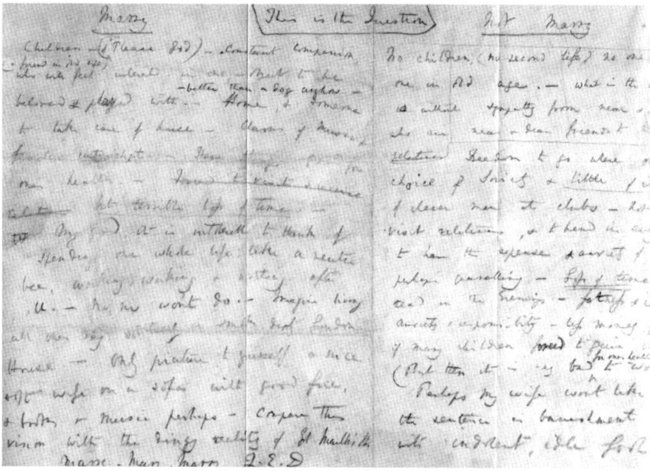
Marry

This is the Question

Not Marry

다윈의 원고

의 저녁 시간은 조용하고 지루할 것이오. 그리고 당신이 명심해야 할 것이 있는데, 젊은 처자들이 말하듯 '모든 남자는 짐승'이라는 거요. 그리고 나 역시도 외로운 짐승의 삶을 살아 왔고 말이오. 그러니 당신은 조용한 곳이 좋다는 말을 잘 새겨들어야 하오. 당신을 더욱 더 완전히 소유하고 싶은 생각이 들어요. 이런 내 마음은 나도 믿기지 않소. 측량할 수 없을 만큼 사랑하는 무엇인가를 가진 어린아이처럼, '나만의 엠마' 당신만을 생각하며 살고 싶소. 지금 쓰고 있는 편지는 내 마음에 가장 먼저 떠오르는 생각을 적은 것이니 부디 다른 사람에게 보여 주지 않기를 바라오. 내가 터무니없는 이야기를 해도 잘 들어줄 미래의 아내 곁에 앉아 있는 상상을 한다오. 지금 제대로 쓰고 있는지 엉망으로 쓰는지 살피지도 않고 그저 내 식대로 서툴게 써 내려가도 이해를 해 주오.

어제 캐롤라인 누나의 편지를 받았는데, 당신과 나를 축복하는 다정한 내용이었소. 내가 떠나올 때까지 슈롭셔(Shropshire)에서는 아무에게도 이야기를 하지 않았고, 에라스무스 형에게만 편지로 알려 줬어요. 형도 진심으로 축하해 줄 거라 믿어요. 아버지께서는 조사이어 삼촌의 말을 되새기고 또 되새긴다오. "소중한 보물을 얻으셨어요!" 분명히 말하지만 월요일 아침 메이어에서 나처럼 진심 어린 환영을 받은 사람은 아마 없을 거요. 지금까지 내 인생은 행복하고, 매우 운이 좋았오. 그리고 행복했던 그 기억은 이제 메이어의 풍경과 어우러지면서 완성되었소. 나의 사랑 엠마, 겸손과 감사의 마음으로 당신의 손에 입 맞추면 내 마음은 행복으로 충만해진다오. 나의 가장 간절한 소망은 당신에게 어울리는 사람이 되는 것이오.

안녕.

당신을 사랑하는 찰스 다윈.

이보다 더 잘 쓸 수만 있다면 찢어 버리고 다시 쓰고 싶소. 하지만 이보다 더 잘 쓰기는 어려울 것 같소.

편지 앞부분을 쓰고 있는데 집배원이 와서 당신이 캐티에게 쓴 편지를 전해 주고 갔소. 당신이 나더러 착한 소년이 되라고 하면 그럴 거요. 간절하게 부탁하지만 급하게 결정을 하지는 마시오. 엘리자베스는 결코 자기 자신만을 생각하지 않을거라고 말해 주시오. 이제는 자신만을 생각하지 않고 두 사람을 생각하겠다고, 감사하게도 그 한 사람은 바로 나라고 말해 주시오. 엠마, 당신은 훌륭한 결정을 내려야 하는 사람이오. 하지만 인생은 길지 않소. 두 달이라는 시간은 일 년의 육분의 일이나 되고, 그때부터 내 인생은 새로 시작될 거라오. 어떤 결정을 내리든 당신이 옳을 거요. 하지만 우리가 부부가 될 때까지 나를 배려하는 마음에 당신이 너무 양보만 하는 건 바라지 않소.

사랑하는 엠마 잘 지내요.

엠마 웨지우드에게 보내는 편지 1838년 11월 27일

아테네움 클럽에서

화요일 밤

사랑하는 엠마

큰 종이 한 장을 구했소. 당신에게 마음 놓고 장문의 편지를 쓸 수 있다는 의미요.

이번 주 내내 당신을 생각하고 우리의 미래를 꿈꾸느라 아무것도 할 수 없었소. 당신의 친필 편지를 얼마나 애지중지하며 읽을지 상상이 될 줄 아오. 어제 편지를 썼어야 했지만 당신의 편지를 기다렸오. 하지만 내가 편지를 쓸 시간이 나서 편지를 쓰고 싶은 마음이 들 때까지 기다렸다는 것을 나무라진 마시오. 당신과 직접 이야기를 나누지 못하고 손을 잡으면서 당신의 존재를 느끼지 못하기 때문에 편지가 내겐 크나큰 기쁨이라오.

그동안 내가 지낸 이야기를 들려주겠소. 토요일에는 라이엘 선생님의 가족과 저녁 식사를 함께 했다오. 아주 즐거운 시간을 보냈소. 라이엘 선생님은 꽤 대담한 말씀을 하셨소. 결혼한 지질학 동료가 생긴다는 생각에 잔뜩 들떠서 제안을 하시는데, 아내들은 집에 남겨 놓고 둘이 아테네움 클럽(Athenæum Club, 과학 및 문예, 학술 관련 기관—옮긴이)에서 함께 식사를 하자더군요. 딱한 분, 그러다가는 호되게 당하시지. 내가 사자처럼 대담해진다면 모를까 그런 행동을 어찌 하겠소. 우리는 지질학과 경제에 대해서 많은 이야기를 나눴소. 경제에 대한 이야기는 아주 유익했소.

그런데 괜찮다면 충고를 하나 하고 싶소. 뭐냐면 기초적인 지식은 읽을 필요가 없다는 것이오. 이제부터 당신은 방대한 양의 지질학 자료를 가지게 될 테니까 말이오. 나도 마찬가지로 11월 24일 전까지는 코담배를 실컷 들이키겠소. 웃기지도 않은 농담이구려. 되도록 오래 오래 이렇게 행복하게 지냅시다.

일요일 저녁에 에라스무스 형이 토머스 칼라일(Thomas Carlyle) 씨네 가족과 차를 마시는 데 나를 데려갔어요. 처음 방문한 거였소. 형은 토마스를 무척 좋아하더군요. 나도 그에게 잘해 주고 싶은 마음이 들었소. 왜냐하면 그가 형에게 아주 특별한 숙녀를 소개해 줬는데, 형 말로는 이제껏 그렇게 아름다운 숙녀를 본 적이 없다는 거요. 제니가 당신에게 정중한 메시지를 보냈소만, 뜻도 명확지 않고 그저 실성한 사람이 킬킬거리는 투 같더군요. 배반하는 것 같지만, 난 제니가 숙녀답지 않다고 생각하오. 그리고 기품 있다고는 더더욱 생각할 수가 없소.

이제 집에 관한 문제에 대해서 이야기하겠소. 형과 나는 몇 번이나 오랫동안 산책을 했소. 재정적인 문제가 가장 골치 아픈 것 같소. 집들이 꽤 부족한 것 같아요. 그리고 집 주인들은 모두 제정신이 아닌 것 같고 말이오. 매우 높은 가격을 부르더군요. 에라스무스 형은 나보다 더 신경을 썼어요. 그러면서 더 이상 당신과 내가 '나의 안타까운 사랑'에게 쓰는 편지로 이야기하지 말아야 한다고 했어요.

집 문제에 관해서는 더 이상 깊이 생각하지 않기로 했어요. 장단점만 이야기하느라 너무 장황해진 것 같군요. 하지만 2년에서 3년간 중심부에 집을 얻어 사는 건 당신이나 내게 모두 매우 좋을 것 같소. 그리고 나는 적어도 그 이상 런던에 묶여 있어야 하오. 그러니 런던에서의 삶이 주는 유리한 혜택을 모두 누릴 수 있다는 데는 의심할 여지가 없소. 게다가 진짜 시골을 여행할 수 있는 기회를 더 자주 갖게 될 거요. 교외에 살면서는 꿈도 못 꿀 일이지요. 2년이나 3년 후에 교외로 이사를 갈지 계속 그곳에 살지 결정할 수 있을 것이요. 내 생각에는 좀 더 오래 런던에 있어야 할 것 같지만, 우리가 외진 곳이나 시골(정원과 산책로가 있는)에서 느끼는 행복이 사교 모임이나 그 밖의 것들보다 차라리 나은지는 나중에 결정할 수도 있을 것이오. 그건 지금 고민할 문제는 아닌 것 같소. 다시 말하지만 당신이 처음 내린 결정이 타당할 것이라고 생각하오. 우리가 마지못해 런던에 있는 동안에도 런던을 충분히 활용할 수 있을 것이고, 우리가 우리 삶을 결정할 수 있다면 경우는 좀 달라지겠지요. 시골과 도시가 주는 이점을 교외에서 다 누리고 싶을 거요. 당신 생각은 어떤지 말해 주시오. 당신의 의견이 오락가락하더라도 현명한 판단을 내릴 거라고 믿으니까 기꺼이 듣겠소. 런던 중심부라면 어디든 잘 알고 있으니까 집을 얻는 문제는 어렵지 않게 해결할 수 있을 거요. 한참을 산책한 후에 형과 나는 선택의 기준을 정할 수 있었는데, 그것은 런던의 주택가로 정할 것인지 러셀 광장과 비슷한 광장 부근으로 정할 것인지를 먼저 결정해야 한다는 거였소.

심각한 대화 끝에(라이엘 선생님과도 이야기를 나눴소) 내린 결론은, 가장 좋은 계획은 우선 집을 얻고 세간은 천천히 우리 힘으로 채워 나가는 것이오. 돈과 시간을 고려했을 때 이것이 경제적일 것이요. 처음에는 다소 불편하겠지만 말이오. 고생을 조금 참아 주겠소? 다시 말하지만, 집을 구하는 데 적어도 120파운드는 들 것 같소. 그 이상은 아니겠지만.

가장 맘에 드는 곳은 형이 토링턴(Torrington) 광장에서 본 120파운드짜리 집이오. 그리고 또 하나는 타비스톡(Tavistock) 광장에 있는 150파운드짜리 집이고. 그리고 베드퍼드(Bedford)에 145파운드짜리 집도 하나 있어요. 내가 계속 더 찾아보고 생각해 보리다. 내가 말한 그 집들은 각각 좋은 점이 있지만 이해심 많은 당신의 의견도 모두 들어보고 싶소. 리젠트 파크 주변을 돌아 봤지만 그곳은 별로 좋은 것 같지 않소.

어제까지만 해도 난 목요일쯤에 지질학회 모임이 끝나고 나면 메이어에 들러 볼 생각이었는데, 어제 오언 씨의 모친이 돌아가셨다는 소식을 들었소. 오언 씨는 다음 호 관보를 쓰기로 되어 있었는데, 이번 일로 아마 못 쓰게 될 것 같소. 나도 다른 호 몇 권을 쓰느라 머리를 쥐어 짜내고 있소. 이 일이 얼마나 지체될지 정확히 말하긴 어려워요. 한시라도 빨리 당신을 다시 만나고 싶기 때문에 너무 지체되지 않기만을 바랄 뿐이오. 당신 생각이 간절해지면 진득하게 앉아서 일을 할 수가 없다오. 저널의 부록도 대여섯 권 되고 이것 말고도 일들이 산더미처럼 쌓여 있어서 내 즐거움을 뒤로 미루고만 있소. 매일 밤 나는 다짐을 하오. 내일 아침에는 다 끝내겠다고 말이오. 다시 한 번 서재에서 당신 곁에 앉아 있고 싶소. 그러면 행복이 다가올 거라는 예감으로 충만해질 거요.

당신이 쓴 편지를 다섯 번이나 읽고 또 읽었소. 나의 사랑 엠마, 내가 아무런 희생도 없이 당신을 아내로 맞는 게 아주 이기적인 행위가 아닐까 해서 죄책감마저 든다오. 전에도 말했지만, 당신에게 훌륭하고 본분을 잘 지키는 남편이 되기 위해서 노력할 것이고 꼭 그런 남편이 되겠소.

나를 믿어요, 엠마.

나의 모든 사랑을 담아.

찰스 다윈

[엠마는 집을 얻는 일을 거들고 결혼 준비를 하기 위해서 2주 동안 런던에 와 있었다. 12월 말에 그들은 어퍼 가워 가(Upper Gower Street) 12번지에 있는 집을 빌렸다. 1839년 1월 29일 다윈과 엠마는 메이어에서 결혼을 했다. 두 사람은 곧 다윈이 산호초 연구를 하고 있던 런던으로 갔다.]

1839~1843년

헨슬로에게 보내는 편지

어퍼 가워 가 12번지

일요일 저녁

교수님께

훔볼트 씨께서 제게 보낸 긴 편지에 대해 쓴 전보를 받으셨을 줄 압니다. 훔볼트 씨는 제가 갈라파고스에서 수집한 희귀하고 다양한 식물에 관해서 특징을 묘사한 것과 종에 대해 상세히 기술한 것은 M. 헨슬로 씨도 할 수 없었다고 하면서 강한 유감을 표명하셨습니다. 세인트헬레나 섬에 대해서 록스버그가 쓴 것이나 노퍽 제도(Norfolk Islands)에 관해서 엔들리처가 쓴 것처럼, 갈라파고스 제도의 식물군에 대해서 간단한 보고서를 쓰시는 것이 좋을 것 같습니다. 더 흥미로운 학술 논문을 쓸 기회가 자주 있을 것 같지는 않습니다. 만약 다른 잡지니 보고서에 분산해서 싣게 되면 식물상의 전체적인 특징이 드러나기 어렵고, 최소한 문외한들이 보기에는 진기한 종에 대한 보고서라고 인정하지 않을 겁니다. 현명한 답을 주시기 바랍니다.

최근 저는 지질학에 관한 몇 가지 존평을 읽었습니다. 언젠가는 티에라델푸에고의 일반적인 특징과 식물의 분포에 관한 교수님의 견해를 적은 보고서를 읽어 보고 싶습니다. 특히 고산 식물군에 관한 것은 더욱 흥미로울 것 같습니다. 지금까지는 육상의 한 지역, 즉 온화한 지역은 북반구와 비교해서 아주 특별한 방식으로 특정지어야 한다고 간주되었습니다. 로버트 브라운 씨는 제가 알기로 티에라델푸에고에서 매우 방대하고 꼼꼼하게 수집했다고 합니다. 브라운 씨는 9년간 수집물들을 가지고만 있었기 때문에 교수님께서 원하신다면 그 수집물들을 맡기실 겁니다. 파타고니아의 전반적인 식물군에 대한 책은 아직 아무도 쓰지 않은 것으로 압니다. 제 수집물이 비록 많지는 않지만 식물군의 개념에 대해서는 상당히 괜찮은 자료가 될 것입니다. 기후가 아주 특색 있고, 지리적으로도 근접해 있으므로 티에라델푸에고의 식물군과 파타고니아의 식물군을 비교해서 설명하는 것이 가장 좋은 방법일 겁니다. 이 점을 고려해 주십시오.

그리고 교수님도 제게 그러시겠지만, 모든 식물이 경우에 따라서 서로 영향을 준다는 저의 개념에 부합하는 자료든 부합하지 않는 자료든 모든 사실 자료는 반드시 염두에 두십시오. 저도 꾸준히 모든 사실 자료들을 수집해 나갈 것입니다. 그러다 보면 종의 변이와 기원에도 서광이 비칠 겁니다.

제 아내도 안부를 전합니다. 교수님께서 저희를 찾아 주신다면 행복할 겁니다. 자주 오시면 더 기쁠 겁니다. 그리고 언젠가는 힛첨(Hitcham)으로 저희를 초대해 주시길 바랍니다.

안녕히 계십시오.

존경하는 교수님께 찰스 다윈 드림.

엠마 다윈에게 보내는 편지 1840년 4월 5일

슈루즈베리

일요일

사랑하는 엠마

내게 그렇게 빨리 답장을 해 주다니 당신은 정말 선하고 아름다운 영혼의 소유자요. 나도 착한 사람처럼 당신에게 그간 내 생활에 대해 들려주고 싶소. 역에서 노울즈 경을 만났어요. 다행히 우리는 수다쟁이들과 다른 객실을 쓰게 되었다오. 우리 객실에는 앨더슨 부인처럼 날씬하고 우아한 부인이 있었는데, 어찌나 얌전한지 함부로 말을 걸 수가 없었어요. 그녀는 여자 친구와 함께 있었는데 그 친구는 아주 큰 목소리로 객실 문에 대고 말을 하더군요. 우리는 아무 소리도 내지 못하고 듣기만 했다오. 주로 가족 예배에 관한 이야기였는데 항상 하인들도 없이 10시 30분에 예배를 드린다고 하더군요. 그러더니 자기 친구에게 일요일은 꼭 빼고, 토요일 밤이나 월요일 아침에 편지를 쓰라고 하는 거예요. 그러자 얌전한 부인은 경건한 목소리로 이렇게 답하더군요. "그래 엘리자, 토요일 밤이나 월요일 아침에 편지를 쓸게." 그러자마자 목소리 큰 고상한 부인은 주머니에서 검은색 표지의 종교에 관한 소책자와 아주 굵은 연필을 한 자루 꺼내더군요. 그녀는 장갑을 벗더니 아까 얘기한 굵은 연필로 밑줄을 그어 가면서 근엄한 목소리로 읽기 시작했어요. 그녀 옆자리에는 코가 붉은 나이 지긋한 신사가 앉아서 〈크리스천 해럴드Christian Herald〉를 읽고 있었고, 그 신사 옆자리에는 열렬한 퀘이커 교도인 여자가 앉아 있었소. 내게 얼마나 훌륭한 동행들이었겠소? 난 입도 뻥긋 못하고 여행을 즐겼어요.

버밍엄(Birmingham)에서는 45분 정도를 대합실에서 서 있었기 때문에 너무 지친 나머지 빈자리가 있는지 확인도 하지 않고 기차를 탔소. 그리고서 얼마나 후회했는지. 하지만 놀랍게도 여행은 또 그렇게 내게 휴식을 주더군요. 덕분에 슈루즈베리에 도착할 때는 완전히 피로가 풀렸소. 사실 버밍엄의 대합실에서는 자기 자리를 찾고 있는 헌트 씨를 보고 아연실색했다오. 그는 다른 사람을 조금도 아랑곳 않고 지루한 이야기를 늘어놓는 사람이기 때문이라오. 나를 알아보지 못했는데, 누가 말을 걸어오는 바람에 내가 누군지 알게 되었다오. 필사적으로 내가 누군지를 숨기고 여행을 하려 했지만 곧 포기하고 말았소. 헌트 씨의 부인이 등장하면서 그런 나의 작은 바람은 산산조각이 난 거요. 아주 놀라서 허둥거리며 그 부인과 악수했고, 마치 하늘에서 떨어진 사람을 보듯 내 눈은 둥그레져서 헌트 씨를 보았지요. 객차 안 우리 앞 좌석에는 리스우드(Lythwood)에서 온 구두쇠 지주인 파르 씨가 타고 있었소. 마침내 헌트 씨가 대화의 포문을 열었다오. 처음에는 견딜만 했지만 나중에는 졸린 척을 했소. 헌트도 잠이 들어 버렸소. 그제서야 우리는 조용한 여행을 할 수 있었다오. 안 됐지만 구두쇠 파르 씨는 리온에서 된통 당했다오. 파르 씨가 전세 마차를 불렀는데 한 대밖에 없더군요. 마크가 나를 먼저 태워야 한다고 파르 씨를 설득하면서 짐꾼들에게 슬쩍 눈짓으로 파르의 짐을 내려 놓을 때 장난을 치자고 한 거요. 그러니까 짐꾼들은 천천히, 하나하나 마구잡이로 팽개쳐 놨어요. 그 가여운 노신사는 길길이 뛰고 난리가 났소. 그 사이에 난 잽싸게 마차를 타고 나왔다오.

아버지는 꽤 건강해 보였소. 편지에 다 쓸 수는 없지만 아버지께 지혜를 배워 가는 것 같소.

아버지는 당신의 입장에 대해서 어떤 선입견도 없으신 것 같아요. 하지만 가끔씩은 당신이 약하게 두통을 느끼더라도 아기에게 직접 젖을 물리기를 원하시는 것 같아요.[1] 나중에는 당신에게 좋은 일이라는 걸 알게 될 거라고 하시더군요. 하지만 그건 어디까지나 아버지의 추측이지요. 아버지는 아기가 잔병치레를 자주 할까 봐 걱정하시는 거니까 서운해하지 마시오. 아기가 건강하면 몸동작도 매우 활발할 테고, 하루 스물네 시간 동안 열두 번을 움직이든 한 번을 움직이든 그건 그리 중요하지 않다고 하셨소. 물론 아버지는 아기가 한 번 이상은 움직이는 것이 좋다고 하셨지만 말이오. 다른 음식들보다 특히 오트밀 죽은 안 된다고 하셨소. 나귀 젖을 계속 먹이면 안 된다고 생각하신다오. 아무튼 돌아가서 이야기합시다.

이번 고향 방문은 아주 즐거웠소. 아프지도 않고 놀랄 만큼 건강했다오. 아버지는 감홍을 더 자주 먹는 게 좋을 거라고 하시더군요. 그리고 별다른 말씀은 없었소. 내가 전보다 훨씬 더 말라서 그런지 지금은 형보다 몸무게가 훨씬 적더군요. 내 생각에 여행이 오히려 내게 좋았던 것 같았소. 하지만 첫째 날은 거의 잠을 못 잤어요. 커다란 침대에 혼자 덩그러니 누워 있으려니 쓸쓸해서 그랬던 것 같소. 당신보다 내가 더 감성적인 것 같구려. 마치 사소한 것만 잔뜩 모으는 아서 그라이드처럼[2] 나도 작지만 좋은 재료를 고를 줄 알게 되었고 푸딩 만드는 조리법도 입수했고, 가장 효과적으로 잼을 만드는 방법도 익혔소. 언제고 당신이 먹고 싶다면 빈 단지들만 보내 주면 되오.

나의 사랑스런 티티(Titty, 젖꼭지, 모유—옮긴이). 늘 당신 생각만 한다오.

캐티에게도 사랑한다고 전해 주시오.

당신의 믿음직한 남편 다윈.

W. D. 폭스에게 보내는 편지 1841년 1월 25일

어퍼 가워 가 12번지

월요일

폭스 형에게

우리가 소식을 주고받은 지도 꽤 되었군. 내가 어떻게 지내는지 궁금할 거야. 나 역시 형과 형 부인의 소식이 궁금해. 가끔 경련이 있지만 이제는 일주일에 며칠씩 하루에 한두 시간 일을 할 정도로 체력도 점차 좋아지고 있어. 드디어 조류에 관한 과학 논문의 마지막 페이지를 인쇄업자에게 넘겨서 무척 기뻐. 심지어 아주 가까운 친척과도 오래 만나지 못할 정도로 아무도 만나지 않고 조용히 살았지. 병에 찌들어서 쓸모없는 비참한 사람으로 인생 전체를 보내게 될까 봐 절망에 빠져 지낸 적도 있었어. 하지만 이제는 희망을 가지게 되었어. 알다시피 형은 내게 둘도 없는 막역한 친구야. 그래서 나의 불쌍한 육체에 대해서 길고 장황하게 늘어놓고 있어.

그 어떤 소식을 들어도 내 몸은 도무지 움직여 주지를 않았어. 그나마 지금은 아주 건강한 수전 누나가 찾아와 줘서 기뻐. 건강하다는 건 다윈

집안에서는 흔치 않은 일이지. 건강에 대해서는 더 이상 말하지 않겠어. 가족에 대한 이야기도 다음으로 미뤄야겠군. 참, 엠마는 3월에 출산을 할 예정이야.[3] 그 기간에는 경건하게 순산을 기원해야겠어. 아들 녀석은 기품도 있고 통통하게 자랐어. 아버지께서 그 녀석에게 튠베리 클럼지 경(Sir Tunberry Clumsy)이라는 세례명을 지어 주셨어.[4]

형 소식도 곧 들려주길 바라. 형 부인도 이번 추위를 잘 넘기길 바라. 자네 허파도 잘 버텨 주길 바라고.

나의 든든한 오랜 친구에게.

사랑하는 다윈.

추신. 만약 자연사 학회에 가게 되면 잊지 말고 전해 줘. '변종과 종'에 관해서 꾸준히 사실 자료들을 수집하고 있다고 말이야. 머지않아 그렇게 제목을 붙일 것이야. 모든 가금류와 개, 고양이 등을 비롯한 동물 사이의 이종교배로 태어난 새끼들에 관한 설명 등 간단한 기고문들도 아주 가치 있는 것 같고, 기쁘게 받아 보고 있다고 전해 줘. 그리고 형이 키우는 아프리카산 고양이가 죽거든 뼈대 연구를 하게 바구니에 사체를 담아서 보내 주면 고맙겠네. 그게 아니라도 교배종 비둘기나 닭, 오리들도 살코기 부분을 발라낸 골격이면 좋겠어. 거북도 마찬가지고. 형을 성가시게 해서 미안하군. 그리고 한 가지만 더 부탁하겠는데, 더비셔에 갈 기회가 있거든, 수컷 사향오리와 평범한 오리 암컷에서 나온 새끼가 암컷 사향오리와 일반 오리 수컷에서 나온 새끼와 닮았는지 알아봐 줘. 얼마나 잡종이 생기는지 말이야.

헨리 토머스 드 라 베쉬에게 보내는 편지 1842년 2월 7일

(1) 자메이카에서 몇 세대에 걸쳐 태어난 말(이종교배를 하지 않은)들이 무슨 색인지 알려 주세요. 그런 말들을 잘 관리하지 못해서 모두 달아나 버렸답니다. 현재의 자손들은 색이 다르지만 혹시 특이한 색을 가진 말에 대해 들어본 적이 있나요?

(2) 소에 대해서도 같은 점이 궁금합니다. 색깔과 생김새가 같은 완전 야생의 소 떼나 반야생의 소 떼 안에 있는 소들이 평균적으로 서로 많이 닮아 있는지(인간에게 길들여진 적이 없는 이 동물들 각각의 닮은 점), 좀 더 자세히 말하자면, 신장, 뿔의 만곡 정도, 처진 턱살의 크기, 털의 길이나 상태, 몸의 규격, 머리와 사지의 비율 등의 항목에 초점을 맞춰서 닮은 점을 알려 주세요. 일반적으로 품종에 따라서 달라지는지도 말입니다. 반야생의 소에 대해서 간략히 알려 주시면 고맙겠습니다.

(3) 앞에서 말씀드린 항목에 기준을 두고(간략한 설명이면 됩니다) 야생에서 자라고 있는 개, 고양이, 가금류, 돼지, 염소에 대해서도 알려주실 수 있나요? 만약 야생의 개나 돼지 또는 고양이가 있다면 그것들의 어린 새끼를 잡아 집에서 기르는 경우, 잘 길들여지는지 그리고 일반적으로 집에서 기른 동물의 새끼들과 같은 기질을 갖게 되는지 알려 주십시오.

만약 기질이 다르게 나타나는 경우, 보통 길들여진 종들과 이종교배를 했을 때 그 새끼들에게 야생의 상태였던 한쪽 부모의 기질이 남아 있는지 알려 주십시오.

(4) 당신이 경험한 바에 따르면, 수입된 양이 자메이카에서 몇 세대를

거친 후에도 그 양모의 질이 현격히 저하된다는 증거를 본 적이 있나요?

찰스 다윈.

[1842년 여름, 다윈은 런던을 떠나 시골로 내려갈 결심을 한다. 런던에서 16마일 정도 남동쪽으로 내려가 켄트 주 다운(Downe)에 있는 다운 하우스(Down House)를 구매했다.]

캐서린에게 보내는 편지 1842년 6월 24일

어퍼 가워 가 12번지

일요일

사랑하는 캐티

집 문제에 대해서 바로 소식을 듣지 못해서 무척 궁금했겠구나. 엠마와 나는 그곳에서 자고 어제 오후에 돌아왔단다. 아버지도 궁금해하실 테니까 자세히 이야기해 줄게. 엠마와 다소 의견차가 있었어. 세인트폴에서 26킬로미터 떨어진 켄트 주 다운의 작은 마을에서도 약 400미터 정도 떨어진 곳이고, 역에서는 14킬로미터 정도 떨어져 있어. 그 역에는 기차가 아주 많이 다니는데 런던에서도 열 정거장밖에 안 돼. 언덕에서부터 집으로 오는 길이 멀다는 것이 단점이야. 런던브리지에서 두 시간 가량 걸리더군. 마을엔 40가호 정도의 집이 있고, 골목이 만나는 곳에 플

린트 교회가 있어. 그 가운데는 오래된 호두나무들이 있고 마을 사람들도 아주 점잖아. 유치원도 있고 어른들은 대단한 음악가들이야. 웨일스에서처럼 모자에 손을 대고 인사를 하더군. 저녁이면 문을 열어 놓고 앉아 있곤 한단다. 마을을 가로지르는 대로는 없어. 우리가 잤던 작은 선술집은 식료품도 팔고 주인은 목수일도 하는 사람이야. 이제 마을의 대략적인 모습이 그려지겠지. 푸줏간도 있고 빵집이랑 우체국도 있어. 집배원이 매주 런던으로 가서 무엇이든 런던의 어느 곳이라도 배달을 해줘. 맑고 화창한 날 마을로 들어가는 길은 정말 아름다울 것 같아. 집 근처부터 아주 먼 곳까지 다 보여서 근사해. 집은 높은 지대에 자리 잡고 있어서 약간 황량한 느낌도 없지 않아. 무엇보다 아름다운 것은 종려나무 잎으로 지붕을 엮은 헛간과 오래된 그루터기들이 있는 농장이야. 그리고 들판이 끝나는 곳에는 쉘턴(Shelton)처럼 너도밤나무들이 있어. 내가 봤을 때 이 마을의 가장 큰 매력은 거의 모든 들판들이(아, 이게 다 우리 것이라면!) 하나나 둘 이상의 두렁길로 나뉘어져 있다는 거야. 두렁길이 이렇게 많은 곳은 본 적이 없어. 좁은 골목들 그리고 생울타리 하며 골이 없이 평평한 땅, 말 그대로 전원풍의 조용한 시골이야. 런던에서 불과 27킬로미터밖에 안 되는 곳이라니 너무 신기해. 우리가 본 집은 옆집의 농지와 아주 좁은 골목 하나를 사이에 두고 있어. 농지는 15에이커 정도의 평평한 땅인데 양 옆으로 바닥이 평평한 계곡이 있어. 하지만 거실에서는 보이지 않아. 남쪽으로는 우리 농지만 제외하면 지루한 수평선만 보이거든. 대문 가까이에는 해묵은 체리나무며 호두나무들이 있어(열매가 꽤 많이 열려). 주목들 중에는 스페인산 밤나무와 배나무, 굵직한 낙엽송, 유럽 소나무, 은색의 전나무, 오디나무들이 어우러져서 또 한 무리를 이루고 있어.

그 나무들 덕에 고풍스럽게 보이긴 해. 하지만 무성하게 우거지지 않으면 황량한 느낌이 들 거야. 마르멜로나무나 서양모과나무, 자두나무는 열매가 많이 달려 있어. 신 버찌 열매도 잔뜩 열리는 편인데 사과나무는 거의 열매가 없어. 집 뒤편으로는 자목련이 있고. 울타리 안쪽에는 근사한 너도밤나무 한 그루가 있어. 채소밭은 아주 좁아. 흙은 단단한 석회암이 많아서 아주 형편없어 보이지만 분명히 채소가 잘 자랄 거야. 농지 주변으로 생울타리가 심어져 있는데 그쪽은 목초지야. 올해는 수확량이 많지 않았지만 모두 팔렸대. 에이커당 2파운드, 모두 30파운드를 번 거야. 장사꾼이 모두 사 갔다는군. 지난해에는 45파운드에 팔았대. 휴경하는 동안 거름도 한 번 안 준거야. 이 정도면 괜찮은 건지, 아버지께 여쭤 봐 줄래? 오디나무와 목련나무가 겨울 추위를 잘 버텨줄지 그게 제일 걱정이야. 그리고 이곳에서 14킬로미터만 가면 놀 파크(Knole Park)고, 9.7킬로미터만 가면 웨스터럼(Westerham), 그리고 세븐 오크스(Seven Oaks)도 불과 11킬로미터밖에 떨어져 있지 않다고 수전 누나에게 전해 줘. 모두 아름다운 곳이라고. 그 밖에도 집 주변으로 보기 좋은 풍경은 얼마든지 있어. 깊고 바닥이 평평한 계곡, 아름다운 농가들. 하지만 광활하고 새하얗고 거친 휴경지들은 별로 좋은 경관은 아니야. 이곳에서는 주로 밀농사를 짓거든.

우리가 살 집은 새집은 아니지만 낡은 집도 아니야. 벽은 두께가 60센티미터 정도고, 창문이 작은 편이야. 아래층은 더 낮은 편인 것 같아. 서재는 약 99제곱미터, 식당은 115제곱미터, 그리고 거실은 96제곱미터쯤 되는 것 같아. 3층 집인데 침실이 많아. 헨슬레이 씨네 가족과 누나, 에라스무스 형 그리고 수전 누나까지 모두 묵을 수 있을 정도야. 집은 수리 상태가 좋아. 몇 년 전에 크레시 씨가 주인에게, 1,500파운드를 줬다더군. 그리고 지붕을 새로 올렸어. 수도관이 쫙 깔렸고, 욕실 두 개, 사무실도 쾌적해. 마긋간도 널찍하고 작은 오두막도 있어. 정말 손질이 잘 된 집이야. 내 생각에 이 집은 2,200파운드 정도 나갈 것 같아. 우선은 1년간 집을 빌릴 거란다. 일단 집 문제는 해결한 셈이지.

(전 주인은 소 세 마리, 말 한 필, 당나귀 한 마리를 키웠고, 해마다 농지에서 나는 건초를 내다 팔았다는구나) 이 집을 사게 되면 웨스트크로프트(Westcroft)나 우리가 봤던 다른 집들에 비해서 적어도 1,000파운드 정도는 절약할 수 있을 것 같아. 엠마는 처음에 이곳에 내려와서 집을 둘러보고는 매우 실망했어. 그날 따라 날씨도 우중충하고 북동풍이 불어서 추웠거든. 엠마는 더 생기 넘치는 집과 농지를 좋아하는데, 그 집은 이웃과 너무 가깝지도 않고 너무 멀지도 않아서 은퇴한 후에 살기에 딱 좋은 위치에 있어. 엠마는 그 마을이 삭막하다고 생각하더구나. 석회암질의 시골 마을이 다 그렇겠지. 케임브리지셔(Cambridgeshire)에 가 봤지만 그곳은 여기보다 10배는 더 황량해. 엠마는 마음을 곧 바꿨어. 그런데 금요일 밤, 치통과 두통으로 상태가 아주 안 좋아진 거야. 어제가 돼서야 비로소 다운에서 조금 떨어진 곳의 경치를 보고 좋아하더군. 그것 때문에 엠마의 마음이 바뀐 것 같아. 엠마만 가능하다면 화창한 날 그곳에 다시 갈 거야. 그리고 최종적으로 어떻게 할지 결정을 해야지.

유명한 천문학자 러벅 경도 이곳에 약 3,000에이커에 달하는 토지를 소유하고 있대. 우리가 살 집에서 약 1.6킬로미터 떨어진 곳에 저택을 짓고 있다더군. 그는 아주 과묵하고 수줍음도 많이 탄다고 알고 있어. 다소 거만하지만 고상하기도 하고 말이야. 그래서 혹시나 그를 만나지 못할 수도 있고, 우리를 도외시할 수도 있을 것 같다는 생각도 들어.

[미완]

조지 로버트 워터하우스에게 보내는 편지 1843년 7월 26일

켄트 주 다운, 브롬리(Bromley)

수요일

워터하우스에게

자네가 분류에 대해서 쓴 두 통의 편지에 대해 답을 하려고 하네. 나도 그 문제에 대해서 자주 생각을 해 봤네. 자네가 말한 것과 같은 문제를 해결하는 데 가장 근본적인 어려움에 대해서도 오랫동안 생각해 봤어. 자연적인 분류를 한 다음 우리가 연구하는 생물군에 대해서 알지도 못하면서 종의 개수와 같은 것을 한 생물군의 존재나 중요성을 결정하는 요소에 포함시켜도 되는지 말일세. 린네도 자신의 깊은 무지를 고백하지 않았나. 대부분의 저자들은 조물주가 유기적인 생물을 만들기 위해 의도했던 그 법칙을 발견하려는 노력을 한다고 말하네. 하지만 엄청난 말 속에 얼마나 큰 공허가 있나. 그것은 창조의 시간 순서를 의미하는 것도 아니고 인간에 가장 가까운 생물을 말하는 것도 아니네. 사실 아무것도 아니지. 내가 생각하는(지난 6년 전에 그들에게 내가 야유를 퍼부었던 것처럼 이제 나도 모든 사람이 비웃도록 그냥 둘 수밖에 없네) 분류는 혈통이나 공통

조상에서 나온 가계(家系)와 같이 실질적인 관계에 근거해서 생물군을 각각의 무리로 나눈 것이라고 생각하네. 비록 내가 찾고 있는 것을 안다고 해도 진정한 관계, 즉 자연적인 분류를 확인하는 것은 여전히 어렵네.

그리고 자주 잊고 넘어가지만 반드시 주의해야 할 점은, 현재 개체수가 적은 생물군이라고 해서 이전의 어느 시대에도 개체수가 많지 않았을 거라고 단언하는 것은 위험하네. 그리고 화석이나 현생종이 한 계통에 속할 수 있다는 것도 인정해야 하네. 어류의 경우 현재 가장 풍부한 종을 주된 문(門)의 일종으로 볼 수 있고, 이전에 가장 풍부했던 종을 그렇게 볼 수도 있네. 화석 100만 개 중에 현생종의 화석이 하나 이상 나온 적도 없고, 앞으로도 나오기 힘들지만 지질학에서 그 가능성을 찾아 보기 위한 논쟁은 따로 다뤄야 할 것 같네.

찰스 다윈.

[다윈이 결혼한 직후, 비글호 항해 기간에 다윈의 시중을 들던 심스 코빙턴은 오스트레일리아로 이민을 갔다.]

심스 코빙턴에게 보내는 편지 1843년 10월 7일

켄트 주 다운, 브롬리

1843년 10월 7일

이것이 앞으로 남은 내 인생의 방향을 결정할 것이네.

코빙턴에게

자네의 새로운 보청기는 술타나(Sultana) 함선 편으로 보냈네. 상자에는 스미스 씨 가족과 어르신들이 자기들 편지 수신자인 에반스 씨(아마 서적 판매업자일 것 같네)에게 보내는 편지와 함께 들어 있네. 더 일찍 보내지 못했네만 내가 주는 선물로 받게나.

운반비로 조금은 지불해야 할 거야. 자네가 쓰던 낡은 보청기는 솜씨 좋은 양철 주조공에게 갖다 주고 석고 반죽으로 내부를 주조해 달라고 하면 그렇게 해 줄 걸세. 모양은 아주 똑같아야 한다고 요구하게. 그게 성공하면 하나를 더 만들어서 선전용으로 하나 걸어 두라고 하는 것도 괜찮을 거야.

안부와 함께 마음을 정했다는 소식이 담긴 지난번 편지를 받고 무척 기뻤네. 시골로 이사를 온 후로 건강도 좋아지고 있네.

지금은 세 아이의 아빠일세. 아직도 항해 동안 수집한 자료에 관한 연구를 하고 있어. 산호초에 관한 소책자가 일 년 전에 출판되었다네. 자네가 그렇게 많이 필사를 해 준 『비글호 항해의 동물학』도 완성되었네.

최근에 비글호가 안전하게 도착해서 템스 강에 정박해 있다는 소식을 들었어. 하지만 장교들에 관한 소식은 전혀 듣지 못했다네.

슈루즈베리에 있는 자네의 친구는 내게 종종 자네의 안부를 묻너군. 자네에게 에반스 부인이 결혼했다는 이야기를 했는지 기억이 안 나는군. 아버지께서 그들이 살 아담하고 좋은 집을 지어 주셨어.

자네도 곧 듣게 되겠지만, 피츠로이 선장은 사령관 자격으로 뉴질랜드

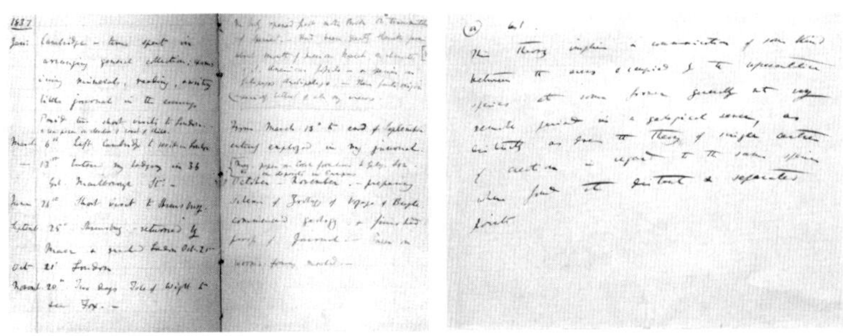

육필 원고

에 가 있네. 아마 그는 시드니에 가려고 할 거야. 자네에게 행운이 함께 하길 바라네. 분별력 있고 정직하고 신중한 태도를 계속 유지한다면 행운은 틀림없이 따를 거야.

자네의 진실한 친구 찰스 다윈.

[1843년 9월, 다윈과 절친한 사이였던 젊은이 조지프 돌턴 후커는 제임스 클라크 로스가 이끄는 함대를 따라 4년 동안 남극 대륙을 조사하고 영국으로 돌아왔다.]

조지프 돌턴 후커에게 보내는 편지
1843년 11월 13일 혹은 20일

켄트 주 다운, 브롬리

월요일

후커에게

자네를 보려고 오랫동안 기다렸어. 길고 멋진 항해를 마치고 무사 귀환한 것을 축하하네.[5]

런던에 자주 가지 않으니 한동안은 만나지 못할지도 모르겠군. 자네가 지질학회 모임에 나온다면 모를까 말이야.

자네가 수집한 자료들로 어떤 결과물을 내놓을지 자못 궁금하네. 자네가 쓴 편지의 일부나마 읽는 것은 무척 즐거웠어. 한 권으로 출판해서 더 많은 내용을 읽을 기회를 갖는다면 정말 좋겠네. 지금은 자네도 무척 분주하고 기쁨에 겨워 있을 것 같네. 나도 영국으로 돌아와서 처음 몇 달이 얼마나 즐거웠는지 생생하게 기억하고 있지. 거친 폭풍의 고통을 견딘 대가가 아니겠나. 본론으로 들어가서, 헨슬로 교수님께서(그분이 며칠 전에 내게 편지로 말씀하셨네) 나의 식물 표본을 자네에게 보내셨다는 말을 듣고 감사의 말을 전하려고 이 편지를 쓴다네. 내가 얼마나 기쁜지 짐작도 못할 걸세. 사실 그 표본들을 모두 잃어버리면 어쩌나 염려할 정도로 많지는 않네. 우여곡절도 많았고 말이야. 몇 개 되지는 않지만 설명이 적혀 있는 것도 있을 텐데, 아마 헨슬로 교수님께서 가장 눈에 띄는 몇 가지 식물에 대해서 서식지나 습성 등 몇 가지 적어 두셨을 거야. 특별히 주목할 만한 것은 티에라델푸에고에서 채집한 고산성 화초들이네. 우리가 파타고니아에 있는 동안 그 시기에 피었던 모든 화초 식물들은 다 수집했다고 생각해. 그 지역 식물군의 일반적인 개요에 대해서 오랫동안 생각을 해 왔는데, 이들이 남쪽의 바닷속에까지 분포하고 있다는 점이 매우 신기했다네. 자네는 나보다 식물학에 관하여 조예가 깊으니 이들 종과 동류인 유럽산 종의 특징을 비교해 주게. 내가 늘 알고 싶은 것은 코르디예라 산맥 부근에서는 발견되지 않은 유럽 종이 티에라델푸에고에서 발견되는지 알고 싶다네. 그런 경우에 구분이 뚜렷한지도 말이야. 어떤 것이 아메리카 종이며 어떤 것이 유럽 종인지 그리고 유럽에 있는 종과는 어떤 뚜렷한 차이가 있는지 알려 주게나. 그래서 나의 무지를 일깨워 주게.

헨슬로 교수님께서 내가 수집한 갈라파고스 군도의 식물들을 자네에게 보내 주실거야(훔볼트 씨도 재고의 가치가 있다고 말씀하셨어). 그것들을 수집하느라 무척 고생을 했지. 갈라파고스의 식물군과 세인트헬레나 섬의 식물군이 거의 유사하다는 사실은 꽤 오랫동안 흥미를 끌더군.

편지가 너무 길어져서 미안하네.

친구 찰스 다윈.

후커 경에게 나의 존경과 찬사를 전해 주시길 바라네.

1844년

J. D. 후커에게 보내는 편지 1844년 1월 11일

켄트 주 다운, 브롬리

목요일

후커에게

지난번 편지, 고마웠네. 자네의 생각과 알고 있는 사실들에 대해서 이야기해 준 점도 매우 고맙게 생각하네. 하지만 자네가 한 말에 대한 내 견해를 밝혀야만 할 것 같군. "광범위한 견해를 정리하는 일은 잘하지 못했다."고 했지만, 그 말은 곧 천박한 지식을 가지고 마구잡이식의 수집을 한 사람이 쉽게 가질 수 있는 어설픈 견해는 인정하지 않는다는 말로 생각되더군. 내가 보기에 자네는 모두 잘못된 견해로 일반화시키려는 성향이 강한 것 같아.

한 가지 사실을 눈여겨봐 주겠나? 갈라파고스, 세인트헬레나, 뉴질랜드의 섬들에는 덩치 큰 사족류가 많지 않아. 즉 그 말은 식물의 씨앗을 털에 묻혀서 옮기는 역할을 하는 포유류가 적다는 말이지. 그러면 어떤 식물들이 이들 섬에서만 자생하는 고유종이 되겠나? 헌데, 씨앗을 털에 묻혀서 번식하는 종들도 이곳에서 당당히 서식하고 있네. 동물의 털에 묻기 위해서 적응이 된 것이 바로 갈고리 씨앗들이지.

그리고 더 알고 싶은 게 있는데 말이야(자네가 쓴 『남극 식물지*Antarctic Flora*』에 분명히 이 내용이 있었던 것 같은데 기억이 나지 않는군). 세인트헬레나, 갈라파고스, 뉴질랜드와 같은 섬에도 산호섬이나 북극 극지의 땅에서나 볼 수 있는 식물 종의 수에 견줄 만큼 많은 과(科)와 속(屬)의 식물들이 있는지 알고 싶네. 이게 바로 분명히 북극 극지의 바다에서 해양 조개가 발견되는 것과 같은 경우가 아니겠나? 산호섬에 있는 거대 군(群)의 수에 비례해서 종의 수가 근소한 것은, 모든 식물 목(目)이 새로운 곳을 찾아 표류하며 씨앗을 퍼뜨리는 기회를 얼마나 갖느냐에 좌우된다고 생각하지 않나? 난 그렇게 추측하네만.

커글런 섬(Kerguelen Island)의 육지에서 해양 조개를 수집했다면 그들의 특성에 대해 알려 주겠나?

남쪽 대륙에 대한 전반적인 관심과 더불어, 귀국 후부터 지금까지 난 매우 주제 넘은 일에 몰두해 있어. 모든 사람들이 그 일을 두고 바보짓이라고 할지 모르지만 말이야. 내가 놀란 것은 갈라파고스 생물의 분포, 그리고 또 한 가지는 간신히 종만 알아볼 수 있으면 마구잡이로 수집하기로 마음먹고 그러모은 아메리카 포유류 화석들의 특징이었네. 농학과 원예학에 관한 책들을 무더기로 읽었고, 미친 듯이 자료들을 수집했지. 마침내 서광이 비치더군. 거의(내가 조사를 시작할 당시에 가지고 있던 의견과 정반대의 사실을) 확신하게 되었어. 종은(이건 마치 내가 살인자라고 고백하는 것 같네만) 변한다는 사실이네. '발전 지향성'이나 '동물들의 완만하고 자발적인 적응'과 같은 라마르크의 터무니없는 말은 내가 보기에는 가당치도 않다네. 비록 변화의 방법은 다르지만 내가 이끌어낸 결론은 라마르크의 의견과 크게 다르지 않았네. 나는(이것은 가설이야!) 종들이 다양한 목적에 맞게 완벽하게 적응하는 방법을 찾아낸 것 같네.[1] 지금 자네는 어쩌면 괴로워하면서 "편지 쓰느라 시간만 낭비했다."고 생각할지도 모르겠군. 5년 전에는 나도 그런 생각을 했었네…….

자네의 든든한 친구 찰스 다윈.

J. D. 후커에게 보내는 편지 1844년 2월 23일

켄트 주 다운, 브롬리

2월 23일

후커에게

내가 이렇게 자유분방하게 이야기하는 걸 이해해 주게나. 하지만 함께 어슬렁어슬렁 배회하듯 어울려 다니는 동지라는 생각이 드는군(물론 나는 아주 허약한 일꾼이겠지만). 우리는 이제 구시대의 관습 따위는 던져 버려야 할지도 모르지.

우리가 조사한 화산섬에 대해 간단하게 쓴 원고를 지금 막 탈고했네. 자네가 지루하고 단순한 지질학에 얼마나 관심을 가지고 있는지 모르지만 자네에게 한 부 보내 주고 싶군. 런던에서 우편배달 마차를 이용해서 보낼 수 있을 거야.

자네에게 몇 가지 물어 볼 것이 있는데, 어쩌면 묻지 않아도 자네의 책이 출판되면 해답을 얻을 수 있겠지만 그러기엔 시간이 너무 늦을 것 같군. 우선 갈라파고스에 관해서인데, 자네도 내 저널을 읽었겠지만, 그곳의 조류들은 독특한 종이긴 한데 남아메리카 조류와 생김새가 아주 닮았어. 그런데 방금 해양 조개에서도 비슷한 점을 확인했네. 이러한 사실이 그곳에만 자생하는 식물에서도 있지 않을까 하네. 수적인 비율은 유럽 대륙과 같은데(이것도 좀 신기하지 않나?), 생김새는 남아메리카의 식물들과 연관이 있다고 자네도 분명히 말했지. 독특한 대표 종을 가지고 있는 섬들이 모여 있는 군도에 대해서 들어 본 적이 있는가?

내 편지가 자네에게 짐이 되지 않기를 바라네.

언제나 나를 믿어 주는 친구에게.

찰스 다윈.

[1844년까지 다윈은 자신이 수집한 자료로부터 옳다는 확신을 얻어 이론적인 결론으로 정립하려는 시도를 한 차례 한다. 1842년 다윈은 이 이론을 35쪽에 달하는 대략적인 개요로 완성했다. 그리고 2년 후, 더 길고 자세하게 구성하여 231페이지에 달하는 원고로 완성했다. 다윈은 죽기 전까지 이 원고가 자신의 이론을 공론화하는 토대가 될 것이라고 믿었다.]

엠마 다윈에게 보내는 편지 1844년 7월 5일

다윈

1844년 7월 5일

사랑하는 엠마

종에 관한 내 이론을 대략 마무리했소. 내 생각에 만약 내 이론이 맞는다면, 그리고 영향력 있는 인사 가운데 단 한 명이라도 내 이론을 받아들인다면 이는 과학계의 큰 발전일 게요. 그래서 혹시라도 내가 갑자기 죽을 경우를 대비해서 마지막 부탁으로 엄숙하게 이 글을 쓴다오. 부디 내 말을 합법적인 유언으로 생각하여, 400파운드를 이 글의 출판에 쓰고, 이 글을 널리 알리는 일도 당신이 알아서 하거나 헨슬로 교수를 통하도록 하시오. 내 생각엔 유능한 사람을 정해서 그에게 내 초안을 넘기고 진행에 따르는 문제와 증보를 담당하도록 하는 것이 좋을 것 같소. 주석을 달아 놓은 것과 맨 끝부분에 따로 인용문을 달아 놓은 것을 다 포함해서 자연사에 관한 책들을 모두 그 사람에게 넘겨주고, 그 주제와 실질적으로 관련이 있는 것과 관련 가능성이 있는 것들을 잘 검토해 주시오. 편집자에게 보여 줄 만한 책들의 목록을 만들어 주길 바라오. 그리고 나머지 잡다한 것들은 여덟 개나 열 개 정도로 대충 나눠서 갈색 포장지의 서류철에 넣어 그에게 전해 주시오. 이런저런 책에서 필사한 인용문들도 그 안에 들어 있는데 아마 편집자에게도 도움이 될 거요. 편집자에게 쓸모 있을 만한 자료의 판독은 당신이(아니면 필기를 할 사람이) 도와주길 바라오. 이 자료들을 삽입하든 주석을 달아서 처리하든 아니면 부록으로 끼워 넣든 그건 편집자에게 일임할 생각이오. 참고 문헌들과 자료들을 일일이 훑어보는 것은 꽤 힘든 노동이 될 테고, 내 초안을 교정하고 설명을 덧붙이거나 고치는 일 역시 꽤 오랜 시간이 걸릴 것이오. 때문에 400파운드는 그에 대한 보수와 책의 수익금을 생각해서 주는 것이오. 그러니까 편집자는 출판사를 상대하는 일과 자신의 위험을 감당하면서 초안을 출판해 줄 의무가 있다고 생각해요. 서류철에 있는 자료들 중에는 아주 사소한 제안들이나 이제는 쓸모없어진 초기의 견해들도 있고 내 이론과는 관련이 없다고 여겨질 자료들도 꽤 있을 것이오.

일을 맡아만 준다면 편집자로는 라이엘 선생님이 가장 좋겠소. 그 양반은 이 일을 달가워할 테고, 아마 몰랐던 몇 가지 사실도 이 책을 통해 배우게 될 거요. 반드시 자연학자나 지질학자에게 편집을 맡겨야 하오. 그리고 그게 여의치 않으면 런던의 포브스(Forbes) 교수에게 맡기는 게 좋을 것 같소. 그 다음으로는 (여러 면에서 가장 적임자인 것 같소) 헨슬로 교수님이오. 후커 박사는 아무래도 식물학 부분을 손봐 주는 게 좋겠소. 그도 편집자로 적격이오. 그리고 스트릭런드(Strickland) 씨도 괜찮소. 만약 위에서 말씀드린 분들이 편집을 맡아 주지 못한다면 라이엘과 의논을 해 보시오. 아니면 다른 사람을 찾아야 하는데, 편집자나 지질학자나 자연학자 가운데서…….

사랑하는 아내에게.

당신의 남편 찰스 다윈.

주제와 관련해서 속속들이 알고 있을 뿐만 아니라 책에 있는 단락의 관련성을 잘 생각하고, 발췌한 논문을 필사하는 하는 일을 감당할 편집자를 찾아야 하는데, 그런 적임자를 찾기 힘들다면 그때는 그냥 있는 그대로 개요를 출판해야 하겠지요. 다른 논문들은 참고하지 않고 기억에만 의존해서 몇 년 전에 쓴 개요라는 것을 언급해 주시고, 이 상태로는 출판할 의도가 없었다는 것도 꼭 덧붙여 주시오.

레너드 호너에게 보내는 편지 1844년 8월 29일

켄트 주 다운, 브롬리

8월 29일

호너 씨에게

최근에 도르비니 씨가 남아메리카에 관해 쓴 책을 주의 깊게 읽어 보았습니다. 라이엘 학파의 지질학 강의는 대륙을 넘어선 매우 뛰어난 강의이며 여기서 받은 감명은 이루 말할 수가 없습니다. 항상 생각하는 바이지만 제 책의 절반 정도는 라이엘 선생님의 머리에서 나온 것 같습니다. 저는 결코 그만한 지식을 갖추지도 못했을 뿐 아니라 아무리 좋은 단어를 가져다 쓴다 해도 그렇게 말하지 못할 것입니다. 라이엘의 『지질학의 원리*Principles of Geology*』[2]의 훌륭한 장점에 대해서 늘 생각하지만 그것은 한 사람의 생각을 완전히 바꾸어 놓을 만한 것입니다. 그래서 라이엘 선생님이 놓쳐버린 사물을 보더라도 아직도 그의 시각을 벗어나지 못합니다. 조금이나마 벗어날 수 있었다면 어떤 면에서는 좋았을 텐데 말입니다. 다시 한 번 저의 장황한 편지를 읽어 주신 데 대해 감사드립니다. 주제넘은 논의를 하고 있다고 생각하실지도 모르겠군요.

J. D. 후커에게 보내는 편지 1844년 9월 8일

켄트 주 다운, 브롬리

일요일

후커에게

다른 지역에 비해 특정 지역에 대량으로 분포하는 종에 대한 주제는 아주 오랫동안 심사숙고의 대상이었네. 자네가 남아메리카 동부와 영국을 비교한 실험은 내겐 아주 놀라웠어. 희망봉이 거의 불모지인 것과 비교해서 뉴질랜드 여러 지역의 경우에서는 기후의 변동과 관련해서 종의 개체 수가 달라진다는 자네의 견해와 정반대로 나타난 게 아닌가? 자네가 안데스 고원과 같은 고지대에서 유기체의 종류가 바뀐다는 이야기를 했을 때 실은 좀 의아했네. 왜냐하면 자네가 단기간에 정확히 같은 지점을 조사한 건지 아니면 전혀 다른 곳을 조사한 건지 확실치 않기 때문이야. 북극 지방의 어느 한 지점에서 기온의 변화가 극심했다거나 열대지방에서도 그와 같은 일이 일어났다는 말은 아니겠지?

내가 얻은 결론은 그 지역이 다른 지대로부터 분리와 고립의 반복으로 생겨난 지역이기 때문에 종의 개체 수가 많아졌다는 것이네. 합쳐지고 또 다시 분리되고 말이야. 오랜 시간에 걸쳐서 일어나는 과정이었고 어떠한 변화는 외부적인 요인으로 일어난 거겠지. 꽤 그럴듯한 가설이 될 거야.

자세하게 근거를 댈 수는 없지만 모든 유기체의 지리적인 분포에 대한 가장 일반적인 이론에서 고립이라는 것은 새로운 형태가 출현하는 원인이자 공존의 주된 원인이라고 생각하네(예외가 있다는 것도 잘 알고 있네).

다음으로, 예컨대 영국에 어떤 식물을 들여와서 원래 자생하는 식물이나 잡초가 성장을 방해하지 않도록 지켜주면 그것들은 꽤 번성해서 자라날 걸세. 한 나라에서 집단적으로 서식하는 식물이나 동물이 자주 발견되는 것으로 봐서 그 나라에 있는 유기체의 수와 번식은 외부 요인의 영향을 받기보다는 처음 탄생하거나 출현한 원형의 개체 수에 좌우된다고 생각하네. 자네가 노출의 차이에 비례하는 원형의 개체 수에 대해서 어떻게 설명할지 궁금하네. 어느 한 지역에서 종의 절반쯤이 멸종하고 새로 만들어지지 않는다고 해도 우리 눈에는 여전히 개체 수가 충분하다고 보일 걸세. 새로운 원형의 출현과 탄생이라는 점에서 고립은 매우 중요한 요소라고 생각하네. 따라서 길고긴 지질 시대를 거치면서 어떤 지역이 침강하고 섬으로 바뀌었다가 다시 결합했더라도 땅의 생명력을 감안하면 대부분의 원형이 있을 것으로 생각하네.

하지만 이러한 추론도 한 사람에게나 즐거움을 주는 거지. 한번도 직접 관찰해 보지 않은 사람에게는 무의미하겠지. 내가 애매하게 써 놓은 것들이 단지 가설에 가까울 뿐이고 보잘것없다는 걸 예견할 수 있었다면 자네가 수고스럽게 이 글을 읽을 일도 없었을 걸세.

나를 믿어 주게. 최후에는 가설로 끝나지 않기를 …….

잘 지내게. 찰스 다윈.

레너드 제닝스에게 보내는 편지 1844년 10월 12일

켄트 주 다운, 브롬리

10월 12일

친애하는 제닝스

교구의 일을 보면서도 시간을 내서 다 해냈다는 것이 놀라울 따름이네. 자네의 소책자[3]에서 보고 싶군(내가 단 하나의 자료라도 보탬이 되었다면 자랑스러울 걸세). 종의 문제에 관한 연구가 가지는 중요성과 더불어 그 사소한 사실들이 미래의 독자인 자네와 같은 사람들 입에 오르내리고 기쁨을 주게 될 것을 생각하면 가슴이 벅차오르네. 사람들이 자연의 작용과 질서를 이해하는 데에 이 사소한 사실들이 도움이 될 거야. 아주 궁금한 게 한 가지 있네만, 자네가 한 번이라도 생각해 본 적이 있는 분야라면 어쩌면 나의 궁금증을 풀어 줄 수도 있겠군. 특정한 종의 번식이 제한되는 것은 어떤 방해요인 때문인지 아니면 일종의 생명의 주기인지 분명히 알고 싶다네.

새들의 경우 새끼들의 절반 정도가 살아남아서 또 새끼를 낳고 자연에서 살아간다면 새들이 얼마나 늘어날지 계산을 해 보자고. 만약 부모 새들이 그 어떤 사고도 없이 살아간다면 각 개체의 수는 어마어마하게 늘어날 거야. 그러면 조류는 오직 증가만 한다고 봐야겠지. 그렇다면 엄청난 죽음이 매년 혹은 이따금씩 모든 종에게 일어났다고 추측할 수밖에 없는데 이 점을 생각하면 신기하네. 게다가 중요한 것은 우리가 그러한 멸절의 방법이나 주기를 거의 알아차리지 못하고 있다는 사실이네.

여전히 나는 종이 과연 무엇인가라는 의문을 중심에 놓고, 길들여진 동물이나 재배된 식물의 변이에 대한 자료들을 읽고 사실들을 수집하고 있다네. 이러한 자료들을 상당히 많이 가지고 있어서 이제 그럴듯한 결론을 내릴 수 있을 것 같네.

그 결론의 전반적 내용은 완전히 정반대로 확신하고 있던 견해에서 출발해 서서히 이끌어낸 것인데, 종은 변이의 가능성을 가지고 있으며, 유사한 종은 공동의 무리에서 태어난 후손이라는 것이네. 물론 이 결론으로 인해 내가 얼마나 많은 지탄을 받게 될지 알고 있네. 하지만 적어도 정직하고 신중하게 내린 결론인 것만은 사실이네.

몇 년 동안 이 문제는 공개하지 않을 작정이네. 지금 내 마음은 온통 남아메리카의 지질학에 가 있다네. 자네가 쓴 책 속에서, 동물이 가진 구조나 본능에 미세한 변이가 일어났다는 사실을 발견할 수 있으면 좋겠군.

언제나 자네를 사랑하는 친구 찰스 다윈.

헨리 데니에게 보내는 편지 1844년 11월 7일

켄트 주 다운, 브롬리 근처

11월 7일

존경하는 헨리 씨에게

선생의 편지에 감사드립니다. 그리고 선생께서 언급하신, 아주 멀리 떨어진 장소에서 서식하는 동종(同種)의 조류의 몸속에 같은 기생충이 있다는 사실에 대해 매우 큰 흥미를 갖고 있습니다. 그리고 유감스럽지만 선생께서 언급하신 남아메리카 포유류의 몸에 기생하는 기생충을 어떤 방법으로 손에 넣으셨는지 도무지 모르겠습니다. 자연학사에 관심이 있는 외과 의사나 장교가 아니면 누가 그 일을 할 수 있는지 모르겠습니다.

영국이나 북아메리카의 육상 조류에서도 그와 같은 기생충이 발견되는 것을 아시는지요? 유럽과 북아메리카의 일부 조류는 완전히 동일한 종입니다. 생김새로 보면 거의 유사 종이라고 할 수 있으며 일부는 같은 종족으로 생각할 수 있습니다. 아주 근접한 동류이자 두 대륙을 대표하는 조류의 기생충을 비교하는 것은 정말 흥미진진한 연구라고 생각합니다.

북아메리카 육상 조류의 기생충이 어떤 종류인지 알고 계시다면 번거로우시더라도 제게 알려 주실 수 있는지요. 왜냐하면 제가 종과 그 변종의 차이와 지리적인 분포에 관련된 모든 것에 아주 깊은 관심이 있기 때문입니다. 북아메리카 육상 조류의 기생충에 관한 연구의 가능성에 대해서 경의 마음이 바뀌기를 바랍니다.

아주 멀리 떨어진 지역에 서식하는 동일한 조류가 같은 기생충을 가지고 있다면 그 기생충들이 가진 색깔의 미묘한 차이나 크기 혹은 비율 등을 관찰하진 않으셨나요? 선생께서 물으신 질문에 대한 답을 잊었군요. 아페리아(Aperea)와 기니피그(Guinea-pig)가 동류인지 물으셨습니다만, 완전히 모른다는 말씀밖에는 드릴 수 없지만 그럴 가능성은 있습니다. 선생께서 그 기생충들의 차이를 확인하실 수 있는지 확신이 안 섭니다. 늑대의 몸에 있는 기생충을 어떻게 개가 가지고 있는지, 정말 가능할까요?

긴 편지를 읽어 주셔서 감사드립니다.

존경을 표하며, 찰스 다윈.

1845~1846년

엠마 다윈에게 보내는 편지 1845년 2월 3~4일

다운

월요일 밤

사랑하는 나의 아내에게

나의 일과를 들려드리겠소. 오전에는 몸이 별로 좋지 않아서 거의 아무 일도 하지 못했소. 하지만 난 마치 오리를 안고 있는 카플스톤 주교처럼 아이들 생각을 하며 극복했다오. 아이들은 온 종일 잘 놀고 있어요. 오후가 되니 나도 한결 좋아졌고, 아기와 장난치며 놀기도 했소.[1] 하지만 운이 따르지 않았는지 날씨가 너무 음침하고 습기 찬 안개까지 잔뜩 끼어서, 추위가 풀려서 춥지 않았는데도 아무도 밖에 나가지 않았소. 울타리 안 채소밭에서 한참을 있었소. 루이스 씨가 수도관과 화장실의 벽지를 수리하러 왔는데 거의 한 시간 동안 완전히 북새통이었소. 루이스 씨와 그의 아들 윌리엄, 그리고 우리 윌리, 앤, 아기와 베시까지 있었으니까 말이요. 아기는 계속 안으로 들어가려고만 하고, 예민한 베시는 아마 엄청 혼란스러웠을 거요. 아침 먹고 점심 식사 때까지 루이스 씨는 일류급의 보모더군요. 녀석들이 잠시도 그를 놓아주지 않으니까 말이오. 다들 주방에서 식사를 했소. 아주 특별하고도 즐거운 하루를 보낸 것 같소.

오늘 아침엔 거실 창가에서 아기와 놀았소. 힘없는 파리 한 마리 등에다 입김을 불고 놀았는데, 파리가 갑자기 튀어 오르니까 겁이 났는지 얼굴이 발개지더니 창문을 밀치고 물러서더군. 얼마나 재밌었는지. 아이들은 거실에서 지켜야 할 규칙들은 모두 잊은 채 이리저리 뛰고 송아지처럼 의자며 소파를 치받고 지낸다오. 내일은 식당에 불을 넣어서 거실에서 아이들을 몰아내야겠소. 그런 식으로 한 달을 보냈다가는 거실에 있는 모든 것이 망가질 거라고 선언을 했다오.

와틀리의 『셰익스피어』를 읽었는데 매우 독창적이고 재미있었소. 미트포드의 『그리스Greece』 덕분에 우리가 얘기했던 카우퍼가 번역한 『일리아드Iliad』를 읽기 시작했소. 예상했던 것보다 훨씬 재미있어서 세 권을 읽었다오. 따분한 건 잠시 접어 두고 즐길 거리를 찾은 거지요.

화요일 아침 당신이 어떻게 지내고 있는지 궁금해서 오늘 아침에는 편지만 기다렸다오. 윌리에게 아기가 어떻게 하면 잠이 들까 물었더니 이렇게 말했소. "입에 뭔가를 물고 있지 않아도 울지 않으면 돼요." 오늘 아침에는 속이 또 안 좋더군. 당신이 이곳으로 오지 않는다면 내가 내일 런던으로 가야 할지 궁금하오. 가엽게도 앤은 윌리가 던진 공에 눈을 맞았다오. 약간 부었지만 다른 데는 괜찮소.

찰스 다윈.

J. D. 후커에게 보내는 편지 1845년 7월 11~12일

켄트 주 다운, 브롬리

금요일

후커에게

며칠 전에 편지를 썼어야 했는데 이제야 쓰네. 지난번 자네가 보낸 편지에서 몇 가지 궁금한 게 있어서 말이야. 안 그래도 자네와 토론을 하고 싶었네. 그런데 수요일에 우리에게 대단한 사건이 있지 않았나. 앞으로 자연학자가 될지도 모를 사내아기가 태어났거든.[2] 지금은 내 아내도 안정을 되찾았네. 우선 갈라파고스 식물군에 대해서 몇 가지 궁금한 게 있네. 지금 (수정작업은 아니고 초고 상태네만) 그 장을 쓰고 있거든.[3] 궁금한 점을 종이 몇 장에 나눠서 적어 보낼 테니 해결할 수 있는 문제라면 곧바로 그 뒷장에 자네의 의견을 간단하게 적어서 보내 주게. 자네의 실험 결과는 무척 놀랍기도 했고, 얼마나 기뻤는지 말로 다 할 수가 없네. 서로 다른 섬에 사는 동물들의 차이에 관한 나의 주장을 뒷받침하는 데 조금도 손색이 없었어. 그 문제로 늘 골머리를 앓았거든. 심지어 로버트 브라운의 관심도 끌 수 있는 문제라서…….

작은 섬에 곤충이 살지 않는다는 점을 증명할 만한 증거가 있나? 킬링 제도에서 13종이나 되는 곤충을 발견했다네 파리들이 바로 훌륭한 수정매개자 노릇을 하고 있었네. 아주 미세한 총채벌레(Thrips)도 봤고, 붉은혹파리(Cecidomya) 과(科)의 곤충들이 꽃가루를 묻혀서 꽃에서 꽃으로 날아다니는 것도 봤다네. 북극에 인접한 나라의 벌은 북아메리카의 벌들과 마찬가지로 멀리 꽃을 찾아다닌다네. 물론 내가 잡종 교배가 어느 정도 일리가 있다고 인정하는 사람은 아니네만 곤충이 없다는 것은 (암수 딴 그루든 암수 한 그루든) 식물 숙주의 수정에 매우 심각한 장애를 유발할 것이라는 사실은 확신하네.

추측건대, 커글런 제도에 서식하는 나무의 나이를 모르고서는 그 나무들이 성장하는 동안 기후가 어떻게 변했는지 아무도 알 수 없을 것이네. 남아메리카는 지금보다 훨씬 더운 시기와 훨씬 추운 시기가 있었고, 북아메리카 역시 제3기에 그런 변화를 거쳤을 거야. 열대, 혹한기, 그리고 지금보다 온대성 기후가 있었고, 현재에 이른 거지.

인도 대륙의 어떤 지질학적인 정보가 내게 필요한지 모르겠네. 하지만 만약 치타를 이용해서 사냥을 하는 지역에 살고 있는 친구가 있다면 치타를 가축처럼 계속 기르고 있는지 알아봐 주겠나. 그런 경우가 전혀 없거나 거의 찾아보기 힘들다면 그 이유가 치타의 교미 때문인지, 암컷의 문제인지 수컷의 문제인지도 알아봐 주게. 또 한 가지는 누에를 치는 지역에 살고 있는 친구가 있다면 나방이나 고치, 애벌레에 관해서 얻을 수 있는 정보는 모두 알아봐 주게. 그곳 사람들이 번식이 잘 되는 좋은 품종을 고르기 위해서 어떤 방법을 취하는지, 품종의 선별에 대해서 전통적인 신념 같은 걸 가지고 있는지도 궁금하네. 그리고 같은 종에 속하면서 품종이 다른 것을 다른 지역에서 찾아내는지, 이와 유사한 정보라도 알아봐 주게. 내게는 매우 소중한 정보가 될 것이네.

고맙네.

찰스 다윈.

J. D. 후커에게 보내는 편지 1845년 9월 10일

켄트 주 다운, 브롬리

수요일

후커에게

자네 편지를 어제 받았네, 정말 고마워. 자네 편지는 늘 내게 생각할 거리를 준다네. 스스로에 대해서는 관대하면서 포브스 교수에 대한 나의 태도가 인색하게 변한 것을 꼬집은 자네의 말 때문에 얼마나 웃었는지. 하지만 결코 난 한 가지 현상을 설명하기 위해서 지표면을 들었다 놨다 하지 않을 것이네. 뚜렷한 증거도 없이 그런 일을 하지는 않을 거야. 현생종의 시대에 지표면의 상당 부분이 바다로 침강해 들어간다는 것은 아주 과감한 발상이라는 생각은 금할 수 없네(어쩌면 그것이 진실일 수 있지만). 하지만 내가 완전히 수긍할 만큼 층의 변화는 양과 범위가 충분하지 않다네. 하지만 몇 가지 식물이 동일하다는 것보다 더 그럴듯한 증거, '어쩌면'('혹시'가 아니라 '어쩌면'일세) 다른 방법으로 이동을 했을지도 모른다는 증거를 찾고 싶다네.

끊임없이 많은 설명을 하지 않고도 종에 관한 질문에 대해서 실험을 할 권리를 가진 사람은 없다는 자네의 한마디는 얼마나 끔찍한 진실인지(나에게 있어서 말일세). 하지만 오언 씨가(그는 종의 변이에 대해서는 강력하게 반대하는 입장이네) 종에 관한 문제는 매우 정당한 주제이며, 궁금증을 유발할 수 있을 만큼의 자료들이 지금까지는 수집되지 않았다고 말했다는 사실이 기쁘네. 내 유일한 위안이라면(그 주제에 대해 도전을 해 본다는 의미에서) 자연학사의 몇 가지 분야에 그저 손이라도 대봤다는 것이네. 어떤 훌륭한 사람이 내가 한 종의 연구에 대한 결말을 짓고, 지질학에 관해서 뭔가를 밝혀낸다면(불가결한 관계이지), 비록 내가 심각한 지탄을 받더라도 연구에 내 인생을 바칠 것이네. 오직 라마르크는 예외라고 생각했지. 적어도 그는 무척추동물에 대해서만큼은 종에 대한 정확한 설명을 했고 영속적인 종은 없다고 생각했기 때문이지. 그러나 그가 훌륭한 책을 쓰긴 했지만 '미스터 흔적'[4] 씨나 '미스터 D'처럼 (미래에 좀 유연한 자연학자가 같은 생각을 하면서 그렇게 부를 수도 있지 않을까 하네) 자기모순에 빠져 있다고 생각하네.

J. D. 후커에게 보내는 1846년 9월 3일

켄트 주 다운, 판보로(Farnborough)

목요일

후커에게

자네가 클리프턴(Clifton)에서 이 편지를 받길 바라지만, 건강 때문에 미뤄지고 또 내 시간을 엄청 빼앗아 가고 있는 지긋지긋한 출판 작업 때문에 호너 씨가 다녀갔다네. 우리가 편지를 주고받은 지도 꽤 되었군. 지난번에 내가 편지에 쓴 내용을 말해 줄 수 있겠는지. 서양민들레(Dandelion)와 데이지를 구분하지 못하는 사람부터 전문적인 식물학자들까지 모두 고려해서 쓴 자네의 마지막 분책들을 읽고 유례없는 찬사의 편지를 보냈다는 것 말고는 도무지 내가 뭘 썼는지조차 모르겠네.

자네가 몰두하고 있는 일에 대해서 들으니 기쁘군. 하지만 왠지 자네가 시간을 낭비한다는 생각이 들어서 걱정이네. 어떤 논문을 읽고 그런 생각이 들었는지 모르겠지만, 여하튼 자네도 그것에 대해 언급을 했다시피 머리에서 그 생각이 떠나질 않는군. 즉, 식물의 생장을 위해서 흙의 화학적 작용이 중요하다는 것 말이야. 로버트 브라운이 내게 한 번 언급하긴 했지만 그것이 매우 강력한 요인이 되는 것 같네. 석회질의 토양에서 자라는 어떤 식물은 대륙의 온화한 기후에서는 그렇게 성장하지 못하고 오히려 성장이 방해를 받는다네. 어떤 식물인지는 잊었네만 자네는 틀림없이 내가 뭘 말하는지 알고 있을 거네. 말이 난 김에, 〈원예 학술지Hort. Journal〉[5]에 실린 허버트의 논문에도 그런 경우가 있었는데, 자네도 읽었을 거야. 지금 자네가 하고 있는 연구에 아주 근본적이고 직접 관련이 있는 것 같아서 무척 놀랐네. 영국에서 식물학자가 아닌 일반인들은 탄산칼슘, 즉 석회질은 식물의 외관을 결정짓는 중요한 성분이 들어 있다고 여긴다네. 이곳으로 와서 연구를 계속하지 않겠나? 내가 용기를 낼 테니 내 위장이 탈이 나지 않는다면 같이 사우스햄턴(South hampton)에 가 보세. 왕립 협회에 가 보자고(자네가 그곳에 가는 걸 의무라고 생각하지 않나?). 나중에라도 이곳에 와서 연구를 할 수는 없을까? 10월 첫째 주에 설리번이 이곳에 오기로 되어 있네. 며칠 머무르길 바라네만 자네도 그때에 맞춰서 이곳에 올 수 있다면 무척 기쁠 걸세.

지난달 막바지에 남아메리카의 지질학에 관한 작업을 다 끝냈다네.[6] 계속 독촉을 받았기 때문에 얼마나 홀가분했는지 말이야. 마지막 몇 달간은 그것 때문에 완전히 녹초가 되어 있었네.

아주 놀라운 것은(그 점에 대해서는 늘 의문이 있었네만) 1.7제곱미터(미터 제곱이라고 읽나?) 안에 서식하는 종의 수였네. 48개의 종에 대해서 26이었는지 16이었는지 세어 볼 수는 없었지만 현화식물(cryptodams)을 포함한 것이네. 자네가 이것을 공개하지 않았다면 언젠가 이것에 대해 좀 더 자세한 설명을 듣고 싶네. 공개했다면 어디서 찾아 볼 수 있나?

온화한 북쪽 지방과 남극지방의 동일한 종과 대표 종에 관한 연구를 끝냈다는 소식을 들으니 무척 반가웠네. 실제로 보게 되면 더욱 기쁠 것이네.[7] 물론 출판이 되기는 하겠지만 내게도 보내 줄 거라 믿겠네. 그와 더불어서 열대지방 중간지대, 즉 아메리카나 그 밖의 지역에서 같은 속에 있는 종이 발견되었는지, 고원지대였는지 저지대였는지 알려 주게. 번거롭게 해서 미안하네. 자네가 자료들을 다 뒤져 보지 않고 간단한 정보만 준다고 해도 내게는 매우 흥미로울 테니 조금도 염려 말고 알려 주게.

자네도 생틸레르가 말한 '균형의 법칙(Loi du balancement)'을 식물에 적용해서 생각해 본 적이 있는지? 어떤 동물학자는 그 법칙을 완전히 거부했다고 알고 있네. 하지만 난 어떤 동물에는 그 법칙이 종종 훌륭하게 적용된다는 확신이 있다네. 자네도 내가 말하는 게 어떤 경우에 해당하는지 알 것이네만, 상쇄와 균형을 통해 외관상 소구치(小臼齒)의 크기가 작아지는 현상이 일어나면서 식육류에서 갯과(科)로 진보가 일어난 것처럼 말이야. 우연히 이와 유사한 경우를 식물에서도 발견했네. 하지만 어떤 식물학자도 그에 대해서 논의하는 걸 들어 본 적은 없네. 속에 속한 한 종이나 과(科)에 속한 속이나 특정한 부분이 극도로 개선되거나 어떤 부분이 쇠퇴하거나 하는 경우를 생각해 본 적이 있나? 같은 종 안에서 생긴 변종에서 겹꽃이나 거대한 열매가 되는 것도 위에서 말한 경우에 해당하는 것 같네. 꽃잎의 수가 증가하고 열매가 커지면서 이와 균형을 맞추기 위해 꽃가루가 적어지든지 씨앗의 수가 줄어드는 것과 같은 이치지.

항상 존경하는 나의 친구 후커에게.

찰스 다윈.

1847년

J. D. 후커에게 보내는 편지 1847년 5월 1일

켄트 주 다운, 판보로

토요일

후커에게

팸플릿 한 부를 동봉해서 보내네[1](언제고 아테네움 클럽이나 지질학 협회에 보낼 거네). 자네가 아직 읽어 볼 기회를 갖지 못했을 것도 같고 이렇게 받아 보는 걸 좋아할 것 같아서 보내는 것일세. 지질학적인 추론은 꽤 그럴듯하게 들렸네. 옛날의 얕은 바다에 대한 것만 빼고 말일세. 브롱야르가 시길라리아(Sigillaria, 봉인목) 속이 수생식물이라고 생각했다는 소식을 듣고 기뻤네. 그리고 비니도 석탄이 해저 이탄의 일종이라고 했다는 것도 좋은 소식이었네. 앞으로 20년 내에 이것이 보편적인 것으로 받아들여진다는 데 5대 1로 걸겠네. 아무리 어렵고 불가능해 보여도 신경 쓰지 않을 것이네. 만약 시길라리아와 석탄이 깊은 곳에 광대한 범위에 걸쳐 매장되어 있거나 해저 5~100패덤(fathom, 1패덤은 약 1.83미터—옮긴이)의 깊이에서도 뭔가가 살 수 있다고 나 스스로를 설득할 수 있다면 최근까지 겪은 모든 어려움은 사라져 버릴 걸세(진흙투성이의 얕은 바다가 있다는 것은 그 근처에 육지가 가까이 있다는 사실이지)(이 순간 자네가 얼마나 코웃음을 칠지 생각하면 웃음이 난다네). 석탄과 함께 조개가 발견되지 않는다는 것은 충분히 설명이 가능한 일이지. 대부분의 연체동물이 살기에는 너무 열악하고 두터운 진흙이라는 것이지. 조개들은 아마 부식산의 작용으로 부패해서 이탄으로 변하는 것이 아닐까 하네. 그리고 미시시피의 검은 부식토로(라이엘 선생님이 말해준 것이네) 굳어진 거지. 석탄에 대한 질문은 정리가 되었네. Q. E. D.(증명 끝) 비웃음은 거두시게.

케임브리지에서 날아온 소식에 대해 자네가 환영을 해 주니 매우 고맙군. 자네가 나의 모교를 좋아해 줘서 기쁘군. 교육의 장소로서 케임브리지는 아주 싫었지만 가장 행복했던 기억이 있는 곳이라서 정감이 가네. 헨슬로 교수님을 뵐 기회가 있다면 이곳으로 오시라고 자네가 권해 주게나.

사실 난 옥스퍼드로 가고 싶었어. 하지만 나의 가여운 부인이 중요한 일을 하고 있다네.[2] 내가 반드시 곁에 있어 줘야 하는 일이라네.

건강히 잘 지내게, 후커. 착한 소년이 되고.

시길라리아를 해저의 잡초로 만들어 주게.

찰스 다윈.

["후커는 매우 추진력이 강하고 다소 화를 잘 내는 성격이다. 하지만 걱정 따위는 금세 잊는다. 한 번은 내게 아주 무례한 편지를 보낸 적이 있다. 이유인즉, 문외한인 사람에게조차 우습게 들릴 사소한 것 때문이었는데, 말하자면, 내가 석탄 식물은 수심이 얕은 바다에 살았

다는 어리석은 생각을 한동안 가지고 있었기 때문이었다." (『자서전』 105쪽)]

J. D. 후커에게 보내는 편지 1847년 5월 6일

다운

목요일

후커에게

자네는 아주 신랄하게 맹공격을 퍼부었더군. 변명을 좀 해야겠네. 하지만 우선 한 가지 자네에게 말해 둘 것이 있어. 난 자네에게 좋은 감정만 가지고 편지를 썼다는 것이네. 혹시라도 자네가 아주 바쁠 때나 마음이 내키지 않을 때 답장을 쓸까 봐 걱정이 되는군(분명히 말하지만 난 자네만큼 바쁘다면 아무 일도 하지 않을 거야). 흡사 내가 자네에게 억지로 답장을 써야 한다고 생각하는 것처럼 여기지 말아 주게. 제발 그러지 않길 바라네. 그건 편지를 쓰는 즐거움을 모조리 뭉개버리는 걸세.

첫째, 내가 쓴 편지는 어떤 근거나 결론을 내리고자 쓴 것이 아니네. 그저 정신적인 혼란과 비니의 논문을 읽은 결과를 자네에게 쏟아부었을 뿐이네.

두 번째, 내가 고사리류를 수중 식물이라고 분류해 버린 거라고 추측했다면, 자네가 나를 제정신이 아닌 것처럼 생각하는 것도 사실 맞네. 하지만 분명히 석탄층에서 발견된 식물군에는 곧추선 것과 아닌 것에 뚜렷한 차이가 있다네. 곧추 서지 않은 것은 표류하다가 쌓인 것일 테지. 같은 환경에서 식물이 그 자리에 그렇게 보존된다는 것은 가당치도 않네. 표류되어 온 식물이라면 그렇게 보존되지 않겠나? 노목이 그렇게 곧추선 채로 발견된 경우는 알고 있지만, 시길라리아와 같은 애매한 식물에서 그와 유사한 경우가 생긴다는 것은 좀처럼 이해하기 힘드네. 레피도덴드론(Lepidodendron, 인목)에 대해서는 그 존재를 잠시 잊고 있었는데, 자꾸 혼란스러워져서 지금으로선 그것이 무엇인지, 곧추섰던 화석이었는지도 모르겠네. 만약 이 식물군이 고생대의 나무라면, 그리고 레피도덴드론이 고사리들이 그랬던 것처럼 이들이 곧추선 채로 발견되었다면 물론 허깨비 같은 소리는 그만둬야겠지. 하지만 시길라리아는 분명히 곧추선 채로 발견된 대표적인 식물이네. 그것의 애매한 유사성에 대해서는 자네에게 상세한 설명을 들은 적이 있지.

세 번째, 식물학적인 증거들이 동물학적 증거보다 가치가 낮다고 생각해본 적은 없네. 하지만 내 생각에는 특정 식물의 구조만 놓고 과(科)의 구조보다 근접한 유사성을 가졌다는 증거가 될 수 없다는 것은 인정해야 한다고 보네. 그렇게 단정 지을 수는 없지. 동물의 경우에는 분명히 적용이 되겠지만 식물에서는 아니라네. 아주 근접한 유사성 없이 습성을 판단하는 것은 위험하지. 식물학자들은 맹그로브(Mangrove, 홍수림) 과(科)의 구조만을 가지고 그것들이 바다에서 살 수 있는 유일한 쌍떡잎식물이라고 말할 수 있을까? 그렇다면 조스테라(zostera, 거머리말) 과(科)들만 바다에서 살 수 있는 유일한 외떡잎식물이라고 할 수 있는가? 조류(藻類)들이 거의 유일하게 바닷속에 서식하는 식물이기 때문에 그런 습성을 가진 다른 개체는 이전에도 없었다는 말 아니겠나. 동물에서도 그런 예를 많이 들 수 있다면 동물을 가지고 그런 결론을 내릴 수는 없을 걸세. 본론을 잊은 것 같은데, 그저 나 자신에 대한 변명을 하고 싶을 뿐이야. 자네를 공격하고 싶은 마음은 추호도 없네. 나는 심사숙고하여 그 요지를 말한 것이었네만, 이치에 맞지 않는다고 생각할지도 모르겠군. 난 기왕이면 동물학적 증거나 식물학적 증거들보다는 순수한 지질학적 증거에 더 믿음이 간다는 말일세. 그렇다고 내가 살아 있는 유기체보다 빈약한 지질학적 증거를 믿는다는 말은 아닐세. 내 생각에 서로 다른 개체의 유사성에서 얻은 증거나 습성과 관련 있는 구조에서 발견한 증거들보다는 순수한 지질학적인 증거에서 얻은 기초가 더 튼튼하다는 말일세(지표 위에서 일어나는 해수의 작용과 지표의 융기와 침강 그런 것들 말이야).

시길라리아나 스티그마리아(Stigmaria, 나무 그루터기나 뿌리의 화석—옮긴이)가 있는 곧추선 고사리 화석에 대해 설명해 주겠나? 또 노목(Calamites)이나 레피도덴드론과 유사한 것(시길라리아를 포함해서 제자리에서 발견된 것으로 생각되는)이 해양식물이 아닌 것은 분명한데 실제로는 맹그로브나 해초보다 더 넓은 범위에서 발견되는 것도 설명해 주게. 정확히 알지도 못하면서 날뛴 것에 대해 자네나 모든 식물학자들에게 공손하게 사과해야 할 것 같네. 하지만 이것에 대한 설명을 듣기 전까지는 내 의견은 비밀에 부치겠네.

이 편지가 자네의 견해에 여전히 나를 묻어둘지 아니면 옳다고 인정을 받을지 모르겠지만, 후자이길 바라네. 어쨌든 장광설을 늘어놓아서 자네를 지루하게 만들었으니 복수는 한 셈이군.

잘 지내게, 그리고 용서를 비네.

찰스 다윈.

조지 그레이에게 보내는 편지 1847년 11월 13일

켄트 주 다운, 판보로

1847년 11월 13일

그레이 씨께

선생께서 관리하고 있는 식민지가 번창하고 있다는 소식을 들으니 무척 기쁩니다. 비글호 항해 이후로 저는 남반구에 있는 영국의 식민지 국가들에 대해 깊은 관심을 가지게 되었습니다. 하지만 선생께서 짊어지셔야 하는 문제나 고민이 무척 많았을 것이고 여전히 산재해 있겠지요. 하지만 다가올 세기에는 두 식민지 국가가 위대한 문명국이 될 것이니 여기에 바치는 선생의 수고가 헛되지 않을 것이며 크게 만족하실 것입니다.

선생께서는 뉴질랜드의 자연사 연구에도 지원을 아끼지 않으시더군요. 그 조사 내용의 항목들에 대해 개인적인 관심은 없지만, 충분히 연구해 볼 만한 가치가 있다고 생각하는 두 가지 대상이 있습니다. 이제부터라도 선생의 업무에 여유가 생긴다면 제가 말한 것을 주의 깊게 살펴 주시기 바랍니다. 아니면 선생께서 데리고 있는 자연학자에게 지시를 내리셔도 좋습니다. 우선 첫째는 베이오브아일랜즈 부근에 있는 석회암 동굴에 대한 조사입니다. 다른 곳이라도 좋습니다. 마치 묘지 같다는 생각이 들어서 제가 직접 들어가 보지는 못했습니다. 석순 표피 아래의 진흙을 파내면 다이노니스(Dinornis, 모아새)와 동시대의 것으로 보이는 뼈들이 드러날 것입니다. 뉴질랜드는 육상 포유류의 분포라는 점에서 부정적인 견해들을 재고하게 하는 현존하는 가장 뛰어난 장소로 매우 흥미로운 연구 장소이지요. 그래서 저는 뉴질랜드 동굴 탐사 소식을 아주 오래전부터 간절히 기다려 왔습니다.

그리고 두 번째는 뉴질랜드, 특히 중앙이나 남부에 있는 섬들의 북쪽 끝부분에 '표석(漂石, eratic boulders)'이 있는지 궁금합니다. 대부분의 지질학자들은 모두가 하나같이 빙산이나 빙하에 의해 운반된 표석에 대해 생각하고 있습니다. 이것은 매우 중요한 문제라고 생각합니다. 그것은 지구가 어느 시기에 기후의 영향을 강하게 받았기 때문에 표석이 운반되어 온 것인지 그리고 북반구와 같이 남반구에서도 그러한 증거가 일반적으로 나타났는지 알기 위해서입니다. 이러한 경우를 위도 40도 부근의 남아메리카 케이프 혼에서 확인한 적이 있습니다. 이것은 세심한 주의를 요하고 어느 정도의 지식을 갖추고 있어야 하며 적어도 개념만큼은 알고 있어야 하는 문제입니다. 베이오브아일랜즈의 내륙에서 둥근 녹암 덩어리를 봤습니다만 그 모(母)바위가 얼마큼 떨어진 곳에 있는지 확인할 수 없었습니다. 뿐만 아니라 그때는 그 중요성도 충분히 파악하지 못했습니다. 제대로 알았더라면 그것을 알아내는 데 시간을 좀 더 투자했을 텐데 말입니다. 고립된 언덕이나 흙무더기에 깔려 있는 돌 중에 외부에서 유입된 듯한 크고 모난 돌들도 훌륭한 증거가 될 수 있습니다. 어느 시대에 퍼져 나온 것인지 아직은 알 수 없습니다. 해수의 흐름, 번갈아 나타나는 지층의 다양함, 지진의 파장이나 거대한 홍수, 이들에 의해서 계곡으로 운반되었을지도 모릅니다. 그래서 돌의 표면에 물결무늬가 만들어지고 둥글어진 것인지도 모릅니다. 원형으로 균열을 일으키는 성향을 가진 화강암은 표석으로 여러 번 잘못 인식된 적도 있습니다.

이러한 문제들로 선생을 귀찮게 해드려 죄송합니다. 이 편지를 태워 버리실 수도 있습니다. 하지만 정말 조사가 필요한 문제이므로 선생께서 저의 두 가지 부탁을 거절하지 않으실 거라 믿습니다. 제가 직접 가서 표석 현상을 조사하고 범위와 시대를 추적하기 위해서 노력을 기울여야 마땅할 것입니다만 앞에서 말씀드린 것들에 관해 어떠한 증거라도 찾았다는 소식을 듣게 되기를 고대하겠습니다.

다시 한 번 진심으로 감사를 드립니다. 귀하의 신뢰를 구합니다.

찰스 다윈.

조지 그레이 씨께.

존 에드워드 그레이에게 보내는 편지 1847년 12월 18일

켄트 주 다운, 판보로

1847년 12월 18일

그레이에게

지난 14개월간 내가 다양한 속의 만각류 해부에 몰두하면서 지냈다는 건 자네도 잘 알 것이네. 내가 바라던 바대로, 이것들의 기본적인 구조에 대해서 분명히 알았네. 만각류에 속하는 다른 종류의 목(目)들에 관한 학술 논문을 출판하려는 의도로 실험을 한 것일세. 내가 이 편지를 쓰는 것은 다름 아니라, 박물관의 공개 컬렉션에 설명을 해야 하는데 자네가 위원회에 허가를 요청해 달라고 부탁하기 위해서네. 하지만 내가 컬렉션을 개최한다는 것도 반드시 포함해야 하네. 모두 한 번에 하는 것뿐 아니라 우리 집에서 그룹별로 하는 것도 말일세. 경험상 종마다 이삼일이 걸리더군. 새로운 목(目)에 대해서도 그렇게 하려면 여러 주가 걸리겠지. 고도로 복잡한 기능을 가진 미세한 기관을 봐야 하니 부분마다 현미경에 올려놓고 관찰을 해야 하네. 조개들은 물에 담가 놓고 세척을 해야 해. 내가 완벽하게 설명할 수 없는 종들에 대해서는 설명을 삼갈 작정이네. 내 부탁이 어렵다는 것은 잘 알고 있지만, 표본들을 진열하기 위해서 보낸다는 사실에 대해 위원회가 주목해 주기를 정중하게 청원해야 할 것이네. 그리고 만각류의 모든 종에 대해서 표본을 하나씩 보내는데 종의 특성상 확인해 보니 탈구도 될 수 있고, 구강의 일부가 절단될 수도 있다는 것을 알려 줘야 할 것 같네. 그래서 절단된 부분은 알코올에 담가서 두 개의 유리 접시 사이에 두었네. 위원회가 내 표본들의 가치에 확신을 갖는다면 모든 표본들을 박물관에 기증할 것이네(개인 전시가 될지 공개 컬렉션이 될지 모르지만). 내가 가지고 있는 모든 조개류는(새로운 종도 포함해서) 머지않아 작업이 끝난다네. 더욱더 위원회가 주목해 달라고 요청해야 할 부분은 전체적인 컬렉션(8 또는 10개 정도의 서랍 안에 있는)인데, 진행도 따로 기명을 해야 하거나 배열에 신경 쓰지 않아도 되니 직원들의 시간을 빼앗지도 않을 걸세. 자네가 이런 일을 여러 번 해 봤다는 것을 믿고 있지만, 목(目)에 관한 실험과 분류 공개 컬렉션을 다 마치려면 일 년이 걸린다는 것쯤은 알고 있네. 위원회에서 영광스럽게 나의 요청을 받아들여 준다면 컬렉션 준비에 최선을 다할 것을 맹세하고, 자네의 허락 없이는 표본 작업 이외에 아무 일도 하지 않을 것이네.

만각류 목(目)에 관한 논문을 얼마나 쓰고 싶었는지 영국에서 자네보다 더 잘 아는 사람은 없을 거야. 사실 모든 종들은 완전한 혼돈 상태에 있었네. 아가시의 "동물계에서 없어서는 안 될 만각류의 논문이 오늘 출판되다."라는 말이 맞을 상황이었지.

이것을 해 낼 수 있는 능력이 내게 얼마나 있는지는 자네가 결정해야만 하네. 만약 실패하게 되면 노력이 부족해서가 아닐 거야.

편지가 길어져서 미안하네. 자네가 이미 내게 준 친절한 도움에 대해 깊이 감사하네.

자네의 진실한 친구 찰스 다윈.

J. E. 그레이에게.

1848년

제임스 스미스에게 보내는 편지 1848년 1월 28일

켄트 주 다운, 판보로

1월 28일

스미스 경께

우선 저의 무례함을 용서해 주시기 바랍니다. 경께 부탁의 말씀을 드리고자 합니다. 저는 지난해부터 전체 만각류 강(綱)에 대한 해부 및 구조학적인 논문을 쓰고 있었고 앞으로 2년간 이 일에 매달려야 할 것 같습니다. 지난 호 지질학 저널에서 경께서 최소한 여섯 종의 발라누스(Balanus, 따개빗과)를 포르투갈에서 발견하셨다는 기사를 읽었습니다. 그것에 대해서 설명할 수 있도록 제게 맡겨 주실 수 있는지요. 만약 제가 찾던 것이라면, 따개비의 화석 종에 대해서 다소 도움을 드릴 수 있습니다. 라이엘 선생과 스터치베리 씨도 표본들을 저에게 일임하셨습니다. 제가 얼마동안 더 보관하겠다고 요청을 해야겠습니다. 표본들이 섞이지 않게 분리하고 종별로 표본을 만들어 분류하는 일은 제게 아주 중요합니다. 지금까지는 외관상으로만 특징을 구분했는데 제 생각에 그건 무의미하다고 봅니다. 연체동물의 내부 구조를 연구해야만 한다고 생각합니다. 지금까지 저는 동물에서만 볼 수 있는 생물의 현격한 특성을 찾아냈습니다. 그래서 화석 종에 대해서는 약간의 두려움도 있지만 연구를 해 보겠습니다.

저의 친구들도 굉장히 관대해서 컬렉션에 표본을 배치하는 것을 저에게 맡겼습니다. 스터치버리 씨도 자신의 중요한 수집물 전체를 제게 일임하셨고 커밍 씨도 마찬가지입니다. 포르투갈의 바닷가, 특히 마데이라 섬에서 현생종을 수집하셨습니까? 만약 이 지역이나 그 밖의 다른 곳에서라도 수집하신 것이 있다면(알코올에 담가 둔 것이라면 특히) 제게 맡겨 주실 수 있는지요. 그러면 무척 기쁘겠습니다.

지리학적인 범위를 설명하기 위해서라도 되도록 많은 지역에서 발견한 종을 보고 싶습니다. 습성이나 빈도, 깊이, 해저 바닥에 풍부한지, 죽은 상태였든 아니든 어려움을 감수하시어 제게 어떤 정보라도 주신다면 감사하겠습니다.

당신의 호의에 감사드립니다.

찰스 다윈

몰타(Malta)[1]에 대해서 쓰신 논문을 읽게 되어서 무척 기쁘다는 말씀을 드려야 할 것 같습니다. 지금까지 발견된 가장 놀라운 것을 말씀드리자면, 침식의 힘으로 육지와 바다 사이에 지층의 변화가 생겼다는 것입니다. 확신컨대, 경께서 걷던 길이 바다 아래로 이어져 있었으며 절벽의 가장자리 위였을 거라고 말씀드릴 수 있습니다. 그러한 사실은 매우 놀라운 상상을 가능하게 합니다. 경께서 만약 런던 광장에 죄수로 감금되신다면 지층이 변하고 있다는 명백한 증거를 찾으려 하실 것을 믿습니다.

J. S. 헨슬로에게 보내는 편지 1848년 4월 1일

켄트 주 다운, 판보로

토요일 밤

존경하는 교수님께

교수님의 연설[2]에 감사드립니다. 매우 감명 깊게 들었습니다. 하지만 연설 중에 한 문장에 대해서는 반론을 제기하고 싶습니다. 즉, "모든 과학적인 연구가 즐겁지만, 만약 그 연구의 진가를 인정받지 못한다면 허공에 성을 짓는 것보다 더 소용없는 일이다."라는 문장입니다. 그 문장의 의미가, 과학적인 발견들은 즉시 실용적으로 사용이 가능한 것이라야 하거나 찬사를 받을 가치가 명백한 것이어야 한다고 생각하지 않을 청중들이 있을까요? 클로로포름의 경우 얼마나 멋진 예입니까. 순수한 과학적인 발견으로 찾은 것이지만 실제로 사용된 것은 훨씬 나중의 일입니다. 저로서는 분명히 목표가 있다고 믿기 때문에 좀 더 높은 곳에 목표를 둡니다. 진실이나 지식 그리고 발견에 대한 본능이 제 안에 있다고 믿습니다. 그리고 그러한 본능은 선행에 대한 본능과 마찬가지로 자연스러운 것이라 생각합니다. 실용적인 결과를 낳지 못하더라도 그러한 본능은 과학적인 연구를 하는 충분한 이유가 될 것입니다. 무엇 때문에 제가 이런 말을 하는지 놀라셨을 겁니다. 지난 18개월간 저는 만각류의 해부에 완전히 몰두해 있었습니다(이것들은 논문으로 출판될 것입니다). 저를 비웃는 친구들도 있습니다. 저는 만각류에 관한 저의 연구가 그저 '전혀 응용되지 않는' 채로 남을까 걱정이 됩니다. 그러나 분명히 허공에 성을 쌓는 것보다는 훌륭하다고 생각합니다.

지난 며칠 동안 발견한 만각류의 신기한 구조에 대해서 말씀드려야 할 것 같습니다. 모든 만각류가 자웅동체(양성동물)라는 것입니다. 단 한 속만 예외더군요. 이 속의 암컷은 일반적인 외형을 하고 있지만 이에 반해 수컷은 암컷과 같은 생식기가 없으며 극히 미세한 남성 기관이 있습니다. 하지만 이상한 점은 수컷 한 마리, 혹은 두 마리의 수컷이 동시에 유동적인 유충의 모습을 멈추고 암컷의 주머니에서 기생을 한다는 것입니다. 그리고 유착 상태에 있다가 암컷의 근육 속에 파고 들어가 일생을 보내게 됩니다. 그리고 다시는 스스로 움직이지 않습니다. 자연이 한 속의 동물을 양성동물로 만들어내는 것이나, 수컷이 암컷의 외부에 고착이 되는 것은 신기한 일도 아니겠지요. 그러니까 사실 수컷들의 기관이 몸 안에 있지 않고 밖에 있는 것 아니겠습니까.[3]

저희 가족은 모두 잘 지냅니다. 올 여름에는 여섯째 아이가 태어날 겁니다.[4] 하지만 저는 여느 때보다 건강이 더 좋지 않습니다.

늘 교수님을 존경합니다.

찰스 다윈.

실험 기구를 사용하고 싶어 하는 젊은 자연학자를 데리고 계시다면 콜먼 가 6번지의 스미스앤벡(Smith & Beck)을 찾아가라고 추천합니다.

최근에 제게 꼭 맞는 아주 간단한 현미경을 만들어 주었습니다. 후커에게 아이디어를 얻은 것입니다. 예전에 사용해 봤던 것에 비해 절단면이 깔끔해서 아주 훌륭합니다. 좀 더 일찍 그 현미경을 가졌더라면 훨씬 더 많은 시간을 절약할 수 있었을 겁니다.

[1847년 11월에 식물학 탐사를 위해 인도로 떠난 후커는 1851년 3월 26일 영국으로 돌아왔다.]

J. D. 후커에게 보내는 편지 1848년 5월 10일

켄트 주 다운, 판보로

1848년 5월 10일

후커에게

자네의 친필을 보니 정말 반갑군.

자네의 편지에는 종에 관한 책에 필요한 사실들이 담겨 있어서 무척 흡족했다네. 나를 기억해 준 데 대해 진심으로 고마움을 전하네. 네 발 달린 가축, 조류, 누에(silkworms) 그리고 그 밖의 다양한 동물에 관해서 관습적으로 알고 있다고 하더라도 그 원형에 대해서 탐구해야 한다는 사실을 잊지 말게(그곳에 혹시 집에서 기르는 벌이 있나? 있다면 벌통을 가져와야 하네).

야생조류에 대해서 자네가 언급한 사실들 말이야, 가축들과 함께 길렀을 때 새끼를 낳는 것도 있는 반면 일부는 새끼를 낳지 못한다고 했는데 정말 놀라워. 분명히 그것들은 다른 종일 것이네. 대부분의 동물학자들은 그런 주장을 믿지도 않을 테고, 그들이 별개의 종이라는 증거로 나온 그 결과도 고려하지 않을 걸세. 나도 거기까지는 미치지 못했지만, 그러한 경우는 매우 불가능할 것으로 보이네. 블라이스는 인도의 반추동물에 관한 연구를 하고 있네.

상승 산맥의 저지대 식물에 대해서 자네가 한 말에 무척 충격을 받았네, 하지만 고산지대는 하강 산맥이 아니네. 자네가 보르네오(Borneo) 섬의 산에 오르기만을 기다리고 있네. 얼마나 신기한 결과가 나올는지. 몰디브 군도의 식물군에 대해서 자네한테 들은 바가 없는데, 상상을 하게 해서 내 관심을 끌려하다니 잔인하군. 자네가 귀중한 자료들을 숨겨 두고 있다는 생각을 할 때나 태평양에 있는 섬나라의 식물상(相, Maldira flora)에 관한 기록을 보게 될 날이 언제일지 생각을 하면, 자네의 인도 일지를 읽고 싶어서 안달이 난다네.

세계의 고산지대 식물상은 얼마나 원대한 연구 과제인가. 하지만 틀림없이 자네는 북극지방과 남극지방 식물상의 유사성이나 차이에 대해서 훑어보지도 않았던 것 같군. 고맙기도 하군. 자네가 돌아오면 아마 싫든 좋든 간에 눌러앉아야 할 거네. 자네가 석탄층이 있는 곳에 가 봤다니 아주 기쁘네. 자네가 가 버린 후로 나는 줄곧 그 문제에 대해서만 푸념을 늘어놓고 있네. 누구든 내가 죽기 전에 그 문제를 해결하지 않으면 다운 교회 마당에 편하게 앉아 쉬는 일 따위는 결코 없을 걸세.

죽는다는 말을 하니까 고약한 위장병이 더 심해지는 것 같군. 실제로 최근에 더 악화되었다네. 하지만 지난 한 해 동안은 더 일을 많이 한 것 같아. 만각류에 관한 것 말고는 한 일이 별로 없네. 표석에 관한 짧은 이론적인 논문과 해군용으로 과학적인 지질학 교습서도 썼는데 아주 곤혹스러웠다네. 이 책은 허셜 경이 편집을 맡았는데 군함의 함장답게 아주 훌륭하게 해내더군. 이제 해군은 과학을 좋아할 걸세. 항해에 나서는 자연학자도 물론 친절하게 대하겠지. 허셜 경은 자연에 대해 과학적으로 생각하는 사람이 아니기 때문에 교습서가 그에게 도움이 되리라고는 기대도 하지 않네. 하지만 과학적인 사람이라면 좋은 교습서가 왜 필요하겠나. 누가 식물학 강의를 하게 될지 모르네. 오언은 동물학 강의를 할 거네. 오언에게 내 새로운 현미경에 대해 설명을 해 주었네, 아주 완벽하고 셔블리에가 만든 자네의 것보다 좋다네. 참고로 내 현미경에는 18 대물렌즈가 달려 있다네. 굉장하지. 요즘은 만각 아강(亞綱)(cirripedia)과 사이좋게 잘 지내고 있다네. 그리고 해부하는 기술도 좋아졌어. 몇 가지 속 생물의 신경계를 아주 잘 다루지. 아직 잘 알려지지 않은 귀와 콧구멍을 찾아내는 데 성공했네. 최근에 암수 양성의 만각류를 하나 구했네. 극히 미세한 수컷이 암컷의 주머니 속에 기생하고 있더군. 내가 자네에게 내 종 이론을 좀 자랑해야겠구먼. 그것과 가장 가깝고 밀접한 계통의 종을 대라면 암수동체를 예로 들겠지만, 나는 그것에 달라붙은 작은 기생체들을 관찰했네. 지금이라도 보여 줄 수 있지만 이 기생체들은 차례차례 덧붙은 수컷들이라네. 하지만 양성구유체에 있는 수컷의 기관은 비정상적으로 작지만 완벽한 유주자(遊走子)를 가지고 있네. 종에 관한 내 이론을 확신하지 못했다면 알아내지 못했을 사실이 있다네. 양성구유에서의 수컷 기관은 퇴화하고, 독립적인 수컷들만이 형성되기 때문에, 양성구유 종이 암수 양성 종으로 넘어가는 단계는 아주 짧을 수밖에 없다는 거야. 그리고 우리가 지금 여기에 그 증거를 가지고 있단 말일세. 하지만 내 의도를 정확하게 설명하지는 못하겠군. 자네는 만각류나 종들에 관한 내 이론을 악마의 것이라 말하고 싶겠지. 하지만 자네가 뭐라고 하든, 종에 관한 내 이론은 모두 복음일세!

우리는 이곳에서 단 한 번 모임을 가졌네. 라이엘 선생님과 포브스, 오언, 램지와 함께 말이야. 우리는 자네와 팔코너를 몹시 그리워하고 있네. 그리 바라던 일은 아니지만 가족이 더 늘게 될 거네. 엠마가 올 6월이면 출산하거든. 클로로포름 냄새 가득한 곳에서 말이야. 헨슬로 교수님께서 여섯째 아기를 데려가셨어. 자네가 생각하는 것보다 난 자네의 생활에 대해 더 많이 알고 있네. 헨슬로 부인께서는 아주 친절하게 자네가 쓴 편지들을 내게 보내 주셨거든. 부인은 짧은 메모를 함께 주셨는데 덕분에 기분이 좀 우쭐해졌다네.

왕립학회 모임은 시간도 짧았고 훌륭한 토론도 없었네. 다만 오언은 벨럼나이트(Belemnite, 오징어 등의 화석—옮긴이)에 대해서 경멸과 분노를 삭이지 못하고 맨텔이 제시한 이론의 진창에 빠져 버렸다네. 명성을 얻으려는 열정에서 비롯된 비참한 행동이었지. 진리에 대한 애정을 가진 사람만이 타인을 혹독하게 공격하지 않으리니…….

죽도록 일만 하지는 말게.

자네의 진정한 친구 찰스 다윈.

[1848년 5월17일부터 6월 1일까지 다윈은 슈루즈베리의 고향집에 가서 병든 아버지와 가족들을 만났다.]

엠마 다윈에게 보내는 편지 1848년 5월 20~21일

슈루즈베리

토요일

사랑하는 엠마

이 편지를 오늘 부칠 수는 없지만, '사실에 근거한' 보고서를 써야 할 것 같소. 그 보고서란 다름 아닌 건강에 대한 것이오. 어제는 아버지도 꽤 좋아지신 것 같았소. 하지만 오후 식사를 하기 전까지 한 번에 10분 이상은 대화를 나누실 수 없었는데, 아버지가 말씀을 하실 때는 저녁 내내 기분이 좋고 들뜨더군요. 아버지께서 두 번이나 내게 편안하다고 말씀을 하셨을 땐 정말 이루 말할 수 없을 만큼 행복했다오. 곧 숨이 넘어 갈 것처럼 호흡이 곤란해지셨지만 괴로워하시는 것 같지는 않았소. 지금은 좀 나아지시기는 했지만, 아버지는 그동안 오래 행복하게 잘 살았고, 그냥 홀연히 눈을 감으시는 게 가장 좋겠다고 생각하시는 것 같소. 편안하다는 말씀을 세 번 정도 하셨는데 생각했던 것보다 더 자주 말씀하신 것 같구려. 캐서린은 몇 날 밤을 힘들게 보냈는데 마음은 오히려 전보다 편하게 보였다오. 끝으로 내 이야기를 하겠소. 어제는 약간 몸이 안 좋았지만 전체적으로는 아주 잘 지내고 있소. 더할 나위 없이 편한 밤을 보내고 나니 오늘은 몸이 날아갈 것 같소.

아이들 소식을 담은 당신의 반가운 편지를 오늘 아침에 받았소. 고맙구려. 당신에게 달린 문제이긴 하지만 애니가 뭐라건 허락해 주시오. J. W. 러벅 경이 친구에게 말을 했다는데, 애니는 모차르트에 버금가며 다윈가의 혈통임을 감안하면 모차르트보다 더 훌륭한 점도 있다더군요. 도대체 어떤 계기가 있었기에 그 애가 잔뜩 고무되었는지 궁금하오. 오늘 아침엔 비도 어지간히 내린 데다 바람도 불고 추웠소. 언제쯤이나 우리의 시간을 갖게 될지 두렵소, 아버지도 그러길 바라시겠지요. 오늘도 잘 지내시오.

일요일은 아주 분주하게 지나갔다오. 밤에 좀 아프긴 했지만 그리 나쁘진 않았소.

내가 듣고 싶은 말만 잔뜩 편지에 담아서 전해 주다니 당신은 정말 좋은 아내요. 새로운 진달래 속 두 가지에 대한 이야기가 없어서 아쉬웠지만 말이오.

헨슬레이는 모든 것이 자유의지의 문제라고 결론을 지었지만 실제로 유전은 확실한데 그것을 증명할 어떤 것도 없으니……. 이 문제에 대해서 한 마디로 말하긴 어렵지만 솔직한 내 생각은 모든 것이 유전된다는 것이오. 당신에 대한 사랑만 빼고 말이오. 그렇지 않다고 반박할 수 있다는 생각도 들지만 과연 누가 그걸 알겠소?

당신의 찰스 다윈.

내가 말한 바로 그 만각류 표본을 보냈구려. 일반 상자에 들어 있는 것들은 바로 알코올에 담가 놓아야 한다는 걸 잊지 마시오.

헨슬로에게 보내는 편지 1848년 7월 2일

켄트 주 다운, 판보로

7월 2일

존경하는 교수님께

제가 살펴보고 싶었던 교수요목을 보내 주셔서 감사드립니다. 교수님의 강의만큼 즐겁게 들었던 강의는 없습니다. 에든버러 대학의 교수 방법은 저를 완전히 질려 버리게 만들었거든요. 교수님의 강의는 그저 전통에 지나지 않는 관습적인 방식을 깨뜨리는 데 혁혁한 공을 세운 강의였습니다. 분명히 말씀드리지만 케임브리지에서 제 마음에 들었던 유일한 강의는 교수님의 강의였습니다. 하물며 교수님과의 대화는 이루 말할 수 없었죠. 그리고 페일리의 증명학 역시 빼놓을 수 없습니다. 그 강의 역시 생각이 다른 사람들을 대상으로 다양한 교수방법을 채택하는 데 앞장섰던 강의였습니다.

전통에 관한 이야기를 하다 보니 교수님께 매우 중요한 부탁을 드려야 할 것 같습니다. 그리고 까맣게 잊고 있었는데, 엄청난 분량의 전통적인 지식 덕분에 졸업시험(hoi-polloi)[5]에서 다섯 번째인가 여섯 번째로 뛰어난 성적을 거둘 수 있었습니다. 만각류에 관한 연구 때문에 요즘은 과(科)에 속하는 생물과 속에 속하는 생물들의 학명을 만들고 있습니다. 제가 명명한 게 정확한지 도무지 모르겠습니다. 교수님께 그 이름들을 보내드리면 시간이 나시는 대로 의견을 주실 수 있는지요? 제가 보내는 이름들을 보시고 승인 여부만 알려 주시면 따로 글을 쓰는 수고는 하지 않으셔도 됩니다.

혹시라도 해변을 산책하실 때, 처음 보는 만각류를 발견하신다면 수고스럽겠지만 긁어내서(아래쪽을 조심스럽게 다루셔야 합니다) 튼튼한 상자에 넣어 보내주시기 바랍니다. 해초를 깔아서 축축한 상태를 유지해야 합니다. 영국에 분포하는 종들을 밝혀내고 싶습니다. 그리고 이제껏 만각류는 외관상으로만 분류되었기 때문에 새로운 종으로 판명이 될지도 모릅니다. 예를 들어 발라누스 푼크타투스(Balanus Punctatus)(이것은 분명히 별개의 속임에도) 중에도 다른 종으로 불리던 서너 개의 변종이 있습니다. 한편 심지어 변종으로 불리지도 않았던 한 가지는 뚜렷하게 하나의 속일 뿐만 아니라 명백한 하나의 아과(亞科)입니다. 어제는 네다섯 개 정도 속의 이름을 만들었는데, 이들은 모두 하나의 속에 속하는 밀접한 종입니다. 이것이 바로 제가 아끼는 만각류가 극도의 혼란 상태에 빠져 있다는 실례입니다. 만각 아강(亞綱)에 속하는 생물들을 해부하고 매우 신기한 것을 발견했다는 생각에 전 아주 의기양양하게 지냅니다. 레이 학회를 통해서 2년 안에 저의 책을 출판하게 되었습니다. 아무도 교수님의 옛 문하생에게 악평을 하지 않을 거라고 믿습니다(제가 얼마나 교만한지!).

가장 사랑하는 제자 다윈 드림.

엠마 다윈에게 보내는 편지 1848년 11월 17일

파크 가

3시

영원한 나의 사랑 엠마에게

점심으로 차와 토스트를 먹고 있소. 기분이 무척 좋구려. 여행은 매우 훌륭했소. 이곳까지 오는 동안 울렁거리지도 않았다오. 그리고 지금 다시 쉬면서 평상을 되찾고 있다오.[6]

사랑하는 나의 아내, 나를 위한 당신의 위로와 애정을 어찌 다 말로 하겠소. 내가 약하고 불평이 많아 당신을 지치게 하는 것 같아서 걱정이오.

당신의 가엽고 허약한 남편 찰스 다윈.

1849년

W. D. 폭스에게 보내는 편지 1849년 2월 6일

켄트 주 다운, 판보로

2월 6일

폭스 형에게

형의 전보를 받고 무척 반가웠어. 늘 편지를 써야겠다고 생각했지만, 가을과 겨울 내내 기운이 없어서 어쩔 수 없이 해야 하는 일만 할뿐 다른 일은 엄두도 못 냈어.

아버지가 돌아가셨을 때 형이 보낸 두 개의 위로 글도 읽었어. 아버지에 대한 기억은 내게 아주 소중해. 마지막으로 뵈었을 때는 무척 편안해 보였어. 아버지의 표정은 지금도 생생하네만 평온하고 행복해 보였어.

물 치료법에 대한 이야기는 아주 고마워. 하지만 아직 마음을 정하지 못하겠어. 물 치료법의 개념도 별로 내키지 않고, 거기에 가서도 마음이 편할 것 같지 않고 아이 여섯을 데리고 움직이는 일도 번거롭고 말이야. 형이 소화불량에 걸렸을 때의 경우를 말해 주겠어?(언젠가는 형의 대답에 대해 답례를 하겠네) 홀랜드 박사는 내 경우가 소화불량은 아닌 것 같고

통풍인 것 같다더군. 박사도 이런 경우는 처음 본다면서 물 치료는 권하고 싶지 않다는 거야. 걸리의 책을 구해서 읽어 봐야겠어.

형수에게도 잘 지내라고 전해 줘.

나의 정든 친구 폭스에게.

찰스 다윈.

[3월 10일부터 6월 30일까지 다윈의 가족은 맬번(Malvern) 우스터셔(Worcestershire)에 머물렀고, 그곳에서 다윈은 존 맨비 걸리 박사에게 물 치료를 받았다.]

수전에게 보내는 편지 1849년 3월 19일

맬번

월요일

사랑하는 누나

물 치료가 어떻게 진행되고 있는지 궁금해할 것 같아서 이제까지의 과정을 들려 줄께. 내일쯤에는 어느 정도 치료법이 달라질 것 같아. 처음 며칠 동안은 6시 45분에 일어나서 거친 수건을 찬물에 담갔다가 이삼 분가량 몸을 북북 문질렀어. 그러고 나면 마치 바닷가재가 된 것 같아. 나를 씻겨 주는 사람이 있는데 아주 좋은 사람이야. 내가 앞을 문지르는 동안 그는 뒤쪽을 문질러 줘. 텀블러 한 잔 분량의 물을 마시고 아주 잽싸게 옷을 입지. 그리고 20분 동안 산책을 해. 더 오래 걸을 수는 있지만 나중에 지치더군. 여기까지는 꽤 좋아. 그러고 나서는 젖은 리넨 천으로 된 압박붕대를 감는데 고무를 입혀서 방수처리를 한 거야. 그리고 신선도를 유지하기 위해서 두 시간마다 압박붕대를 찬물에 담가야 해. 점심 먹고 두 시간을 제외하곤 하루 종일 이걸 감고 있어. 이렇게 하는 게 어디에 효과가 있는지 모르겠어. 산책을 하고 나서 면도와 샤워를 하고 아침을 먹어. 아침이라고 고작해야 토스트와 약간의 고기 아니면 달걀이야. 그리고 말라비틀어진 빵을 적셔 먹을 만큼의 우유는 먹어도 된다는군. 하지만 설탕이나 버터, 향기 나는 차, 베이컨 등은 절대 먹어서는 안 된대. 그리고 12시가 되면 식초를 탄 차가운 물에 10분 정도 발을 담그고 있어. 그러면 씻겨 주는 사람이 와서 두 발을 벅벅 문질러. 물이 너무 차서 발이 아프지만 차츰 찬기도 가라앉는 것 같아. 다시 20분 산책, 또 한 번의 식사. 그리고 이때는 식사 제한을 약간 풀어주는데, 아픈 게 조금 덜하다고 생각되면 푸딩을 조금 먹어도 된다고 했어.

식사를 하고 나면 누워서 한 시간 정도 낮잠을 자려고 해. 그리고 5시에는 또 발을 찬물에 담그고 찬물을 마시고, 똑같이 산책을 해.

저녁은 6시에 먹는데 아침과 같은 식단이야. 이번 주에도 몸이 아팠지만 확실히 더 튼튼해지고 아픈 것도 훨씬 더 잘 견딜 수 있어. 내일은 6시에 일어나서 한 시간 반 정도 뜨거운 병 위에 발을 올려놓고 담요로 몸을 감싸고 있을 거야. 그리고 찬물에 흠뻑 적신 시트로 문지르겠지. 하지만 왜 그러는지 모르겠어. 걸리 박사가 하루에 세 번 물 치료를 하겠다고 하는데 도통 신뢰가 가지 않는데도 그대로 따라야 한다는 게 서글퍼. 하지만 걸리 박사는 좋은 사람이야. 분명히 유능하고. 아버지에게도 이런 치료를 했다는 사실에 정말 충격을 받았어.

그는 매우 친절하고 예의바른 사람이지만, 내 머리나 척수 윗부분이 손상을 입은 원인에 대해서는 확실히 알지 못하는 것 같아. 이번 주에는 너그럽게도 코담배 여섯 개까지 허락해 주더군. 신의 위로를 받아야 할 가엾은 엠마에게 편지를 쓰는 일을 제외하고 내 유일한 낙이 코담배 냄새를 맡는 거거든. 엠마는 나보다 더 많이 나를 걱정하고 있어. 내 자신이 완전히 딴 사람이 된 것처럼 완벽하게 게을러졌어. 이곳에 온 후로는 이 편지도 내 온 정신력을 발휘해서 쓰는 거야. 사랑하는 누나들이 나를 보러 이곳에 와 줬으면 좋겠어. 다운에서는 한 번도 만나지 못했잖아. 그리고 아버지에 대한 이야기도 나누지 못했고. 지금은 아버지 생각만 해도 참 행복해. 미안하지만 아직 누나는 그만큼은 아니야.

사랑하는 동생 찰스 다윈.

심스 코빙턴에게 보내는 편지 1849년 3월 30일

켄트 주 다운, 판보로(맬번)

1849년 3월 30일

코빙턴에게

자네 소식을 들은 지도 몇 년이 지났군. 자네와 가족들이 잘 지내고 있는지 궁금하니 소식 전해 주기 바라네. 자네의 사는 형편이 좋아졌다는 소식을 들으면 무척 기쁠 걸세. 그게 바로 행복하다는 말 아니겠나. 그리고 자네의 청각이 더 악화되지 않았길 바라네. 이제 내 이야기를 좀 들려주겠네. 자네도 슈루즈베리에서 내 아버지를 뵌 기억이 있겠지. 아버지께서 84세를 일기로 지난 11월 13일에 돌아가셨다네. 최근 내 건강도 아주 나빠졌는데 올 겨울 내내 좋아질 것 같지는 않네. 지금 내가 있는 곳은 집이 아니네(편지에는 집 주소를 썼네만). 두 달 동안 물 치료를 받기 위해서 맬번에 와 있다네. 이미 치료 덕분에 좋아진 것 같지만, 나도 솔직히 건강이 좋아지길 간절히 바라고 있다네. 그 옛날 비글호를 타고 항해하면서 얻은 지식으로 세 권의 지질학 책을 썼네. 그리고 자네가 필사를 해 준 일지도 상당히 증보를 해서 두 번째 판이 나왔다네. 그리고 지금은 전 세계에 서식하는 만각류의 모든 종에 대한 것과 그 해부학적인 설명을 실은 책을 쓰고 있다네. 자네가 사는 곳이 바닷가 근처인지 모르겠네만, 혹시 그렇거든 부탁이 있네. 폭풍에 떠밀려 온 산호초나 바닷가 바위, 조개껍데기 등에 달라붙어 있는 것들을(크든 작든 모두) 수집해 주길 바라네. 달라붙어 있는 생물을 떼어내거나 씻지 말고 그대로 상자에 담아서 보내 주면 되네. 만각류는 원뿔형의 작은 조개인데, 위쪽이 네 개의 판막으로 덮여 있다네. 그리고 긴 유동성의 자루가 있는데, 유동성의 물질이 고착되어 있을 거야. 가끔은 해변에 있는 것도 있을 거네. 어떤 종류의 표본도 대환영이네만 자네를 번거롭게 하고 싶지는 않은데 말이야. 자네가 그 표본들을 보내 준다면 서머셋 하우스(Somerset House)에 있는 지질학 협회로 보낼 건데 자세한 정보는 편지로 알려 주길 바라네. 적어도 18개월 안에는 책을 출판하지 못할 것 같네.

이제는 나도 여섯 아이의 아빠일세. 아들 셋, 딸 셋, 그리고 고맙게도 아주 건강하다네. 우리의 옛 상사를 오랫동안 만나지 못했다네. 피츠로이 선장은 근사한 증기선인 프리깃함을 지휘하고 있다네. 설리번 선장은 몇 년 전에 포클랜드 제도에 정착을 해서 무역을 한다고 들었네. 가족들도 모두 데리고 나간 모양이야. 그리고 다른 사람들에 대해서는 아는 바가 없네. 자네도 슈루즈베리에서 내 아버지의 집사 노릇을 했던 에반스를 기억할 텐데, 그와 그의 부인 모두 돌아가셨다네. 자네가 사는 나라에 대해서 듣고 싶군. 킹 선장은 잘 지내고 있는가? 필립 킹 씨를 만나거든 내가 그에게 좋은 사람으로 기억되길 바라더라고 전해 주게나. 꽤 오래전에 그의 건강이 안 좋다고 들었는데 마음이 편치 않다네. 그에게도 가족이 있었나? 그와 산책을 했던 기억이 자주 떠오른다네. 산책 이야기가 나왔으니 말인데, 내 시절도 다 간 것 같아 두렵다네. 다시는 자네를 볼 수 없을지도 모르겠군. 몇 년 동안은 1.5킬로미터도 걷지 못했는데 지금은 물 치료 덕분인지 다시 기운을 내고 있다네. 자네의 행복과 성공을 비네.

보고 싶은 코빙턴에게.

늘 자네가 잘 되길 바라는 찰스 다윈.

찰스 라이엘에게 보내는 편지 1849년 6월 14-28일

맬번의 오두막에서

금요일

라이엘 선생님께

선생님의 부인께 특별히 감사를 드립니다. 우리가 잘 지내는지 궁금하시다면서 안부를 묻는 자상한 편지를 보내주셨더군요. 엠마는 너무 착해서인지 자기가 안 좋은 상태에 있다는 걸 친구들에게 일일이 설명하지 말라면서, 저더러 대신 안부를 전하라는군요.

선생님의 책[1]을 읽었습니다. 첫 번째 책은 다 읽고 두 번째 책은 일부를 읽었습니다(이곳에서 책을 읽기가 쉽지 않습니다). 굉장히 흥미롭더군요. 그 책을 읽고 양키(Yankey)에 가보고 싶어졌습니다. 엠마는 종교의 진보에 관한 선생님의 신념에 매우 감동을 받았다고 전해 달랍니다. 엠마가 아파서 소파에 누워있는 동안 가장 즐겁게 오랫동안 읽은 유일한 책입니다. 완고한 고집쟁이들이나 거드름 피우는 명사들을 향해 선생님께서 멋지게 한 방 날릴 것을 생각하면 즐겁습니다.

30일에는 집으로 돌아갑니다. 지난주에는 그리 썩 좋지 않았지만 요며칠 동안은 거의 완벽하게 건강을 되찾았습니다. 걸리 박사는 나를 완전히 치료할 수 있을 것 같습니다. 그러려면 앞으로 몇 달은 치료를 계속 받아야 한다는군요. 평소대로 모든 것을 되찾는 것이 아주 기쁘긴 하지만 치료는 정말 지루합니다. 말을 한 필 샀답니다. 좀 타보려고요. 몸이 완전히 좋아지면 버밍엄[2]에 갈 것 같습니다. 물론 못 갈 수도 있지만, 그래도 건강을 되찾기 위해서 최선을 다하기로 마음먹었습니다.

모든 사람들이 아메리카에 대해서 관심이 있기 때문에 분명히 선생님의 책은 불티나게 팔릴 것입니다. 모두가 선생님 책에 만족을 할 거예요.

선생님의 진실한 친구 다윈.

찰스 라이엘에게 보내는 편지 1849년 9월 2일

켄트 주 다운, 판보로

일요일

라이엘 선생님께

저희는 항상 잘 지내고 있습니다. 엠마가 사모님께 안부를 전해 달라는군요. 엠마도 용기를 내서 저와 버밍엄에 가기로 했습니다. 사모님이 그곳에 있다는 게 엠마에게도 반가운 일이지요. 두 아이가 오랫동안 미열이 났어요. 저도 꾸준하게 물 치료를 받고는 있지만 기력을 회복하거나 건강을 되찾는 속도가 아주 느린 것 같습니다. 식사 규칙을 모두 어기고 쉐브닝(Chevening)에서 머혼 경과 식사를 했습니다. 영광스럽게도 저를 찾아 오셨지요. 저에 대해서 어떻게 알았는지는 모르겠습니다. 머혼 경의 부인은 굉장히 아름답더군요. 그렇게 아름다운 사람이 존경한다는 말을 하는데 누군들 그 기분 좋은 칭찬을 듣고 우쭐해지지 않겠습니까. 스탠호프 경이 진심으로 동물학과 지질학을 경멸한다고 해도 저는 그 분을 좋아합니다. "전지전능한 조물주가 세상을 만들고 실패작이란 걸 알았다면, 지질학자들이 말하는 것처럼 깨뜨리고 다시 만들고, 또 부수고 다시 만드는 일 따위야 얼마나 시시한 일이었겠나." 조류나 조개 그리고 그 밖의 종에 관한 설명들도 한마디로 '시시한 것'이라는 말이지요. 하지만 어쨌든 아직도 난 스탠호프 경이 머혼 경보다 좋답니다.

버밍엄에서 만나 뵐 생각을 하니 정말 행복합니다. 제 건강이 허락하기만 한다면 틀림없이 갈 것입니다. 요즘 저는 매일 두 시간 반 정도 만각 아강(亞綱)에 대해서 연구를 하고 있습니다. 소득은 있지만 아주 느리지요. 그것들을 설명하느라 어떤 때는 일주일 내내 달라붙어 있기도 한답니다. 아마도 두 가지 종은 스탠호프 경의 말마따나 '시시한 것'이 될지도 모른다는 생각은 하고 있어요. 그리고 며칠 전에는 특이하게도 양성을 가진 만각 아강이 아닌 단성인 것을 찾았습니다. 이것의 암컷은 평범한 만각 아강의 특징을 그대로 가지고 있는데, 껍데기에 작은 주머니처럼 생긴 두 개의 판막이 있었어요. 그리고 각각의 주머니에는 작은 수컷이 들어 있었지요. 이렇게 늘 두 마리의 수컷을 가지고 있는 암컷을 다른 데서는 본 적이 없습니다. 몇 가지 종에서는 일반적인 일이지만 이들이 이상한 것은 양성 생물인데도 불구하고, 작은 차이가 있다는 건데, 이것을 보완웅성(Complemental males)이라고 해야 할 것 같아요.[3] 양성 생물의 표본 가운데 하나는 일곱 개 정도의 보완웅성을 가지고 있습니다. 실로 자연의 신기함과 웅대함은 끝이 없지 않습니까! 하지만 지질학만큼이나 만각 아강에 대해서도 제가 너무 부족한 것 같습니다. 가능성을 생각하며 신음만 하고 있지요. 암흑 속에 묻혀있던 곳에 지질학의 서광을 비춘 것을 떠올려 보면 이제 다시는 새로운 분야를 개척하는 황홀한 기쁨은 맛보지 못할 것 같아요. 그래서 만각 아강 연구에 더욱 박차를 가해야 한답니다.

선생님의 진실한 친구 다윈.

J. D. 후커에게 보내는 편지 1849년 10월 12일

켄트 주 다운, 판보로

1849년 10월 12일

후커에게

자네의 편지를 받고 정말 기뻤다네. 진심으로 말하지만, 몇 장 되지도 않는 나의 지루한 편지에 대한 자네의 칭찬은 오히려 나를 더 부끄럽게 만들었다네. 내가 비록 게으르고 이기적이어서 자네에게 더 자주 편지를 쓰지 못했지만, 자네가 관심을 둘 만한 소식이 없는지 귀는 항상 열어 두었다네. 그리고 자네를 잊은 적도 없고 말이야. 자네 편지를 받고 이틀 후에, 〈원예연보Gardener's Chron〉에서 자네에 관한 중요한 기록을 봤다네. 자네가 우아한 심홍색의 장미와 30개의 진달래 속의 식물을 발견했다고 쓰여 있더군. 드디어 세간의 관심을 받게 되었어. 진심으로 축하하네. 그리고 자네가 가장 흥미로운 식물학적 관찰을 할 것이라는 데 추호의 의심도 없다네. 요전의 편지는 자네가 보낸 다른 편지들과 안전하게 잘 보관하겠네.

협곡에서 보이는 단구(段丘)에 대해서 상세하게 설명을 해 주어서 무척 고맙네. 마치 칠레의 코르디예라에 있는 단구와 비슷한 것처럼 설명을 한 것 같은데, 코르디예라의 각 협곡은 그와는 약간 다르네. 남아메리카의 지질학에 관한 내 책에서 코르디예라 단구에 관한 설명을 읽어 보길 바라네.

물 치료에 대해 물었는데, 아주 잘 받고 있고 매달 조금씩 좋아지고 있는 것 같아. 밤보다 낮 동안 호전되는 속도가 더 빠른 것 같네. 관수기를 만들어서 겨우내 서리가 내리든 안 내리든 그 안에 들어갔다 나온다네. 일주일에 다섯 번 정도 이런 치료를 해. 5분 동안 물을 받아 둔 욕조에 들어가 있다가 관수기에 5분 들어가고. 물에 적신 시트를 둘둘 감고 있기도 하고 말이야. 이렇게 하면 기운을 돋우는 데 최고야. 이전의 어느 때보다 이번 달은 하루하루 좋아지고 있는 것 같군. 구토 증세도 완전히 치료가 된 것 같아. 이제는 하루에 두 시간 반 정도는 일을 할 수 있다네. 냉수 치료법 덕분에 그나마 가능한 거지. 그리고 하루 세 번 산책도 하는데 그건 몹시 힘들어. 오죽하면 저녁 8시만 되면 치쳐서 곯아떨어진다네. 몸무게도 조금씩 늘어가고 식사량도 많이 늘어서 이제는 음식 때문에 골치 아플 일은 없다네. 그리고 이제 무심결에 일어나는 근육 경련도 없고, 현기증이나 눈앞에 보이던 검은 반점도 사라진 것 같아. 걸리 박사는 6개월 내지 9개월 정도면 나를 완전히 치료할 수 있을 거라더군.

물 치료 중에서 가장 못마땅한 것은 책을 읽지 못한다는 점일세. 하루에 두 시간 반 정도는 만각류에 관한 연구를 해야 하는데, 머릿속에 생각이란 걸 할 수 있으려면 뭔가 읽어야겠기에 겨우 신문만 읽는다네. 이러다가 과학책들이 다 어렵게 느껴질 것 같아.

최근에는 단순히 종에 관해서 설명하는 작업을 했다네. 궁금증이 클수록 관심도 더 가는데 생각보다 어렵더군. 고백하지만 연구하는 일도 무척 힘겹다네. 그래서 다양한 변종들을 서로 섞이 놓기나 하면 딩연한 차이를 알아내는 데도 때때로 일주일이나 2주 정도를 쩔쩔매고 있다네. 해부를 하면서, 한 번도 내 자신이 무슨 대단한 탐구적 기질이 있다고 느낀 적은 없다네. 거듭 말하지만 우선순위에 따라 이름을 정하는 일은 정말 끔찍하다네. 종 두 가지의 이름을 막 지었고, 아직 일곱 개의 속과 스물네 개의 특별한 이름들을 지어야 한다네! 내가 위안을 삼는 바는, 이 일이 언젠가는 해야 할 일이고, 그렇다면 다른 사람보다는 내가 하는 것이 좋겠다는 거지. 나나 우리 모두를 뒤흔들 일에서는 이제 그만 손을 놓을 거네. 내 논문이 너무 길어서 보낼 수는 없을 것 같아. 그래도 자네가 꼭 봐야 하는데, 읽고 싶으면 돌아와서 읽게나. 자네가 편지에서 만각류보다는 종들에 관해 더욱 관심이 있다고 했는데, 자네에겐 미안하지만, 종들에 관한 연구에 비해 만각류 연구가 시시하다고 한 자네의 단언이 오히려 내가 종에 관한 논문을 미루고 만각류 연구를 계속해야겠다는 결정에 지대한 영향을 미쳤다네.

엠마도 자네가 상냥한 사람으로 기억해 주기를 바란다네. 그리고 1월에는 우리의 일곱째 아이가 태어날 거네. 실로 경외할 만한 숫자 아닌가? 여섯 아이 모두 건강하게 잘 지낸다네.

잘 지내게. 자네에게 늘 축복이 있기를.

찰스 다윈.

[1849년 초, 다윈은 만각류 연구에 도움을 요청하기 위해 제임스 드와이트 데이나와 서신을 왕래하기 시작했다.]

제임스 드와이트 데이나에게 보내는 편지 1849년 12월 5일

켄트 주 다운, 판보로

12월 5일

존경하는 데이나 씨께

지난 몇 년 동안 상황이 몹시 좋지 않아서 이제야 산호초에 관해 선생이 쓰신 우수한 논평을 읽어 보게 되었습니다. 그리고 저에 관해 분에 넘치는 찬사를 보내 주신 데 대해 깊이 감사드립니다. 선생께서 쓰신 지질학 도해서[4]를 오늘 받아보았습니다. 이것은 제게 후히 베풀어 주시는 선물이라고 생각합니다. 아직 침강에 관한 부분까지는 읽지 못했지만 그 부분에서는 선생과 저의 의견이 상충될 것이라고 생각합니다. 하지만 해석을 내리는 부분에서만큼은 거의 일치하는 것 같아서 기대 이상으로 흡족하답니다. 이제 침강이론을 분명히 해야 할 때인 것 같습니다.

화산 지질학에 관해서 쓰신 부분을 절반 정도 읽었습니다(어젯밤에 저는 마치 선생과 함께 타히티의 정상에 오른 기분이었습니다. 그 글을 읽으면서 제 짧은 탐사 여행 동안 본 것들이 너무 선명하게 떠올랐습니다). 매우 흥미로웠습니다. 샌드위치(Sandwich) 제도의 분화구를 관찰한 부분은 매우 인상적이었습니다. 가장 중요하고 모든 것의 원인이 되는 부분이라서 오랫동안 놓지 못하고 읽었습니다. 지금도 선생의 책을 읽고 있는데, 그곳에서 먼 곳인 갈라파고스에서도 폭발 때문에 심각한 균열이 발생한 경우를 봤습니다. 샌드위치 제도와 갈라파고스 제도 사이에는 유사점이 많은 것 같습니다(심지어 둑처럼 생긴 언덕도 말입니다). 용암의 유동성, 화산 분출물이 없다는 점, 거대한 균열 등이 그렇습니다. 선생께서 이곳저곳에서 언급하신 침식 작용에 관한 부분은 아주 흥미로웠습니다. 특히 물의 흐름 때문에 침식이 일어난다는 견해는 저도 그렇게 생각해 오던 바지만, 선생께서는 더 강력히 주장하시는 것 같습니다. 지난번 편지에서 친절하게 설명해 주신 것을 읽었는데, 오스트레일리아의 협곡에 관한 부분이 매우 독창적이고 새로운 견해라서 놀랍기는 했으나, 저로서는 이해가 되지 않았습니다. 어떻게 그토록 광활한 만이 수평으로 움푹 패게 되었는지 그리고 어떻게 물의 흐름으로 인해서 측면이 급경사를 이루었는지 납득이 잘 되지 않더군요. 계속해서 선생의 뛰어난 저서를 읽어 봐야겠습니다.

제가 가진 나쁜 성격 중의 하나는 온후한 분을 만나게 되면 늘 부탁을 드리게 되는 것입니다. 그래서 몇 가지 부탁을 드리고자 하는데 선생께서 부탁을 들어주신다면 매우 기쁘겠지만 혹시 안 되더라도 괘념치는 마시길 바랍니다. 미국에서 투구게(kings crab)라고 부르는 돌기가 있는 코로눌라 덴티큘라타(*Coronula denticulata*) 표본을 찾고 있습니다. 특히 스칼펠룸(Scalpellum) 속의 표본이면 더욱 좋습니다(물론 어떤 표본이든 돌려드리겠습니다. 잠시 빌려 주시면 종류별 표본 중에서 한 개씩만 조사해 볼 것입니다). 선생께서 계시는 남극 바다는 남쪽으로 얼마나 먼 곳일지, 혹시 아나티파(Anatifa, 만각류의 한 속—옮긴이)를 본 적이 있으신지요? 로스 경의 수집물 중에는 아나티파가 없었습니다. 그곳에는 아나티파가 서식할 만한 곳이 없습니다. 북쪽에서 발견되는 것과는 차이가 있기 때문에 오스트랄리스(australis)라고 명명했습니다.

혹시 석회질의 바위나 조개껍데기에 구멍을 뚫고 들어가 서식하는 갑각류에 대해서 아시는지요? 그리고 갑각류 중에서 난관이 열려 있고, 난관 부근이나 난관에 촉수가 달려 있는 것을 알고 계시나요? 필로소마(Phyllosoma) 유생의 난소가 어디에 있는지 발견하셨나요? 그리고 융기한 산호섬에서 채집한 식물 목록이 출판되었는지 알려 주십시오. 목록을 구해 주시면 좋겠습니다. 이렇게 많은 질문을 드려서 죄송합니다. 부디 제게 위에서 부탁드린 사항(제가 궁금해하는 점들)에 대해 알려 주시면 위에 언급한 표본들을 이해하는 데 도움이 될 것입니다.

저에게 보여 주신 호의에 진심으로 감사드립니다. 그것으로도 충분히 만족합니다.

찰스 다윈.

1850년

후커와 그의 여행 동료인 앤드류 캠벨(Andrew Campbell)은 시킴(Sikkim, 인도의 주—옮긴이)에 정부 관료로 파견되었으나 1849년 11월 시킴 주 장관에게 지시를 받은 원주민 여자에게 포로로 잡혔다. 이들은 그 해 12월 영국 정부의 도움으로 풀려났다.

J. D. 후커에게 보내는 편지 1850년 2월 3일

켄트 주 다운, 판보로

2월 3일

이 편지가 인도에 도착하기 전에 자네가 풀려날 것이라 믿네. 무심결에 신문을 읽다가 자네가 감금되었다는 발표를 읽고는 순간 얼마나 놀랐는지. 처음에는 자네의 안전이 너무 염려되어서 헨슬로 교수님께 편지를 썼다네. 그리고 친절하신 자네의 부친께서 모든 자세한 정황을 내게 알려 주셨네. 생각보다 상황이 나쁘지 않은 것 같아서 다행이네. 사실 자네가 수집을 계속할 수 있다면 오히려 좋은 일이 될 수도 있지 않을까 하네. 다시 말해서 전화위복이 되길 바란다는 걸세. 윌리엄 경이나 자네의 모친께서는 자네에게 돌아오라고 하시겠지만, 나는 자네가 식물학적인 수확을 충분하게 거둬야 한다고 보네. 그리고 사실 나에 대해서는 별로 전할 소식이 없다네. 이제껏 내 과학적인 연구 대상들과 이렇게 오래 떨어져 본 적은 없었던 것 같아. 물 치료를 중단한다고 해결될 것 같지는 않네. 최근에 내 건강은 별 변화가 없다네. 처음에 기대했던 것보다는 훨씬 더 많이 좋아졌지만 물 치료에서 더 이상 효과를 기대하긴 어려울 것 같아서 걱정이 된다네. 물 치료 중에 그나마 나은 것은 40도 이하의 물 속에 5분간 들어가 있는 거라네. 왕립협회 자문위원회에 들어갔는데 말하기 부끄럽지만 한 번도 참석을 하지 못했다네.

요즘은 만각 아강의 화석에 대해 연구하느라 꽤 오랜 시간을 보내고 있는데, 사실 몇 배는 더 시간을 들여야 하는 일이라네. 모든 종족들을 혼동하기도 하고 모조리 없애버리기도 하고 말이야. 도무지 끝이 보이질 않네.

엠마도 자네에게 안부를 전해 달라는군. 최근에 우리의 넷째 사내아이이자 일곱째[1] 아기가 태어났다네. 우리가 부양해야 할 소중하고 엄청난 숫자의 아기들이지. 의사가 도착하기 전에 대담하게도 내 손으로 엠마에게 클로로포름 처치를 했는데 정말 성공적이었다네.

잘 지내게. 지루한 편지라서 미안하네. 자네의 친구가 건네는 기원을 모두 기쁘게 받길 바라네.

찰스 다윈.

W. D. 폭스에게 보내는 편지 1850년 9월 4일

켄트 주 다운, 판보로

9월 4일

폭스 형에게

암컷과 그들의 유전성에 관한 궁금증을 모두 해결해 준 형의 편지는 내게 아주 큰 기쁨을 주었어. 인종 구별에 관해서 제기된 문제들이 종에 관한 학설을 주장해 오던 아가시의 미국 강연을 반영한 것인지는 모르겠으나, 감히 말하건대, 이는 남부의 노예 소유주들 비위나 맞추자는 소리인 것 같아.

형이 말한 금언, "모든 질병에는 그에 맞는 치료법이 있다."는 것은 심오한 진실이라고 생각해. 그 말이 이 불가사의한 물 치료에 적용이 될지는 모르겠어. 하지만 물 치료는 여전히 마음에 들고, 규칙적으로 관수기 치료나 그 밖의 치료들을 잘 받고 있어. 지난 아홉 달 동안과 특별히 달라진 것은 없어. 지난 겨울에 죽을 고비를 넘겼던 것에 비해 아주 확연히 좋아지지도 않았어. 내 위가 하루 이틀을 멀다 하고 아프지만 2년 전의 내 상황과 비교해서 지금의 상황은 말할 수 없이 좋아진 것이야.

나의 아내 엠마와 아이들은 모두 건강하게 잘 지내. 아이들이 이제 일곱으로 늘었지. 이미 내게 당혹스러움을 가르쳐 준 사내아이를 넷이나 키우고 있어. 가장 큰 녀석은 유전적인 기질을 보여 주고 있어. 인시목(鱗翅目, Lepidoptera, 나방이나 나비를 포함하는 곤충목—옮긴이)을 채집하는 데 열을 올리고 있거든. 이제 벌써 학교에 갈 나이가 다 되었는데, 내 아이들이 학교에서 일고여덟 해 동안 그 끔찍한 라틴어 운문을 배우는 데 시간을 허비할 생각을 하면 참을 수가 없어. 토트넘 근처의 브루스 캐슬(Bruce Castle) 학교가 좋다는 이야기를 들었는데 그곳에서는 부분적으로 펠렌베르크(Fellenberg) 방식을 채택하고 있는데, 우편국 로울랜드 힐의 형제가 운영한대. 그래서 금요일에 아이들과 함께 가서 알아보려고 해. 평범한 과정을 따르지 않는 것은 위험천만한 시도인 것 같아서 두려워. 하기야 그 과정이라는 것이 나쁠 수도 있지만 말이야. 박식한 형이 뭔가 해 줄 말은 없는지, 이 학교에 대해서 뭔가 들은 이야기라도 있으면 말해 줘.

형이 말한 동종요법이란 것 말일세, 투시안으로 치료한다는 것보다 더 화가 치밀더군. 그 투시안이라는 것이 믿고 안 믿고의 문제이고, 평범한 인간의 능력 밖의 일이라 의심이 가지만, 동종요법 역시 평범한 상식과 지각을 가지고 행하는 것이라도 효과가 얼마나 있는지는 개들에게나 실험해 봐야 하지 않겠어? 일전에 케틀레가 치료의 증거에 관해서 언급한 사실이 얼마나 믿을 만한지 모르지만, 아무런 치료행위를 하지 않을 때 나타나는 결과가 어떤 것인지 아는 사람은 없지. 그런 기준이 있어야 동종요법 나부랭이와 비교를 해 볼 텐데 말이지. 이건 안타깝게도 논리의 결함이야. 하지만 나로서는 걸리 박사를 믿지 않을 수가 없어. 그는 뭐든지 믿지만 말이야. 박사의 딸이 아팠을 때, 박사는 투시안을 가졌다는 소녀를 데려다 딸의 몸속에서 일어나는 변화를 말하라고 했어. 또 최면술사를 불러서 딸을 재우기도 했지. 동종요법 치료사인 채프먼 박사며, 게다가 걸리 자신은 물 치료사였거든! 어쨌거나 박사의 딸은 회복이 되었어.

이곳에서 조만간 형을 다시 만나게 되길 바라.

형 친구 찰스 다윈.

W. D. 폭스에게 보내는 편지 1850년 10월 10일

켄트 주 다운, 판보로

10월 10일

폭스 형에게

형의 팔팔한 편지는 무척 고맙게 읽었어. 돌아가신 아버님께서는 흥미진진한 편지를 두고 팔팔하다고 하시곤 했지. 브루스 캐슬에 대한 이야기가 있어서 더욱 반갑더군. 우리는 아직도 럭비 공립학교(Rugby public school)와 부르스 캐슬 사이에서 결정을 못 내리고 있었어. 연구와 상관없는 정보들을 모아서 도움을 줄 만한 사람은 형뿐이야.

이것저것 따지는 것도 쉬운 일은 아니더군. 전체적인 면에서는 아주 마음에 들어. 중요한 과목에 대해서 시험을 치르는 것은 아무래도 염려스럽지만 방식이 새로운 것 같더군. 부르스 캐슬에서는 학생들이 읽고 쓰고 철자를 익히고 수를 헤아릴 때까지는 라틴어를 가르치지 않아. 그리고 학생에 대한 처벌도 별로 없고 말이야. 근신 중일 때 가산점을 주지 않는 정도야. 우리가 어떤 결정을 내릴지 모르겠지만 더 이상 미룰 수가 없어. 올 크리스마스에는 윌리가 열한 살이 되지. 분별이 있고 조심성은 있지만 아직 또래의 아이들보다 내성적이야. 지금 생각으로는 브루스 캐슬에 보내야 할 것 같아. 형만의 교육 방식도 아주 근사한 것 같은데, 왜 형은 내가 형의 교육 방식을 들으면 비웃을 거라고 생각했는지 도무지 모르겠어. 가장 큰 장점은 다양성을 인정하는 것이라고 생각하거든. 브루스 캐슬의 장점 중에 하나가 바로 다양성의 인정인 것 같더군. 한 과목 수업이 한 시간을 초과하지 않고, 학생들이 과제를 일찍 마치면 수업시간이 끝나기 전이라도 밖으로 나올 수 있어.

형도 승마를 가르쳤다고 했지. 우리도 윌리에게 승마를 가르친 적이 있었는데, 등자도 없이 시작을 했지 뭐야. 결국 윌리는 아주 심하게 두 번 떨어졌는데, 한 번은 완전히 심각했어. 그래서 등자를 주어야 하는지 생각 중이야. 등자 없이도 말을 잘 탔는데, 등자를 주면 다시 처음부터 다시 시작해야 하는 건 아닐까 해서 고민 중이야. 조언을 좀 해 줘. 부탁이야.

형의 진정한 친구 찰스 다윈.

형은 아이들을 모두 집에서 가르칠 생각이야? 윌리를 지금 가르치고 있는 일류 가정교사는 라틴어 문법만 가르치는데 매년 150파운드나 받아간대! 브루스 캐슬은 부가 비용까지 모두 해서 80파운드래.

[다윈은 결국 윌리엄을 럭비 공립학교로 보내기로 결정했다. 윌리엄은 1852년 2월 초에 입학을 했다. 같은 해 3월 7일, 폭스에게 보내는 편지에서 다윈은 '낡고 틀에 박힌 전통적인 교육'의 틀을 깰 용기가 없었음을 고백했다.]

심스 코빙턴에게 보내는 편지 1850년 11월 23일

켄트 주 다운, 판보로

1850년 11월 23일

코빙턴에게

자네가 3월 12일에 쓴 편지는 8월 25일에 받았네. 하지만 자네가 말한 상자는 어제서야 도착했다네. 그 상자를 가져온 선장은 운임을 받지도 않았고 아주 안전하게 가져다 주었다네. 그렇게 많은 표본을 수집하느라 자네가 얼마나 애썼을지, 진심으로 고맙네. 한 장소에서만 많이 수집한 것이 아니라 서로 다른 장소에서 수집한 표본들이 꽤 많았네. 그중 한 가지는 무척 신기하더군. 현재 대영박물관에 현생하는 속의 표본이 있는데 그것의 새로운 종이라네. 세상에 자네만큼 수천 마일 떨어져 있지만 바로 옆에 있는 것처럼 친구를 위해 어려움을 마다 않는 사람은 없을 걸세. 상자에는 최소한 일곱 종류의 표본이 있었네. 이걸 수집하느라 시간이며 노력이 얼마나 들었겠는가. 다시 한 번 자네에게 깊이 감사하네. 자네가 동봉해 준 두 장의 손때 묻은 서류를 보고 놀랐다네. 위컴 선장과 매클레이 씨의 이름, 그리고 다른 사람들의 소식이 있더군. 자네 편지 덕분에 행복하고, 자네의 소식을 듣는 것 또한 진심으로 기쁘다네. 지금 살고 있는 나라에서 자네는 커다란 장점을 엄청나게 가지고 있다고 생각하네. 자네의 아이들도 부지런하기만 하면 잘 살아갈 수 있을 거야. 비록 내가 남부러울 것 없이 살고 있네만, 미래에 대해 생각을 할 때면 영국의 식민지 국가에 나가서 정착을 하고 싶다는 생각이 강하게 든다네. 지금 벌써 아들이 넷(모두 일곱이라네, 그리고 앞으로 더 늘 걸세)인데, 이 아이들을 어떻게 길러야 할지 잘 모르겠네. 이곳에서는 무슨 직업을 갖든지 젊은 남자라면 몇 년 동안 형편없는 급여를 받으면서 노예처럼 일해야 한다네. 많은 사람들이 캘리포니아 금광의 절반 정도는 바닥이 날 거라고 생각을 하고 있다네. 이들은 모두 금이나 자본을 상당히 모아두고 살지. 만약 그런 일이 일어나면 난 이민을 가야 할 걸세. 자본을 가진 신사에 대해 자네가 어떻게 생각하는지를 편지로 써서 보낼 때쯤이면 뉴사우스웨일스에 있을지도 모르겠군. 사내들이 점점 더 살기 어려워질 거라는 소리들이 많다네. 참, 내 건강은 좋아지지도 나빠지지도 않고 그만그만하다네. 더 이상 건강해질 거라는 기대는 이미 접었다네. 난 거의 은둔자처럼 살고 있다네, 그저 자연사에 내 모든 시간을 바치고 있지. 훌륭한 부인과 아이들이 있어 행복하다네. 자네가 특별히 골라서 전해 주는 소식들은 늘 흥미롭다네. 자네는 어떤 방법으로 돈을 모으고 있나? 안전하게 투자를 하나? 식료품 값은 어떤가? 내 생각엔 영국과 거의 비슷할 것 같군. 땅은 얼마나 가지고 있나? 이탈리아나 터키에 철도가 놓이기 전에 자네가 사는 나라에 철도가 생겼으면 좋겠군. 영국인들은 분명히 뛰어난 종족일세. 영국이 잘한 일 중에 하나는 오스트레일리아나 뉴질랜드를 확실하게 손아귀에 쥐고 있다는 것이지.

다시 한 번, 자네가 수집해 준 소중한 만각류 표본에 대해 감사하네. 잘 지내게 코빙턴.

자네의 친구 찰스 다윈.

1851년

다윈의 허약한 큰딸 앤 엘리자베스는 맬번에서 치료를 받고 있었다. 엘리자베스의 상태가 악화되자 다윈은 딸의 병상을 지키기 위해 맬번으로 왔다. 출산을 바로 앞둔 엠마는 다운에 남았다.

엠마 다윈에게 보내는 편지 1851년 4월 17일

맬번

4시

사랑하는 엠마

우리 애니는 다소 좋아진 것 같소. 아직은 걸리 박사를 만나지 못했소. 많이 아파 보이지만 안색도 좋고 확실하게 나를 알아본다오. 포도주도 약간 마시고, 수프도 몇 숟가락 들었소. 그리고 장뇌와 암모니아 하제도 쓰고 있다오. 걸리 박사는 희망이 있다고 믿고 있소. 다행히 애니는 괴로워하지 않았소. 하루 종일 선잠을 자는 것 같소. 어쨌든 7시 전에 걸리 박사를 만나면 또 편지를 쓰겠소. 다른 아이들보다 당신이 더 염려스럽소. 제발 부탁하는데 이곳에 올 생각은 하지 말아요.

당신의 사랑 찰스 다윈.

분명히 희망이 있을 거요. 어제는 조금 더 좋아진 것 같았소. 오늘도 조금 더 좋아질거요.

엠마 다윈에게 보내는 편지 1851년 4월 20일

맬번

일요일

사랑하는 엠마

어제는 지난번에 썼던 두 번째 편지를 부칠 새도 없었소. 당신에게 매일 매시간이 어떻게 지나고 있는지 알려 주는 것이 좋을 것 같구려. 그렇게 하는 것이 내 마음도 편하다오. 당신에게 편지를 쓰면서 조용히 눈물을 흘릴 수도 있으니 말이오. 어젯밤에 애니가 구토를 했다는 걸 말했는지 모르겠구려. 두 번째는 아주 조금 토했다오. 두 번째 투약은 그다지 효과가 없었소. 고통을 완화시키지도 못한 것 같았소. 그래서 분비액을 모두 빼기 위해서 외과 치료를 했는데 조금 효과가 있는 듯했다오. 아픈 치료는 아니었는데 옷을 모두 벗겨서 놀라는 바람에 몸을 뒤채더군. 그러더니 곧 나아졌다오. 밤새 조용히 잘 잤소. 한 10분 정도 약간 흥분해서 안절부절못하긴 했지만 말이오. 11시 30분에 걸리 박사가 와서 보더니 더 나빠지진 않았다더군. 하지만 오늘 저녁엔 죽을 거의 먹지 못했소. 그래서 기진맥진해진 것 같소. 브로디가 얼굴을 해면으로 닦아 주니까 손도 닦아 달라고 하면서 고마워하더군. 브로디 목을 손으로 감싸면서 볼에 입을 맞춰 주었다오. 가여운 내 딸.

오늘 아침엔 조금 토했다오. 고통은 별로 없었던 것 같소. 약은 꼬박꼬박 먹고 있어요. 가끔 애니가 아프다고 하면 걸리 박사가 당장 와 주기만을 기다린다오. 어젯밤에 걸리 박사는 이런 말을 하더군요. "마땅한 이유도 없이 직관적으로 말씀드리면 저를 믿지 못하시겠지만, 애니는 분명히 회복할 겁니다." 패니는 고맙게도 2시까지 자리를 지켜 주었소. 그녀는 아주 인정이 많은 데다 격려를 아끼지 않는다오. 도를리 양도 도와주어서 밤새 편안했다오.

오전 8시에 걸리 박사는 다시 한 번 회복의 가능성을 이야기하더군. 증세가 악화되지는 않았지만 그렇다고 좋아진 것도 아니었소. 음식에 대해서는 생각보다 신경을 쓰지 않았소. 2주 정도만 잘 버틸 수 있다면 희망이 있다는 거요. 당신의 흐느낌이 이곳까지 전해져 오는 것 같소. 가여운 엠마. 애니와 있는 동안은 잠시도 앉아 있을 수가 없소. 안절부절못한다오.

오전 10시. 또다시 슬픈 말을 해야 하오. 애니가 다시 토했소. 더 많이. 코츠 씨가 다시 애니의 분비물을 더 많이 빼냈는데, 그의 말이 이건 좋아지는 증세라는 거요. 어젯밤에는 애니를 보고 '아주 심각한 상태'라고 해서 마음이 편하지 않았는데 오늘 아침에는 자기 기대보다 더 잘 견디고 있다면서, 아무 것도 묻지 않았는데 "앤은 분명히 회복될 겁니다."라고 말했소. 당신이 이 기쁜 소식을 들어야 하는데. 코츠 씨는 (아버지가 말씀하시는 것처럼 그의 말에는 신뢰가 간다오) 같은 주기로 열이 나는 건 매우 치명적이기도 하고 아주 안 좋은 경우지만 그렇다고 그것 때문에 죽지는 않는다고 했소. 맬번보다 열악한 지역에서 더 심한 경우를 예닐곱 건 정도 겪었지만 죽은 사람은 아무도 없다고 하더군.

오늘은 애니의 감각 반응이 아주 좋아진 것 같소. 머리에는 아무 이상이 없는 것처럼 보였다오. 안타깝게도 내가 방에서 나가고 없을 때 아빠를 찾았다고 하오. 그러면서 "아빠 없어요?" 하고 물었다는구려. 브로디가 보기에 애니는 그 어느 때보다 밝은 목소리였다는 거요. 애니는 코츠 씨가 무엇을 하려는지도 알고 있었소. 코츠 씨의 환자 중에 고열성 질환을 앓고 있는 환자들 몇 명은 방광이 기능을 못했다고 하더군. 화요일이면 2주가 되는데 더 이상은 희망을 가져서는 안 될 것 같소. 하루에도 몇 번씩 희망과 절망 사이를 오락가락하는 건 정말 힘들다오. 매 순간 어쩔 수 없이 쾌활한 척을 하지만 그러고 나면 다시 가라앉게 되는구려.

12시. 또다시 토했소. 너무 지쳐서 아프다고 하더군. 그래도 굉장히 분별이 있는 아이라오. 내가 안아서 옮기려고 하니까 "그러지 않으셔도 돼요."하고, 동작을 멈추니까 "고마워요."라고 했다오.

2시. 또 토했는데 걸리 박사가 방금 다녀가면서 하는 말이 애니에게서 나타나는 부가적인 증세는 호전되고 있고 나빠지지 않을 거라고 하더군요. 겨자 습포제를 배에 붙였더니 굉장히 욱신거리는 것 같았소. 생각보다 훨씬 더 잘 견디고 있다오.

3시. 애니의 몸이 아주 싸늘해져서 잠시라도 잠을 자게 하려고 브랜디를 약간 마시게 했소. 어찌나 잘 참고 고마워하는지 정말 가슴이 저민다오. 물을 좀 주니까 "아빠, 정말 고마워요."하고 말하더군요. 가여운 어린 것. 걸리 박사는 7시에 다시 올 거라오.

4시 30분. 냉기는 조금 가셨어요. 아파하지도 않고 잠이 들었소.

시간이 나는 대로 또 편지 쓰리다.

찰스 다윈.

엠마 다윈에게 보내는 편지 1851년 4월 23일

맬번

수요일

사랑하는 엠마

패니의 전갈을 받고 마음의 준비를 했기를 바라오.

오늘 12시에 애니는 아주 평화롭고 기분 좋게 마지막 잠에 들었다오. 우리의 사랑스럽고 가여운 아기는 아주 짧은 삶을 마쳤지만 분명히 행복했을 거요. 어쩌면 신만이 애니에게 닥쳤던 고통을 알고 계실 거요. 후회 없이 생을 마친 거요. 꾸밈없고 애정 어린 애니의 모습을 떠올리면 매우 가슴이 아프다오. 사진으로나마 남아 있다는 것이 얼마나 고마운지. 장난치던 사랑스런 모습을 다시는 볼 수 없지만 말이오. 신의 은총이 앤에게 임하기를. 우리 서로에게 더욱 더 잘 합시다. 애니에게 얼마나 상냥하고 다정하게 대했는지 생각하며 잘 견뎌 주길 바라오. 지금 난 복통 때문에 누워 있다오. 언제 돌아갈지 아직은 모르오. 진심으로 당신을 사랑하고 안타까워하고 있다오.

찰스 다윈.

[다윈은 엠마의 건강을 염려해서 딸의 장례 절차를 친척들에게 맡기고 다운으로 돌아갔다. 1851년 5월 13일 호레이스 다윈이 태어났다. 그리고 다윈은 만각류 연구를 다시 시작한다.]

윌리엄에게 보내는 편지 1851년 10월 3일

다운

10월 3일 금요일

나의 맏아들 윌리

너에게 편지를 쓰려고 마음먹었다만, 할 말이 많지 않았단다. 지금도 그리 특별한 일 없이 잘 있단다. 엄마는 슈루즈베리로 가셨고 토요일에는 발라스톤(Barlastone)으로 가신단다. 아기가 건강하지 못해서 일주일 정도 더 그곳에 머무실 것 같구나. 조지는 예전에는 그러지 않더니 이제는 나가서 놀고 싶어서 엄청 실망한 것 같았다. 조지는 하루 종일 배나 군인 그리고 북 치는 사람을 그리면서 논단다. 누군가 얘기를 들어주기만 하면 늘 북 치는 사람 이야기만 하는구나.

우리가 아침이면 가끔 나누던 이야기들을 언제나 잊지 않기를 바란다. 인생에서 얻는 가장 큰 행복은 사랑받는 것이란다. 그러려면 너무 무뚝뚝하고 거친 태도보다는 늘 상냥하고 공손해야 한다. 너는 늘 상냥하지만 조금 더 호감을 준다면 더 좋겠구나. 그런 반듯한 사람이 되려면 네 주위에 있는 사람들, 친구나 하인이나 모두에게 친절하게 대해야 한단다. 사랑하는 아들아, 늘 심사숙고해서 많이 배우고 많이 관찰하길 바란다.

엄마의 사랑도 전하마.

너의 아버지 찰스 다윈.

1852~1854년

윌리엄 에라스무스 다윈에게 보내는 편지 1852년 2월 24일

다운

24일 화요일

사랑하는 아들 윌리

오랫동안 기뻐할 일이 없었던 차에 오늘 아침 럭비에서 좋은 성적을 거두었다는 멋진 소식이 담긴 너의 편지를 받고 아빠는 무척 즐거웠단다. 엄마와 아빠 모두 기쁘고 진심으로 축하한다. 나이 많은 학생들 틈에서 네가 잘해내고 있다는 거잖니. 너의 편지에는 우리가 듣고 싶었던 소식들이 모두 담겨 있더구나. 그렇게 쓰느라 힘들었을 텐데 아주 잘 썼더구나. 네가 행복하고 안락하게 지내고 있다는 말을 듣고 가족들 모두 즐거웠단다. 부디 우리의 아들답게 지내 주길 바란다. 그 무시무시하고도 긴장되고 소름 돋을 만큼 아찔한 장애물 경마를 네가 해내다니! 게다가 5등을 했다는 말에 아빤 정말 놀랐단다. 다음번에는 좀 더 자세히 얘기해주렴. 새로 온 나이 많은 학생 어니도 함께 달렸니? 누구랑 경주를 한 건지, 기숙사 학생들과 한 건지 같은 학년들끼리 경주를 한 건지 알려주렴.

다음 주 일요일에 편지를 쓸 때는 선생님이 누군지도 알려다오. 그리고 읽고 있는 책도 말이다. 지난 금요일까지의 일과가 모두 궁금하구나. 네가 많이 알려줄수록 우리도 기쁘단다. 우리 집 하인들도 모두 너의 안부를 궁금해한단다. 사라 이모네 집에서도 모두 궁금해하고 있어. 일전에 그 집에 가서 작고 귀여운 회색 조랑말 헨스를 봤단다. 그리고 별다른 일 없이 잘 지내고 있단다. 하루하루 무탈하게 말이다. 아침 산책을 할 때마다 너를 생각한단다. 조지는 매일 근위병을 그리면서 놀고 리지는 여전히 와들와들 떨면서 오만상을 찌푸리고 다닌단다. 레니는 여전히 통통하고. 4월 첫 주에는 너를 볼 수 있겠구나.

건강하게 잘 지내렴. 시작할 때의 마음으로 잘해 나가길 바란다. 가족 모두 너를 사랑한단다.

너의 아빠 찰스 다윈.

전에 조지가 읽기를 싫어하는 것 같다고 말했는데, 그건 "읽기가 싫은 게 아니라 돈이 좋아요."라고 말한 걸 가지고 읽기를 싫어한다고 생각했던 것 같다.

W. D. 폭스에게 보내는 편지 1852년 3월 7일

켄트 주 다운, 판보로

3월 7일

폭스 형에게

우리가 소식을 주고받은 지 한 세대는 지난 것 같군. 형 편지 잘 받았어. 벌써 몇 주나 소식 없이 지냈군. 편지를 써야겠다는 생각은 했지만 게을렀어. 형 아이가 열 명이 되었다는 것을 축하도 하지만 삼가 애도를 보내. 내가 열째 아이를 갖게 되거든 부디 애도를 해 주기 바라. 우리는 아이가 일곱이야. 아이 엄마나 아이들 모두 고맙게도 건강해. 아들이 다섯인데, 우리 아버지께서 늘 하시던 말씀이 아들 하나가 딸 셋 키우는 것만큼 어렵다는 거였어. 그러니 우리는 아이들 열일곱을 키우고 있는 셈이야.

아이들이 뭐 해먹고 살지를 생각하면 골치가 아다. 세상에 희망이라곤 없어 보이는데 말이야. 지금으로서는 한 가닥 희망도 보이질 않아. 이런 이야기를 난들 좋아서 하겠어?(나를 괴롭히는 세 가지 악몽이 뭔지 아나? 캘리포니아와 오스트레일리아의 금광에 쓸데없이 저당을 잡혀서 빈털터리가 되었다는 것과, 웨스터럼과 세븐오크스에 프랑스 철도가 들어서서 다운이 둘러싸이게 되었다는 것, 그리고 아이들의 밥벌이야). 그리고 아이들 교육을 어떻게 시키고 있냐고 물었으니 그에 관한 이야기를 좀 나눠야겠군. 멍청하고 진부하고 고식적인 교육을 나만큼 싫어하는 사람도 없겠지만, 내게도 인습의 속박을 부술만한 용기가 없어. 많이 주저했지만 결국 큰 녀석을 럭비에 보내고 말았어. 나이에 비해서 아주 잘 적응하고 있는 것 같아. 말이 난 김에, 혹시 형이 친구들 때문에라도 이런 일을 알아 둬야 할 것 같아서 말해주겠는데, 미첨(Mitcham)의 교구장으로 있는 와튼 씨는 정말 진학 전의 개인교사로 매우 훌륭한 사람이야. 작은 학교도 운영하고 있어. 형이 아이들을 집에서 가르치는 건 정말 존경할 만한 일이고 부러워. 대체 아이들과 무얼 하는지 궁금하군.

친절하고 거창하게 델라미어(Delamere)에 초대해 줘서 고마워. 그런데 갈 수 있을지 걱정이네. 아주 작은 동요에도 쉽게 탈이 나는 내 위 때문에 어디를 간다는 게 두려워. 이제는 런던으로 나가는 일도 드물어. 몸이 더 나빠져서는 아니고, 오히려 좋아진 것도 같아. 하루에 세 시간 정도 일을 하면서 편안하게 살고 있으니 말이야. 그것보다는 좀 조용히 지내고 싶어서 그래. 밤이면 더 불편해. 생기도 다 빠져나가는 것 같고. 물 치료에 대해 물었지? 2~3개월 간격으로 5~6주 정도 몇 가지 치료를 적당하게 받고 있어. 효과도 있는 것 같고 말이야.

미래가 아무리 장밋빛이라고 해도 아이들에게 둘러싸여 있는 지금보다 좋겠어? 내 병이 유전이 될까 걱정이야. 아픈 것보다 차라리 죽는 게 더 낫지.

형의 친구 찰스 다윈.

추신. 수전 누나는 최근까지 일을 했어. 아이들을 굴뚝에 올리지 말라는 법을 어기는 볼썽사나운 사람들을 상대하는 건 정말 대담한 일이라고 생각해. 슈루즈베리에서는 그렇게 법을 어기는 사람들을 처벌하기 위해 작은 모임을 만들었어. 수전 누나가 그 일을 한 거야. 굴뚝에 기어오르는 것을 금지하는 법을 위반하는 수치를 감수한다는 건 정말 대담한 일이라고 생각해. 셰프츠베리 경과 서덜랜드 박사로부터 친절한 답변을 받았지만, 슈롭셔의 천박한 지주들은 돌덩이를 움직이는 것보다 더 요지부동이었다는군. 런던 이외에는 대부분 그 법을 위반하고 있어. 도덕적인 병폐나 아이들 팔다리에 궤양 같은 끔찍한 질병이 생길 수 있다는 사실은 말할 필요도 없고, 일곱 살밖에 안 된 누군가의 아이가 굴뚝을 기어오르는 상상을 하면 몸서리가 쳐져. 이 문제에 관해서 단호하게 생각하는 바가 있다면 형의 소식과 더불어 들려줘. 그리고 또 하나는 행정관들을 좀 설득해 줘. 영국 어딘가에 이 문제에 관해서 흥분을 할 사람이 몇 명은 있지 않겠어.

[다윈은 『살아 있는 만각 아강(亞綱)』 제1쇄의 필사본을 데이나와 요하네스 피터 뮐러에게 보냈다.]

J. D. 데이나에게 보내는 편지 1852년 5월 8일

켄트 주 다운, 판보로

5월 8일

데이나 씨께

보내신 편지를 받고 선생께서 생각하시는 것 이상으로 기뻤습니다. 선생의 비망록이나 제게 보내 주신 편지를 읽으면서 자상함이 묻어나는 말들은 따로 적어 두었지요. 베를린의 뮐러에게서 제 책에 대한 관심을 적은 짧은 편지를 받았습니다만, 경의 말씀을 듣고 나니 이제 더욱 마음이 놓이고 더 성심껏 연구에 몰두할 수 있을 것 같습니다. 선생께서도 이런 분위기에 적잖이 놀라셨을 겁니다. 하지만 연구를 하는 사람이라면 적어도 모든 사람이 공감해 주기를 바란다고 생각합니다. 저는 조그만 마을에서 아주 조용히 살고 있습니다. 몇 달 동안 제 가족 이외 다른 사람은 만나지 못하는 일도 있답니다.

최근 저는 몇 권의 책을 읽고 있습니다. 지난 반 년간 실리맨의 저널(*American Journal of Science and Arts*를 말함—옮긴이)을 읽고 있는데 매우 흥미롭습니다. 그중에서도 실리맨이 동굴에서 찾은 베일에 가려진 한 시대의 동물상(Fauna)에 관한 기사가 가장 흥미롭습니다. 몇 년 동안 변종에 관한 자료들을 수집해 온 저로서는 여간 흥미로운 주제가 아닙니다. 대영박물관에 소장하기 위한 쥐를 한 마리 얻을 수 있을까요? 그러면 제 친구인 워터하우스에게 그 쥐의 이빨을 조사해 보거나 오래된 것인지 새로운 종류인지 확인해 보라고 하고 싶습니다. 자연학자들에게 은혜를 베풀 수 있으시다면 그 흥미로운 종의 표본을 바다 건너 이곳으로 보내 주십시오. 제게 보내 주시는 대로 워터하우스에게 바로 보내겠습니다. 선생께만 드리는 말씀이지만 사실 과학적으로 큰 의미는 없습니다. 하지만 일단 그레이 씨의 손에 들어가면 부탁해도 소용없을 것 같습니다. 그 쥐가 워낙 희귀해서요. 그 쥐의 시신경이 제거되었다는 언급은 없습니다만 그것도 궁금하긴 합니다.

다시 한 번 보내 주신 편지에 감사드립니다.

찰스 다윈.

존 히긴스에게 보내는 편지 1852년 6월 19일

켄트 주 다운, 판보로

6월 19일

히긴스 씨에게[1]

미세스 로바르츠 앤 컴퍼니(Mrss Robarts & Co.)의 제 통장에 183파운드 4실링 11페니가 들어왔는지 확인해 주시면 감사하겠습니다.

아무쪼록 잘 해결해 주신다면 무척 감사하겠습니다. 그리고 시간적인 여유가 있으시다면 임대 사업에 관한 전망에 대해서 어떻게 생각하시는지 알려 주시길 바랍니다. 다른 작물의 가격에 비해서 밀은 예전보다 가격도 많이 떨어지지 않은 것 같습니다. 그리고 농장 건물들도 아직은 낡지 않은 데다 목재도 마음대로 사용하고 사냥감도 보존되지 않았던데 그런 점을 감안하면 임대료를 15퍼센트 인하한 것은 좀 과하다고 생각합니다. 처음에 땅을 샀을 때 높은 가격에 임대를 할 걸 그랬나 봅니다. 물론 이제 와서 이야기하는 건 소용없겠지만 말입니다.

제가 듣기론, 15퍼센트 감소는 드문 경우라고 하던데요. 히긴스 씨의 관할 구역에 있는 야보러 경이나 크리스토퍼 씨와 같은 대지주의 경우는 실제로 어떤지 알고 싶습니다. 자유무역의 원칙을 믿고는 있지만 저도 훌륭한 임차인을 두기 위해서 필요 이상으로 임대료를 낮출 생각은 없습니다. 그렇다고 임차인에게 부담을 지우고 싶은 마음도 없습니다. 얼마나 낮춰야 할지 모르지만, 제 생각에는(히긴스 씨가 더 잘 아시겠지요) 조만간에 임차 비용을 확정해 두는 게 어떨까 합니다.

그래도 역시 보호무역이나 자유무역에 상관없이 유럽 대륙에서 농산물 가격은 평균 이하이기 때문에 농산물의 가격은 올라야 한다고 생각합니다. 가능한 한 이 문제에 관한 답변을 듣고 싶습니다. 이 점에 관해 관심이 많은 다윈 양(수전 누나를 말함—옮긴이)에게도 당신의 답변을 전해 드릴 것입니다.

진심으로 안녕을 빕니다.

찰스 다윈.

히긴스 경 귀하.

토머스 헨리 헉슬리에게 보내는 편지 1853년 4월 11일

켄트 주 다운, 판보로

4월 11일

헉슬리에게

자네가 우렁쉥이(Ascidiae) 속에 관한 연구를 한다고 들었네.[2] 나도 알코올에 담가 둔 우렁쉥이 표본을 12개 내지 15개 정도 가지고 있다네. 그런대로 보관 상태도 괜찮고. 지금도 충분히 가지고 있겠지만 내가 가지고 있는 표본들을 보고 싶다면 보내 주겠네. 큰 병에서 그것들을 꺼내는 일이 번거롭긴 하겠지만, 자네가 내 표본들을 가지고 실험을 해 보고 싶다면 기꺼이 보내지. 하지만 형식적으로 모양새만 갖추어 놓을 요량이라면 안 되네. 어떤 것들은 색이 아주 독특하더군.

포클랜드 제도에서 볼테니아(Boltenia) 속의 우렁쉥이 군체를(알코올에 담아서 보관해 뒀을거야) 발견했는데, 딸기처럼 생긴 긴 자루가 있고, 모두 그 안에 난자를 가지고 있는데 이들 난자는 난소 안에서 완전히 자라서 나오더군. 이들은 각각 두 개의 소화관을 가진 주머니 모양으로 바뀌고, 이대로 유충의 시기를 지나는 것을 볼 수 있었네. 처음에는 긴(가로줄 무늬의 격막을 가지고 있는) 꼬리가 머리와 몸통을 감고 있는 형태지만 꼬리가 풀어지고 나면 유충은 운동성을 가지게 된다네. 같은 군체 내의 난자와 유충들은 모두 같은 모습으로 성장이 진행되며 이들이 완전히 자라면 몸이 둥글게 오그라들어서 전체적인 모습은 유충을 담고 있는 소화관 모양의 주머니처럼 보이더군. 티에라델푸에고에서 채집한 다른 속도(모두 건조시킨 상태야) 꼬리가 달린 유충을 가지고 있다네. 대충 설명을 했네만 어린 아이가 설명한 것처럼 엉성하군. 자네도 뮐러의 『유충에 관하여……, 에키노데어멘(극피동물)(über die Larven…… Echinordermen)』(제4쇄, 1852년)[3]을 가지고 있겠지만, 나한테도 한 부를 보냈던데 이해하기 어렵더군. 하지만 그 책의 가치를 아는 사람에게는 많은 도움이 될 것 같네.

만각 아강(亞綱)에 관한 글을 검토해 보고 싶다고 했는데, 좀 엉성한 면이 없지 않으나 자네와 같이 뛰어난 사람이 조금이나마 그 진가를 인정하고 칭찬을 해 준다면 기꺼운 마음으로 검토를 의뢰하겠네. 더불어 의혹이 가는 부분에 대해서도 비판을 해 준다면 그 역시 달갑게 받아들이겠어. 자네의 검토를 받고 싶은 가장 큰 이유는 그렇게 하지 않으면 외부 사람들이 그 책이 있다는 것조차 알지 못할 것 같아서라네. 책이 출판된 지 일 년이 되었지만 데이나 씨가 간략하게 언급을 한 것 말고는 어떤 동물학자도 관심을 두지 않더군. 명예를 걸고 말하지만 자네에게 이런 제안을 하기 전에는(이렇게 정식으로 검토 제안을 하는 것은 처음이네) 다른 누구에게도 검토를 의뢰하지 않았어. 검토 제안과 더불어 내 의견을 더 말하자면, 유충 모양의 리뮬러스(Limulus) 속의 첫 번째 단계는 입이 없는 번데기라네. 이는 일시변이의 과정에서 접합된 것으로 보이네. 감각 기관이나 동족 관계, 생식의 특성 등이 가장 궁금한 부분이라네. 아침부터 저녁까지 오로지 만각 아강만 생각하며 몰두한 만큼 나의 궁금증이 다소 지나친 면이 있는 건 사실이지.

보다 더 가치 있고 새로운 일을 하느라 그런 고리타분한 일에 시간을 내지 못할 수도 있지만 분명히 자네에게는 그리 어려운 일이 아닐 것이라고 확신하네.

이렇게 장황하게 내 잇속만 차리는 글을 쓴 데 대해서 양해를 구하네.

진심으로 고맙네.

찰스 다윈.

[후커는 『남극 항해의 식물기Botany of Antarctic Voyage』(런던 1853~5)의 두 번째 장인 '뉴질랜드의 식물상Flora New Zelandia에 권두언을 썼다.]

J. D. 후커에게 보내는 편지 1853년 9월 25일

켄트 주 다운, 브롬리

9월 25일

후커에게

자네의 권두언을 무척 재미있게 읽었네. 아주 명쾌하게 썼더군. 그리고 뉴질랜드의 식물상 뿐만 아니라 세계의 식물상에 대한 소개 글로 손색이 없었네. 그 어떤 분류학자도 그렇게 개괄적으로 쓰지는 못할 걸세. 하지만 뭔가 아주 상반되는 것이 있다는 생각이 드네만, 분류를 하기 위해서는 서로 대립하는 두 가지 사고의 틀을 가지고 있어야 한다고 생각하네. 광범위하게 수집한 사실에 근거를 두는 것은 물론이고 말일세. 논증의 상당 부분은 매우 훌륭해 보였네. 내가 경험한 바로는 공정하게 대상을 논의하는 방식도 아주 독특했다네. 비록 나의 허를 찌르는 부분도 있지만 내 책을 쓰는 데도 아주 유익하게 사용할 수 있을 것 같더군. 가끔은 나도 변이의 한쪽 면만을 주장하기 보다는(가능한 한) 상대적인 의견도 수렴해야겠다는 생각을 했다네.

나머지 부분들도 즐겁게 읽겠네. 만각 아강 연구를 하면서(말이 나왔으니 감사를 해야겠군. 입에 발린 칭찬이라도 듣기 좋더군) 종의 영속성을 믿지 않는다는 의식은 없었네만, 여러 면에서 굉장한 차이가 있었네. 몇 가지 경우에서는(공개되면 비영속성을 자인하는 게 되겠지만) 이름을 붙일 수가 없었지만, 다른 경우에서는 뚜렷한 변종으로 이름을 붙일 수 있었지. 분명히 그것은 참을 수 없는 굴욕이었다네. 몇 번이고 다시 토론하고 의심하고 실험을 한 끝에 한 가지 의심만 남았는데, 종의 형태가 과거에 변형된 것인지 현재에 이르러서 변형된 것인지 알 수 없다는 거야(스낵스비라면 정확한 위치에 놓는 것이라고 말했겠지).[4] 별개의 종으로 놓고 종류별로 설명을 하고 나면 그게 아닌 것 같아서 논문을 찢고, 다시 한 종으로 고쳤다가 또 찢고, 그리고 다시 분류하고 또다시 합친 거라네(실제 내가 그랬다는 거네). 이를 부득부득 갈면서 종을 저주하기도 하고 대체 내가 무슨 죄를 저질렀기에 이런 벌을 받는지 한탄하기도 하고 말이야. 하지만 내가 무엇을 연구하든지 아마 이와 비슷한 일들은 늘 일어날 수 있다는 건 인정하네.

부디 자네의 책이 잘 되길 바라네. 자네가 종들의 머리를 잡아서 거꾸로 매달든지 아니면 모조리 죽여 없애거나 영구불변한 존재로 만들지 않는 한 그것들은 내 기쁨의 원천이란 말일세.

진심으로 자네의 건승을 비네.

찰스 다윈.

[1853년 11월 4일자로 다윈에게 보낸 편지에서 후커는 다음과 같은 말을 했다. "왕립과학협회는 자연학자에게 주는 로열 메달(Royal Medal)을 자네에게 수여하기로 결정했네."]

J. D. 후커에게 보내는 편지 1853년 11월 5일

켄트 주 다운, 브롬리

11월 5일

오늘 아침 내게 온 편지들 중에서 내가 제일 먼저 뜯어 본 것은 사빈 대령에게서 온 편지였다네. 분명히 놀랄 만한 소식이었고, 아주 공손하게 쓴 편지였지만 사실 그 안에 담긴 내용에 대해서는 별로 신경을 쓰지 않았네. 그다음에 자네의 편지를 열었네. 그것은 사랑하는 친구가 보낸 진실하고 우정 어린 따뜻한 편지였다네. 그리고 그 안에는 똑같은 소식이 담겨 있더군. 마치 자네가 직접 말을 해 주는 것 같았네. 자네의 편지가 내게 준 기쁨은 잊을 수 없을 걸세. 그 편지를 읽고 기쁨으로 온 몸이 달아오르고 심장이 마구 뛰었다네. 애정이 가득한 진심 어린 자네의 편지는 그 어떤 메달보다도 훨씬 소중하다네.

다시 한 번 감사하네, 후커.

린들리가 나의 경쟁 상대였다는 걸 모르길 바라네. 내가 먼저 메달을 받게 되는 것이 정말 민망한 일이네(물론 내가 이런 말을 했다고 전하지는 않겠지만 다른 사람들은 내가 위선을 떤다고 생각할 수도 있지 않은가). 하지만 자네가 린들리에게도 제안을 했던 건 정말 옳은 일이었네. 자네는 정말 훌륭한 동료일세. 어쨌든 내게 이런 영광이 돌아와서 기쁘네.

이 기쁨은 전적으로 자네 덕일세.

건강히 잘 지내게, 친구.

찰스 다윈.

J. D. 후커에게 보내는 편지 1854년 6월 27일

켄트 주 다운, 판보로

27일

후커에게

자네의 개인사가 잘 마무리된 것을 진심으로 축하하네. 엠마도 진심으로 기뻐하고 있다네. 자네는 아주 철학적으로 해낸 것처럼 보이는군. 내 생각에 그러한 일은 한바탕 불어닥치는 바람처럼 차츰 익숙해진다네.[5]

클로로포름 처치도 자네가 했나? 나도 한 번 해 봤는데, 클로로포름 처치는 환자뿐만 아니라 처치를 하는 당사자도 진정을 시킨다는 것을 확신했다네.

'고등'과 '하등'을 가르는 문제에 대한 내 생각은 '절충주의'일세. 명백하게 가를 수 없다는 거지. 최고의 존재인 인간과 모든 동물을 비교하는 것은 불가피한 것으로 보이지만 혼란스러운 면도 없지 않네. 그런 모호한 비교는 의도적이라고밖에는 생각할 수 없지. 어쩌면 체절동물(articulata)과 연체동물을 비교해서 어느 것이 우위인지를 묻는 것과 다를 바가 없다는 생각이네. 같은 동물계 안에서라면 '우위'가 의미하는 것이 그 계의 일반적인 태아나 원형에 근거해서 형태학적인 차이로 드러나는 생김새로 볼 수도 있겠네만, 그래도 가끔씩은(밀네-에두아르가 말한) '퇴화 발전'이라는 말 때문에 당황하게 되네. 즉, 다 자란 동물이 그들의 태아보다 기관의 수도 적고 기관의 역할이 줄어든다는 사실이네. 다른 기능을 수행하기 위해서 부분이 특수화된다는 것, 그리고 밀네-에두아르가 말한 '생리학적인 활동에 의한 분리'라는 것은(그것이 적용된다면 아마 가장 명확한 정의라고 생각하네) 식물에 관해 자네가 말한 것과 정확히 일치한다네.

동물학자들이 이 주제에 관한 정의에 동의할 거라고 생각하지 않아. 내 입장도 동물학자들과 크게 다르지 않다네.

찰스 다윈.

J. D. 후커에게 보내는 편지 1854년 7월 7일

다운

7월 7일

후커에게

손님들로 집이 터져 나갈 지경이었어. 하도 말을 많이 해서 다른 일은 할 엄두도 내지 못했다네. 그때부터 몸이 계속 좋지 않네. 그렇지만 않았다면 자네 편지에 대한 답을 이렇게 오래 미루진 않았을 거네. 자네가 지난번 편지에 쓴 주제에 관한 토론은 내가 정말 즐거워하는 일 아닌가. 나의 '절충주의' 이론에 대해 근거 없는 모욕을 그토록 쏟아붓다니 자넨 정말 몹쓸 친구로군. 자네야말로 '숙녀의 정조'에도 융통성이 있는 것처럼 '이론의 정조'에도 융통성을 가지고 받아들여야 할 거야. 자네가 무슨 말을 하든지 이 문제만큼은 내 이론이 유리한 것 같네.

그런 융통성을 실무에도 적용할 요량으로 엄청난 자료를 모아 두긴 했는데, 제대로 훑어볼 수나 있을는지 모르겠네. 식물계로 말할 것 같으면 일반적으로 고등식물인지 하등식물인지를 논하는 책은 내가 읽어 본 기억조차 없다네. 슐라이덴[6]이 쓴 책만 빼고 말일세.

(내 생각에) 복잡한 생물이 고등생물인 것 같네. 박물관 Tom. 8의 쥐시외(Jussieu) 문서 보관소에 말피기과(Malpighiaceæ)에서 하등식물로 분류된 꽃의 특성에 대해 논한 것이 있지만 자네가 이것을 고려했는지 모르겠군. 미르벨이 어디선가 그것에 대해서 논의한 적이 있는 것 같은데 말이야.

이러한 논의에서 보면, 식물들이 유충의 단계를 거치지 않는다는 것은 굉장한 단점이지. 발전하지 않아서 하등인 식물과 퇴화로 인해서 하등이 된 식물을 자네가 구별할 수 있는지 모르지만 적어도 하등식물이라는 것은 명백하지 않은가.

포브스가 연체동물 중 어느 것 하나가 체절동물 중의 어느 하나보다 고등동물일 수도 있다고 한 말에는 동의하지만 만약 누군가 연체동물 전체와 체절동물 전체를 놓고 봤을 때 어느 것이 고등생물이냐고 묻는다면 각 동물계에서 가장 고등인 것을 찾아서 비교할 것이네. 그것들의 원형들로 비교해서는 안 된다는 거지(헌데 그 가장 고등인 것이 있기나 한지 모르겠네).

하지만 더욱 구별하기 어려운 경우는 따로 있다고 생각하는데, 우리가 언젠가 언급한 바 있는 물고기의 경우가 그렇다네. 하지만 내 생각도 아직은 분명하지 않고, 이 문제에 대해서 자네가 내 의견을 그리 듣고 싶어 하지도 않을 것 같군.

나의 이론이 융통성을 가지는 한, 내 관심은 현생종의 유충이나 배아 상태와 닮은 경향이 있는(현생 종과 다른) 고대 생물에 가 있네.

이 편지가 지난번 편지보다 맥없게 보이는 것은 내가 거의 죽을 지경으로 아프기 때문이라네. 그리고 퇴화하는 동물은 분명히 있다네. 모두 건강히 잘 지내길 바라네. 안녕.

찰스 다윈.

T. H. 헉슬리에게 보내는 편지 1854년 9월 2일

켄트 주 다운, 판보로

9월 2일

헉슬리에게

지루했던 만각류에 관한 두 번째 책이 드디어 출판되었다네. 기쁜 마음으로 자네가 있는 저민(Jermyn) 가로 한 부를 보냈다네. 또 한 권은 베일리 씨께 보내야 한다네.

자네가 쓴 '흔적기관'(vestige)에 관한 종설을 방금 읽었다네. 유명한 교수의 책을 다루는 자네의 방식에 입이 벌어질 지경이더군.[7] 다른 부분들도 아주 흥미롭게 읽었다네. 자네의 논문은 흔적기관에 관한 논문들 중 내가 읽은 최고라고 말할 수 있다네. 서투른 작가에게 너무 가혹하게 비평을 하긴 했지만 내 생각은 좀 다르다네. 그 책이 특별히 좋은 점은 없지만 적어도 자연과학에 대한 흥미를 유발하는 책이라는 생각도 들더군.

내가 공정한 판단을 내리기는 어려울 것 같네. 왜냐하면, 그 흔적기관이 이단적인 것처럼 나 역시 종에 관해서는 아무리 냉정하게 생각하고 싶어도 이단적일 수밖에 없기 때문이지. 법칙에 관한 그의 이론을 어쩌면 그렇게 멋지게 분석을 했는지. 검토서를 읽었을 때만 해도 그렇게 흥미로우리라고는 생각 못 했다네. 맹세코, 한 사람의 인간으로서 (좋아하려야 좋아할 수 없는 결점이 많은 인간이긴 하지만) 그 글을 읽었을 때 온몸의 피가 거꾸로 솟는 듯 했다네.

다만, 자네가 아가시의 발생학적인 단계에 관해서 좀 더 깊이 생각하지 않았다는 점이 아쉽더군. 비록 증거들이 아주 미약하다는 것은 알지만 그것이 진실일 거라는 희망은 가지고 있었다네. 처음부터 이렇게 장황하게 쓸 의도는 없었다는 것을 알아 주게.

잘 지내게.

찰스 다윈.

월터 발독 듀란트 맨텔에게 보내는 편지 1854년 11월 17일

켄트 주 다운, 브롬리

1854년 11월 17일

맨텔 선생께

우선 저의 거침없이 자유분방한 태도에 대해 미리 사과를 구합니다.

오랫동안 알고 지내던 선생의 존경하는 아버님을 통해서 저에 대한 이야기를 들으셨을 줄 압니다. 비글호 항해 중에 유난히 저의 관심을 끌던 것은 빙하기의 퇴적물이었습니다. 지금도 그 부분에 상당한 관심이 있으며, 뉴질랜드에서도 빙하기 퇴적물이 관찰되는 지역이 있는지 매우 궁금합니다. 베이오브아일랜즈에 갔을 때 커다란 녹암 돌덩이를 본 적이 있습니다만, 고립된 둔덕이 아니라 협곡에서 발견되었고, 그 나라 주변 상황을 제가 모르기 때문에 그것들이 진짜 표석인지 아니면 고지대에서 우연히 휩쓸려온 것인지 정확히 알 수가 없었습니다. 그래서 경께서 귀한 정보를 제게 주신다면 매우 고맙겠습니다(직접 정보를 수집하기 어려우시면 뉴질랜드에 살고 있는 유능한 관찰자를 시키셔도 괜찮습니다). 그곳에 커다란 암석, 특히 협곡이나 바다의 만을 지나올 정도로 먼 곳에서 운반된 것으로 보이는 모난 바위가 있는지 알고 싶습니다. 그리고 최근에 빙퇴석을 본 사람이 있는지, 뉴질랜드 산악의 저층에 빙하의 흔적이 있는지도 궁금합니다. 남쪽의 섬들은 고대 표석이나 빙하의 흔적을 발견하기에 아주 좋은 장소입니다만, 제대로 교육을 받고 그곳을 방문하는 사람이 없어서 염려스럽습니다.

이러한 부탁으로 선생을 번거롭게 해 드리는 것을 용서하시기 바랍니다. 찰스 라이엘 선생님과 그 부인 덕분에 용기를 내어 선생께 부탁을 드립니다.

J. D. 후커에게 보내는 편지 1854년 12월 11일

켄트 주 다운, 판보로

11일 월요일

후커에게

오스트레일리아가 떨어져 나온 대륙이라는 관점에서 보면 우리는 아주 '뒤죽박죽' 상태에 있다네. 내가 자네를 완전히 이해하지 못하는 것 같고, 자네 역시 나를 잘 이해하지 못하는 것 같네. 정말이지 내가 뭐라고 썼는지 정말 모르겠고 기억도 나지 않네. 자네도 자네가 쓴 편지를 완전히 이해하고 기억하는지 의심스럽다네. 첫 번째 편지에서 자네가 "분열이라는 관점에서 보면 식물학적 특징의 유사성이 생긴다."고 했고, 두 번째 편지에서는 "4분의 3 정도가 멸절될 것이며 각 섬 고유의 자생 식물보다 훨씬 더 높은 비율을 차지하는 공통 종이 멸절될 것이다."라고 했지만, 이대로라면 유사성이 아니라 상이성이 생기는 것이 아닌가.

이제는 자네와 내가 즐겨 토론하던 주제로 돌아가 보자고. 즉, 비정상적인 속에 관해서 말인데, 자네가 말한 레피도덴드론의 경우가 바로 그런 경우로 보이네. 자네와 내가 수긍할 만한 증거를 찾고 싶군. 즉, 비정상적이고 변칙적인 무리가 어느 정도인지 알고 싶네. 우리의 관점을 인정해 줄 자연학자가 많지 않기 때문에 그 증거는 반드시 필요하다고 생각해. 자네가 대량의 비정상적인 속을 먼저 발견해서 알려 준 것은 고맙네. 하지만 자네가 "변종의 수에 백 배를 하고 정상적인 종의 수를 백으로 나누면 결국 변종을 정상적인 종으로 불러야 한다."라는 말로 제기한 '전반

적인 진행에 관한 진지한 이의'에 대해서는 동의할 수 없네.[8]

예를 들어서 말이야, 오리너구리(Ornithoryhnchus) 속과 바늘두더지(Echidna) 속이 각각 12개 정도의 종을 가지고 있다고 해도(실제 동물계에서 100개나 되는 종을 가지고 있는 속은 없으니 100개라고는 하지 않겠네) 이들을 변종이 아니라고 할 수 없지. 이 두 개의 속을 변종이 아니라고 하려면 수많은 속이 있고, 그것을 둘러싸고 있는 아과(亞科)가 방사상으로 퍼져 있어야 한다는 거지. 오스트레일리아가 사라진다면 남아메리카에 있는 자궁이 두 개인 유대류(Didelphys)는 정말 근사한 변종이 될 수 있을 것이네. 하지만 지금도 오스트레일리아에는 유대류의 수많은 속과 아과(亞科)들이 있지 않은가. 이들을 변종이나 돌연변이라고 부를 수는 없는 거라네. 새지타(Sagitta)라고 하는 집게벌레는 가장 널리 알려진 변종이네. 12개의 종이 있다고 해도 분명한 변종이네. 내 말의 요지는(약간 새로운 관점이라고 생각하는데) 멸종이 어떤 한 속에 있는 생물을 비정상적으로 만든다면, 일반적으로 말해서, 그러한 속 안에서도 멸종이 일어나면 소수의 종만 존재하게 된다는 것이네.

내 말에 자네도 공감을 하는지 알고 싶군. 나는 늘 자명한 이치의 변두리에서 서성거렸다는 기분이 드네. 물론 이런 부탁까지 할 수는 없겠지만, 자네는 할 수 있을 걸세. 혹시 벤담이 이러한 이론들에 조금이라도 관심이 있다면 콩과(Leguminosæ) 식물에서 나타나는 비정상적인 속들이나 목(目)에 관한 논문들을 되도록 많이 찾아 달라고 부탁해 주게. 그것들을 가지고 속에 대한 종의 비율을 계산할 수 있을 것 같네. 궁금한 게 많아질수록 더 초조해지네만, 마무리 지을 수 있는 경우도 드물어지고 조류에 관해서는 도무지 답이 나오질 않네. 포유류(Mamnifers)도 걱정이고 말이야. 곤충에는 어떤 강(綱)이 있는지도 의심스럽다네.

건강히 잘 지내게 좋은 친구.

찰스 다윈.

방금 난 사용하지 않아서 퇴화된 부분에 대한 실험을 했네. 야생 오리와 집오리의 뼈대를 발라냈는데(오, 잘 삶은 오리 냄새, 오리의 진수!), 일반적인 야생 오리의 날개는 360그램이 나가는 데 비해서 집오리의 경우 317그램이 나가더군. 43그램이 덜 나가는데, 이는 두 날개의 1/7에 해당하지. 이 사실이 얼마나 내겐 흥미롭던지…….

1855년

J. D. 후커에게 보내는 편지 1855년 3월 7일

켄트 주 다운, 판보로

3월 7일

후커에게

울러스턴의 『마데이라 제도의 곤충Insecta Mad』은 방금 다 읽었네. 아주 훌륭한 책이더군. 날개가 없는 딱정벌레 목(Coleoptera)이 차지하는 엄청난 비율에 대해서 매우 궁금했다네. 하지만 해답을 얻은 것 같아. 즉 비행 능력은 한정된 지역에서 서식하는 곤충에게는 필요 없는 기능일 수도 있다는 거야. 데저타 그란데(Dezerta Grande)라는 작은 섬에 서식하는 그 곤충을 실험하기 위해서 바다로 불어 날려보았네. 그 섬 역시 이런 위험에 많이 노출되어 있는 곳인 데도 날개 없는 곤충들의 비율이 마데이라보다 훨씬 더 높네. 울러스턴은 마데이라와 이곳의 다른 섬들을 두고 '포브스의 오래된 대륙에 비해서 더 확실하고 뚜렷한 증거'가 될 만한 곳이라고 했네. 물론 곤충학적인 면에서야 그런 관점이 절대적으로 들어맞겠지. 같은 사실에서 정반대의 결론을 이끌어 내는 것이야말로 정말 구역질나고 굴욕적인 일이라네. 이 점에 대해서도 그렇고 다른 몇 가지 주제와 관련해서 울러스턴과 몇 통의 서신을 교환했는데, 그는 몇 가지에 관해서 아주 대담하게 가정을 하더군. 첫째는 이전에는 곤충들이 지금보다 이동 능력이 컸다는 것, 두 번째는 고대 육지가 탄생의 근원지로 아주 비옥했다는 것이고, 세 번째는 창조 전에 방산의 시기를 거치면서 연결되었던 대륙이 파괴되었다는 것이네. 그리고 넷째로 그가 가정하는 것은 유럽이나 아프리카의 미지의 지역에서 특정한 과(科)와 속들이 건너오기 전에 대륙의 분열이 일어났다는 것이네. 이 얼마나 유쾌한 가정인가? 다음 12년 내지 20년 후에 울러스턴은 포브스의 아틀란티스(Athlantis)가 존재했다는 것도 증거로 인용할 수 있다고 보네.

자네를 피곤하게 할 생각은 없네만, 자네도 나를 놀라게 한 탁월한 사실들이 담긴 이 책에 대해서 듣고 싶어 할 거라고 생각했네. 물론 이 책의 저자야 좋은 사람이고 겸손하지.

자네의 진실한 친구 찰스 다윈.

W. D. 폭스에게 보내는 편지 1855년 3월 27일

켄트 주 다운, 판보로

3월 27일

폭스 형에게

지금 내가 작업하고 있는 것에 관해서 형에게 이야기를 했는지 모르겠어. 내가 다룰 수 있는(아이고, 내가 얼마나 무지한지 깨닫고 있어) 자연학사에 관한 모든 사실들(지리학, 분포, 고생물학, 분류학, 교배, 길들인 동물, 식물 등등에 관한 점들)을 살펴보는 것이야. 일반 개념에 상충하는지 잘 들어맞는지, 즉 야생의 종들이 변하는지 불변하는지 등을 조사하는 것이지. 다시 말해, 양쪽의 개념에 맞는 사실과 논증에 내 온 힘을 바치고 있다는 말이야. 다방면에서 적극적으로 내게 도움을 주는 사람들이 많이 있지만, 이 주제가 나를 완전히 사로잡을 것인지는 의문이야.

건강히 잘 지내.

형의 진실한 친구 찰스 다윈.

J. D. 후커에게 보내는 편지 1855년 4월 7일

다운

4월 7일

후커에게

진달랫과(Rhododendrum) 식물 표본을 보내 줘서 고맙단 편지를 오늘 아침에 썼네.

씨앗을 소금물에 절이는 실험을 시작했다네. 십자화 과의 식물 이외에 바닷물에서 쉽게 죽는 식물 중에 생각나는 게 있으면 알려 주길 바라네.

내가 예상한 것이 맞으면 자네가 확인을 해 줘도 괜찮겠군. 지난번에 자네를 만났을 때 물어 보려 했던 것이 있는데 잊었네.

농작물이나 원예작물 아니면 화초 식물의 종자 중에서 쉽게 얻을 수 있는 걸 알고 있다면 몇 가지만 말해 주게. 그리고 씨앗들을 얼마나 오랫동안 바닷물에 담가 두어야 죽을지, 어떤 씨앗이 더 영향을 받을지 자네가 한 번 추측을 해서 알려 주게. 일주일 동안 꼬박 담가 두면 얼마 정도가 죽을 거라고 생각하나?

자네가 친절을 베풀어서 간략한 대답을 적어 보내 줘야 내가 이 고민에서 해방이 되고, 실험도 마칠 수 있을 걸세. 어쩌면 자네가 날 바보로 취급할지도 모르지만, 석탄기 식물들도 자네를 격분시킨 맹그로브처럼 짠물 속에서 살았을 거라는 가정에서 아이디어를 얻은 실험이라네.

아디오스(Adios, 안녕).

찰스 다윈.

나의 견해도 가끔은 훌륭하다네. 데이비 박사가 내가 제안한 실험(물고기의 난자가 어떻게 운동성을 얻는지 확인하기 위한 실험)을 한 적이 있어. 박사는 연어의 난자를 사흘 동안 공기 중에 노출시켰는데도 생명력을 유지했으며 맑고 생생하다는 걸 발견했네. 그 알에서 건강한 새끼 연어가 태어난 것도 말이야. 데이비 박사는 그에 관한 논문을 왕립협회에 제출했다네. 물고기의 알이 다이티스커스(Ditiscus, 수생 곤충—옮긴이)에 달라붙어 있는 것을 봤다는 '북아메리카의 숙녀'의 경우에 대해서도 꼭 알아봐 주게.

J. D. 후커에게 보내는 편지 1855년 4월 13일

켄트 주 다운, 판보로

4월 13일

씨앗에 관한 정보는 고맙게 받았네.[1] 자네는 어떤 씨앗들은 소금물에 견디지 못할 거라고 확신하고 있는 것 같군. 아직은 자네가 말한 것처럼 대규모로 실험할 준비를 못 했어. 사실 실험 도구도 충분하지 않다네. 하지만 자네가 제안한 원칙대로 시작할 수 있어서 무척 다행으로 생각한다네. 물론 규모는 훨씬 작겠지만 말이야. 그 과정에서 아주 작은 실험을 하나 해 봤다네. 아주 흥미로울 것 같다는 생각이 드네만, 온도가 32도 내지 33도 정도 되는 소금물에 씨앗을 담가 두는 거야. 그리고 눈을 가득 채운 통에 넣어 두는 실험도 하고 싶다네. 실험이 어느 정도 성공을 거둔 것 같아서 자네 코를 납작하게 해 줄 거라고 했던 걸세. 그렇다고 염장을 했던 씨앗을 재배해서 식물이 자란다면 자네더러 그것들을 다 먹으라고 할 만큼 저열한 의도를 가지고 말하는 것은 아니네. 자네가 일전에 했던 말을 조금도 기억하지 못하는 내 자신에게 매우 화가 나지만, 자네가 내 실험을 크게 조롱한 것 같다는 생각이 들었다네. 아주 독실한 기독교인의 시각으로 내 실험을 바라보는 것 같아서였네. 씨앗들을 다양한 온도에 노출시켜 보려고 작은 병에 문 밖에 담아 내다 두었고, 빛에 노출되는 정도를 달리 하려고 그늘에도 두었네, 아직은 갓, 무, 양배추, 상추, 당근, 샐러리 그리고 양파의 씨앗 등 네 개 과의 식물들이 전부일세. 정확하게 일주일 동안 담가 두었다네, 전혀 기대하지 않았는데 모두 싹이 텄네

(자네가 얼마나 나를 비웃었는지 생각하게). 그런데 특히 갓 씨앗을 담가 두었던 물에서 아주 지독한 냄새가 나더군. 그리고 그 씨앗에서는 엄청 끈끈한 점액이 나오더니(그 식물은 거의 올챙이로 변해버릴 것 같더군) 한데 엉겨 붙어 버렸어. 하지만 이 씨앗 역시 싹을 틔우고 멋지게 자랐다네. 모든 씨앗의 발아는(특히 갓과 상추) 급속도로 진행되었는데 단 양배추는 예외였다네. 양배추 씨앗들은 매우 불규칙적이었다네. 상당수는 죽은 것 같았어. 천연의 서식 환경에서라면 양배추는 아주 잘 자랐겠지. 미나릿과 식물과 양파는 소금물에서도 잘 견디더군. 땅에 심기 전에 그 씨앗들을 씻었다네. 그리 필요할 것 같진 않았지만 〈가드너스 크로니컬〉에 보낼 원고를 써 두었다네. 만약 내 실험이 의미가 있다고 생각한다면 그 씨앗 목록을 보내 줄 테니 자네가 씨앗들을 분류해 보게. 오늘은 앞에서 말한 식물의 씨앗들을 14일 동안 염장했다가 밭에 옮겨 심었다네. 바닷물이 1시간에 1.6킬로미터 정도를 이동한다고 보면 1주일이면 약 270킬로미터를 이동하는 셈이네. 멕시코 만류는 하루에 80 내지 97킬로미터 정도를 이동한다고 들었네. 그렇게나 많이 또 너무 멀리 가야만 내 미운 오리 새끼들이 백조가 된다니…….

잘 지내게 후커.

찰스 다윈.

소금물에 담갔던 씨앗을 텀블러 잔에 심었네(처음에 그렇게 했더니 소금물에 담그지 않은 씨앗과 발아의 속도가 맞춰지더군). 벽난로 위 선반에 놓아 두고 발아 전과 후의 모습을 모두 관찰하고 있다네.

[식물의 지리학적인 분포에 관한 연구로 다윈은 전 세계에 걸친 여러 식물학자들과 서신을 교환하게 된다. 하버드 대학의 식물학 교수인 아사 그레이는 가장 대표적인 서신 교환 상대였으며 미국의 식물상에 관한 권위자였다.]

아사 그레이에게 보내는 편지 1855년 4월 25일

켄트 주 다운, 판보로

4월 25일

그레이 선생께

큐(Kew)에서 만나 제 소개를 드렸는데 기억하고 계시길 바랍니다. 명색뿐인 사과를 드릴 수밖에 없지만 선생께 부탁드릴 일이 있습니다. 그 부탁이 선생께 큰 부담이 되지는 않겠지만 들어 주신다면 제게는 무척 고마운 일입니다. 식물학자도 아닌 제가 식물학에 관한 질문을 하는 것에 대해 이치에 맞지 않는다고 생각하실 수도 있을 겁니다. 그러한 전제하에 들어 주시길 바랍니다. 전 몇 년 동안 '변이'에 관한 자료들을 수집하고 있습니다. 변이는 동물들에 한정된 일반적인 특징이었는데 식물학적인 대상들에 대해서도 조사를 하려고 합니다.

제가 가장 관심 있게 살피고 싶은 대상은 미국 고산지대의 식물상입니다. 귀하의 편람에 있는 목록 한 부를 가지고 있는데, 그 밖의 서식지나

이들의 분포에 관해서 생각나시는 대로 덧붙여 주실 수 있는지 알고 싶습니다(선생께 권위자인 양 보이고 싶어 하는 뻔뻔스러운 생각은 단 한 순간도 해 보지 않았습니다). 미국의 산악지대에 국한해서 자라는 '토착식물'에 관한 추가와, 아메리카의 북극구에서 발견되는 '아메리카 북극구 토착식물'에 관한 추가 그리고 유럽의 북극구에서 발견되는 '유럽 북극구 토착식물'에 관한 추가를 부탁드립니다. 그리고 유럽의 어느 산에서나 발견되는 '알프스 토착식물'과 '아시아 북극구 토착식물'에 관한 추가도 부탁드립니다. 이들과 영국의 토착식물과 비교를 해 봤지만 동의어에 관해서 제가 아는 바가 없기 때문에 신뢰하기가 어렵습니다. 제가 보기에는 화이트 산(Mt. White)과 뉴욕의 산에 공통으로 자생하는 종이 22가지인데, 이러한 고산식물이 자랄 수 없는 저지대에는 얼마나 광범위한 종이 분포하고 있는지 두 산을 구분해서 알려 주십시오. 버몬트(Vermont) 산맥의 연장선상에 고도 표시가 되어 있지 않아서 판단하기가 어렵습니다.

그리고 감히 한 가지 부탁을 더 드려야겠습니다. 이미 출판된 조개류나 조류에 관한 목록처럼 유럽에 공통으로 자생하는 현화식물 종(phunerodamic species) 목록을 출판하신 적이 있는지, 식물학자가 아니라도 두 가지 식물군의 관계를 파악할 수 있는지 알고 싶습니다. 몇 가지 관점에서 그러한 목록은 제게 무척 흥미롭습니다. 다른 것에 대해서도 말씀드려야겠습니다. 선생의 편람에 수록된 2,004가지의 종 가운데 수백 개 정도만 있다고 생각합니다. 그 목록을 (아직 출판되지 않았다면) 저널에 공개하기를 청한다면 너무 무례하다고 생각하실는지요. 저를 위해서 그런 부탁을 드리는 거라면 제가 엄청난 실책을 범하는 것이겠지요. 선생과 같은 식물학자에게 전문가도 아닌 제가 그런 경솔한 제안을 드리는 것이 매우 주제넘은 짓이라는 것은 분명히 알고 있습니다. 하지만 제가 본 바나 저의 절친한 친구인 후커에게서 들은 바에 따르면 선생께서는 제 무례함을 충분히 용서하시리라 믿습니다.

존경과 감사를 드리며.

찰스 다윈.

W. D. 폭스에게 보내는 편지 1855년 5월 7일

켄트 주 다운, 판보로

5월 7일

폭스 형에게

온종일 실험에 매달려 있느라 오늘은 기운이 없어. 모든 게 엉망으로 돌아가고 있는 것 같아. 공작비둘기들은 집으로 돌아가는 파우터(Pouter, 집비둘기—옮긴이)들의 깃털을 뽑아 버렸고, 동물원에서는 물고기들이 씨앗들을 모두 삼켰다가 도로 뱉어 내고, 씨앗들은 소금물에 모두 가라앉을 것 같아. 자연이 모두 제멋대로인데다가 내가 원하는 대로 될 것 같지가 않아. 지금은 그저 옛날처럼 만각류들에 관한 연구를 하고 싶을 뿐이고 다른 것은 바라지도 않아.

자, 이제 본론으로 돌아가서, 확신컨대, 형만큼 내 마음을 붙들어 매줄 사람은 없어. 특정 연령대의 작은 닭의 경우 그 뼈대를 연구하고 있는데 잘 될 것 같지 않아서 걱정이 돼. 하지만 관절을 감안해서 다리의 길이를 측정할 수 있을 거야. 늙은 수탉에 관해서 형이 한 말은 내 생각을 더욱 확실히 입증해 줘. 늙은 수탉의 뼈대를 조사해 봐야겠어. 늙은 야생 칠면조가 죽거든 부디 나를 생각해 줘. 새끼 칠면조에는 관심도 없었어. 마스티프(Mastiff, 털이 짧은 큰 개—옮긴이)도 그렇고. 형의 제안에 감사해. 불도그 새끼와 소금물에 담가둔 그레이하운드도 있고, 짐마차를 끄는 말과 경주마 새끼의 뼈대도 조심스럽게 측정하고 있어. 얼마나 잘해낼지 의심스럽지만 어쨌든 이제 수렁에서 조금씩 헤어 나오는 것 같군.

진실한 형의 친구 찰스 다윈.

W. D. 폭스에게 보내는 편지 1855년 5월 17일

켄트 주 다운, 판보로

5월 17일

폭스 형에게

내 글씨를 보는 것만으로도 형이 지겨울 거라는 건 알지만 맹세코 이번을 마지막으로 형에게 다시는 이런 부탁을 하지 않을 거야. 적어도 한동안은 말이야. 형이 살고 있는 곳이 모래가 많은 곳인데 혹시 아주 흔한 도마뱀을 구할 수 있어? 구할 수 있다면 좀 터무니없는 말이긴 하지만, 형의 학생에게 나를 대신해서 보수를 주고 그 도마뱀의 알을 구해 보라고 해 줘. 여섯 개에 1실링, 그리고 희귀한 것은 좀 더 주고, 스무 개에서 서른 개쯤 모이면 내게 보내 줘. 실수로 뱀의 알을 가져와도 아주 좋아. 뱀의 알도 사실 필요하거든. 이곳에는 뱀도 없고 도마뱀도 없어.

그런 알들이 바닷물에 뜨는지 알아보려고 해. 그리고 그렇게 떠 있는 상태로 지하실에 두고 한두 달가량 살 수 있는지도 알아보려고 해. 할 수만 있다면 모든 유기체들의 이동에 관해서 실험을 하려고 해. 도마뱀은 어느 섬에나 살고 있지. 그래서 그 알들이 바닷물에 견디는지 알아보고 싶은 거야. 물론 형이 좀 별나고 이상한 기회가 생겨서 알을 구하게 되면 답장을 해 줘. 아니면 말고.

형의 진정한 친구 찰스 다윈.

W. D. 폭스에게 보내는 편지 1855년 5월 23일

켄트 주 다운, 판보로

5월 23일

폭스 형에게

형에게 편지를 쓸 때 까맣게 잊은 게 있었어. 영국의 아주 일반적인 도마뱀들은 모두 난태생이야! 그리고 모래도마뱀(L. agilis)의 알을 구했는데 너무 작더군. 저지(Jersey)는 정말 완벽한 기회의 장소야. 뭍 달팽이의 껍데기와 그 알도 바닷물에 담가서 실험을 해 볼 생각이야.

J. D. 후커에게 보내는 편지 1855년 6월 5일

켄트 주 다운, 판보로

6월 5일

후커에게

씨앗들과 바위취(Saxifrage)를 보내 줘서 고맙네. 그렇게나 많이……. 그리고 씨앗에 관해서 그렇게 엄청난 요구 사항에 대한 답변을 적어 보내 준 것도 감사하네. 자네가 적어 준 걸 보니 씨앗들이 불멸의 존재라는 생각이 들기 시작하면서 또 다른 만각류 연구가 될 것 같다는 생각이 들더군. 처음 것들은 모두 죽었고, 56일이 지난 지금 각각에 대해서는 비록 아주 적은 양이긴 하나 일곱 종류 가운데 여섯 종류에서 싹이 텄다네. 그만 하면 아주 훌륭해(그때는 무의미할 거라고 생각했는데). 양배추와 브로콜리, 콜리플라워에 대한 실험에서 브로콜리와 콜리플라워는 모두 22일 만에 죽었지만 양배추는 싹이 잘 텄다네. 아무도 들어 줄 사람이 없어서 자네에게 만이라도 말을 해야겠군. 가장 신기한 점은 소금물에 담가 둔 투실라고 파르파라(Tussilago farfara, 관동화)의 씨앗에서 어린잎이 나왔다는 걸세. 일부는 소금물에 떠서, 또 일부는 가라앉아 있지만 9일 동안이나 살아 있다네. 옮겨 심어도 잘 자랄 걸세. 자네가 보낸 씨앗들은 거의 싹이 트지 않았는데 아마 일부는 온실용 식물이기 때문이고 일부는 원래 상태가 좋지 않았던 것 같네. 이것들은 아주 느리게 싹이 텄는데, 자네가 나를 골탕 먹이려는 의도로 골랐을 거라는 생각이 들 정도로 정말 지겹더군. 도를리 양과 나는 재미삼아서 식물에 관한 작은 연구를 하고 있는데, 정말 재밌어. 15년 동안 버려진 들판에서 자라는 식물을 채집하는데, 예전에는 이곳도 경작지였다네. 또 경작지와 유사한 곳이나 인근에서도 모든 식물을 모으고 있다네. 어떤 식물이 살아남고 어떤 식물이 죽어 없어지는지 관찰하는 재미로 모으고 있다네. 이제부터 이름을 붙이는 문제로 도움이 많이 필요할 거야. 얼마나 골머리를 썩을지…….

묏황기 속(Hedysarum)을 보내 줘서 고마워. 그것이 아주 비싼 것이 아니길 바라네. 중요한 목적이 있어서 부탁한 것은 아니거든. 어딘가에서 읽었는데, 어두워지자마자 잎이 오므라드는 식물은 없다는 거야. 그래서 매일 30분씩 뚜껑으로 덮어 두고 관찰을 해 보려고 해. 식물이 스스로 잎을 오므릴 수 있도록 가르칠 수 있는지 보려고 한다네. 그러면 어두워졌을 때보다 훨씬 관찰하기 쉽지 않겠나.

자네를 자주 볼 수만 있다면 내 연구에도 도움이 될 텐데 말이야. 자네가 내게 편지를 쓰는 걸 진심으로 싫어하는 게 아니라면 편지 좀 자주 하게. 나도 자네만큼 바쁘지만, 이렇게 편지를 쓰지 않나.

잘 지내게.

찰스 다윈.

난 자네가 왜 육지를 통한 이동을 더 우기는지 도무지 모르겠네. 자네도 어디를 갈 때 바다를 이용할 수 있지 않겠나. 자네가 가진 일반적인 시각으로 봐도 다양한 이동 방법이 있다는 것이 자네를 더 기쁘게 할 거라고 생각한다네. 내가 아끼는 이론적인 개념은 바다를 통해서든 육지를 통해서든 그럴듯하고 가능한 방법을 제시하기만 하면 크게 달라지지 않을 걸세. 하지만 독자적인 별다른 증거가 없는 한 육지가 만들어진다는 것은 내 사고방식으로는 정말 충격적이라네.

우리가 만나거든 충분히 이야기를 나눠서 자네의 생각을 보다 분명히 이해할 수 있기를 바라네.

드디어 첫 번째 풀을 발견했다네, 만세! 만세![2] 이런 행운이 따른 걸 보면 행운도 용기 있는 자를 따르나 보네. 흔히 볼 수 있는 볏과의 향기풀속(Anthoxanthum odoratum)이었네만 대단한 발견이 아닌가. 내 평생 새로운 풀을 발견하게 될 줄 누가 알았겠나. 그야말로 만세일세. 속이 다 후련하구먼.

아사 그레이에게 보내는 편지 1855년 6월 8일

켄트 주 다운, 판보로

6월 8일

그레이 선생께

지난달 22일에 선생께서 보내 주신 매우 친절한 편지에 감사드립니다. 아울러 저의 곤란한 질문에도 정중하게 기꺼이 답변을 해 주신 것에 대해서도 감사드립니다. 선생께서 보내 주신 고산지대의 식물 목록이 제게 얼마나 많은 흥미를 주었는지 이루 말할 수가 없습니다. 이제는 미국의 고산지대 식물에 관해서 어느 정도 윤곽이 잡힙니다. 선생의 편람 신판이 나왔다는 것은 제게 아주 중요한 소식이었습니다. 서문을 보니 선생께서 쓰고 싶은 말이 많아서 고심한 흔적이 보이더군요. 하지만 유럽 식물에

괄호 처리를 해서 (Eu.)라고 추가해도 그리 많은 공간을 차지하지 않았을 거고, 그렇게 하면 다양한 목적으로 추가 내용을 활용할 수 있었을 겁니다. 제 경험상 우리나라 편람에 식물의 자생지 표시를 해 주었더니 놀랄 만큼 실용적이었습니다. 식물의 서식 범위에 대해서 알려 주었더라면 훨씬 더 흥미로운 편람이 되었을 거라고 생각합니다. 미국의 식물학도나 식물학 연구자들도 영국의 연구자들과 마찬가지로 식물의 고유한 자생지에 대해서 알고 싶어 할 거라고 생각합니다.

선생의 친절함 덕분에 잘 받아보긴 했지만, 고산식물에도 선생께서 제게 보내 주신 논문에 덧붙인 것과 똑같은 추가를 해 주셨으면 좋지 않았을까 합니다. 꼭 저를 위해서가 아니라 미국의 공익을 위해서 말씀드리는 겁니다. 로키 산맥 서부에서도 발견되고 동부 아시아에서도 발견되는 고산식물의 서식지를 일일이 표시하는 것은 쉬운 일은 아닐 겁니다. 예니세이 강(Yenisei River)만 해도, 그멜린이 말한 내용을 정확하게 기억한다고 한다면 시베리아 대륙을 구분하는 주된 강입니다. 시베리아는 북아메리카의 식물군과 매우 관련이 깊을 겁니다. 동과 서로 식물의 범위를 나눈다고 봤을 때, 그린란드와 서부 유럽이 주된 자생지인지 동부 아시아가 주된 자생지인지 확인하는 것은 이들의 이동이 동쪽으로 향한 것인지 서쪽으로 향한 것인지를 파악하는 데 매우 중요한 사안입니다. 이 정도의 언급은 해 주어야 식물학자로서 일반인들이 궁금해하는 것을 알려주는 역할을 충분히 한다고 생각합니다. 한 분야에 대해 깊이 연구하는 사람들은 무지한 사람들이 원하는 정보가 무엇인지 깨닫지 못하는 경우가 왕왕 있기 때문입니다. 지리학적인 분포에 대한 설명을 하신 것은 매우 좋았습니다. 몇 가지 점에서는 북아메리카 전체보다 유럽에 견주어 더 적용이 잘 되는 것 같아서 놀라웠습니다.

제가 원하는 정보를 몇 가지 측면으로 정확하게 언급을 해 달라고 요청하셨습니다만, 그것이 매우 모호한 부분이라서 한마디로 정의하기가 어렵습니다. 이미 정의된 것보다는 비교를 통해서 얻어지는 결과를 보고 싶기 때문입니다. 제 생각에 선생께서도 다른 식물학자들과 마찬가지로 가장 중요한 과의 식물(이미 소개된 식물들은 제외하고)이 차지하는 비율만을 다루신 것 같습니다. 그래서 저는 그 편람을 바탕으로 표를 만들어 보려고 합니다(사실 어느 정도 간략한 표는 만들었습니다). 물론 제가 만든 표가 매우 불충분할 테지만 말입니다. 그리고 유럽에서 자생하는 전체 식물상의 비율(편람에 소개된 것은 제외하고)도 다시 확인해 보려고 합니다. 또 이동 방법을 추측하기 위해서 중요한 과(科)별 비율도 확인해야 합니다. 며칠 전에 용기를 내서 〈가드너스 크로니클〉 한 부를 보내드렸는데 그 잡지에는 바닷물에 견디는 씨앗의 능력을 실험하면서 쓴 저의 간단한 보고서가 실려 있습니다. 그것이 선생에게 얼마나 도움이 될지 모르지만 제게는 상당히 놀라운 실험이었습니다. 식물학자들이 과가 차지하는 비율, 즉 단편적인 수치뿐만 아니라 전체적인 비율을 고려하는 데 참고할 만하다고 생각합니다. 귀하의 편람에서 토착식물 가운데 미나리과(Umbelliferæ)의 식물이 차지하는 비율을 계산해 보니 36/1798, 즉 1/49이 나왔습니다. 하지만 전체적인 숫자를 알 수 없기 때문에 두 나라에서 같은 과의 식물 수가 얼마나 근접한지는 판단하기 어렵습니다. 선생께서는 이러한 계산이 불필요하다고 생각하실지도 모르겠습니다. 이러한 비율들을 언급하면서 제가 몇 가지 점을 예로 들 수도 있는데, 얼마나 모호하고 쓸데없는 것들을 가지고 계산을 하는 것인지는 모르겠지만, 이는 로버트 브라운 박사와 후커가 언급한 것을 반영해 보건대, 미국과 영국의 중요한 과들의 비율이 거의 일치한다는 것은 이 두 나라가 한때는 연결되어 있었다는 사실을 보여 줍니다. 예를 들어서 영국에 유입된 모든 식물에 대한 국화과(Compositæ)의 비율을 계산해 보면 10/92, 즉 1/9.2입니다. 그리고 토착식물의 비율은 1/10이었습니다. 많은 과의 경우 놀랍도록 일치했습니다. 귀하의 편람에서도 같은 문제를 놓고 계산을 해 보니 국화과의 식물에서는 거의 일치한다는 것을 발견했습니다. 즉, 새롭게 전해진 식물의 비율이 24/206=1/8이고 토착식물의 비율도 223/1798=1/8이었습니다. 하지만 다른 과의 식물에서는 굉장히 차이가 많았습니다. 이 차이는 바로 영국의 식물상과의 일치가 완전히 우연이라는 것을 보여 주는 것입니다!

선생께서는 속에 대한 종의 비율, 즉 속에 속한 종의 평균을 제시하실 것 같은데 저는 이미 계산을 해 봤습니다.

다소 번거롭더라도 종을 세 그룹으로 구분해 보면 귀하의 식물군에도 도움이 될 것 같고 훨씬 흥미로울 것이라고 생각하지 않는지요. 한 그룹은 유럽과 아시아에 비슷하게 분포하고 있는 고대의 공통 종, 또 한 그룹은 고대에서 발견되는 속에 속한 토착 종, 그리고 다른 하나는 아메리카와 신대륙에서만 발견되는 속에 속한 종으로 말입니다. 그렇게 구분하기 위해서는(제 생각에는 완벽한 마무리가 될 것 같은데) 유럽에서 흔히 발견되는 에리카(Erica, 진달래 속) 속의 식물과 같은 다른 속이 있는지, 고대 아메리카에서는 발견되지 않는 것이 있는지 알아보아야 합니다.

이와 같은 주제에 관해서 장황하게 늘어놓아서 진심으로 어처구니없습니다만 선생께서 요청하셨기 때문에 기쁜 마음으로 제 친구 후커에게 쓰듯이 씁니다. 후커는 아주 신랄하게 저를 조롱하는 친구입니다만 선생께서도 충분히 그러실 수 있다고 생각합니다.

J. D. 후커에게 보내는 편지 1855년 7월 5일

다운

7월 5일

후커에게

자네가 이 풀에 특별한 이름을 지어 준다면 난 정말 행복할 걸세. 이름 짓는 일은 정말 진저리가 나네. 페스투카(Festuca, 김의털 속)인지 조차도 확신이 서질 않네. 넓은 김의털(F. pratensis)이 아닌 것은 확실하다는 생각이 드는데 말이야. 백악질의 둑 위에서 자라거든. 35가지나 되는 종의 이름을 모두 붙였는데, 이것은 도무지 모르겠고, 또 하나는 꽃이 피면 알 수도 있을 것 같아.

찰스 다윈.

추신. 대부분의 샐러리와 양파와 당근의 일부 그리고 무 하나, 양상추 하나는 소금물에서 85일을 견디고 싹이 텄다네!

아사 그레이에게 보내는 편지 1855년 8월 24일

켄트 주 다운, 판보로

8월 24일

그레이 선생께

'인접 종'의 목록을 만드는 데 선생이 들인 정성을 생각하니 어떻게 감사를 드려야 할지 모르겠군요. 선생의 뛰어난 지식과 노고와 식견이 그 작은 편지지에 담겨 있다니 정말 놀랍습니다! 혹시라도 선생께서 그런 노고가 헛되다고 생각하실까 봐 두렵지만, 만약 제가 그 일을 했다면, 물론 할 수는 있었겠지만, 아마도 선생께서 들인 시간의 열 배도 더 들었을 겁니다. 프리스는 속의 범위가 좁은 경우보다 속의 범위가 넓은 경우에 종의 유사성이 더 크다고 했습니다. 아주 훌륭한 곤충학자인 후커, 그리고 벤담에게 자문을 구했지만 그들 역시 이 같은 사실을 전혀 믿지 않더군요. 몇 가지 사실과 이유로 봤을 때 그러한 의견이 어느 정도 진실일 수는 있지만, 그럼에도 불구하고 소소한 실험들을 통해서 얻은 저의 견해에 비추어 봤을 때 전적으로 수긍할 수는 없습니다.

종을 세분화시키는 사람이 아닌, 체계를 정하는 분류 학자를 만날 수만 있다면 인접 종의 목록을 표시(아직 그렇게 한 사람은 없지만)할 수 있을 겁니다. 그리고 나서 그러한 속에 있는 인접 종의 평균을 계산하고, 같은 나라 안에서 그 속에 대한 종의 전체적인 평균을 비교한다면[단일 종을 제외한 모든 속에 한해서 계산한 평균입니다. 그리고 전 버드나무 속(Salix)과 사초 속(Carex)은 제외했습니다] 범위가 넓은 속에서 인접 종의 평균이 얼마나 되는지 확실히 알 수 있을 겁니다.

귀하의 논문의 목록에는 모두 115개의 속(사초 속과 버드나무 속은 제외하고)이 있고, 각 속은 평균적으로 6.37개의 종이 있습니다. 하지만 이들의 실제 평균은 (사초 속과 버드나무 속 그리고 단일 종을 가진 속은 제외하고) 4.67입니다. 그렇다면 이것은 속으로 표시된 많은 유기체가 동류라는 사실과 이들이 범위가 좁은 속에 있는 종보다 더 밀접한 유사성이 있다는 사실을 보여 줍니다.

H. C. 왓슨이 영국의 식물군에 대해서도 같은 결과를 얻어 제게 주었습니다. 물론 모든 결과가 모호하다는 것은 알고 있고, 궤변이 될 수도 있지만(선생에게 궤변으로 보일 수도 있겠지만 제게는 굉장한 정보가 될 수도 있습니다) 저는 오류를 찾지 못하겠습니다. 물론 여러 방법으로 조사를 해 봐야 합니다만, 저는 위에서 언급한 내용을 믿는 쪽으로 마음이 기웁니다.

제게 베푼 친절에 대해서는 깊이 감사드립니다. 숙고하여 주시기 바랍니다.

찰스 다윈.

[1855년 여름, 다윈은 가금류 권위자인 윌리엄 버나드 테게트마이어를 만난다. 이들은 1881년까지 서신을 교환했다.]

윌리엄 버나드 테게트마이어에게 보내는 편지
1855년 8월 31일

켄트 주 다운, 판보로

8월 31일

테게트마이어 씨께

선생께서 저를 위해 가금류의 사체를 보내 주시겠다는 제안에 대해 오랫동안 생각했습니다. 전혀 안면이 없는 저에게, 선생의 제안은 좀처럼 만나기 어려운 좋은 기회입니다. 모든 종류의 가금류를 다루는 방법을 저는 전혀 모릅니다. 거의 뼈대만 발라내기 위해서 좋은 품종의 조류를 산다는 것도 비용 부담이 매우 큽니다. 선생께서 다만 몇 마리라도 주신다면 커다란 도움이 될 겁니다.

목록을 정하는 것이 좋을 것 같아서 동봉합니다만, 제가 너무 무리한 요구를 한다고는 생각하지 마시고, 선생께서 하실 수 있는 만큼 목록에 있는 것들을 보내 주시고, 안 되면 다만 일부라도 보내 주신다면 매우 도움이 될 것입니다. 그리고 운임과 포장비 등을 잊지 말고 꼭 기억하셔서 알려주시면 제가 돌려드리겠습니다. 제가 생각하는 것보다 곤란한 점이 훨씬 많겠지만 그에 더해서 그러한 소소한 비용까지 선생께서 부담하시게 되면 제가 너무 면목이 없을 것입니다. 제가 언제쯤 런던으로 나갈지 모르지만 나가게 된다면, 선생께서 한가한 시간에 맞춰 한 시간 정도 찾아뵙겠습니다.

정말 감사해야 할 것이 많습니다. 건강히 잘 지내십시오.

찰스 다윈.

항해에 관한 자연학사 저널을 몇 년 전에 출판했는데 자연학자들에게 호평을 얻고 있습니다. 경께서 조금이나마 관심이 있으시다면 기꺼이 한 부를 보내드리겠습니다.

〈가드너스 크로니클〉 기고문 1855년 11월 21일

버클리와 내가 씨앗들이 바닷물에서 견디는 시간에 관해 쓴 기록은 이미 출판되었지만 세밀한 것까지는 아니더라도 실험의 결과에 대해서 밝혀 두는 것이 좋을 것 같다. 고추씨는 137일 동안 담가 두었는데, 56개 중에서 30개 정도를 옮겨 심었더니 싹이 텄다. 시간이 가면 잘 자랄 것 같다. 샐러리도 같은 기간 담가 두었는데 수백 개 중에서 여섯 개만 살아 있었다. 카나리아갈풀의 씨앗은 120일 후에 자랐고, 귀리도 120일 후에 절반 정도가 발아했다. 카나리아갈풀의 씨앗이나 귀리 씨앗은 100일 정도까지는 모두 살아 있었고, 시금치 씨앗도 120일 후에 싹이 잘 텄다. 양파, 서양호박, 비트, 갯능쟁이, 감자의 씨앗과 멕시코 엉겅퀴 씨앗 중 하나는 100일 만에 싹이 텄다. 상추, 당근, 갓, 무의 씨앗은 아주 극히 일부가 담가 둔 지 85일 만에 발아했고, 이것은 같은 종이라도 바닷물의 열악한 환경을 견디는 데 얼마나 차이가 나는지 잘 보여 주는 것이다. '거대한 흰색 브로콜리'의 씨앗은 열하루를 훌륭히 견디고도 소금물에 담근 지 22일 만에 죽었고, '조생작물인 콜리플라워'는 22일을 살다가 36일 만에 죽고, '소가 좋아하는 양배추'는 36일을 견디다가 50일 만에 죽었다. 텐비(Tenby)에서 가져온 야생 양배추 씨앗은 50일이 지나도록 아주 생생하다. 내 생각에 아주 오랫동안 살아남을 것 같다. 이 야생 양배추 씨앗은 갓 딴 것이다. 품질이 좋아도 딴 지 오래된 씨앗보다는 신선한 씨앗이 소금물에서 더 잘 견딘다는 것을 알았다. 5월 26일에 기록한 것 중에서 몇 가지 중요한 부분에서 눈물로 사죄해야 할 것 같다. 떨어진 육지에서 부유해 온 식물과 관목들에 관한 이야기를 종종 들으면서도 난 과학적인 중죄를 범하고야 말았다. 잘 여문 씨앗이나 열매를 가진 식물이 적어도 몇 주 동안 부유를 했을 거라고 생각한 것이다. 줄곧 그것을 증명하려고 했는데, 마침내 실험을 해 봤더니 결과는 너무나 비참하다. 잘 여문 씨앗이 달린 다양한 목(目)의 초본 식물과 나뭇가지 30개 내지 40개 정도를 소금물에 담가 두었는데, 모두가(상록수의 열매만 제외하고)[3] 대부분이 14일 이내에 가라앉았고 한 달 이내에 전부 가라앉았다. 결과적으로 씨앗이 바닷물에 표류해서 이동함으로써 식물들의 분포가 이루어졌다는 가정에서 시작한 나의 실험들은 모두가(오히려 반대 이론에 대한 증거가 되었을 뿐) 무용지물이 된 것이다. 그렇다면 후커가 내게 지적해 준 린네의 "해저에서 씨앗은 죽지 않는다(Fundus maris Semina non destruit)."는 말을 누가 설명할 수 있을까? 왜 린네는 해저에서 씨앗이 죽지 않는다고 말한 것일까? 린네가 말한 대로 멕시코 만류에 휩쓸려서 노르웨이의 해변에 다다른 씨앗들은 부유한 것이 아닌가. 린네는 씨앗들이 해저를 따라서 이동했다고 생각을 한 것인가? 해류를 생각해 볼 때 그 생각은 가능성이 없어 보인다. 적어도 씨앗들은 해류의 표면에서 이동했을 것이다.

찰스 다윈.

다운. 11월 21일

토머스 캠벨 아이튼에게 보내는 편지 1855년 11월 26일

켄트 주 다운, 브롬리

11월 26일

아이튼에게

자네가 뼈대를 발라내는 일에 경험이 많다니, 나를 위해서 착한 일 좀 하게. 그 방법을 알려 달라는 말이네. 나도 실제로 몇 마리 정도는 해 봤다네. 그런데 물에서 사체를 꺼내니까 그 냄새가 얼마나 역겹던지 완전히 내 몸에 배어 버렸어. 조류나 네발짐승의 사체를 공기 중에 잘 매달아 두고 살이 썩어서 떨어져 나가면 잘 말려서 가성소다를 탄 물에 넣고 삶았거든. 그러면 거의 깨끗해지는데 하얗지가 않고 냄새도 나더군. 이렇게 하면 되는 건가? 어떻게 하면 쓸 만하게 뼈대를 발라낼 수 있는지, 그리고 썩은 살을 완전히 제거하는 방법이 있다면 알려 주게. 정말 역겨운 작업이야. 그리고 자네는 조류의 깃털을 잡아 뽑나?

요즘은 비둘기를 수집하고 있는데, 지금 열 쌍 정도 종류별로 모았고, 토요일에는 두세 종류를 더 얻을 것 같네.

도움이 될 만한 답을 해 주길 바라네. 귀찮게 해서 미안하고.

찰스 다윈. 아이튼에게.

1856년

J. E. 그레이에게 보내는 편지 1856년 1월 14일

켄트 주 다운, 브롬리

1월 14일

그레이에게

지금까지 자네 도움을 자주 받았는데, 이번에는 아래에 첨부한 부분에 대해서 버치 씨와 자네의 도움을 받았으면 하네. 중국에서 재배하는 식물과 가축의 종류에 관해서 알고 싶은데 생각나는 사람이 자네뿐이더군. 나를 위해서 버치 씨와 자네가 힘 좀 보태 주게. 나 혼자서는 해답을 찾을 수가 없다네.

자네의 진실한 친구 찰스 다윈.

[첨부]

중국 사람들이 기르는 닭, 오리 그리고 길들인 비둘기의 종류에 대해서 고대 문헌이든 현대 문헌이든 자세하게 설명한 글이나 그냥 간단히 나열해 놓은 책이라도 번역서가 나와 있는지. 그리고 개, 양, 소 등에 관한 책도 있는지 알아봐 주게. 하지만 내가 더 관심 있는 부분은 가금류일세. 재배하고 있는 식물에 관해서도 그러한 문헌이 있는지 궁금하네. 특히 담배나 옥수수에 대해서 알고 싶다네. 물론 담배나 옥수수 재배에 관한 고대 기록은 없겠지.

대영박물관에 번역되지 않은 중국의 농사 관련 책이나 백과사전이 있다면 버치 씨에게 부탁해서 번거롭더라도 그 책을 살펴보고 거기서 언급된 종류들만이라도 적어서 보내 주게. 내게는 굉장히 중요한 문제라네. 중국어는 하도 휘황찬란해서 읽기도 어렵기 때문에 내가 하는 부탁이 얼마나 어려운지 가늠할 수도 없군.

찰스 다윈.

W. B. 테게트마이어에게 보내는 편지 1856년 1월 14일

켄트 주 다운, 브롬리

1월 14일

친애하는 선생께

일주일 동안 몸이 안 좋았지만, 스티븐스(Stephens)에서 이곳까지 늙은 수탉을 사서 보내 주신 선생의 친절에 대한 감사를 마냥 미루어서는 안 될 것 같습니다. 지금까지 품질 좋은 스페인 산 수탉의 뼈는 한 마리밖에 없습니다. 그래서 선생께서 종류가 다른 새끼에 대해서도 참작을 해 주신다면 몇 마리든 상관없이 기쁘게 받을 것입니다. 마리당 5실링을 드리겠습니다. 저의 오랜 친구인 로버트 풀레인 신부가(선생께서도 아마 훌륭한 가금류 식별가로 알고 계시는 이름일 겁니다) 며칠 전에 베일리 씨에게 요청을 해서 제게 필요한 것을 보내 줄 것이라는 소식을 전해 주었습니다만, 경께서 해 주시는 것이 훨씬 더 확실할 것 같습니다. 아직 베일리 씨에게 부탁한 바는 없습니다. 그리고 시급을 요하는 것도 아닙니다. 지구상에 존재하는 모든 가금류의 생피를 얻는 데 성공한다면 영국에서 기르는 가금류의 생피와 비교를 해 보고 싶습니다. 그러니 혹시라도 멋진 깃털을 가진 새를 보시게 되면 목을 자르지는 말고 부러뜨려서 보내 주십시오. 목을 부러뜨린 것이 오면 뼈대보다 생피를 연구해 보라는 선생의 의도로 알고 있겠습니다. 국내에서 기르는 가금류의 생피와 뼈대를 충분히 수집하면 모두 대영박물관에 기증하겠습니다.

진심으로 감사드립니다.

찰스 다윈.

W. E. 다윈에게 보내는 편지 1856년 2월 26일

다운

화요일 저녁

보고 싶은 맏아들 윌리에게

오늘 아침에 네 편지를 받고 무척 기뻤단다. 하지만 다친 다리가 완전히 나았는지 궁금하구나. 상태가 어떤지 상세하게 알려주길 바란다. 대학 준비 과정에 들어갔다니 기쁘구나. 지도자가 갖추어야 할 분별력과 습관을 키우는 데 아주 좋은 시기란다. 딱하긴 하다만 기도문은 잘 외우고 있는지, 회계학 공부도 그렇고, 조각 시간에도 좋은 작품들을 만들고 있는지 궁금하구나. 엄마는 세 꼬마들을 데리고 하트필드(Hartfield)에 가셨단다. 레니가 보낸 편지도 함께 보낸다. 그 녀석은 리스 힐(Leith Hill)에도 그런 우스꽝스러운 편지를 보냈더구나. 편지 서두에 이렇게 썼단다. "아기는 보풀 달린 코트를 입었는데 갈색이래요. 전 봉랍도 조금 사고 편지지도 샀어요. 정말이에요. 편지 정말 잘 썼죠?"라고 말이다. 그렇게 네 쪽이나 썼단다. 스노우 말이다. 그 강아지 녀석도 아주 뚱뚱해져서 집으로 돌아와 언제 그랬냐는 듯이 잘 지낸단다.

모퉁이에 있던 커다란 너도밤나무를 베어서 뿌리째 뽑아 버렸단다. 나이테를 세어 보니 77년이나 묵은 나무더구나. 나무 아래에 혹시 77년 묵은 씨앗이 묻혀 있는지 보려고 그랬지. 요즘은 비둘기들에 둘러싸여 지낸단다. 며칠 전에는 집비둘기들을 선물로 받았구나. 독일산 집비둘기와 부리가 짧은 비둘기도 받았다. 지난번에 런던에 갔을 때 늙은 양조 업자를 만났는데 삼사백 마리 정도의 아름다운 비둘기를 기르고 있더구나. 연한 갈색의 아주 작은 독일산 집비둘기 한 쌍을 주더구나. 비둘기 집을 새로 하나 더 지을 생각이란다. 여름이면 날갯짓이라도 좀 하게 말이다.

아쉽지만 아테네움 클럽에서 네 이름을 삭제해야만 했다. 18세까지는 입회가 안 되기 때문이야. 회원들 중에는 너를 나로 착각한 사람도 있더구나. 오버스톤 경이 찾아와서 내게 위원회에 들어올 것을 제안했단다.

위원회에 들어가게 되면 매년 여덟 명의 회원을 뽑을 권한이 있지. 그 문제로 좀 골머리를 앓고 있단다. 화학 공부는 잘 되고 있는지 듣고 싶구나.

잘 자거라. 사랑하는 장남.

너의 아빠 찰스 다윈.

W. D. 폭스에게 보내는 편지 1856년 3월 15일

켄트 주 다운, 브롬리

3월 15일

폭스 형에게

늘 나를 잊지 않고 생각해 줘서 고마워. 가금류 골격에 대해서도 약간의 진전이 있었어. 고대 가금류의 역사에 대해서도 연구를 하고 있고, 어제는 대영박물관에 중국 백과사전의 번역을 의뢰했어. 오늘 아침에 아시아산 육용 닭을 받아서 살펴보고 있는데(표본이 하나 더 있으면 좋겠지만) 첫째 줄 칼깃 수와 날개의 제1지에 나는 단단한 작은 깃털의 수 그리고 꼬리 깃털 수에서 중요한 차이를 발견했어. 전혀 새로운 종으로 볼 수도 있을 것 같아. 비둘기에 대해서도 연구를 하고 있는데 영국에 서식하는 거의 모든 품종을 가지고 있어서, 집비둘기의 바깥쪽 갈빗대와 등 쪽의 척추골에서 골격의 상당한 차이를 발견할 수 있을 것 같아.

「카티지 가드너(*Cottage Gardener*)」 출판사에 주의를 주었어. 테게트마이어 씨는 덩치는 작지만 아주 친절하고 영리한 사람이지. 하지만 어떤 식으로든 내 이름을 사용할 권한은 없어. 우리의 주제가 서로 다르기 때문에 공동으로 연구를 한다는 것도 새 나가면 안 된다고 말했거든. 나는 미처 생각도 못했는데 그는 두개골에도 손을 대기 시작했더군. 난 아직 간물에 절인 닭도 살펴보지 않았는데 말이야. 하도 벌려 놓은 일이 많아서 언제 본격적으로 시작을 할지도 모르겠어. 하지만 어린 비둘기들 작업도 크게 벌려 놓고 있지만 이들도 언젠가는 아주 긴요하게 쓸 것들이지.

늙은 세브라잇 반탐(Sebright Bantam, 영국 닭의 일종—옮긴이)을 얻었으면 좋겠어.

형이 가까이 있다면 지금 연구하고 있는 것에 대한 이러저러한 형의 의견을 들었으면 좋겠네.

달이 갈수록 일이 점점 커지기만 해서 제대로 될지 걱정이네.

나의 오랜 친구에게.

찰스 다윈.

[4월에 다운을 방문한 라이엘은 다윈의 종 이론에 대해 자세히 듣게 된다. 그리고 다윈에게 선점하기 위해서 그의 연구 결과를 출판하라고 강권했다.]

찰스 라이엘에게 보내는 편지 1856년 5월 3일

켄트 주 다운, 브롬리

5월 3일

라이엘 선생님에게

지난 몇 년간 후커와 헉슬리가 가지고 있던 종에 관한 견해에 변화가 있다는 것은 매우 놀랍습니다(저로서는 아주 기가 찰 노릇이지요).

제 견해에 관한 대략적인 윤곽을 그리라고 한 선생님의 제안에 관해서 떠오르는 생각이 도무지 없군요. 하지만 선입견을 버리고 심사숙고해 볼 생각입니다.

모든 명제에 대해서 사실적인 근거를 대지 못하면 아마도 제 이론의 개요에 공정성을 꾀하기는 불가능할 것입니다. 그렇게 하려면 변이와 선택을 설명할 수 있는 중요한 작인(作人)을 언급해야 하겠지요. 그런 관점을 대표할 수 있는 가장 중요한 특징 몇 가지를 선별해야 하는데 그게 정말 어렵군요. 하지만 그럴듯한 생각이 떠오르지 않아요. 오히려 선점을 하기 위해서 책을 쓴다는 사실 자체가 싫습니다. 그래도 누군가 저보다 먼저 출판을 한다면 정말 화가 나겠지요.

아무튼 선생님의 사려 깊음은 정말 고맙습니다.

다음 주에는 런던에 갈 생각인데 목요일 아침에 잠시 찾아가겠어요. 선생님께서나 저나 시간이 별로 없는 사람들이니 정확히 한 시간이면 될 것입니다. 되도록 오전 9시 정도가 좋을 것 같은데요, 해야 할 일도 많고 오전에 가장 기운이 나서 그렇답니다.

건강히 잘 지내십시오. 저의 진정한 후원자 라이엘 선생님.

찰스 다윈.

말이 난 김에 말인데요, 나무뿌리들이 에워싸고 있는 틈에서 세 개의 싹이 텄답니다. 그리고 식탁용 스푼 분량의 진흙 웅덩이 속에서 29개의 식물이 싹이 텄어요. 후커는 이걸 보고 놀라더군요. 그리고 오리발 하나에서 긁어낸 진흙을 보여 주니 생각보다 많다면서 놀라구요.

만약 제가 간단한 개요라도 출판을 하게 되면 어디서 출판하는 게 좋을까요?

J. D. 후커에게 보내는 편지 1856년 5월 9일

켄트 주 다운, 브롬리

5월 9일

후커에게

헉슬리에 대해서 크로퍼드와 스첼레키(아테네움 클럽의 회원이 될 사람이네)에게 이야기하려 하던 차에 오언이 어떤 견해를 가지고 있으며 무슨 말을 할지 궁금해지더군. 자네는 오언을 잘 모를 걸세. 불그스레한 얼굴에 음흉한 미소를 띠고 느리고 점잖은 목소리로 이렇게 말하겠지. "헉슬리 씨가 한 일에 대해서나 그가 영예를 받을 만하다고 크로퍼드 씨가 내게 말을 하겠지만, 나로서는 단지 헉슬리 씨가 퀴비에 씨나 에른버그, 아가시와는 좀 다른 사람이고 그들은 전혀 진지하지 않은 사람들이라고 반박하는 걸로 알고 있소."라고 말일세. 그러니 크로퍼드 씨에게 어떻게 말을 해야 할지 난감하다네. 내가 보여 줄 수 있는 건 학술지에 소개된 몇 편의 훌륭한 논문이 전부라네. 물론 그 논문으로 메달을 수여하긴 했지만 말이야. 반대파가 있으니 이 정도로는 어림도 없을 것 같네. 과학적으로 진정한 가치도 충분히 인정받지 못하고 있는 것 같고, 헉슬리가 그리 유명한 인물도 아니고 말이야. 자네의 신중한 의견을 듣고 싶다네. 괜히 제안을 했다가 거절당하면 더 안 좋을 것 같네. 오언은 아주 막강한 인물이라네.

그리고 물론 내 얘기네만, 정말 조언이 필요한 사람은 나라네. 진심으로 위로가 되는 말을 좀 해 주게. 종에 관한 연구와 관련해서 라이엘 선생님과 좋은 이야기를 많이 나누었는데, 선생님은 출판을 하라고 난리더군. 편집자나 자문위원에게 출판해 달라고 말하기도 싫고, 함부로 손을 댈까 봐 정기 간행물이나 저널에는 싣지 않기로 마음을 정했다네.

만약 출판을 하게 되면 아주 얇고 작은 책에 불과할 걸세. 그러면 공개하지 않은 부분에 대해서는 정확한 참고 자료도 없이 이론의 개요와 차이점들만을 실어야 할 텐데, 그러면 내 이력에는 전혀 도움이 되지도 않을 거야. 라이엘 선생님의 생각은 내가 18년 동안 연구해 온 것을 밝혀야 하는 마당에 출판은 꼭 해야 한다는 것이네. 하지만 특별히 더 조사를 해야 할 어려운 부분이 남아 있기 때문에 몇 년 동안은 출판을 할 수 없다네. 자네 생각은 어떤가? 정말 명쾌한 조언을 해 주게. 그런 글을 쓰기 위해서 두어 달을 포기해야 하는지 의문도 들고, 완성이 되도 출판을 해야 할지 판단을 내리지 못할 것 같다는 생각도 든다네. 작가로서 권위를 가지고 언급할 만한 중요하고 정확한 참고 자료를 만드는 것은 정말 불가능한 일이라네. 다만 내 견해를 뒷받침할 만한 사실들을 제시할 수는 있겠지만 그나마도 기억에 의존한 한두 가지 정도밖에는 안 될 걸세. 서문에다 이렇게 언급을 해야 할지도 모르지. 내 연구는 엄밀하게 말해서 과학적인 근거는 없으며, 향후 충분한 참고 문헌들과 함께 발표할 책의 개요나 윤곽에 불과할 거라고 말일세. 어휴, 어휴, 다른 사람이 그랬다면 나라도 분명히 비웃을 거야. 내 유일한 위안은 라이엘 선생님이 출판하라는 말을 꺼내기 전에는 전혀 꿈도 꾸지 않았다는 것일세. 정말이지 신중하게 생각해서 충고해 주게.

고뇌의 수렁에 빠진 나를 봐서라도 자네에게 어려운 문제를 떠넘기는 나를 용서해 주게.

진실한 친구.

찰스 다윈.

J. D. 후커에게 보내는 편지 1856년 5월 11일

켄트 주 다운, 브롬리

5월 11일

후커에게

'예비 논문'의 분책을 고려해 보라는 충고는 정말 훌륭하군. 어떤 책이든 출판을 한다면 라이엘 선생님이 보기에는 그 제목이 이상하다고 생각할 테지만, 편집자나 자문위원에게 구걸하는 것도 참을 수 없고, 막상 출판을 하게 되더라도 골치 아픈 일을 맡겼다는 것 때문에 굽실거리며 사과를 해야 할지도 모른다는 생각이 드네. 내가 처한 이 상황에 대처하기 위해 아버님이 하시던 지혜로운 말씀을 빌리자면, 조언을 구하기 위해서는 우선 내 마음부터 확실하게 정해야 한다는 걸세. 그러고 나면 좋은 충고는 편안하게 받아들이게 되고, 악이 되는 충고는 쉽게 거절할 수 있다는 말씀이네. 하지만 예비 논문이라도 출판을 해야 하는 상황인지는 신만이 알고 있지 않겠나. 자세한 설명도 없이 책을 내놓는 것은 학술적이지 못한 일인 것 같아서 여전히 괴롭다네.

분책을 내는 것은 좀 슬픈 일이네. 그렇게 해도 사실들은 다 입증이 될 거라고 자네는 말하지만 그럴 것 같지는 않네. 쓸데없는 짓이라는 생각도 드네. 자네의 뜻은 알겠네만 나를 너무 치켜세웠어. 실수로 인해 발목이 잡힐까 봐 두려운 것은 아니네. 예비 논문에서 어떠한 오류라도 발견된다면 제대로 된 책을 내는 일은 완전히 단념할 걸세. 안 그러면 내가 오류를 퍼뜨리는 일을 하는 셈이지. 오류를 퍼뜨리기는 쉽지만 그 잘못을 바로잡기는 얼마나 어려운가. 어쩌면 그게 진실일 걸세. 솔직히 고백하자면, 적어도 시도는 해 봐야 하지 않을까, 출판을 할지는 보류하더라도 개요라도 써 봐야 하지 않을까 하는 쪽으로 마음이 점점 기운다네. 하지만 전체적으로 자세한 설명도 없이 출판을 하는 것은 학술적이지 못하다는 초심으로 자꾸만 생각이 돌아간다네. 내 이론의 윤곽에 대한 친구들과 비평가들(검토를 해 본다면)의 의견에 귀 기울이는 것이 향후의 내 책에도 도움이 될 거라고 확신한다네.

이런 개인사로 장황하게 떠들어서 자네에게 더 미안하군. 하지만 자네 덕분에 이 일이 쓸데없는 일일지도 모른다는 것이 증명된 것 같네.

진심으로 자네에게 감사하네.

찰스 다윈.

추신. (방금 자네 편지를 읽었는데) 그 예비 논문은 앞으로 나올 내 책의 가치를 떨어뜨리고 참신함을 덜하게 할 거라는 자네의 말은 정말 맞네. 나로서는 굉장히 슬픈 일이지. 반면에, (라이엘 선생님의 집요한 권유로 돌아가서) 산호초 이론의 예비 논문은 출판했는데 좋지도 않고 나쁘지도 않았다네. 라이엘 선생님이 다시는 논문으로 나를 밀어붙이지 않기를 진심으로 바란다네.

J. D. 후커에게 보내는 편지 1856년 5월 21일

켄트 주 다운, 브롬리

21일

후커에게

그 강연을 듣고 강의록을 읽었다네. 강연은 아주 훌륭했다네. 비록 내가 아는 바로는 헉슬리의 의견이 옳다고 믿지만 여전히 헉슬리의 어투는 너무 격렬하더군. 헉슬리에게도 그렇게 적어서 보냈다네.[1] 이 강의는 아테네움과는 관련이 없다고 생각하지만 그래도 누군가 먼저 헉슬리를 추천하자는 이야기가 나오기 전까지는 잠시 덮어 두자는 자네의 의견에 마음이 기울더군. 우리의 친구가 모든 사람과 충돌을 일으키는 것에는 진심으로 반대해야 하지 않겠나(왕립연구원에서 행한 강연에서 헉슬리가 퀴비에 씨를 다루는 방식에 대해서 팔코너는 매우 화가 났다네. 온화하게 하라고 말을 했건만 말이야). 위대한 자연학자 한 사람을 아테네움에 들어오게 하기 위해서는 차라리 아무것도 하지 않는 게 낫다는 생각이 들었네. 괜히 추천했다가 낭패를 겪느니 차라리 추천하지 않는 게 좋을 거라는 말일세.

모두에게 이 얼마나 우스꽝스럽고 수치스럽고 어색한 일인가(적어도 패러데이 씨와 존 허셜 경은 제외하고 말일세). 점잖은 사람들이 한 쌍씩 붙어서 말다툼을 벌이다니. 난생 처음 본다네.

자네의 친구 찰스 다윈.

찰스 라이엘에게 보내는 편지 1856년 6월 16일

다운

16일

라이엘 선생님에게

전 지금 세상에서 가장 염치없는 일을 하려고 합니다. 하지만 선생님의 제자들이 이룩한 지질학적인 진보에 대해서 제 피는 열정으로 끓어올랐다 식었다 널뛰기를 하고 있어요.

포브스는 멕시코만산 모자반 속 해초(the Gulf weed)를 설명하느라 북아메리카 대륙에 또 다른 대륙을(아니면 같은 대륙이든지) 만들어 냈고, 후커는 뉴질랜드에서 남아메리카까지 세상을 돌아 커글랜드 제도까지 대륙을 만들지를 않았습니까. 이제 울러스턴은 마데이라 제도와 포트 산토(P. Santo)를 두고 이전에 대륙이었다는 '확실하고도 분명한 증거'라고 한답니다. 또 우드워드는 해저에 320킬로미터에서 480여 킬로미터 정도의 대륙이 있다고 가정한다면(마치 대수롭지 않은 일처럼), 왜 태평양이나 대서양의 모든 섬들이 대륙으로 이어지지 않았겠느냐고 제게 썼더군요!

현생종의 존재 안에 이 모든 것의 해답이 있답니다! 선생님께서 이런 이론들을 막지 않는다면, 그래서 지질학자들을 처벌할 지옥이 있다면 확신컨대, 저의 위대한 스승인 선생님이 바로 그곳으로 가야 할 것입니다. 어찌하여 선생님의 제자들은 지금까지 살아 있는 이 늙은 격변설주의자들(catastrophists)을 그토록 느리고 슬금슬금 깨뜨리는 것입니까? 선생님이야말로 격변설주의자들의 위대한 대장으로 살아갈 것인지요!

이제 그만 되었습니다. 아주 폭발할 지경이네요.

저의 스승, 너그럽게 봐주십시오.

찰스 다윈.

이 편지에는 답장을 하지 않아도 됩니다. 혼자 지껄이듯 썼으니까요.

J. D. 후커에게 보내는 편지 1856년 6월 17~18일

켄트 주 다운, 브롬리

17일

후커에게

오늘 아침에 자네의 노트를 받았는데, 그 노트에 주로 적혀 있는 두 가지 주제에 관해서 자네의 의견을 정말 듣고 싶다네.

팔코너 대 헉슬리의 싸움에 대해 내 마음이 내키는 대로 판단을 내리고 싶지는 않다네. 하지만 논문은 굉장히 놀라웠네. 나는 오히려 헉슬리 쪽으로 마음이 기우는데, 팔코너가 없었다면, 헉슬리는 팔코너가 곰의 습성에 대한 지식도 없이 구조적인 것만 따져서 북극곰이 육식성이고 불곰이 초식동물이라고 했다고 말을 할 수도 있었을 거네. 헉슬리의 논쟁은 훌륭했어. 궁극적인 원인이라고 할 만한 '적응'으로부터 추론해 낼 수 있는 모든 것을 부정하는 것은 이치에 맞지 않는다고 보네. 하지만 전반적으로 논쟁이 있었던 것은 매우 유감스럽게 생각하네. 그 좋은 두 사람이 친구가 될 수도 있었는데 말이야.

울러스턴이 쓴 책에 매우 관심이 있다네. 물론 그가 주장하는 학설은 나와 많은 차이가 있지만 말이야. '가장 민폐를 끼치고' '불합리하고' '불온한' 사람들에 대한 질책에 대해서 얼마나 고심을 하고 썼는지, 자네가 이렇게 의미심장한 책을 읽어 본 적이 있는지 궁금하군. 이러한 모든 생각의 바탕에는 신학이 있어. 그에게 마치 칼뱅처럼 열정적인 이단아 같다고 말해 주었다네. 생각할수록 매우 가치 있고 훌륭한 책이더군. 하지만 그는 자기 견해 밖의 것에 대해서는 조예가 없는 게 분명하다네. 그래서 뉴질랜드에 관련된 논문을 읽어 보라고 권했지. 지질학도 역시 에오세기(eocene) 수준인 것 같다고 적어 보냈네. 사실 너무 솔직해서 걱정이 될 정도로 적나라하게 썼지. 나더러 극단적으로 정직한 사람이라고 하더군. 비웃으려는 의도로 한 말인지는 모르겠지만, 아니길 바라네.

에오세기 지질에 대한 말이 나왔으니 말인데, 아틀란티스 대륙(Atlantic continent)에 관해서 아주 분노가 치미는데, 특히 우드워드의 기록을 보고 더 화가 났다네(연체동물에 관해서 괜찮은 책을 출판했더군). 우드워드는 태평양과 대서양의 모든 섬들이 현생종의 시대에 가라앉은 대륙의 잔해라고 믿고 있더군. 정말 화가 나서 라이엘 선생님께 항의성 글을 썼다네. 그러니까 포브스(공범의 우두머리!)와 자네, 울러스턴, 우드워드가 최근에 만들어 낸 대륙과 약간의 대륙의 팽창을 모두 합치면 제법 그럴듯한 대륙이 만들어지겠군!

이 문제에 대해선 정말 미쳐버릴 것 같네. 이미 미치지 않았다면 조만간 미쳐 버리겠지.

안녕을 비네.

찰스 다윈.

찰스 라이엘에게 보내는 편지 1856년 7월 8일

켄트 주 다운, 브롬리

7월 8일

라이엘 선생님께

두 권의 노트와 모리의 지도, 그리고 빌려 준다고 하신 책을 보내주셔서 무척 고맙습니다.

대륙의 팽창에 대해서 선생님이 아무런 판단을 내릴 수 없다는 것은 매우 유감스럽군요. 선생님이 그러한 팽창 이론에 대해서 저의 주장이 너무 허접하다고 여기는 건 아닌지 하는 생각이 든답니다. 저도 믿을 수 있었으면 좋겠어요.

모리의 지도는(전에도 한 번 본 것 같은데) 아주 잘 활용하고 있답니다. 마데이라 제도나 그 주변에 대해서 말인데요, 그 지도로 보면 대륙 팽창 이론으로는 유기체의 유입을 설명하는 데 무리가 있더군요. 마데이라, 카나리, 아조레스 제도(the Azores)는 서로 밀접하게 연결되어 있어요. 만약 지층의 변화가 유기체들의 관계와 밀접하게 연결되어 있다면 그 제도들은 일종의 퇴적층으로 연결이 되어 있어야 할 것입니다. 아조레스 제도는 아메리카 대륙과 더 밀접하게 연결이 되어 있어야 하지요.

가끔 지는 유럽 식물의 상당 부분을 빙신의 이동으로 설명할 수 있는지 생각해 본답니다. 아조레스 제도의 식물이 마데이라 제도와 비교해 봤을 때 북쪽의 특색을 더 띠고 있지만 그곳에서 표석이 발견되기 전까지는 이러한 생각은 매우 위험하겠지요.

모리의 지도에서 가장 궁금한 것 중에 하나는, 작은 변화인데, 2.7킬로미터 정도의 갑작스런 융기로 대륙이 만들어졌다는 것입니다. 2.7킬로미터의 침강을 만들다니 엄청난 변화가 아닙니까. 이 정도의 융기로 이런 차이가 생긴걸까요? 분명히 3.7킬로미터의 융기가 변화를 만들어 낸 것이지요.

빙산으로 인해서 씨앗이 남반구로 이동했을 거라는 선생님의 의견을 내 논문에 인용했답니다. 하지만 모든 경우에 다 그런 것은 아닐 것입니다. 전 일주일째 후커가 쓴 훌륭한 책을 보면서 남극지방 식물군의 관계를 정립하고 있어요. 묘하게도 빙하기 동안에 열대지방도 온도가 내려갔다는 자세하고 많은 증거를 찾아냈습니다. 그래서 유기체들이 열대지방으로 이동했다는 거지요. 물론 어려운 점은 많지만 전체적으로 많은 부분을 설명해 준답니다. 남쪽 지방의 표석에 대해서 쓰기 시작한 이래로 가장 맘에 드는 기록이예요. 남쪽 지방과 열대지방에 빙하기가 있을 수 없다는 엄청난 가정을 인정하지 않고도 종의 변이를 설명할 수 있어요.

아틀란티스 섬에 대해서도 말인데요, 카나리 제도가 이전에 대륙의 연장선상에 있었다면 대륙과의 연관성이 얼마나 있는지 궁금하군요.

선생님의 진실한 친구 찰스 다윈.

기온이 점점 낮아지고 있는 지대에 관해서 일전에 후커와 토론을 했는데, 처음에는 아주 곤혹스러워 하는 것 같더니(충분히 곤혹스러운 점이 있었어요) 개념을 받아들이는 쪽으로 많이 기운 것 같았습니다. 종의 변형은 '분포'에 관한 여러 의문점들을 설명해 주지요. 하지만 이러한 주제에 관한 연구가 진행되는 한, 전 마지막 순간까지 멈추지 않을 것입니다. 때로는 기쁘고 또 때로는 절망하더라도 말입니다.

J. D. 후커에게 보내는 편지 1856년 7월 19일

켄트 주 다운, 브롬리

7월 19일

후커에게

나의 요청을 들어주는 자네의 친절하고 깊은 배려에 감사하네. 내게는 정말 중요한 도움이 될 걸세. 종의 일반적인 기원에 대한 매우 중요한 관점으로써 한 번 창조된 것인지 두 번 창조된 것인지를 논하는 데 절대적으로 필요한 사안이긴 하네만, 솔직히 말하면 온갖 종류의 비현실적인 가설들을 모아 놓은 것 같아서 아주 난감하기도 하네.[2]

자네가 이종교배의 가능성을 인정해 주는 것 같아서 무척 기뻤다네. 식물학자들은 아무도 그렇게 생각하지 않는다네. 그래서 유감이긴 하지만 말이야. 명백히 불가능한 경우는 없을 거라는 기대는 하지 않네. 하지만 분명히 불가능은 사라질 것이라고 생각하네. 예를 들어 초롱꽃과(Campanulacæ)가 대표적인 경우이네만 이들이 이종교배를 할 수 있다는 것이 확실해졌다네. 스위트피(sweet pea)-난초과(Bee-orchis), 그리고 접시꽃과(Hollyclis)는 지금은 도무지 알 수가 없네. 스위트피를 죽이지 않고서는 꽃밥을 없애는 실험을 할 수 없더군. 변종을 없애기 위해서 그 방법에 관심을 가졌지만 이제는 다른 방법을 찾아야 할 것 같네.

내 이론에 신뢰를 실어 주는 분명한 사실 한 가지는 상호 교배를 하는 동물을 제외하고 유동적이며 양성을 모두 가지고 있는 정액을 가진 동물은 없으며, 육상식물의 경우 대부분 물기가 없는 정액이며 양성을 가지고 있다는 사실이네. 큐에 살고 싶다는 생각이 드네. 적어도 자네를 자주 만날 수는 있을 테니까.

자네가 이종교배에 관해서 더 알고 싶다면 내 노트들을 보여 줄 수도 있네. 어쩌면 자네를 더 곤혹스럽게 만들지도 모르지만.

언제나 진실한 나의 친구 후커에게.

찰스 다윈.

T. C. 아이튼에게 보내는 편지 1856년 8월 31일

켄트 주 다운, 브롬리

8월 31일

아이튼에게

자네가 보내 준 기록은 잘 받았네. 그리고 내가 아주 궁금했던 돼지에 관한 정보를 더 준다고 하니 더욱 고맙네. 그런데 벡슈타인은 집에서 기르는 돼지들의 덧니의 수에 큰 차이가 있다고 주장하더군.[3] 돼지들의 턱뼈(다른 부분은 말고)를 모아서 그의 주장이 맞는지 확인해 보려고 한다네. 혹시 그런 것을 주의 깊게 본 적이 있나? 자네의 권위에 힘입어 벡슈타인의 주장을 확인해 보고 싶군.

내 연구에서 가장 어려운 점 중에 하나는 서로 떨어진 섬에서 발견되는 종의 경우 그 분포의 방법이라네. 최근에는 바닷물에 대한 씨앗의 저항력을 실험하고 있고, 흙 속에서 견디는 힘이나 진흙 속에서 견디는 힘, 부유하는 능력 따위 말일세. 이 분야에 대해 내게 도움을 줄 수 있겠나?

난 이제 걸을 힘도 없네. 아마 다시는 못 걸을 것 같네. 새들의 발이 더러운지 아닌지를 보고 축축하고 질퍽거리는 날인지 아닌지를 알아보고 싶다네. 하인과 사육사를 함께 내보내서 자고새들의 발을 모두 씻게 해서 흙탕물을 모아 봐야겠어!!

하지만 백로과(heron)의 새나 섭금류(wader)들(우리 집 근처에는 연못이 없어서) 혹은 물새들이 부리나 발이 더러워진 채로 갑자기 날아오르는지가 더 궁금하네. 연못 밑바닥에서 큰 스푼으로 두 스푼 정도 되는 진흙을 팠는데 그 속에 싹이 튼 식물을 53개나 찾았다네.

올빼미나 매가 작은 새를 잡아먹고 얼마나 지나서 게워 내는지 아나? 날아다니면서도 게워 낼 수 있을까? 새들이 그렇게 게워 낸 것을 모아서 싹이 틀 수 있는 씨앗이 그 속에 있는지 확인해 보고 싶다네. 혹시 자네의 사냥터 관리인에게 부탁을 해서 새장 주변에서 그런 토사물을 보면 좀 모아 달라고 할 수 있을까?

그리고(내 부탁이 자네를 번거롭게 하지 않는다면) 황어나 숭어의 위장을 조사해 본 적이 있나? 그 물고기들이 씨앗을 삼키기도 할까? 미끼로 난알 같은 걸 대신 써도 좋다고 알고 있네만. 잭이 지은 그런 새장이라면 백로가 해초의 씨앗을 삼킨 물고기를 먹을 수도 있을 테고, 그러고 나서 다른 연못으로 날아가 버릴 수도 있지 않을까 하네.

황어를 좀 구하려고 일 년 내내 애썼지만 구하지 못했네. 혹시 자네에게 있을지, 아니면 그물을 놓아 좀 잡아 줄 수 있는지? 식모를 시켜서 황어를 잘 씻은 후 배를 갈라 내장을 보내 주면, 내용물을 그대로 화전(火田)에 적당한 조처를 취해서 뿌려 보려고 하네. 자네가 고맙게도 이 어설픈 것을 내게 보내 주려거든, 공기 주머니나 은박지에 싸서 우편으로 보내 주시게. 자네가 언짢게 생각하지 않는다면 우편 요금을 돌려주겠네. 잡동사니들이니까 시간도 오래 걸리지 않을 거고 요금도 얼마 되지 않을 것 같네.

고양이 뼈대를 모을 생각은 없나? 라이엘 선생님이 희한하게 생긴 페르시안 고양이를 가지고 있다네. 나도 좀 별난 고양이에 대해서 들어 본 적이 있어. 자네가 그걸 살펴보고 싶다면 그 사체를 자네에게 보내라고 할 수도 있다네. 하지만 내 생각에 고양이는 대부분이 잡종인 것 같아.

늙은 자연학자 친구의 얘기를 듣는 게 재미있다고 했으니 그걸 시험한 거라고 생각하게나. 나를 좀 너그러이 봐주게.

진정한 친구 찰스 다윈.

J. D. 데이나에게 보내는 편지 1856년 9월 29일

켄트 주 다운, 브롬리

9월 29일

존경하는 데이나 씨께

종의 기원과 변종에 대한 연구를 하느라 무척 분주했습니다. 원고는 인쇄 준비를 마쳤는데, 사실 언제 출판을 하게 될지는 하느님만 아실 겁니다. 두 해를 넘기지는 않을 것 같은데 언제든지 출판을 하게 되면 선생께 첫 번째로 찍은 한 부를 보내 드리겠습니다. 이 주제에 관해서 지난 19년간 연구를 해 왔는데, 제게는 너무나 버거운 주제입니다. 특히 제 기억력도 한계가 있어서 말입니다. 근간에 들어서는 가축에 대한 연구를 주로 하고 있습니다. 주로 뼈대를 수집하는 데 집중하고 있답니다. 어떻게 이런 보잘것없는 주제에 이토록 정성을 기울이는지 저도 놀라곤 합니다. 가축의 골격에 중요한 차이점이 있다는 것을 알았습니다. 예를 들어서 집에서 기르는 토끼의 경우, 야생의 무리에 있던 부모로부터 유전된 것이 확실한 반면, 비둘기(C. livia)의 경우 아주 확연한 변이가 보입니다. 그것들은 모두가 야생 리비아 비둘기에서 유전된 것으로 매우 결정적인 증거가 됩니다.

비둘기의 경우(다른 경우에는 아니지만) 많은 고문헌이 있으며, 다양하게 변이한 과정을 추적할 수 있습니다. 현재 저는 살아 있는 비둘기와 죽은 비둘기를 수집하고 있습니다. 사육사들과 힘을 모아 일하고 있으며, 모든 종류의 희귀한 인간의 표본을 모아서 의학 관계자들과 비둘기의 변종을 만들어 내고 있습니다.

선생께서 단일 지점에서의 창조 학설을 신봉하지 않으신다는 것도 알고 있습니다. 하지만 전반적인 주장을 살펴볼 때 전 그 학설에 강하게 마음이 기울고 있습니다. 하지만 자세히 들어가면 분명히 크나큰 어려움이 있을 것입니다. 하지만 육상 연체동물의 분산과 연관지어 보면 그리 어려운 일도 아닐 것입니다. 선생께서 혹시 어떤 유기체든 간에 그 특이한 분포 방법에 대해 생각을 해 보셨거나 들어보신 바가 있으시다면 어떤 정보라도 제게는 큰 도움이 될 것입니다. 대양에 흩어져 있는 섬에 육상에서 자생하는 것과 같은 종이 존재한다는 것에 관해 명쾌하게 설명을 해 주는 사람이 없습니다. 모든 섬은 최근까지 대륙과 연결되어 있었다는 설이 영국에서 유행처럼 신봉되고 있지만 저는 그 설을 곧이곧대로 믿을 수 없기 때문입니다.

종의 영구적인 불변성에 대해 제가 회의적으로 되어 가고 있고, 어쩌면 이미 회의적인지도 모르지만 이 같은 사실에 선생께서는 아마 분노하실 겁니다. 이러한 고백을 하는 저도 무척 괴롭습니다. 그러한 주장을 하는 사람들에게는 동정심밖에는 느껴지지 않습니다. 하지만 어쨌든 선생께서는 제가 심사숙고하지도 않은 채 그런 이단적인 결론에 이르지는 않았을 거라고 믿어 주실 거라 생각합니다. 어떻게 종이 변하는지에 대해서는 제 책이 설명을 해 줄 것입니다만, 훌륭하지만 깊이가 없는 흔적기관 이론과 제 견해에는 많은 차이가 있습니다.

가능한 한 종이 영구적으로 불변한다는 것에 대한 모든 증거들을 제시하려고 했습니다. 물론 그 증거들을 수집하는 것이 저로선 괴로운 일이었지만 말입니다. 제 연구의 진위가 판명이 날지는 모르겠습니다. 하지만 확실한 것은 정직하게 그리고 열심히 연구했다는 것입니다.

만약 아가시가 영광스럽게도 저의 글을 읽는다면, 제게 돌을 던질지도 모릅니다. 다른 사람들도 마찬가지일 겁니다. 하지만 진리는 위대한 것이지요. 진실과 상반된 글을 쓰는 사람도 진실을 꿰뚫어 본 사람들만큼 공로가 크다고 생각합니다. 그래서 설령 제가 틀렸다고 해도 그런 점에서 위안을 삼아야 할 것입니다. 무례하게 들릴지는 모르지만 라이엘 선생님의 마음도 어느 정도 움직이게 한 것 같습니다.

부끄럽게도 마음대로 휘갈겨 쓴 것 같습니다(워낙 악필이기도 합니다만). 끝으로 귀하의 안녕과 귀댁의 평안을 기원합니다.

저의 든든한 후원자가 되어 주시는 선생께.

이단적인 친구 찰스 다윈.

미국의 정치적인 사안에 모두 촉각을 곤두세우고 있습니다. 주제넘은 소리로 들릴지 모르겠지만 선생께서 계신 북부가 자유로워지기를 바랍니다.

추신. 여러 지층(地層)에서 발견된 게 없어서 증거가 부족하다는 이유로 지질학자들이 그 존재를 부정한다는 것에 관해서 오랫동안 생각을 해 봤습니다. 이러한 점에 대해서 아가시와는 극과 극의 차이가 있습니다. 아가시는 제가 보기엔 한 발 물러선 것처럼 보이는데 최전선에 선 용감한 군인처럼 새로운 입장을 내보이려는 것 같습니다. 만각류의 경우만 해도 조개삿갓 화석(Fossil Lepadidæ)에 대한 제 글에서 언급한 것처럼 제3기 지질시대 이전에는 고착 만각류가 존재하지 않았다는 증거는 충분하다고 생각했습니다. 그런데 매스트리흐트(Maestricht)에 있는 보스케 씨가 어제 제게 보낸 그림은 백악기에 살았던 완벽한 조무래기따개비(Chthamalus)의 그림을 보냈습니다!

부정적인 지질학적 증거들은 다시는 믿지 않을 것입니다.

J. D. 후커에게 보내는 편지 1856년 11월 11-12일

켄트 주 다운, 브롬리

11월 11일

후커에게

자네가 가능성이 있다고 생각을 해주니 진심으로 고맙네. 자네의 답장을 받고 안도감을 느꼈어.[4] 자네가 혹시라도 악평을 하면서 다 불태워 버리라고 말을 할지도 모른다는 생각에 마음이 무거웠다네(설령 그런 말을 하더라도 자네라면 무척 친절하게 했겠지만). 나 혼자 생각에는 내 원고가 그리 어렵지 않은 것 같아서 안심이 되네만, 사실 어려움이란 것도 내게는 아주 지당한 것으로 여겨지는군. 하지만 판단력을 모두 잃게 만드는 상반되는 사실, 증거, 이유나 의견들은 나를 당황스럽게 만들었다네. 자네가 내린 전반적인 판단은 내가 기대했던 것보다 훨씬 우호적이고 훌륭했지.

자네의 초대에 감사하네. 아내의 사정 때문에 다음번 학술 모임에는 참석하기 어려울 것 같아. 하지만 자네의 초대를 받고 나니 참석하고 싶은 마음도 들더군. 아내도 학술 모임에 참석하는 데 대해서 호의적이긴 하네. 엠마의 상태가 더 나빠지지 않으면 참석할 수 있을 것 같아. 자네만 괜찮다면 평소에 가던 대로 식사시간에 맞춰서 가겠네. 그러려면 9시에는 기차를 타러 나가야겠지. 지금 하고 있는 내 연구가 나를 시험해 본다고 생각하니 심장이 마구 뛰는군. 신중해야겠지. 헨슬로 교수님도 뵙고 싶고, 운이 닿는다면 린들리도 만나고 싶군. 식사 전에 내 논문에 대해서 자세한 비평을 할 시간이 있는지 알아봐 주게.

분포의 방법에 관한 내 소소한 관찰들을 자네가 읽어 볼 만한 가치가 있는지는 모르겠지만 그것들에게 대해서 말하는 것만으로도 위안이 된다네.

독수리의 위 속에 18시간 정도 있던 씨앗들은 아주 신선했어. 그것들이 싹이 터서 자란다는 데 5대 1로 돈을 걸 수도 있다네. 하지만 어떤 종류의 씨앗은 전부 죽었고 귀리 씨앗 두 개와 카나리 씨앗 한 개 클로버 씨앗 한 개와 근대 씨앗 한 개는 모두 싹이 텄다네! 근대 씨앗은 맹세코 모두 살아남을 거라고 장담을 하고 클로버는 모두 죽었을 거라고 완전히 믿고 있었거든. 이 씨앗들은 독수리가 게워 낸 뒤에도 위액과 함께 사흘 동안을 축축한 토사물 속에 있어서 손상될 만도 했는데 말이야.

요즘은 가끔 산책을 하면서 작은 새들의 배설물을 관찰하고 있다네. 예상 외로 여섯 가지 씨앗을 찾았다네.

그리고 마침내 한쪽 발에 22개의 낟알을 묻혀 온 자고 한 마리를 구했어. 놀랍게도 완두콩 크기의 돌이 있었다네. 나는 새들에게 접착력이 있어서 가능하다는 사실을 이해했다네. 작은 깃털들이 아주 강한 접착제 역할을 하는 거라고. 메추라기 수백만 마리가 이동하는 것을 생각해 보게나. 식물들이 여러 만을 가로질러 옮겨가지 않았다면 그게 오히려 더 이상한 일일 걸세.

잘 지내게 후커. 십수 년에 걸친 자네의 도움에 깊이 감사하고 있다네.

찰스 다윈.

1857년

W. D. 폭스에게 보내는 편지 1857년 2월 8일

켄트 주 다운, 브롬리

2월 8일

폭스 형에게

형의 편지를 받아서 무척 기뻤지만 애석하게도 형의 건강에 대해서는 한마디도 없더군. 내가 궁금해하지 않을 거라고 생각한 거야?

형에게 소식을 전한다고 하고 까맣게 잊었는데, 엠마가 두 달 전에 우리의 여섯 번째 아들을 무사히 잘 낳았어.[1] 아마 형이라면 겨우 반 다스의 아들을 가지고 뭘 그러느냐고 가볍게 농담을 할 것 같군. 반 다스나 되는 뚱뚱한 아들들이 있다는 것은 내겐 정말 심각한 상황이야. 모두 학교에 보내고 장차 직업을 생각하면 맙소사! 정말 끔찍해.

언제든 형이 이곳으로 와 준다면 정말 좋겠네. 우리가 사는 곳은 베그넘(Beckenham) 역에서 3.2킬로미터 정도 떨어진 곳이야. 언제든지 기꺼이 형을 마중 나갈 거야.

며칠 전 아침에, 위틀시(Whittlesea)의 바다로 곤충학 탐사 여행을 갔던 이야기를 아들에게 들려주었어. 하루 종일 우리가 차와 커피를 얼마나 마셨는지도 말이야. 그때만 해도 우리에게는 스무 명 남짓 되는 아이들도 없었고 내 위도 멀쩡했었지.

내가 다시 물 치료를 받을 용기를 낼 수 있을지 모르겠어. 지금은 무기산(無機酸) 치료를 받고 있는데 효과가 좋은 것 같아. 내가 1~2년 전과 같이 건강해질 것 같지는 않아.

책을 쓰는 데 몰두하고 있는데 너무 어려운 것 같아. 제법 큰 책이 될 것 같은데, 사실들을 그룹으로 분류하는 건 생각보다 재미가 있어. 대부호라도 되는 양 돈으로 자료들을 사들이고 있지. 그러니까 내 말은 최선을 다해서 완벽하게 만들겠다는 말이야. 빨라도 2년 안에는 출판할 수 없을 것 같아.

서부 인도 대륙에 관한 정보는 고맙게 받았어. 헬릭스 포마티아(Helix pomatia, 황금 달팽이)가 소금물에서 14일간을 버틴다는 것을 발견했어. 내겐 아주 놀라운 실험이었지.

나는 지금 모든 친구들을 이용하고 있어. 올튼(Olton) 온실에 서양란이나 자극을 받으면 꽃가루 뭉치를 내뿜는 난초들이 있어? 혹시라도 형이 실험을 하게 되면 호박벌이 꽃에 날아들었을 때 어떤 효과가 있는지 보고, 꽃가루 뭉치가 벌에 달라붙은 게 보이는지, 벌들이 곧바로 암술머리 표면을 치고 다니는 게 보이는지 확인해 주겠어?

비둘기에 대해서 물었는데, 지금 연구 중이고 여기저기서 모아들인 외피가 산더미처럼 쌓여 있어.

에라스무스 형과 누이들 안부도 물었지. 누이들은 그럭저럭 잘 지내는데 형은 발열성 경련이 자주 와서 건강이 좋지 못해. 아주 많이 쇠약해졌어. 샬롯 랭턴은 천식과 기관지염으로 매우 고생을 하고 있어. 얼른 회복해야 할 텐데 말이야.

잘 지내 나의 오랜 친구.

찰스 다윈.

거세한 수사슴이 일반적인 수사슴보다 덩치가 큰 이유를 혹시 알고 있어?

찰스 라이엘에게 보내는 편지 1857년 2월 11일

켄트 주 다운, 브롬리

2월 11일

라이엘 선생님께

오스트리아 탐사에 관한 소식을 신문에서 읽었습니다.[2] 무척 기쁘더군요. 그 탐사가 한 지역에 국한된 것인지는 모르겠군요. 장소를 고를 만한 선택권과 힘이 과학자에게 있다면 얼마나 바람직한 일이겠습니까. 깊이 생각한 끝에 가지게 된 확신이지만, 고립된 섬들, 특히 남반구 쪽의 섬들에서 자생하는 모든 생물들을 모으거나 조사하는 것이야말로 자연사의 발전을 촉진하는 길이라고 생각합니다. 트리스탄다쿠냐 섬(Tristan da Cunha)과 커글런 제도 말고는 거의 알려지지 않았지요. 커글런 제도조차도 갈탄층이 얼마나 있는지, 고대의 빙하 활동의 흔적이 있는지에 대해서도 알려지지 않았구요. 그러한 곳에 서식하는 해양 연체동물과 곤충들 그리고 식물들도 가치가 있는데 말이지요.

탐사를 하는 사람들은 특히 후커가 쓴 「뉴질랜드 논문」을 읽어야 합니다. 조류 화석과 거의 알려지지 않은 산물들로 가득한 로드리게스 섬(Rodriguez)을 탐험하는 것이야말로 얼마나 장엄하겠습니까.

코코스 데 마르(Cocos de mar) 섬이 있는 세이셸 제도(the Seychelles)는 고대 육지의 잔해가 틀림없어요. 후안페르난데스 제도(Juan Fernandez)의 바깥쪽 섬들도 거의 알려지지 않았지요. 자연학자로서 이 작은 섬들을 모두 조사하는 것은 아주 멋진 일이 될 것입니다. 세인트폴암스테르담(St. Paul Amsterdam, 인도양에 위치한 국가—옮긴이) 섬 역시 식물학적으로나 지질학적으로 훌륭한 곳이지요. 그들에게 갈라파고스에 대해 설명(화산섬들에 대해서도)해 놓은 제 저널을 읽어 보라고 선생님이 추천을 좀 해 주시는 것은 어떨까요? 갈라파고스 제도 중에 하나인 앨버말 섬(Albemarle)의 분화구를 조사해 보지 못한 것을 늘 후회하고 있답니다. 뉴질랜드에 가거든 꼭 표석을 찾아보고 빙하기의 흔적이 있는지도 조사해 보라고 해 주십시오.

그리고 열대지방의 바다 밑을 준설기를 사용해서 긁어내 보면 그 밑바닥에 있는 무한한 생명체에 대해서 우리가 얼마나 무지한지 알 수 있을 것입니다.

연구를 하다 보니 우리가 알고 있는 많은 가축들이 오지의 나라들에서는 그냥 방치되고 있다는 것을 알았어요. 멕시코의 레빌리가고(Revilligago) 섬은 자연학자들의 발길이 단 한 번도 닿은 적이 없는 곳일 것입니다. 리우, 희망봉, 실론(Ceylon)이나 호주 대륙 같은 곳은 탐험을 해 봐도 그리 놀랄만한 일도 없을 거예요.

선생님의 진실한 친구.

찰스 다윈.

방금 헬릭스 포마티아를 가지고 실험을 했는데, 소금물에 20일 동안 담가 두었는데도 건강하게 살아 있답니다. 약 6주 전에 이것과 같은 개체를 7일 정도 욕조에 담가 두었는데 말이죠…….

W. E. 다윈에게 보내는 편지 1857년 2월 17일

다운

화요일 밤

나의 아들 윌리

네가 6학년이 되었다는 소식을 듣고 진심으로 기뻤단다. 네가 겪었을 어려움에 대해 신경을 쓰지 못했구나. 좋은 아빠가 아니지? 토론 연수회에 대한 소식은 듣던 중 반가운 소리더구나. 덕분에 네가 독서에 열을 올릴 수 있으니 말이다. 주제가 뭔지 아빠에게 알려다오. 힘닿는 데로 네게 요령을 알려주고 싶구나. 엄마도 같은 마음이다.

혹시 그 주제가 역사나 정치에 관한 게 아니었으면 좋겠구나. 그런 분야는 아빠가 다뤄 보지 않았거든. 어떤 주제에 관해서든 조금씩 시간을 내서 깊이 생각하고 관련된 책을 읽다 보면 너의 주관이 생길 거야. 그러면 이야기할 거리도 생기는 거란다. 발표하는 습관을 기르는 것은 아주 중요하다. 오늘 아침에 해리 삼촌이 오셨다. 네가 법정 변호사가 되기로 결정했다고 말씀드렸단다(삼촌도 그 일을 했단다). 삼촌이 제일 처음 던진 질문이 뭔지 아니? "윌리도 말주변이 좋은가요?"였다. 그리고 이렇게 말씀하셨어. "윌리는 성실하잖아요. 성실한 것만큼 중요한 건 없지요."라고 말이다. 엄마는 네가 성경을 읽었으면 하신다. 사랑하는 엄마의 말씀이니 순종을 해야지. 엄마가 워낙 말씀이 없어서 어떻게 생각하시는지 모르겠구나.

프랭키 앤드 컴퍼니(Franky & Co.)의 레니는 네가 학생들을 때릴 지팡이를 샀다는 말을 듣고 무척 놀라더구나.

시력이 어떤지 잊지 말고 말해다오. 예배 시간에 어떻게 성경을 읽고 있는지 궁금하구나. 처음엔 천천히 읽고 두세 번 반복해서 읽다 보면 많은 차이가 있을 거다. 내가 지질학 협회의 서기로 있을 때, 모임이 있을 때마다 논문을 소리 내서 읽어야 했단다. 아빠는 늘 처음에는 조심스럽게 읽는단다. 하지만 처음엔 너무 긴장이 되더구나. 어쨌든 오로지 종이만 보였으니까 말이다. 내 몸이 다 오그라들고 머리만 남은 것 같았지.

다음번 편지에는 학생들이 얼마나 오래 연설을 하는지, 질문을 얼마나 하는지 알려다오.

잘 자거라 나의 사랑하는 아들.

장차 영국 최고의 대법관이 될 아들에게. 너의 사랑하는 아빠.

찰스 다윈.

W. D. 폭스에게 보내는 편지 1857년 2월 22일

켄트 주 다운, 브롬리

2월 22일

폭스 형에게

여러 소식들을 전해 줘서 고마워. 걸리 박사가 형에게 잘 대해 줬다니 진심으로 기뻐.

엠마는 형수에게 안부를 전해 달라고 하더군. 부인과 딸아이가 모두 건강하다니 정말 기뻐.

형의 조카가 도마뱀 알을 구했으면 좋겠어. 조카가 질문의 요지를 잘 파악하고 노력하는 것 같아. 그런데 말이야, 헬릭스 포마티아가 소금물에서 20일을 견디고도 아주 쌩쌩하다는 걸 확인했어.

완두콩에 관한 자료도 고마워. 아주 궁금했던 거였어. 벌을 보고 관찰한 것을 믿는다고 할지라도 벌들이 어떻게 이종교배를 하지 않는지 확인할 길이 없었어. 하지만 증거들을 보면 분명히 형의 견해에 무게가 실리더군. 특히 스위트피의 경우에는 더 그러할 거야. 내 생각에 퀸피(Queen Pea)는 친족관계인 완두콩과 같은 시기에 꽃이 필 것 같은데 형도 그렇게 생각해?

클라팜 스쿨(Clapham School)은 내가 생각하기에 아주 괜찮은 학교야. 정해진 강의만 들어야 하는 것도 아니고, 산술 공부도 충분히 하는 것 같고, 모든 학생이 다 그림 그리기를 배우는 것 같아. 그리고 현대식 언어도 배우고 말이야. 오히려 그 학교에 대한 악평을 들으면 화가 나지.

하지만 어린 허셜은 이런 말에 공감하지 않겠지. 조지는 여린 아이니까. 조지가 뭔가에 불평을 하는 걸 본 적이 없어. 집이 그리울 텐데도 말이야. 뭘 물어 보든지 언제고 자세히 알려 줄게. 아는 것뿐만 아니라 찾아봐서라도 알려 주겠어. 이를테면 성직자의 아들에게 수업료를 받지 않는지도 말이야.

엠마는 형 설교가 차분하다면서 진심으로 공감한다더군. 그리고 맬번에 가 보고 싶어 해. 하지만 아직은 휴가를 낼 수나 있을지 모르겠어. 내가 실험하던 것들을 내버려 두고 떠날 수 있을는지도 의문이지만 어쩌면 텐비까지는 가능할지 모르겠어.

지금도 그렇고 죽어서도 겉만 번지르르한 명성에는 아무런 욕심이 없지만 지금 내가 연구하는 주제는 많은 애착이 생겨. 내 책이 재미도 없고 영원히 작자 불명인 채로 출판이 된다고 해도 최선을 다할 거야.

잘 지내.

찰스 다윈.

J. D. 후커에게 보내는 편지 1857년 3월 15일

켄트 주 다운, 브롬리

후커에게

아사 그레이에게 미국의 나무들에 관한 정보를 달라고 부탁을 했다네.

그리고 이론적으로 봤을 때 그곳의 나무들이 암수 분리의 경향을 띠는 것 같다고 말했다네. 자네가 준 뉴질랜드와 영국의 식물상에 관한 연구 결과도 말해 주었네.

학술 모임에서 자네가 우연히 언급한 것에 대해 깊이 생각을 해 봤다네. 다소 연속적인 대륙 위에서의 분산과 '우연적'인 분산을 대비해서 언급을 했는데, 나는 식물들의 분산이 대륙의 연속을 지지하는 긍정적인 증거를 제시하는지 듣고 싶었는데 자네의 표현은 나의 바람과 맞지 않더군. 자네가 언급한 것은 분산인데, 더 나아가 비분산은 '우연적'이라는 말로는 설명할 수 없다는 말인데, 물론 그 말에는 동의해야겠지만, 바다를 통한 이동 방법에 대해서는 전혀 고려하지 않았다고 말할 수 있네. 그러면 그 주장은 "어느 정도의 대륙이 이어져 있다."는 것에 반하는 것으로 들렸네. 자네는 주대륙에서 분리된 후 일부가 탄생했고 일부는 섬에서 살다가 멸종했다고 말한 거지. 양쪽의 입장이 다 맘에 드는 것은 아니지만 자네의 질문에 대한 답을 들려주고 싶었을 뿐이네.

자네가 언급한 말에 대해서 또 얘기하는데, 가장 널리 퍼져 있는 종이 이동한 적이 없다는 것에 관한 자네의 관찰은 어느 정도 수긍이 가네. 그 공통적인 종이 일반적으로 주대륙에서 마지막에 탄생했거나 섬에서 멸종했다는 가정은 굉장히 대담한 가설이기 때문이네. 하지만 자네가 외부에 있는 섬들에 광범위하게 분포되어 있는 공통적인 생명체에 관한 학설을 지지할 만한 준비가 되어 있는지 알고 싶네.

그 이론은 뉴질랜드에서는 적용이 된다고 생각하네. 트리스탄다쿠냐 섬과 떨어져 있기 때문에 조금이나마 가능성이 있다고 봐야겠지. 하지만 전반적으로 캉돌의 이론과는 다른 인상을 받았네. 여기서 내가 언급하는 것은 동일한 종의 경우라네. 만약 섬과 주대륙에서 과(科)에 속하는 유기체의 비율이 같다면 내가 말하는 것이 긍정적인 증거가 될 수도 있겠지. 그리고 주대륙과 섬[라울 섬(Raoul Island)과 같은]에 있는 식물이 모두 같거나, 특히 다른 주대륙이 가까이 있다면 역시 긍정적인 증거가 될 수도 있지. 또 어떤 나라에서 아주 우세한 종에 대해서 동시다발적으로 이야기가 들려와야 하지 않을까 하네. 하지만 그런 주장은 내가 들어 본 바가 없네.

자네가 내키지 않으면 답하지 않아도 되네. 하지만 자네가 앞으로 논문을 쓰기 위해서라도 이 주제에 관한 부분은 꼭 새겨 두게. 아주 장황하게 썼지만 그건 자네가 토론을 좋아한다고 믿기 때문이야.

다시 기회를 봐서 이야기 나누기로 하고 이만 줄이네.

잘 지내게.

찰스 다윈.

3월 15일에.

J. D. 후커에게 보내는 편지 1857년 4월 12일

켄트 주 다운, 브롬리

4월 12일

후커에게

자네 편지를 읽고 나니, 내 머리로는 도저히 생각할 수 없는 것을 자네 덕분에 어부지리로 얻은 것 같긴 했네만 무척 기뻤다네. 변이의 전반적인 주제에 관한 정말 멋진 해설이었네! 자네가 마지막으로 쓴 노트에 논의된 경우는(비록 몹시 불쾌하고 괘씸하지만) 변이의 원인에 대해 우리가 완전히 무지하다는 걸 보여 주는 것 같아서 무척 의미가 있더군.

직접적으로 일어난 외관상의 변이에 관한 것과 외부 원인의 작용으로 일어난 변이에 관한 내 노트들을 모두 한데 모으고 있네. 그런데 한 가지 결과가 무척 놀라웠다네. 그중에서도 가장 놀라운 것은 독립적인 탄생을 인정하는 부분에 관한 것인데, 같은 종의 털이 북쪽 지방보다 남쪽 지방으로 갈수록 더 가늘어진다는 것이네. 그리고 같은 조개의 경우도 북쪽보다는 남쪽 지방일수록 색깔이 더 밝다는 점이네. 그리고 바다 속 깊이 있는 것일수록 더 흐렸다네. 곤충의 경우도 산에 있는 곤충이 더 작고 색이 진하며, 바다 근처로 갈수록 색이 화려하고 외각이 있었지. 산에 있는 식물의 경우 더 작고 잔털이 많았으며 꽃의 색도 연했다네. 이러한 모든 경우(다른 경우도 있지만) 두 지역에 있는 별개의 종들이 같은 규칙을 가진다는 걸세. 이 사실은 이들이 뚜렷한 변종이라는 것을 강하게 뒷받침하고 있으며, 따라서 변종으로 인식되고 인정된 것들은 같은 규칙을 따른다는 것을 설명하고 있는 것이지. 내가 말하는 것은 산 위로 올라갈 때 보이는 식물의 변이에 대한 설명이네. 나도 아직은 의심이 가는 부분이 많고 변종이라고 부르는 것에 대해 논의가 많기 때문에 특정한 예를 들지 않고 그냥 일반적인 경향만 인용했다네. 하지만 여전히 산에 서식하는 뚜렷한 특징을 가진 식물의 변종에 대해서 의외의 의견들을 자주 듣게 되네. 그 의견들 속에 진실이 있을지도 모르지. 자네 생각은 어떤가? 산 위로 올라

갈수록 식물들의 잔털이 많아지고 비례해서 커지며 꽃 색깔이 옅어지는 현상으로 이 식물들을 일반적으로 변종이라고 할 만하다고 생각하나?

3제곱미터 정도 되는 잡초 밭을 유심히 관찰하고 있다네. 어린 잡초들이 나올 때마다 표시를 하는데 그 숫자에 놀라고 있다네. 여전히 민달팽이들이나 그런 것들 때문에 많이 죽고 있지만 말이야. 벌써 59포기가 죽었다네. 더 많이 죽겠지만 생각했던 것보다 강력한 장애는 아니었던 것 같네. 나는 이 잡초들이 단순히 시들어서 죽을 거라고 단정했었거든. 잡초들은 쌍떡잎식물보다 훨씬 더 잘 견딘다는 것이지.

소금물에서 부유하는 능력을 보는 실험은 이제 거의 마무리가 되어간다네. 94개 중에 72개가 열흘 동안 가라앉아 있었는데 일곱 개는 평균 67일 동안 부유했다네.

별 가치도 없는 빈약한 실험에서 얻은 평균치지만 추측했던 것보다는 평균치가 더 잘 나왔다네. 한 나라의 모든 식물 중에 110가지 정도가 30일 동안 건조시키면 부유할 것이고 싹도 틀 걸세. 이 평균치로 보면 하루 평균 53킬로미터 정도는 충분히 이동할 수 있다는 말이지. 아카시아 속(Acacia scanden)의 콩깍지도 먼저 말린 다음에 부유를 시키면 아조레스 섬까지 갈 수 있다는 데 내기를 걸 수도 있다네. 내 생각에 동양의 종들은 큐에서는 열매를 맺지 않을 것 같아. 정말 그런지 실험을 해 보고 싶군.

잘 지내게.

찰스 다윈.

추신. 엄밀히 말해서, 내 실험에 따르면 한 나라 식물의 1/7 이상이 1,487킬로미터를 이동할 수 있다면 싹이 틀 수 있다네. 18/94 정도가 28일간 부유하고 28일간 담가 두었던 씨앗의 64/87 정도가 싹이 텄기 때문이지. 대서양의 흐름은 하루에 평균 53킬로미터 정도라네.

찰스 라이엘에게 보내는 편지 1857년 4월 13일

켄트 주 다운, 브롬리

4월 13일

라이엘 선생님께

울러스턴의 편지를 볼 수 있어서 더 기분이 좋았습니다. 제게 굳이 그 소식을 알릴 필요는 없었답니다. 제가 비록 포브스의 대륙 팽창 이론에 대해서는 전반적으로 반대하는 입장이긴 하지만 말이지요. 몇 가지 경우에서 그 이론이 입증되었든 말든 별로 이의는 없어요. 하지만 곤충의 분포 방법에 대해 뭔가를 알아내기 전까지는 울러스턴이 무슨 방법으로든 입증했다고 인정할 수가 없습니다. 다른 누군가가 입증을 하더라도 난 인정할 수가 없네요. 하지만 두 지역의 동물상이 아주 근접한 유사성을 가지거나 동일하다는 것은 분명히 매우 흥미롭습니다. 마데이라 제도에 관한 선생님의 논문에 진척이 있다니 듣던 중 반가운 소리군요. 정말 궁금하다구요. 인쇄하고 나서 제게도 한 부를 보내주신다면 무한히 감사하겠습니다.

최근에는 건강이 더 나빠졌어요. 2주 동안 물 치료를 받고 이제 일주일 정도 쉬고 있답니다. 끝날 것 같지 않은 종에 관한 책을 쓰느라 완전히 일에 치어 살고 있어요. 제 맘대로 되는 건 아니겠지만 그 책을 끝낼 때까지는 살고 싶군요.

잘 지내십시오.

선생님의 친구 찰스 다윈.

필립 헨리 고스에게 보내는 편지 1857년 4월 27일

서리(Surry) 주 파넘(Farnham), 무어 파크(Moor Park)

4월 27일

고스 선생께

여름쯤에 기회가 된다면 저를 위해서 약간의 실험을 해 주시면 매우 고맙겠습니다. 이제껏 제가 했던 연구에 대해 말씀드리면 제가 뭘 원하는지 더 잘 이해하실 것 같습니다. 해양 연체동물의 동종(同種)의 광범위한 분포는 저에게 오랫동안 난제로 남아 있었습니다. 최근에 들어서야 상당 부분 깨닫게 되었는데, 이 연체동물이 처음 태어났을 때는 초식성이 아니었을지도 모른다는 것입니다. 어쩌면 오리의 발을 뜯어 먹었을지도 모른다는 사실입니다. 정말 그런지 아직은 모릅니다만, 사실 그러리라는 확실한 믿음도 없습니다. 하지만 수생식물을 실은 작은 배 안에 어린 연체동물들이 상당히 많이 있었으며 바싹 말라버린 오리의 발을 발견했습니다. 미세한 연체동물이 그 위를 기어 다니고 있었는데, 너무 단단하게 붙어 있어서 흔들어도 떨어지지 않더군요. 그 오리 발은 축축한 대기 중에 있었는데 그 작은 연체동물들은 10시간에서 15시간, 많게는 24시간 정도 살아 있었습니다.

그래서 이 수생 연체동물들이 연못에서 연못으로 혹은 바다를 건너서 섬에까지 갈 수도 있다는 생각이 듭니다. 예를 들어서 비 오는 날 왜가리가 물고기를 잡다가 놀라서 갑자기 날아오르게 되면 어린 연체동물을 먼 곳까지 데려갈 수 있다는 겁니다.

선생께서도 포브스의 주장을 아시겠지만, 그는 연안 지역의 해양 연체동물이 대양을 가로질러 이동한다는 것은 상상하기 어렵고, 특히 마데이라 제도와 같은 섬들은 분명히 유럽까지 연결된 대륙이었다는 것입니다. 그것은 제가 보기에는 성급한 결론 같습니다. 그래서 선생께 부탁드리고 싶은 것은 해양 연체동물을 가지고 이와 유사한 실험을 해 주십사 하는 것입니다. 특히 연안 지역의 종이면 더 좋겠지요. 그것들을 몇 마리 잡아서 자그마한 배에 넣고 이들이 유동성이 있는지, 어린 연체동물의 상태를 관찰해 주시면 됩니다. 이것들이 새의 발에 붙어서 축축한 대기 중에서 10시간 정도 살 수 있는지도 봐 주십시오. 아주 사소한 실험처럼 보이겠지만 포브스의 신념이 무너지는 결정적인 결말을 보여 줄 것입니다. 해양 동물의 분포 방법에 대해 전부 다 알고 있다고 생각하는 포브스에게 매우 가치 있는 실험이 될 것입니다.

최근 제 건강은 별 차도가 없습니다. 2주에 걸친 물 치료를 받았습니다.

선생께 이러한 부탁들을 드려서 매우 죄송합니다. 그래도 저를 믿어 주시기를 바라며 이만 줄입니다.

찰스 다윈.

추신. 해양 생물들을 관찰하신 적이 있다면 갑각류 수컷이 암컷을 놓고 서로 싸우는지 알려 주십시오. 육상생물에서와 마찬가지로 해양생물의 암컷도 '전쟁의 씨앗(teterrima belli causa)'일까요?[3]

가능하시다면 답장을 기대하겠습니다. 혹시 갑각류의 전투가 있다면 그에 대해서도 알려 주시면 고맙겠습니다.

알프레드 러셀 월리스에게 보내는 편지 1857년 5월 1일

켄트 주 다운, 브롬리 (서리 주, 무어파크)

1857년 5월 1일

월리스 선생에게

지난 10월 10일 셀레베스(Celebes) 섬에서 보낸 편지는 며칠 전에 잘 받았소. 어렵게 공감을 표명해 주셔서 매우 소중하게 생각하고 큰 힘이 되었소.

선생의 편지와 일 년 전인가, 몇 년 전에 연보에 실린 선생의 논문을 보면서[4] 내 견해와 거의 유사하고 어느 정도는 같은 결론에 이를 것 같다는 확신이 들었소. 연보에 실린 논문은 한마디 한마디가 모두 진실이라는 데 공감한다오. 선생도 내 의견에 상당히 공감할 줄 아오. 그 어떤 이론적인 논문도 이렇게 의견이 일치하는 사람을 찾기란 쉽지 않을 거란 생각이 든다오. 한 가지의 사실에서 저마다 다른 결론을 이끌어내는 것이야말로 정말 유감스러운 일이지요.

종이 어떻게 서로 다른 변종이 되는지 그 이유가 무엇인지를 묻는 질문에서 시작한 내 연구 노트의 첫 장을 연 지도 올해로 벌써 20년이 되었다오. 이제는 책을 내려고 하고 있소. 상당 부분 쓰긴 했지만 워낙 광범위한 분야라서 2년 안에 다 마무리 지을 수 있을지 장담을 못하겠소.

말레이시아 군도에 선생께서 얼마나 머물 생각인지 모르겠소만 선생의 탐사기가 출판이 되면 매우 유용할 것 같소. 선생께서 많은 증거들을 입수했을 거라고 확신하기 때문이오. 가축화된 변종들을 지켜 보라는 선생의 충고대로 이미 연구를 진행하고 있다오. 이들은 야생의 상태와는 확연히 다른 별종인 것 같지만, 가끔은 의구심이 든다오. 선생의 의견이 뒷받침이 되어 준다면 무척 기쁠 것이오. 하지만 몇몇 야생의 무리에서 우리가 기르는 가축들이 유전된 것이라는 지배적인 학설에 대해서는 그 진위가 의심스러운 것도 사실이오. 물론 일부 경우에 한해서는 그럴 수도 있다고 생각하지만 말이오. 선생께서도 동의하고 있겠지만 잡종 동물의 불임성에 관한 더 훌륭한 증거들이 있다고 생각하고 있소. 식물에 대해서는 쾰로이터와 게르트너(그리고 허버트)가 세심하게 진술한 사실들도 많다오.

거의 모든 책에서 '기후 조건'이라는 말을 지겹도록 들었지만, '기후 조건'에는 거의 영향을 받지 않는다는 선생의 의견에 전적으로 동의하오. 영향이 있다고 하더라도 변이에 영향을 줄 정도는 분명히 아니었을 것이오. 거의 무시해도 좋다고 생각한다오. 자연 상태에서 변종이 생기는 원인과 방법에 대한 내 견해를 편지로 설명하는 것은 불가능합니다. 하지만 중요한 개념이나 별개의 개념들도 서서히 받아들이고 있소. 어느 한 사람이 주장한 학설의 진위를 놓고 다른 사람들이 진실인지 아닌지를 판단하는 것은, 애석하지만 조금도 그 진실성을 보장할 수 없다고 생각하오.

가금류에 관한 연구 결과는 절망적이었지만 선생께서 이 편지를 받고 나서 희귀한 가금류를 발견한다면 제게 보내 주시길 바라오. 하지만 이 연구결과가 그동안 겪은 문제들을 전부 해결해 줄 것 같지는 않소.

이 경우는 사육된 비둘기의 경우와는 다르지만 비둘기 연구를 하면서 배운 바가 많다오.

사와라크의 영주는 보르네오 섬과 싱가포르에 자생하는 비둘기와 닭, 고양이의 외피를 내게 보내 주었소.

검은 재규어나 표범들이 검은 것들끼리만 짝짓기를 한다고 말할 수 있겠소? 새끼들의 색은 증거가 될 수 없다고 생각하오. 선생의 탐사기에는 앵무새의 경우 물고기 지방을 먹이면 색깔이 변한다고 하지 않았소? 그리고 내가 기억하기론 앵무새에게 두꺼비 독을 바르면 그 자리가 움푹해지면서 깃털이 빠졌다고 한 것 같소.

그동안 실험한 주제 가운데 가장 어려웠던 것은 해양의 섬에서 발견되는 유기체들의 분포 방법에 관한 것이었소. 이 주제에 관련된 사실들도 엄청나게 모아들였소. 가장 당혹스러웠던 것은 육상 연체동물에 관한 것이었다오.

편지가 따분하게 느껴졌을 것이오. 주소에도 적었지만 지금 건강이 매우 악화되어서 물 치료를 받는 곳에서 쓰는 것이라오.

하시는 모든 일에서 성공하길 바라오.

찰스 다윈.

J. D. 후커에게 보내는 편지 1857년 5월 2일

무어파크

토요일

후커에게

자네가 나의 넋두리를 형편없는 관찰자들이나 하는 짓이라고 못 박아 둔 것은 비록 에둘러 표현하긴 했지만 얼마나 솔직한 말인지 안다네. 지난번 편지를 보낸 후로, 의지박약한 나 자신과 빈약한 내 자료들에 대한 고상한 변명만 늘어놓았다는 자책의 목소리가 들려온다네. 그나마도 내가 아끼는 이론에 대해서 자네가 자주 따끔한 충고를 던진 덕분이지. 나 자신을 경멸하고 자책하는 마음을 잠 재우려 해 보지만 쉬이 사그라지지 않는다네. 자네가 나를 진심으로 책망하듯, 나 역시도 그저 잡동사니를 모아들이는 사람에 불과하다고 스스로를 책망한다네. 하지만 종의 기원에 대한 논의의 기본 바탕에 대해서는 충분히 알고 있다고 생각하기 때문에 내 연구 전체를 경멸할 생각은 없네. 사실들을 편집만 할 뿐이라고 스스로를 비웃기도 했다네. "고산지대 식물의 꽃이 크다."고 썼는데 이제는 "고산지대 식물은 꽃이 아주 작거나 꽃이 피지 않는다."고 써야 할 판이니 말이네!

자네의 변함없는 원조에 감사하네

찰스 다윈.

다행히 수요일쯤에는 집으로 돌아간다네.

연못의 진흙에서 싹이 튼 씨앗이 많다는 사실에 자네도 놀라지 않았

나. 네 번째 연못에서 진흙을 훨씬 많이 퍼 왔네(이전 것보다 더 많이). 아마 한 사발은 될 걸세. 내가 집을 떠나오기 전에 118개의 식물이 자랐는데 이제 집에 가서 보면 얼마나 더 자라 있을지 모르겠군. 이것은 새들이 발에 진흙을 묻혀서 담수 식물을 다른 곳으로 전파시킨다는 사실을 보여주는 것이라네.

시골에서 식물의 씨앗을 구하지 못하면 연못에서 퍼낸 마른 진흙을 모아서 뿌려도 썩 괜찮은 방법일 것 같네.

J. D. 후커에게 보내는 편지 1857년 6월 3일

켄트 주 다운, 브롬리

6월 3일

후커에게

내 일에 관해서 자네에게 이렇게 장황하게 늘어놓을 수 있다는 사실이 무척 기쁘다네. 자네가 생각하는 것 이상의 기쁨이라네. 자연학사에 관해서 몇 달 동안 입도 열지 못했거든.

비록 규모가 작긴 해도, 생존을 위해서 고군분투하는 것을 관찰하다 보면 그 안에서 얼마나 치열한 싸움이 일어나는지 알 수 있지. 목초지에 심은 16가지의 씨앗 가운데 15개가 싹이 텄는데 한 포기나 꽃이 필까 싶을 정도로 빠른 속도로 죽어가고 있네. 한 포기에서라도 꽃이 필지 궁금하다네. 이전에 작은 텃밭에서 묘목들이 죽었던 것처럼 아주 한꺼번에 많은 수가 죽어가고 있네. 반면에 3월, 4월, 5월 동안 2제곱미터 정도 되는 땅에서는 어린 식물이 나올 때마다 매일 표시를 했는데 357포기가 나왔고 이들 중에 277포기는 달팽이 때문에 죽었다네. 그런데 무어파크에서는 동물이 식물에 미치는 영향에 대해서 더 확실한 경우를 찾았다네. 무어파크의 언덕에는 유럽산 소나무 고목들이 빽빽하게 들어 찬 넓은 공유지가 있다네. 이 숲은 8~10년 전에 울타리를 쳐 놨지. 숲 주변에는 수백만 그루의 싱싱한 어린 나무들이 자라고 있었고 모두 같은 해에 심어진 것처럼 보였다네. 공유지의 다른 쪽은 울타리가 쳐지지 않았는데 몇 킬로미터를 가도 어린 나무들을 볼 수 없었어. 더 가까이 가서(숲 속으로 400여 미터 정도 들어가 봤더니) 각종 히스(Heath, 진달랫과 식물)들이 있는 곳을 자세히 들여다보니 수만 그루의 유럽산 소나무 어린 관목이 (0.8제곱미터당 30그루 정도) 자라고 있었고, 이 히스들 사이로 몇 마리 소가 헤집고 다니면서 잎을 뜯어 먹은 흔적이 있었다네. 한 나무는 7.6센티미터 정도 자랐는데 봉랍용 막대 굵기 만한 가지에 나이테가 26줄이나 있었다네.

그게 얼마나 대단한 일인가. 불과 0.8제곱미터의 땅에 자라는 식물의 비율이나 그 종류를 결정하는 힘이 얼마나 대단한가 말이네! 정말 경이로운 일이더군. 하지만 우리는 벌써부터 동물이나 식물들의 일부가 언제 멸종할지 궁금해하고 있다니…….

잘 지내게 후커.

찰스 다윈

자네가 잘 여문 에드워드시아 콩깍지(Edwardsia Pod)를 내게 보내 주길 꺼려하는 것은 내가 뉴질랜드에서 칠로에 섬까지 그걸 띄워 보낼까 봐 걱정이 돼서 그러나 보구먼!

J. D. 후커에게 보내는 편지 1857년 6월 5일

켄트 주 다운, 브롬리

6월 5일

후커에게

오래전부터 확고하게 생각해 오던 거지만, 이제 막 활동을 시작한 젊은 과학자에게 메달을 수여하는 것은 과학에 관한 경력이 거의 끝나가는 사람에게 단순한 보상으로 메달을 수여하는 것보다 좋은 일인 것 같네. 메달이 있는 한 그게 얼마나 좋은 역할을 하는지는 우리가 관여할 문제는 아닐 걸세. 메달 수여 자격의 기준을 낮추자는 쪽으로 내 마음은 이미 기울었고, 특별한 자격이 없는 한 나이 든 사람보다는 젊은 학자들에게 메달을 줘야 한다고 생각한다네. 특별한 자격이란 말이 자네의 신경을 거슬릴 것 같네만, 그건 회원 자격이 주어지고 나면 메달을 수여할 자격도 주자는 말일세. 과학에 조예가 깊은 각 부 장관들처럼 돈이 많은 사람들의 경우, 광범위하게 지원을 하거나 아주 뛰어난 천재에게 원조를 아끼지 않는다고 한다면 자네는 그런 사람에게 메달을 주지 않겠나? 아마 그런 사람에게 메달을 수여하는 것이야말로 메달의 가치가 더 빛날 걸세. 이제와 말이지만 그 특별한 자격에 대해서 마음을 굳혔다네. 그걸로 논문을 쓸 수도 있을 거야.

오늘 아침 나는 에쿠스(Equus, 말) 속의 몇몇 종의 변이에 관한 내 노트들과 그것들의 이종교배의 결과에 관한 노트들을 놓고 비교를 해 보았는데 무척 재미있더군. 내게 행운을 안겨준 비둘기 연구와 아주 유사한 사실들을 찾았는데, 이들이 당나귀, 말, 콰과(Quagga, 남아프리카 얼룩말—옮긴이), 야생 당나귀(Hemionus), 얼룩말의 수백만 년 전 조상의 흔적이나 색깔을 가지고 있다고 분명히 말할 수 있네. 몇 년 전만 해도 이런 얘기를 하는 사람을 비웃던 내가 아닌가! 하지만 내가 찾은 증거는 아주 확실하고 이 속들에 관한 논의의 결말을 공개할 수도 있네.

최근에 내 이론들로 자네를 거의 혼란스럽게 했네만 그건 자네가 가장 좋은 친구이자 사려 깊은 사람이기 때문이네.

안녕 친구.

찰스 다윈

존 러벅에게 보내는 편지 1857년 7월 14일

다운

14일

러벅에게

자네는 내 머리를 맑게 해 주기 위해 최상의 봉사를 한 셈이네. 주제들도 골치 아프지만 요모조모 따져 보는 것도 머리가 아프군. 과연 어떤 책이 만들어질 것인지!

자네가 귀띔해 준대로 뉴질랜드 식물상을 나눠 봤다네. 4개의 속에 339가지의 종이 있고, 고등식물로 갈수록 더 적어져서 3개의 속에 323가지의 종이 있더군. 339가지의 종 가운데 현존하는 하나 혹은 그 이상의 변종을 가진 건 51가지나 되더군.

323가지의 종에는 51개만이 변종을 가지고 있었다네. 비율적으로(339:323=51:48.5가 되어야 하니까) 따져 보면 약 48.5가지의 현존하는 변종이 있어야 한다는 말이지. 내가 생각하는 것에 가깝긴 하네만 충분하지는 않지. 딱 들어맞는다면 확신이 좀 더 설 텐데 말일세.

자네 설득에 넘어가길 잘한 것 같네. 생각해 봤는데, 운 좋게도 자네와 대화를 나눴기에 망정이지 아니었으면 그렇게 하지도 못했을 걸세.

얼마나 바보 같은 짓을 저질렀는지 나도 놀란다네. 주제에 대해 충분히 생각하기 전에는 그저 내 방식이 옳다고만 믿었거든. 끔찍한 잘못을 저지른 거지. 엄청나게 수치스러운 실수에 빠질 뻔한 나를 자네가 건져 주었네. 진심으로 고마워.

찰스 다윈.

논문을 갈기갈기 찢어 버리고 절망하면서 포기했을지도 모르네. 자료들을 다시 검토하는 데만도 몇 주가 걸렸겠지. 내가 얼마나 자네에게 고마워하는지 모를 거야.

아사 그레이에게 보내는 편지 1857년 9월 5일

켄트 주 다운, 브롬리

9월 5일

그레이 선생에게

앞서 보낸 편지에 정확히 뭐라고 썼는지 모르겠지만 선생께서 나를 아주 심하게 경멸했을지도 모르겠다는 생각이 들더군요. 저의 견해를 밝힌 것은 정직해야겠다는 생각에서 솔직하게 말한 겁니다. 제가 어디까지 이르고자 하는지 선생께서 안다고 생각하지 않습니다. 저의 견해를 듣고 (제가 얼마나 신중하게 충분히 연구해서 얻은 견해인지 신만이 아실 테지요. 진심으로 바라는 바입니다) 선생께서 나를 제정신이 아니거나 어리석은 사람 취급을 하지는 않겠지만 더 이상 도움이나 관심을 줄 가치가 없다고 생각할 수도 있지 않을까 합니다.

예를 들면, 지난번에 팔코너를 만났는데 그 친구도 저를 아주 신랄하게 공격하더군요. 하지만 이내 친절하게 태도를 바꾸어 이렇게 말했습니다. "자네는 다른 자연학자 열 사람이 할 좋은 일 이상으로 혼자서 더 많은 해를 끼칠 거네." 그리고 "자네는 벌써 타락의 길로 접어들었고 후커의 이름을 절반이나 더럽혔어."라고 말이지요. 옛 친구에게 그렇게 격한 감정을 불러일으켰으니 선생께서도 제가 늘 경멸당할 각오가 되어 있다는 사실에 더 이상 놀라지 않아도 될 것입니다. 그런 경멸은 충분하게 그리고 너무 넘치게 받고 있답니다.

선생께서 주제를 관심 있게 보는 것 같아서 글을 쓰는 것도, 솔직한 평을 듣는 것도 보람 있을 것 같습니다. 자연이 종을 어떻게 퍼뜨리는지에 관한 저의 의견을 최대한 요약하여 적어서 동봉하겠습니다(필사본은 읽기 힘들 것 같군요). 발생학적인 면, 본래의 종, 지질학적인 역사, 지리학적인 유기체의 분포 등 일반적인 사실에 근거해서 종들이 유사성을 가지고 변하는 것에 대해 제가 왜 열을 올리고 있는지 말입니다. 선생이라면 저의 이론에 대해서 금세 신뢰를 하게 될 겁니다. 제 책의 각 단락은 한두 개의 장으로 이루어졌습니다. 어쩌면 대수롭지 않게 여길지 모르겠지만, 선생에게 내 학설을 다른 사람들에게 언급을 하지 말라고 부탁하는 이유는, 이를테면 『흔적기관』의 저자와 같은 누군가가 내 학설을 듣게 되면 쉽게 도용을 해 버릴 거고 그러면 저는 자연학자들에게 비웃음거리가 되고 결국 그 책을 인용한 셈이 될 것 같아서 그럽니다. 그렇게 되면 내가 존경하는 누군가의 의견을 받을 기회를 잃어버리게 될지도 모르지요.

친애하는 그레이 선생에게.

진실한 친구 다윈.

[요약문]

I. 인간이 만든 선택의 원칙은 얼마나 훌륭한지. 원하는 품질을 가진 개별 종자를 골라내고 그것들에게서 후손을 만들어 내고 그리고 다시 골라낸다. 축산가나 재배가들조차도 그 결과에 놀란다. 일반인들은 감지하지 못하는 미세한 차이점에서도 그런 결과가 나타난다. 선택은 유럽에서 불과 최근 반세기 동안 조직적으로 체계화되었다. 그러나 상당한 수준의 조직적인 선택은 고대에서 비롯되기도 했다. 고대의 방법에는 의도적이지 않은 선택의 방법도 있었을 것이다. 즉, 개별 동물들의 보존(그 후손

은 고려하지 않고)은 고유한 환경에 있는 인간에게 매우 유용하다. 묘목업자들은 흔히 변종의 파괴를 '열등 변이'라고 부르는데 이 열등 변이가 바로 원형에서 벗어난 일종의 선택이다. 의도적이고 특별한 경우를 위한 선택은 길들인 동식물을 만들어 내는 주요 원인이라는 사실을 깨달았다. 하지만 변형의 위대한 능력은 최근에 들어서서 분명히 드러나고 있다. 선택은 아주 미미하거나 뚜렷한 변종들의 축적에 의해서만 일어나는 작용이며, 외부 조건이나 부모 세대와 확연히 다른 후손세대에서만 드러나는 요인들 때문에 일어난다. 인간은 변종을 축적하는 능력을 가지고 생물들을 원하는 대로 만들어 냈다. 사람들은 이렇게 말할지도 모른다. 카펫과 의복을 만들려고 양의 털을 만들어 냈다고 말이다.

Ⅱ. 한 생물이 있다고 가정해 보자. 단순히 외양만 보고는 판단하기 어렵지만 전체적인 내부 조직을 연구할 수는 있다. 그 생물 자체는 변함이 없다. 하지만 수백만 세대를 거치는 동안 결국 선택이 진행되어 왔다. 생물들은 이렇게 말할지도 모른다. 아무런 영향도 받지 않았다고! 자연에서 우리는 일부에서만 보이는 미미한 변종을 볼 수도 있고 전체적으로 변종이 된 것을 볼 수도 있다. 내가 생각하기에 후손이 부모 세대를 완전히 닮지 않은 주된 원인은 존재의 조건이 변하는 것이다. 그리고 지질학을 연구하는 것은 자연에 어떤 변화가 있었고 또 어떤 변화가 진행 중인지를 보여 준다. 시간은 무한하지만 실제로 지질학자들만이 이 사실을 완전히 이해할 수 있다. 빙하시대에도 연체동물의 같은 종이 적어도 존재했으며 수백만 세대를 거치면서 이 시기를 살아왔을 것이다.

Ⅲ. 한 치의 오차도 없는 힘이 작용했거나 각 유기체들 가운데 강한 것만이 선택되는 '자연선택'(내 책의 제목이기도 한)이 분명히 있었다고 볼 수

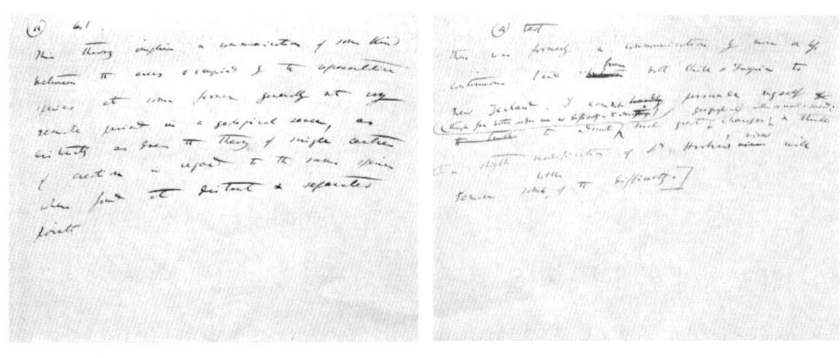

다윈의 원고

있다. 캉돌이나 허버트와 같은 선배들이나 라이엘은 생존을 위한 치열한 싸움에 대해서 강력하게 피력했지만, 그들의 설명은 충분하지 않다. 모든 생명체가(특히 코끼리 같은 것도) 몇 년 동안 혹은 몇 세기 동안이나 수천 년 동안 그러한 속도로 자손을 낳는다면 지구의 표면에는 어떠한 종의 후손도 살아남지 못할 것이다. 끊임없이 확고하게 내 머릿속에 자리 잡은 생각은 모든 단일 종의 증가는 그 종이 살아 있는 동안이나 주기적인 세대의 짧은 기간 동안 멈추게 된다는 것이다. 매년 새끼를 낳는 몇 가지 종들만이 같은 종을 번식시키며 살 수 있다. 살아남느냐 멸종하느냐를 결정하는 것은 이렇게 사소한 차이임이 분명하다.

Ⅳ. 일종의 변화를 겪고 있는 한 지역을 예로 들면, 이러한 변화는 그 지역에 자생하는 생물에 아주 미미한 변화를 일으킬 수 있다. 하지만 대부분의 생물은 선택이 작용하기에 충분할 만큼 항상 변한다고 생각한다. 자생 생물의 일부는 완전히 멸종을 하기도 하고, 그 나머지는 다른 자생 생물과의 상호작용에 노출될 것이다. 이것은 단순히 기후의 영향보다 각 개체의 생존에 더 중요하다고 생각한다. 생물들은 먹이를 얻기 위해 다른 생물들과 싸우기도 하고 위험을 피해야 할 순간도 많을 것이며, 난알

이나 씨앗을 뿌려야만 하는 등 수없이 다양한 방식으로 살아간다. 나는 수백만 세대를 거치는 동안 종의 각 개체들이 경제적인 측면에서 아주 미미하고 유익한 변화를 가지고 태어날 것이라는 사실을 믿는다. 이러한 변화는 생존의 기회, 번식의 기회를 넓혀 줄 것이고, 이 변화는 자연선택의 누진적인 활동에 따라서 아주 느리게 증가할 것이다. 그래서 변종이 만들어지면 그들의 부모세대와 공존하거나 차츰 더 보편화되면서 부모세대를 멸종시킬 것이다. 딱따구리나 겨우살이와 같은 생물은 수십 가지의 우연에 적응을 해 나간다. 생물의 구조 전반에 걸친 미미한 변화를 축적해 나가는 자연선택은 어떤 식으로든, 생물이 살아 있는 동안에는 유익하게 작용한다.

V. 이 이론에서 다양한 문제점이 생길 수 있다. 하지만 대부분 만족할 만한 해답을 내릴 수 있다. "자연은 비약하지 않는다(Natura non facit saltum)."가 가장 분명한 대답이다. 변화의 완만성과 극히 일부에서만 한꺼번에 일어나는 변화는 또 다른 대답이 된다. 그리고 지질학적 기록이 보여 주는 극도의 불완전성 역시 그 대답이 된다.

VI. 또 하나의 원칙은 일탈의 원칙이라고 말할 수도 있는데, 이 원칙은 종의 기원에서 중요한 부분이다. 다양한 종이 서식하는 곳에서는 더 많은 유기체가 존재한다. 여러 속들이 서식하는 0.8제곱미터의 텃밭에서 이러한 것을 발견했다(18개의 속에 속하는 20가지의 종을 발견했다). 일정한 형태를 가진 작은 섬들에 자생하는 식물과 곤충들의 경우도 종이나 속 또는 과에 속하는 많은 유기체들이 이러한 경우를 따른다. 습성을 잘 알고 있는 고등동물에서도 이러한 점을 찾아볼 수 있다. 한 필지에서 두세 가지 종보다 많은 종을 심어서 거두어들이면 훨씬 더 많은 양의 농작물을 수확한다는 것은 이미 실험을 통해 알고 있는 사실이다. 매우 빠르게 번식하는 모든 단일 생물은 그 수를 늘리기 위해서 최대의 노력을 기울이고 있다고 말할 수 있다. 변종이나 아종(亞種) 혹은 별개의 종으로 세분화한 뒤에 그 후손에서도 그러한 현상이 나타날 것이다. 그리고 앞서 말한 사실에 따라서 각 종의 다양한 후손들은 자연의 경제학적인 측면에서 가능한 한 다양한 지역을 더 많이 점유하기 위해서 애쓸 것이다. 각각의 새로운 변종이나 종들이 만들어지면 이들은 전반적으로 영역을 확보할 것이며 잘 적응하지 못한 그들 부모세대를 멸종시킨다. 이것이 바로 모든 생물들을 분류하고 배열하는 기원이 된다고 생각한다. 이들은 공동의 한 줄기에서 뻗어져 나온 가지나 그의 곁가지들로 보인다. 잘 자라는 가지들은 못 자라는 가지들을 죽이면서 무성해진다. 죽은 가지나 베어낸 가지는 멸종한 속이나 과들을 나타낸다고 본다.

이 개요는 아직은 불완전해 보이지만 이 작은 지면에 이보다 더 잘 쓸 수는 없군요. 선생의 생각으로 채워야 할 공간이 많을 것 같습니다.

어느 정도 고찰을 하지 않으면 쓰레기로 보일 수도 있겠지요. 고찰을 한 다음에도 그렇게 보일 수도 있겠지만 말입니다.

찰스 다윈.

이 요약은 자연선택의 누진적인 능력에 대해서만 다루고 있지만 전 자연선택이야말로 분명히 새로운 형태가 발생하는 가장 중요한 요인으로 보고 있습니다. 탄생이나 근원적인 변화를 지배하는 그 법칙은(물론 선택이 작용하기 위한 기초로써밖에는 달리 중요하지 않을지 모르지만 그 기초가 된다는 점에서는 매우 중요합니다) 여러 사람이 머리를 맞대고 논의를 해야겠지만 선생께서도 아시다시피 매우 부분적이고 불완전한 결론밖에는 얻지 못할 것 같습니다.

T. H. 헉슬리에게 보내는 편지 1857년 9월 26일

켄트 주 다운, 브롬리

9월 26일

헉슬리에게

자네가 보내 준 훌륭한 노트는 고맙게 받았네. 마치 내가 자네에게 유령처럼 보였다는 생각이 들어서 즐거웠네. 틀림없이 아주 신랄한 문장을 쓰거나 좋은 문장을 쓸 때면 내 얼굴이 마치 못생긴 유령처럼 부풀어 오를 걸세. 난 늘 아가시의 추론 능력이 시시하고 졸렬하다고 의심을 해 왔네만, 그런 사람도 자기 분야에 있어서만큼은 좋은 역할을 많이 할 거라는 생각이 드네. 빙하를 가지고 그가 유럽 전체를 뒤흔들어 놨지 않은가. 그런데 라이엘 선생님도 빙하나 빙하의 영향에 대해서 다른 사람이 했던 연구를 조사하고 감정해 본 것 같더군.

잘 지내게.

자네의 진실한 친구 찰스 다윈.

분류의 관점에서 보면, '자연의 체계'에 대한 끊이지 않는 논란이 있지만, 같은 방식으로 정의를 내린 사람은 아직 없다네. 내 이단적인 견해대로 그것은 오직 계통학적으로 봐야 한다고 생각하네. 하지만 우리가 계보를 써 본 적이 없기 때문에 자네도 그게 무슨 도움이 되겠느냐고 말할지 모르겠네. 하지만 이단이 정통이 되는 때가 오면 결국 계통학적으로 정립을 해야 할 걸세. 그래야만 형질의 가치에 관해 모아 둔 어마어마한 잡동사니들의 의혹을 일소할 것이고, 상사관계와 상동관계의 차이를 분명히 할 수 있기 때문이네. 내가 그때까지 살 수 있을지 모르겠지만 자연의 위대한 각각의 계(系)에 대한 매우 공정하고 진실한 계통학적 관계를 확립하는 날은 반드시 올 것이네.

T. H. 헉슬리에게 보내는 편지 1857년 10월 3일

켄트 주 다운, 브롬리

10월 3일

헉슬리에게

편지를 읽고 사색에 잠길 만큼 자네가 시간적 여유가 없다는 건 잘 알고 있네. 그래서 자네의 답장은 상상도 못했다네. 그런데 답장을 받았으니 얼마나 기쁜지 모르겠군. 취사선택해야 하는 일이기 때문에 훌륭한 친구들의 의견은 더 없이 소중하다네.

물론 분류에 관한 퀴비에 신봉자들의 견해를 알고는 있네만, 자연학자라고 한다면 뭔가 더 깊이 있는 것을 찾아야 하고, '자연의 체계'와 '조물주가 만든 계획서'를 찾아야 한다고 생각하네. 이렇게 신중하게 찾아야 하는 요소가 바로 내가 믿는 계통학적인 요소라네.

그래서 자네의 대답을 좀 듣고 싶은데(만나서 들어도 좋고 편지로 해 줘도 상관없네), 아래의 경우에 대해서 다른 것은 염두에 두지 말고 오로지 이 경우만 보고 질문의 요지에서 벗어나지 않길 바라네.

가령 모든 인종이 한 인종에서 유래했다고 하세. 각 인종의 모든 구조에 대해서 완벽히 알고 있다고 인정하고, 각 인종의 완벽한 계보도를 알고 있다고 해 보세. 이 모든 것을 인정하면, 설혹 한 종족이 다른 종족과 아주 멀리 떨어져 있는 것처럼 보여도 그 구조만 가지고 배열한 것이라면 자네는 최고의 분류로써 이 계통학적인 분류를 선택하지 않겠나?

일반적으로 우리는 안심하고 이렇게 가정을 할 수 있을지도 모르지. 종족 간의 유사성과 그들의 계보가 조화를 이룰 수도 있다고 말이네.

이 순전히 이론적인 경우에 대한 자네의 대답을 듣고 싶다네.

자네의 친구 찰스 다윈.

분류에 왜 발달이라는 것이 전반적으로 작용하느냐고 물을 수도 있겠지. 내가 전적으로 그렇다고 인정을 하고 믿고 있기 때문인데, 분류라는 것이 계통학적인 계보에 달려 있고 계통학적인 계보를 가장 잘 드러내기 때문이네. 하지만 너무 광범위해서 쉽게 접근하기 어렵다네.

아사 그레이에게 보내는 편지 1857년 11월 29일

켄트 주 다운, 브롬리

11월 29일

그레이 선생에게

이번 편지는 아마도 선생에게 보낸 편지들 중에 가장 별난 편지가 될 것 같군요. 질문도 없고 부탁도 없는 편지니 말입니다. 내 견해에 대한 선생의 생각을 말해 주셔서 고맙군요. 훌륭한 사람들에게 받는 비평처럼 소중한 게 또 있겠습니까. 내 연구가 아쉽게도 너무 가정적이고 많은 부분에서 귀납적이라고 부를 만한 것이 없으며, 내가 가장 흔히 저지르는 실수는 너무 빈약한 자료들에서 이끌어 낸 것 같다고 선생께서 전반적으로 지적해 주신 부분은 아주 지당합니다. 내가 '자연선택'이라는 용어를 사용하는 데 선생께서도 이의가 있을 거라고는 생각하지 않았습니다. 지질학자들이 '침식'이라는 용어를 자주 사용하는 것처럼 하나의 작인(作人)으로 그 용어를 사용한 것입니다. 몇 가지 연결된 작용의 결과를 표현하기 위해서 말이죠. 단순히 추론이 아니라, 그 용어를 사용해야만 하기 때문에 그 용어가 의미하는 바가 무엇인지 주의를 기울여서 설명할 것입니다. 그렇지 않으면 나는 상투적으로 다음처럼 끊임없이 설명해야 할지도 모릅니다. "어떤 부분에서든 가장 미약한 변이를 보존하려는 경향(모든 유기체들이 살아 있는 어느 기간에 혹은 어느 세대에 나타나는 생존을 위한 치열한 싸움에 노출이 되기 때문에 생기는)은 각 개체의 생존에 유익하게 또는 아주 미약하게나마 이용이 되는 것이고 이러한 경향이 모여서 변하게 되어 유전적 성질이 되는 것이다."라고 말입니다. 어떤 개체든 쓸모가 없는 변이라면 '자연선택'의 과정에서는 보존되지 않을 겁니다. 하지만 더 장황하게 말한다고 내 의도를 분명히 전달할 수 있을 것 같지 않아서 더 이상 늘어놓진 않겠습니다. 하나만 덧붙이자면, 컴벌런드(Cumberland) 산맥에서 양의 몇 가지 변종이 발견되었는데, 다른 품종들은 굶어죽었지만 특이한 한 품종은 건강하게 살아 남았습니다. 자연선택이 이 품종을 고른 것이고 그로 인해 품종의 개량이 일어나서 그곳의 토착 품종으로 만들어졌다고 할 수 있지요.

선생과 관련 있는 이야기는 아니지만 내가 어제 들은 이야기를 해 드리지요. 개별적으로 일어나는 이종교배에 관한 주제입니다만, 만각류(따개비)들은 양성동물인데 껍질을 닫으면 당연히 이종교배가 어려워지겠지요. 내가 발견한 한 개체는 기형적으로 구멍이 없는 음경을 가지고 있었는데 수정된 난자를 가지고 있었습니다. 하지만 이것이 처녀생식의 경우라고 할 수 있는지 아니면 부유하고 있던 정자가 우연히 수정을 한 건지 모르겠네요. 연체동물을 관찰하는 사람에게서 설명을 들었는데, 코끼리 코처럼 생긴 긴 음경을 내밀고 있는 연체동물 한 마리를 보여 주더군요. 그런데 인접해 있는 다른 개체의 껍질 속에 음경을 삽입하는 게 아니겠습니까! 이제야 내 마음의 짐을 덜었습니다.

선생께서는 바탕이 될 만한 자료도 없이 종에 대해 이야기를 했지만, 그렇게 얘기하는 건 무엇을 변종으로 부를지 혹은 그리스 문자로 이름을 부를지 결정하는 것보다 더 어려운 일 아닙니까. 분류 작업을 할 때도 이름을 붙일 만큼 충분히 별개의 종인지를 결정하는 것보다 더 큰 어려움은 없기를 바랐습니다. 그리고 진짜 종인지 아닌지 모호하고 대답하기도 어려운 질문들이 노상 드러나지 않기를 바랐지요. 자연스럽게 만들어진 뚜렷한 변종에서 조물주의 손으로 분리되어 만들어진 종에 이르기까지가 얼마나 큰 비약입니까. 하지만 난 이렇게 바보같이 질질 늘어지고 있습니다. 며칠 전에 고생물학자인 필립스를 만났는데 그가 이렇게 묻더군요. "종을 어떻게 정의하십니까?"하고 말이죠. 난 이렇게 대답했습니다. "정의할 수 없소." 그랬더니 그가 말하더군요. "마침내 유일하고 진실한 정의를 찾았노라. 애초부터 특별한 이름을 가지고 있었던 것이 있었겠는가!"

이렇게 늘 가차 없이 모든 이론들을 휘갈겨 쓰는 나도, 내 자신이 우스워집니다.

용서해 주십시오. 진심으로 감사를 전합니다.

찰스 다윈.

로벨리아 풀겐스(Lobelia fulgens, 숫잔대 속의 털동자꽃)를 찾아와서 수분을 시키는 나방이나 호박벌이 얼마나 큰지(틀림없이 큰 놈들이어야 할 텐데) 알고 싶군요. 혹시 남쪽 지방에서 이것을 확인해 볼 수 있는 젊은 식물학자를 알고 있나요? 아주 엉성한 거즈 덮개로 식물을 덮어 두면 깍지가 열리지 않을 거라고 생각하는데 말입니다. 아이쿠, 이런! 질문이나 부탁을 하지 않겠다고 맹세해 놓고 또 어기고야 말았습니다!

A. R. 월리스에게 보내는 편지 1857년 12월 22일

켄트 주 다운, 브롬리

12월 22일

월리스 선생에게

지난 9월 27일에 보내 주신 편지는 잘 받았습니다. 선생께서 이론적인 개념에 공감하면서 분포에 관심을 가지게 되었다는 말을 들으니 무척 기쁩니다. 심사숙고하지 않으면 독자적인 훌륭한 관찰도 의미가 없다고 확신합니다. 선생께서 연구에 임하는 것만큼 그러한 점에 신경을 쓰는 탐험가는 없다고 봅니다. 사실 동물의 분포에 관한 모든 주제는 식물의 분포에 비하면 대단히 뒤처져 있습니다. 연보에 실린 선생의 논문에 대해서 아무도 언급을 하지 않아서 다소 놀라셨다고 말씀하셨습니다만, 저는 그리 놀랍지 않습니다. 왜냐하면 단순히 종에 대해서 설명하는 것에 신경 쓰는 자연학자는 없기 때문입니다. 그렇다고 선생의 논문이 주목을 받지 못한 거라고 생각하진 마십시오. 캘커타(Calcutta)에 있는 라이엘 선생과 블라이스라는 매우 훌륭한 두 사람이 제게 그 논문을 관심 있게 보라고 특별히 추천을 했습니다. 그 논문에 있는 선생의 결론에 대해서는 동의를 하지만, 제 결론은 그보다는 조금 더 진전이 있습니다. 하지만 너무 장황한 주제라서 이론적인 개념들을 일일이 서술하긴 어렵군요.

아루 제도(Aru Islands)의 동물 분포에 대한 논문은 아직 읽어 보지 못했습니다만, 무척 흥미로울 것 같습니다. 분포의 관점에서 봤을 때 그곳은 지구상에서 가장 흥미로운 곳 중에 하나이기 때문입니다. 말레이 제도와 관련된 자료를 수집하는 데 심혈을 기울이지 못했습니다. 선생께서 주장하는 침강에 관한 학설에 동의할 준비를 해야겠군요. 사실 침강의 한 예라 할 수 있는 아루 제도에서 산호초가 차지하는 면적에 대해 산호초에 관한 독자적인 증거들을 가지고 저의 기원적인 지도 그림을 그려 봤습니다만 당혹스럽게도 아직 그리지 못한 부분이 남아 있습니다.

해양의 섬들과 대륙이 한때 연결되어 있었다는 이론에는 저보다 선생께서 훨씬 더 마음이 기울어진 것으로 보입니다.

그 가련한 포브스가 이 학설을 제안하자 열렬한 호응을 받았고, 후커는 남극지방의 섬들과 뉴질랜드, 남아메리카가 모두 이전에 연결된 대륙이었다고 열심히 논의했습니다. 약 일 년 전에 저는 이 문제를 가지고 라이엘 선생, 후커와 열띤 토론을 하고(그것에 대해서 다뤄야만 했기 때문입니다) 반대 입장에 선 제 주장을 적었습니다. 하지만 라이엘 선생도 후커도 제 주장을 존중하지 않았다는 사실을 아시면 선생께서도 반가워하시겠지요. 그럼에도 불구하고 저는 제 생에 처음이자 마지막으로 거의 초자연적이라고 할 만한 라이엘 선생의 지력에 감히 저항했습니다.

대륙에서 멀리 떨어진 섬에 사는 육상 연체동물에 관해서 물어 보셨는데, 마데이라 섬에 유럽의 것과 정확히 일치하는 연체동물 몇 가지가 있습니다. 마데이라 섬에 있는 것 중의 일부는 아화석(亞化石)으로 정말 훌륭한 증거입니다. 태평양의 섬들에서도 이와 일치하는 경우가 있는데, 사람들이 매개가 되어 옮겨진 거라고는 납득하기 어렵습니다. 굴드 박사는 사람이 매개가 되어 육상 연체동물이 태평양 전반에 분포하게 되었다고 최종적으로 결론을 지었지만 말입니다. 이렇게 전래된 거라면 그야말로 재앙이라고 봅니다. 말레이 제도에서도 육상 연체동물을 발견하셨는지요? 티모르(Timor) 섬이나 그 밖의 섬의 포유류 목록에서 본 것 같은

데, 몇몇은 그곳에 적응했을 거라는 개연성도 있을 겁니다.

편지를 쓰기 전부터 연체동물 문(門)에 관한 작은 실험을 해 왔는데, 바닷물이 생각했던 것만큼 치명적이지 않다는 사실을 발견했습니다.

선생께서 제게 '인간'에 대해서도 논할 것인지 묻습니다만, 수많은 편견에 둘러싸인 그 문제는 피하고 싶습니다. 다만, 자연 학자에게 인간은 가장 흥미로운 주제라는 점은 온전히 인정합니다.

한 20여 년 간 연구에 몰두해 오고 있습니다만, 확정적인 것도 없고, 해결한 것도 없습니다. 하지만 한 가지 분명한 목적을 가지고 자료들을 방대하게 수집했다는 것으로도 충분히 가치가 있다고 봅니다. 성과가 더디게 나타나는 것은 제 몸이 허약한 탓도 있고 제가 워낙 굼뜬 이유도 있습니다. 이제 절반 정도 책을 썼는데, 몇 년 안에 책을 출판할 수 있을지 장담을 못하겠습니다. 교배에 관한 장을 쓰는 데만 근 석 달째 매달리고 있으니 두말할 필요도 없죠!

그곳에 3~4년 더 머무시겠다는 말씀을 듣고 놀랐습니다. 남아메리카의 보고, 거대한 말레이 반도, 그렇게 흥미로운 곳에서 얼마나 멋진 경관을 즐기고 계실지! 자연과학이라는 대의명분을 위한 선생의 열정에 존경과 경의를 표합니다. 선생께서는 제가 진심으로 바라는 모든 면에서의 성공을 다 가지고 계십니다. 선생의 모든 이론들이 성공을 거둘 것입니다. 다만 제가 사력을 다하고 있는 해양 섬들에 관한 연구는 제 몫입니다.

선생의 후원에 감사드립니다.

찰스 다윈.

1858년

J. D. 후커에게 보내는 편지 1858년 1월 12일

켄트 주 다운, 브롬리

1월 12일

후커에게

내가 질문을 하나 할 테니 아주 짧게 대답해 주게. 내가 그전에 품고 있던 믿음인데(아사 그레이도 강하게 피력했던 의견이네만) 파필리오나세우스(Papilionaceous, 나비모양 꽃부리) 꽃들이 영구적인 암수 한 그루는 있을 수 없다는 내 이론에 아주 결정적인 증거가 되었다네. 우선 증거들을 이야기해 보겠네. 강낭콩은 벌들이 수분시킨다는 것과 관련한 내 자료들을 봤을 것이네. 분명히 라시러스 그랜디플로러스(Lathyrus grandiflorus, 연리초 속의 다년초)와 같은 경우로 언급했는데, 부분적으로는 확인을 했다네 W. 마카르터 선생은 에리스리나(Erithrina, 장미 목 콩과 식물)는 벌과 같은 곤충이 화판을 제거하지 않으면 호주에서는 씨앗을 내지 못할 거라고 내게 말했다네. 일반적인 콩과 식물들을 놓고 봤을 때, 호박벌이 꽃의 기부에 구멍을 내고 나면 화관 입구로는 접근하지 않게 되고 따라서 '콩이 거의 열리지 않을 것'이라는 주장을 방금 읽었다네.

하지만 더 의문이 가는 주장은 1842년에서 1843년 사이에 "뉴질랜드의 웰링턴(Wellington)에 벌들이 날아든 후부터 전에는 없던 클로버가 정착하게 되었다."는 것일세. 아마 이 문장을 쓴 작가는 가능한 연관성에 대해서는 생각해 보지 않은 게 분명하네. 나는 이 주장을 뉴질랜드에 파필리오나세우스가 분명히 없다는 사실과 연관을 짓지 않을 수 없다네(앞서 말한 주장들은 어느 정도 아귀가 맞지만 이론도 없이 그저 써 내려간 것 같았네).

자네가 만든 클리안투스(Clianthus) 속 목록과 카르미켈리아(Carmichaelia) 4개의 종 목록, 새로운 속, 관목, 에드워드시아(철자가 Papilionaceous가 맞나?)들을 봤다네. 이들 중에 어떤 것의 꽃이 클로버만큼 작은지 알고 싶다네. 만약 이들의 꽃이 크다면 호박벌이 찾아들 수 있을지도 모르지. 뉴질랜드에서 호박벌을 본 걸로 기억하네. 호박벌들은 작은 클로버들에는 절대 날아들지 않았어. 영국에서는 그보다 더 작은 노란클로버에도 꿀벌들이 날아든다고 알고 있네. 만약 씨앗들이 해변으로 휩쓸려 가서 초본성의 식물이나 작은 콩과의 식물들이 존재하지 않는다는 것을 확실히 보여 줄 수 있다면 모를까, 이들과 벌의 상관관계의 경우야말로 정말 신기하지 않은가. 그곳에는 작은 벌들이 존재하지 않는다네. 하지만 틀림없이 확인이 되어야 하겠지.

내가 아무것도 증명할 수 없을지 몰라도 지극히 많은 개별적인 사실들과 모든 주장들이 일정한 방향, 즉 파필리오나세우스의 꽃들이 수분되려면 벌이 꼭 필요하다는 쪽으로 모아지고 있다는 점은 정말 희한한 일 아닌가.

자네의 친구 찰스 다윈.

W. E. 다윈에게 보내는 편지 1858년 2월 27일

다운

27일

사랑하는 아들 윌리엄에게

생각을 하면 할수록 네가 케임브리지의 신학 대학에 진학해야 한다는 쪽으로 확신이 서는구나. 그래서 이 편지를 쓴단다. 내일쯤 너에게 찾아가마. 대학에 있는 모든 사람들을 알고 지내야 한다는 건 잘못 생각한 거란다. 내가 대학을 다닐 때도 15명 정도와 인사를 하고 지냈지만 다 안다고 생각하지 않는다. 겨우 두세 명과 친하게 지냈을 뿐이다. 대부분의 내 친구들은 트리니티와 세인트 존스 그리고 엠마누엘 컬리지에서 알게 된 친구들이란다. 내 생각에 트리니티에는 나태하게 만드는 수많은 유혹이 있을 거란다. 부지런한 젊은이에게는 엄청난 유혹이지. 네가 분명히 알아야 할 점은 내 재산은 너희 형제 여덟에게 나누어야 한다는 사실이다. 집을 구하고 안락한 삶을 영위하는 데 충분한 돈은 아니란다. 일을 하지 않으면(천만 다행으로 먹을 건 충분하겠지만) 가난하게 살 수 밖에 없단다. 너도 알다시피 대학에서 부지런한 습관을 가지는 것은 이후의 삶에서 많은 차이를 가져올 것이란다.

기운이 없어서 더는 못 쓰겠구나 아들아.

너의 사랑하는 아빠 찰스 다윈.

J. D. 후커에게 보내는 편지 1858년 6월 8일

다운

8일

후커에게

부스럼 때문에 소파 신세만 지고 있다네. 그러니 연필로 쓰는 걸 이해하게. 자네 편지를 받고 내가 얼마나 기뻐하는지 안다면 아마 박장대소를 할 걸세. 내 원고가 시시하다고 말할 것 같군.[1] 젠장, 그래도 자네는 내게 진실을 말해 줄 몇 안 되는 사람 중에 한 사람이라네. 자네가 읽은 그 원고를 그냥 내팽개칠 마음은 없지만 솔직히 말하면 거의 그러고 싶어지는군. 자네가 내 생의 역작에서 비난할 거리를 찾아 입증한다면 정말이지 우울해질 거네. 하지만 내가 그 우울함을 견딜 수 있는 이유는 진심으로 최선을 다했다는 확신이 있기 때문이라네. 자연 상태에서 생기는 변이에 관한 논의는 끝부분에 등장하게 될 걸세. 그래서 가능한 한 무엇을 변종으로 부를지 검토했네. '자연선택'과 함께 내 책의 중요한 초석이 되는 '분기의 원칙'에 대해서 충분한 논의를 거치기 전까지는 이 부분에 속하는 속에 대한 언급은 자제하고 제외할 거라네. 난 그 이론이 옳다는 강한 확신이 있다네. 자네가 읽기에도 지루하지 않을 거라는 생각이 들면 이에 관한 논의들을 그대로 베껴 놓을 참이네. 나를 생각해서 자네가 해주는 비평은 한마디 한마디가 모두 소중하다네. 자네가 있어서 얻는 이점을 어떻게 다 일일이 말로 하겠나…….

건강히 잘 지내게. 자네 편지는 늘 내 마음에 큰 위로가 된다네.

찰스 다윈.

찰스 라이엘에게 보내는 편지 1858년 6월 18일

켄트 주 다운, 브롬리

18일

라이엘 선생님께

몇 해 전인가, 연보에 실린 월리스의 논문을 읽어 보라고 선생님께서 추천을 해주셨지요. 아주 흥미롭게 읽으셨다면서 말이죠. 그에게 편지를 썼는데 선생님의 추천 이야기도 함께 썼으니 그도 아마 기분이 좋았을 것 같습니다. 오늘 그가 동봉해서 보낸 것이 있는데 선생님께 전해 달라고 부탁을 하더군요.[2] 읽어 볼 만한 것 같았습니다. 선생님 말대로 제가 기선을 제압할 수 있는 복수의 기회가 드디어 온 것 같아요. 생존을 위한 싸움에 근거한 '자연선택'에 대한 제 견해에 대해서 짤막하게 설명했을 때 선생님이 그렇게 말하셨잖습니까. 이런 우연의 일치가 어디 있단 말입니까. 만약 제 원고를 1842년에 월리스가 썼더라도 이보다 더 멋지고 짧은 요약문을 만들진 못했을 것입니다. 심지어 그가 사용한 용어들조차도 제 챕터의 제목과 같더군요.

제 원고를 돌려주시면 좋겠습니다. 그는 그 원고를 출판하기를 바란다고 말하지 않았지만, 그래도 일단 썼으니 저널에 기고해야 할 것 같아요. 그래야 저의 독창적인 학설이 박살이 나든 아니든 한 게 아닙니까. 언젠가 조금이라도 가치를 인정받는다면 이론의 타당성을 위해서 들인 노력이 가상해서라도 평가절하되진 않겠지요.

선생님이 월리스의 이론에 찬성해 주셨으면 합니다. 선생님의 의견을 그에게 들려줄 테니 말이죠.

저의 친구 라이엘 선생님께.

찰스 다윈.

찰스 라이엘에게 보내는 편지 1858년 6월 25일

켄트 주 다운, 브롬리

금요일

라이엘 선생님께

지극히 개인적인 일로 바쁜 선생님을 귀찮게 해서 진심으로 죄송합니다. 선생님의 판단력과 명성을 전적으로 제가 믿고 있으니, 선생님의 깊이 있는 의견을 들려주시면 제 평생 이 은혜를 잊지 않을 것입니다.

1844년에 필사한 저의 논문 초안을 후커가 십수 년 전에 읽은 적이 있는데, 그것과 월리스의 이론과는 더하거나 모자란 부분이 없이 완전히 일치했습니다. 일 년 전에 제 견해를 필사한 짤막한 초안 하나를 아사 그레이 선생에게 보냈답니다(몇 가지 이유에서 서신을 주고받고 있었기 때문이예요). 정말 솔직하게 말할 수 있고, 증명해 보일 수도 있지만 월리스의 논문에서는 전혀 따온 게 없어요. 이제는 홀가분한 마음으로 저의 전반적인 견해를 담은 십여 쪽의 원고를 출판해야 할 것 같습니다. 하지만 제가 훌륭하게 해 낼 수 있을 거라는 자신이 없어요. 월리스는 출판에 대해 아무런 말도 하지 않는군요. 그의 편지를 동봉하겠습니다. 제가 그동안 어떤 원고도 출판할 마음이 없었다가 월리스 학설의 개요를 보고 나서 출판을 한다고 하면 그게 과연 명예로운 일일까요? 월리스나 다른 사람에게 제가 천박하게 처신하는 사람으로 보이느니 차라리 책들을 전부 불살라 버리는 게 낫다는 생각이 든답니다. 선생님은 그가 제 손을 묶어 두려고 자기 논문을 제게 보냈다고 생각하지 않으십니까? 제가 쓴 편지를 받고 월리스가 자신의 이론을 만들어 냈다고는 전혀 생각하지 않아요.

영예롭게 원고를 출판할 수 있다면, 월리스가 제 전반적인 결론에 대한 개요를 보내 줬기 때문에(그리고 선생님께서 오래전부터 제게 출판을 하라고 권고해 왔다는 말도 기꺼이 해야겠지요) 출판하게 되었노라고 언급을 해야 할 것입니다. 우리의 다른 점이라고 한다면, 제 이론의 출발점은 길들인 동물들에게 가해진 인위적인 선택이라는 점입니다. 제가 월리스의 이론을 훔친 게 아니라는 걸 보여 주기 위해서 아사 그레이에게 썼던 편지를 복사해서 그에게 보낼 수도 있지요. 하지만 지금 출판을 하는 것이 비겁하고 천박한 일인지는 말하기 어렵군요. 이것이 제일 먼저 드는 생각이고 선생님의 편지가 없었더라면 그 생각에 따라 행동했을 것입니다.

하찮은 일로 선생님께 짐을 지우는 것 같지만 선생님의 충고를 진심으로 듣고 싶습니다. 그런데 혹시 후커에게 이 편지와 선생님의 대답을 들려주고 제게 답장을 해 달라고 해도 괜찮겠는지요?

가장 소중하고 친절한 두 친구의 의견을 다 듣고 싶어서 그렇습니다. 아주 엉망으로 쓴 편지지만, 잠시 동안이나마 모든 주제에서 벗어나고 싶은 마음에서 쓴 것입니다. 이제는 고민하다가 완전히 녹초가 되어 버렸답니다.

우리 집 아기에게 성홍열이 도는 것 같아서 걱정이에요.[3] 에티도 아팠

는데 회복되고 있는 중이구요.[4]

소중한 친구인 선생님, 저를 용서해 주세요. 천박한 생각에서 비롯한 졸렬한 편지가 되고 말았군요.

선생님의 진실한 친구 찰스 다윈.

다시는 이 문제로 선생님이나 후커를 괴롭히지 않겠습니다.

J. D. 후커에게 보내는 편지 1858년 6월 29일

다운

화요일

사랑하는 친구 후커에게

어젯밤에 가여운 아기가 죽었다네. 자네와 자네의 부인은 우리를 위해서 슬퍼해 주리라 생각하네. 보이는 것만큼 고통을 겪지 않았길 바랄 뿐이야. 아주 갑자기 상태가 안 좋아졌다네. 성홍열이었어. 그 작고 순진한 얼굴이 죽음의 잠 속에서 다시 귀여운 표정이 번지는 것을 보면서 큰 위안을 얻었다네. 더 이상 이 세상의 고통을 겪지 않아도 되겠지.

자네 편지들은 받았네. 지금은 그 주제에 관해서 생각할 여력이 없네. 조만간 생각을 해야겠지. 라이엘 선생님과 자네가 정말 자상한 친구들이라는 걸 알고 있었네만 내 기대 이상으로 나를 생각해서 그런다는 걸 내 어찌 모르겠나.[5]

아사 그레이에게 보냈던 편지의 복사본은 쉽게 얻을 수 있는데, 너무 짧다네. 가여운 엠마는 생각보다 훌륭하게 잘 견디고 있어. 감정이 복받칠 만도 한데 얼마나 잘 견디는지 모른다네.

자네에게 축복이 임하기를. 어쩌면 생각보다 더 빨리 소식을 듣게 될지 모르겠군.

찰스 다윈.

J. D. 후커에게 보내는 편지 1858년 6월 29일

다운

화요일 밤

후커에게

방금 자네 편지를 읽었다네. 지금 내가 기진맥진한 상태라서 아무 것도 할 수 없네만, 월리스의 논문과 내가 아사 그레이에게 보낸 편지에서 발췌한 내용을 보냈네. 그레이에게 보냈던 내 개념은 변화의 방법만을 불완전하게 다루고 있다네. 종이 변한다고 믿는 근거에 관해서는 다루지 않았네. 너무 늦어버렸어. 이젠 관심을 쏟을 기력도 없다네.

그렇게 많은 시간과 호의를 베푼 자네는 정말 마음 좋은 친구라네. 정말 최고의 호의와 우정이지. 1844년에 쓴 초안만 보내네. 자네의 필적이 있을지 모르겠군.

솔직히 그걸 볼 수가 없네. 시간 낭비하지 말게나. 지난 일을 생각하는 것은 정말 끔찍하다네.

목차 표를 보면 무엇인지 알 수 있을 걸세. 〈린네 저널〉에 싣기 위해서는 유사하지만 더 간단하고 더 정확한 원고를 작성해야 할 것 같네. 무엇이든 해야지.

자네의 안녕을 비네. 이만 줄여야겠어. 하인 편으로 이 편지를 큐로 보내겠네.

찰스 다윈.

아사 그레이에게 보내는 편지 1858년 7월 4일

켄트 주 다운, 브롬리

1858년 7월 4일

그레이 선생에게

선생께서 5월 21일에 보낸 편지에는 답을 할 수 없었습니다. 내 아이들이 아프기도 했지만 슬프게도 한 아이를 잃었답니다. 그래서 우리는 몇 주 동안 집을 떠나 있습니다.

성주풀(Dicentra) 속의 꽃들은 호박벌의 행동을 관찰하기에 정말 좋은 꽃입니다. 호박벌이 처음 한 꽃에서 꿀을 빨고 다른 꽃으로 옮겨 다니는 걸 봤어요. 안쪽에 연결된 꽃잎들을 꽃 반대쪽으로 밀어내고 고깔처럼 생긴 꽃받침 위에 뒷다리를 올려 놓고 곧게 선 암술을 배와 뒷다리 안쪽에 대고 비벼대더군요. 그러자 다른 꽃에서 묻혀 온 꽃가루 때문에 하얘졌습니다. 믿기 어렵지만 성주풀 속의 개체들은 틀림없이 이종교배가 광범위하게 이루어지고 있었어요. 선생의 줄꽃주머니 속(Aldumia)은 아직 꽃이 피지 않았지요. 푸마리아(Fumaria) 속과 코리달리스(Corydalis) 속에서는 다른 구조를 발견했는데, 한쪽에 밀선이 있고 여기에 암술이 구부러져 있고 두 개의 암술머리가 한쪽 밀선으로 나 있는 통로에 있었습니다. 꽃받침은 다른 방향으로는 쉽게 벗겨지지 않고 반대 방향으로는 아주 쉽게 벗겨지더군요.

사실 코리달리스 루테아(Corydalis lutea)에서는 암술머리가 거의 튀어나와 있었고, 암술은 분명히 암술머리가 들어 있는 밀선 쪽으로 튀어나와 있었다오. 여섯 개의 푸마리아 속 식물들만 관찰했는데 이러한 규칙이 일반적인지 알고 싶군요. 이 꽃들의 구조는 벌이 날아드는 것과 관련이 있기 때문이라고 생각합니다.

얼마 되지도 않은 관찰만 가지고는 다음과 같은 규칙이 일반적으로 적용된다고 해도 될는지 의심스럽네요(나도 그 진위 여부를 정말 알고 싶어요).

성주풀

밀선 밀선

푸마리아와 코리달리스

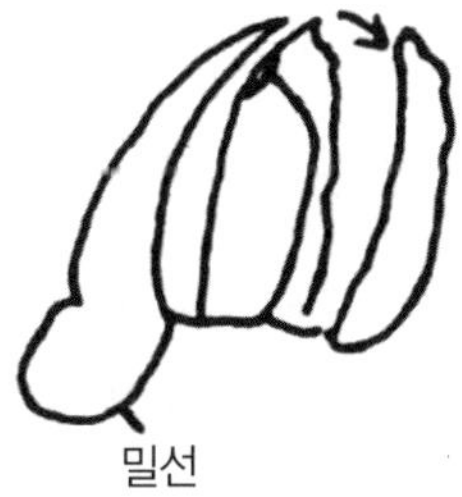

밀선

꿀이 꽃부리 환의 한 지점에서 분비될 때, 만약 암술이 구부러져 있다면, 그 상태로 있어야 잘 여문 암술머리가 밀선 쪽으로 난 통로로 놓인다는 것입니다. 미나리아재빗과(Columbine)는 밀선들의 환이 있고, 암술머리가 곧게 서 있더군요. 아퀼레지아 그랜디플로라(Aquilegia grandiflora)에서는 밀선이 하나 있고, 암술머리가 직각으로 구부러져 있어서 벌들이(요즘 관찰한 것이라오) 가볍게 스치면서 꿀을 뽑는 것 같았습니다.

그럴 리는 없지만, 선생께 혹시라도 '자연선택'에 관한 내 이론에 관한 사소한 이야기가 적힌 편지가 있다면 그 편지에 적힌 날짜를 확인해 주면 고맙겠습니다. 왜 이런 부탁을 하는지 궁금하겠지요. 뉴기니(New Guinea)를 탐험하고 있는 월리스가 내게 똑같은 이론의 발췌본을 보내왔는데, 표현법까지도 일치한다는 게 정말 신기하더군요. 게다가 그는 내 견해에 대해서는 들어본 적도 없는데 말이죠. 그는 그 발췌본을 라이엘 선생에게 전해 달라고 하더군요. 라이엘 선생님은 내 이론에 대해 정통한 친구 분이라서 후커와 의논을 하더니(후커는 내가 1844년에 쓴 초안을 십수 년 전에 읽어 본 친구요) 내게 진심으로 말했지요. 선수를 빼앗기지 말고 월리스의 논문과 나의 이론을 함께 출판하자고 말이지요. 내가 선생께 보낸 편지의 복사본이 유일한 변론 문서이기 때문에 그 복사본을 보냈답니다. 린네 학회에서 낭독이 되었을 거예요(그런 목적으로 쓴 편지는 분명히 아니었어요). 그래서 선생에게 보낸 편지에 적힌 날짜를 알고 싶은 거지요. 일부러 수고스럽게 샅샅이 뒤질 필요는 없습니다. 내 기억에 작년 9월, 10월, 11월 중에 썼던 것이 확실한 것 같아요.

편지 서두가 너무 장황하군요. 미안합니다.

진실한 친구, 찰스 다윈.

J. D. 후커에게 1858년 7월 13일

하트필드 턴브리지 웰스, 미스 웨지우드의 집

13일

후커에게

자네가 월리스 앞으로 쓴 편지는 정말 완벽하더군. 매우 분명하고도 공손하게 썼어. 얼마나 영향이 있을지 모르겠네만 오늘 그 편지를 발송했다네, 내가 쓴 편지와 함께 말이야.

나는 늘 내가 선점을 빼앗길 수도 있다고 생각했다네. 그래도 마음 쓰지 않을 만큼 위대한 영혼을 가진 사람이라고 생각했지. 그런데 내가 잘못을 저질렀다는 걸 깨달았고 스스로를 책망했다네. 하지만 이미 나 스스로도 포기했고 월리스에게 모든 우선권을 양보한다는 편지를 절반이나 쓰고 있었네. 라이엘 선생님과 자네의 충심 어린 배려가 없었다면 내 마음은 바뀌지 않았을 걸세. 맹세코 말하지만 진심으로 그렇게 느꼈고, 절대 잊지 않을 걸세.

린네 학회에서 벌어지는 일에 대해서도 만족해 할 것이네. 자네의 편지와 내가 아사 그레이에게 보낸 편지는 월리스의 논문에 대한 유일한 증거가 될 거라고 생각했네.

며칠 안에 우리는 바다 쪽으로 갈 것이네. 와이트 섬(Islc of Wight)으로 갈 것 같네. 돌아오면 (비둘기 뼈대와의 한 판 싸움을 끝내고) 발췌작업을 착수할 것이네. 저널의 30쪽 분량에 달하는 발췌를 도대체 어떻게 만들어 낼지 모르지만, 최선을 다할 것이네.

내 '자연선택'이론이 불변성으로 꽉 막혀 있는 자네의 창자를 시원하게 뚫어 줄 것을 생각하면 얼마나 기분이 좋은지 모를 걸세. 언제가 되었든 종이 분명히 변한다는 것을 자연학자들이 볼 수 있다면 변이에 관한 모든 법칙, 모든 유기체들의 계보, 유기체들의 이동 경로 등등 …… 어마어마한 장이 열리게 될 걸세.

건강히 잘 지내게 나의 진정한 친구여.

찰스 다윈.

[다운으로 돌아오자마자 다윈은 발췌 작업에 착수했고, 마침내 책 한 권 분량으로 늘어나게 되었다. 이 책이 바로 1859년 후반에 출판된『자연선택 또는 생존을 위한 싸움에 유리한 품종의 보존을 통한 종의 기원에 관하여*On the Origin of species by means of natural selection, or preservation of favoured races in the struggle for life*』이다.]

T. C. 아이튼에게 보내는 편지 1858년 10월 4일

켄트 주 다운, 브롬리

10월 4일

아이튼에게

자네는 대체 얼마나 멋진 뼈대들을 모아 놓은 것인가, 게다가 얼마나 많은 일에 손을 대고 있는 건지. 자네가 그러고 있는 걸 보니 굴에 대한 책이라도 출판할 것 같군.

뼈대 목록과 함께 자네의 편지는 잘 보관하고 있네. 앞으로 언젠가 그중 일부를 빌려서 소중한 자료로 쓸지도 모르겠군. 길들인 비둘기의 뼈대에 관한 연구를 마쳤다네. 그리고 그것들에 관한 역사와 변이 등 학술 논문도 다 썼다네. 내가 너무 무지해서 그런지 심지어 뼈들의 명칭도 모르는 게 있더군. 그 뼈들은 팔코너에게 보내서 기초적인 지식이라도 좀 얻으려 한다네. 내 논문은 그래봐야 네다섯 쪽 정도 되는데 이걸 필사해서 보내면 읽고서 비평을 좀 해 줄 수 있겠나? 뼈도 몇 개 보낼 테니 어떤 차이가 있는지 잘 보고 내가 알아차리지 못한 부분에 대해서 자네가 정확한 판단을 해 주면 좋겠네. 팔코너가 돌아오는 대로 우선 좀 배워야겠네. 출판에 대한 내 계획은 전면 수정했다네. 라이엘 선생님과 후커의 충고를 따라서 내 결론에 대한 발췌본을 준비해서 린네 학회에서 낭독할 분량 정도의 작은 책을 출판하기로 했다네. 이 일로 몇 달 동안 일상적인 일들을 못하게 되었다네. 내게는 너무 방대한 작업이지만 죽기 전에는 끝내겠지. 사실 4분의 3 정도는 끝냈다네.

자네의 건승을 비네. 늘 고맙고.

잘 지내게 아이튼.

찰스 다윈.

자네가 훌륭한 사냥꾼이라서 묻네만, 종마와 어미 말이 어떤 색을 가지고 있어야 항상 회갈색의 말이 태어나나? 담황색과 갈색이나 적갈색이

섞인 그런 회갈색 말일세. 수십 명에게 물었지만 확실히 알지 못하겠네. 또 어떤 색깔의 수망아지가 태어나야 회갈색으로 변하는지도 모르겠네.

묻는 김에 하나 더, 양쪽 어깨에 두 개의 줄무늬가 있는 당나귀를 본 적이 있는지. 스미스 대령은 그런 경우를 들었다고 하더군.

W. E. 다윈에게 보내는 편지 1858년 10월 15일

다운

15일

사랑하는 윌리엄

기분 좋은 장문의 편지를 보냈구나. 네가 자리를 잡아간다는 소식을 듣고 가족 모두가 기뻤단다. 첫날 너무 고된 일과를 마쳤더구나.

내 사촌 폭스가 쓰던 방 건너편 방이더구나. 그 방에서 즐거운 시간을 보내곤 했었지. 내 방은 좀 더 낡은 교정에 있었단다. 중간 계단참에 있었는데, 오른편으로는 교정이 이어지고, 계단참을 하나 더 올라가면 오른쪽에 문이 있는데, 그곳이 멋진 내 방이었지. 그 방을 보면 네 방이 싫어질 게다. 다음 해에는 방을 바꾸고 싶을지도 모르지.

옛날 내 사환으로 일하던 임페이가 아직 살아 있는지 궁금하구나. 다행히 그를 보거든 내가 안부를 전한다고 말씀드려라.

화요일에는 하루 정도 런던에 가야 한단다. 너의 일로 은행 담당자를 만

나서 의논을 할 거야. 아직 가구를 사지 않았으면 케임브리지의 소매상에게 런던 은행에서 발행한 수표를 받는지 물어보렴. 네가 유니온 은행에 계좌를 개설하는 게 나을지 케임브리지 은행에 돈을 넣어 두는 게 나을지 알려 주려고 한단다. 네가 이걸 물어볼 담당자를 찾을 수 있을지 의문이다.

킹즈 칼리지가 맘에 든다니 나도 무척 기쁘단다. 내게는 엄청난 행복을 안겨 준 곳이지. 피츠윌리엄 박물관에 가서 멋진 그림들도 관람해야 한다. 칼리지(칼릿지가 아니란다. 철자를 그렇게 쓰는 사람도 있지만) 뒤뜰도 사실 참 아름답지. 아마 옥스퍼드에는 그런 풍경이 없을 게다.

돈이 부족해지기 전에 제때 연락해야 한다. 그리고 계좌 관리를 잘 하길 바란다. 아버지가 생각하기론 그건 아주 개인적인 문제란다.

잘 지내라, 내 사랑하는 아들.

찰스 다윈.

J. D. 후커에게 보내는 편지 1858년 10월 20일

켄트 주 다운, 브롬리

20일

후커에게

〈가드너스 크로니클〉지에 기고하려고 콩과 식물의 수분에 관한 논문을 썼다네. 1, 2주 내로 보내야 하네. 린들리만 괜찮다고 하면 린네 학회에도 보낼 생각이네. 자네에게 어떤 자료가 인상적이었는지 듣고 싶네.

자네에게 "자연선택에 대해서 지나치게 반대하지는 말게."라고 부탁을 하는 나 자신도 무척 괴롭다네. 자네 대답에 무척 관심이 있기는 하지만 어쨌든 자네를 귀찮게 해서 유감이네. 재고하지 않고 그 문장 그대로 썼다네. 실은 어느 정도는 자연학자가 아닌 사람들에게 반대 의견이든 비난이든 해 달라고 조르는 일에 나 자신도 익숙해졌지만, 자네야말로 끊임없이 내게 공감을 해 주는 유일한 영혼이라는 사실을 한동안 잊었다네. 자네가 나를 얼마나 많이 도왔는지 한순간도 결코 잊지 않을 것이네. 믿어 주게. 자네도 분명히 지적했지만, 내 이론이 자네에게 '잼 단지'에 불과할 거라고는 추호도 생각하지 않는다네. 사실 아주 최근까지 내 논문이 자네에게는 아무런 감동도 주지 못했다는 생각에 몹시 풀이 죽어 있었네. 그리고 자네가 팔코너를 제외한 다른 친구들에게 내 논문에 대해서 호의적으로 말했다는 것도 몰랐고. 팔코너는 몇 년 전에 내게 다른 자연학자 열 사람이 훌륭한 일을 하는 것보다 내가 끼친 악영향이 훨씬 많을 거라고 그리고 내가 자네의 일을 절반이나 망쳐 놓았다고 했다네. 아무튼 이 모든 것들이 어리석고 이기적인 내 성질 탓인 것 같네. 다만 자네가 나를 아무런 가치도 없는 배은망덕한 사람이라고 생각할까 봐 이 편지를 쓴다네. 절대 그렇지 않다는 것은 신만이 아실 걸세.

내가 나의 이론을 받아들인다고 다른 사람도 다 나 같기를 바라는 건 말도 안 되지.

어제 런던에 있는 동안 팔코너와 몇 시간을 함께 있었다네. 인간의 수명에 대한 방대한 연설을 해 주더군. 인간은 갑자기 등장한 종이 아니라 멸종한 종들이 살았던 시대까지 거슬러 올라가는 계보를 자랑한다는 것일세. 그는 명백한 증거도 있다고 하더군. 트라이아스기에 살았던 인간의 커다란 어금니 말일세.

난 완전히 지쳐 버렸다네. 그래서 다음 주 월요일에는 무어파크로 가서 물 치료를 받을 생각이네.

잘 지내게 친구.

찰스 다윈.

허버트 스펜서에게 보내는 편지 1858년 11월 25일

켄트 주 다운, 브롬리

11월 25일

스펜서 선생에게

선생의 논문을 선물로 주신 데 대해 진심으로 감사드립니다. 논문의 몇 부분을 벌써 아주 흥미롭게 읽었습니다. 전반적인 주장에 대해 이른바 '발달 이론'이라는 표현을 쓰신 것은 매우 훌륭한 것 같습니다. 지금 저는 종의 변이에 관한 긴 연구의 초안을 준비 중입니다만, 일반적인 관점에서 다루지 않고 오로지 자연학자의 관점에서만 다루었습니다. 좀 미리 알았더라면 흠잡을 데 없이 훌륭한 선생의 주장을 아주 유용하게 인용할 수 있었을 텐데 하는 생각이 듭니다.

음악에 관한 논문 역시 매우 흥미로웠습니다. 그에 관해서는 비록 자세한 부분의 개념까지는 지지할 능력은 못 되지만 저도 선생과 거의 비슷한 결론을 내렸기 때문입니다. 게다가 정말 우연의 일치 같지만 그 표현은 제가 몇 년 동안 제법 진지하게 생각해 오던 아주 좋아하는 주제였습니다. 그리고 모든 표현이 생물학적인 의미를 가진다는 선생의 의견에 전적으로 동의합니다.

선생의 품위 있는 비평을 들려주시면 진심으로 감사하겠습니다. 늘 건재하시길 바랍니다.

감사의 마음을 전하며.

찰스 다윈.

1859년

A. R. 월리스에게 보내는 편지 1859년 1월 25일

켄트 주 다운, 브롬리

1월 25일

월리스 선생에게

사흘 전에 나와 후커에게 보낸 선생의 편지를 받고 뛸 듯이 기뻤답니다. 글을 읽으면서 느낀 선생의 품성에 대해 어떤 말로 표현을 해야 좋을지 모르겠군요. 라이엘 선생과 후커가 이끄는 대로 한 것 말고는 아무 일도 하지 않았습니다. 그 두 친구 생각에는 정당한 행동이었다고는 하지만 내키지는 않았습니다. 선생의 생각이 어떨지 궁금합니다. 라이엘 선생이 정당성을 입증할 수도 있다고 생각하지만 선생과 그 두 친구에게 간접적으로 빚을 지고 있는 셈입니다. 원고를 만드는 일이 얼마나 힘든지 알고 있습니다. 어쩌면 건강 때문에 이 방대한 작업을 마무리하지 못할 지도 모르지요. 하지만 다행히 지금은 마지막에서 두 번째 장을 쓰고 있습니다. 내 초안은 약 400내지 500쪽 분량의 작은 책이 될 겁니다. 출판이 되면 선생께 한 부를 보내겠습니다. 길들인 생물에 '선택'이 작용하는 부분을 어떻게 설명했는지 아시게 될 것입니다. 아마 '자연선택'이 작용하는 이론에 대해서는 선생께서 가정하신 것과 많은 차이가 있을 것입니다.

선생께서 새들의 둥지에 깊은 관심을 가지고 있다는 말을 듣고 무척 반가웠습니다. 비록 한 가지 관점에서 보긴 했지만 저도 주의를 기울였던 분야이지요. 즉, 본능이 바뀌면서 선택이 작용하고 개선이 이루어졌다는 것을 관찰하는 것입니다. 퇴화된 본능은, 말하자면 박물관에 넣어 두어야겠지요.

말의 줄무늬를 관찰해 주셔서 감사드립니다. 줄무늬가 있는 당나귀가 있다면 그 자료도 덧붙여 주시길 바랍니다.

선생께서 벌집을 채집하셨다는 소식을 듣고 기뻤습니다. 다음에 런던에 갈 때 F. 스미스 씨와 선더스 씨에게 자문을 좀 구해야겠습니다. 주제에 관해 궁금한 점을 알아내는 것은 나만의 특별한 취미지요. 비용이 많이 들지 않는 선에서, 종류별 벌의 표본을 두 개씩 모아 주실 수 있겠습니까? 만들어지고 있는 벌집이나 비정상적인 벌집에는 치수를 재거나 실험을 할 만한 가치가 있는 유충이 없더군요. 그런 벌집들의 모서리는 마멸되지 않고 잘 보존되었을 겁니다.

선생의 논문을 보고 훌륭하고 흥미롭다고 칭찬하는 사람들을 많이 봤습니다. 그 논문을 제 발췌(1839년에 쓴 것이니 벌써 20년이나 흘렀군요!)에 인용했는데 진심으로 사과드립니다. 잠깐 동안이라도 은밀하게 출판을 하려는 의도는 결코 없었습니다.

라이엘 선생의 마음 상태에 대해서 궁금하다고 하셨지요. 라이엘 선생도 굉장히 흔들리고 있지만 아직은 종교적 신념을 포기하지 않고 있습니다. 그는 자신이 종교적인 변절자가 된다면 다음 번 판이 어떻게 될지 일이 어떻게 돌아갈지 모르겠다고, 걱정스럽게 말하고 있습니다. 하지만 라이엘 선생은 솔직하고 정직한 분이지요, 제 생각에 결국에는 종교적 신념을 버릴 겁니다. 후커는 선생과 저만큼이나 이단적인 생각을 하는 사람입니다. 후커는 전 유럽에서 가장 유능한 판관일 겁니다.

나의 경력도 이제 거의 마지막에 다다른 것 같습니다. 만약 내 원고를 출판할 수 있다면, 아마 같은 주제에 관한 한 나의 걸작이 되겠지만, 그걸로 내 임무는 다했다고 봐야겠지요.

진심으로 존경을 보내며.

찰스 다윈.

W. D. 폭스에게 보내는 편지 1859년 2월 12일

서리 주 파넘, 무어파크

토요일

폭스 형에게

우리가 소식을 주고받은 지도 꽤 오랜 시간이 흘렀군.

최근에는 설상가상으로 더 나빠졌어. 지긋지긋한 구토 증세도 더 자주 나타나고 두통도 더욱 극심해졌어. 이곳에 일주일 정도 있었는데 더 머물러야 할 것 같아. 치료 덕분에 좋아진 것 같긴 해. 위액의 주성분인 펩신을 먹어. 그 덕분에 좋아진 것 같기도 하고, 처음에는 마법처럼 약이 잘

듣더군.

내 원고가 원인인데, 물론 그 죄악의 중요한 부분이 내 육신에 계승되었다고 믿고 있지만, 두 장 정도만 전면 수정을 하면 될 거야. 그러면 비교적 자유로워질 수도 있겠지. 후커를 개종시키면서 대단한 만족감을 얻었어. 그리고 헉슬리나 내 생각에는 라이엘 선생님도 굉장히 흔들리고 있는 것 같아.

윌리엄은 케임브리지 생활을 아주 즐거워해. 내가 예전에 쓰던 방으로 바꾸고 내가 쓰던 도안을 사용하고 있어. 늙은 임페이도 함께 있다더군. 일종의 부활이 틀림없지 않은가.

형과 형 가족의 소식도 들려주길 바라.

친애하는 폭스 형에게 찰스 다윈.

J. D. 후커에게 보내는 편지 1859년 3월 2일

켄트 주 다운, 브롬리

3월 2일

후커에게

나의 주제를 염두에 두고 지질학적인 분포에 관한 장을 마무리했다네. 자네가 읽어 봐 주면 좋겠네만, 눈코 뜰 새 없이 바쁘면 읽지 않아도 되네. 진심으로 굴욕감을 느끼지 않을 테니 정말 귀찮다면 부디 읽지 말게. 제발 부탁이야. 난 지금 굉장히 불안하네. 그 안에는 실수도 많을 걸세. 그래도 자네가 가장 열렬히 반대하는 부분이 어딘지는 알고 싶다네. 우리가 몇 가지 점에서 굉장한 차이를 가지고 있으며, 분명히 그런 차이가 있을 걸세. 마지막으로 가장 궁금한 것은 초판에 실었으면 하고 바랐던 내용이 무엇인지 알고 싶네. 하지만 자네의 책에서 몇 가지는 이미 인용을 했다네. 이 장에서도 그렇고 다른 곳에서도 자네의 도움에 감사하는 마음을 표현했네. 이 초안에서 그 감사한 마음을 어떻게 다 표현하겠는가!

찰스 다윈.

찰스 라이엘에게 보내는 편지 1859년 3월 28일

켄트 주 다운, 브롬리

3월 28일

라이엘 선생님께

제대로만 잘 되어 간다면 5월 초쯤에는 책이 출판될 것으로 기대하고 있습니다. 상황이 이래서 선생님께 조언을 좀 부탁드리고 싶군요. 사모님의 편지에서 본 내용 중에 선생님이 머레이에 대해서 이야기하셨던 것 같은데 맞지요? 그가 제 초안을 기꺼이 출판해 준다고 하지 않았나요? 어떤 말이 오갔는지 말해 주신다면 그에게 편지를 쓰겠습니다. 그가 책의 주제에 관해서 모두 다 알고 있나요?

그리고 또 출판 계약 조건을 어떻게 하면 좋을지 조언을 해 주십시오. 그에게 조건을 제시해 보라고 이쪽에서 먼저 부탁을 하는 것이 좋은지 말입니다. 그리고 선생님은 한 판(版)에 대한 계약 조건을 어떻게 해야 공정하다고 생각하십니까? 이윤을 나눠야 할지 어떻게 해야 할까요?

마지막으로, 동봉한 제목들을 훑어보고 선생님 의견을 말해 주십시오. 비평을 하셔도 좋습니다. 제가 건강했다면 할 수 있을 것 같은데 말이지요. 같은 주제에 관해서 훨씬 방대하고 풍부한 책을 쓸 준비를 거의 마쳤답니다. 선생님이 쓰신 『지질학 원론』 초판의 크기만한 500쪽짜리 원고가 될 것입니다.

여러 가지로 번거롭게 해서 죄송합니다. 앞으로는 이런 문제로 부탁할 일은 없을 거예요.

선생님이 하시는 모든 일이 잘 되길 빕니다. 선생님이 하시고 있는 다양한 일들이 성공하길 바란다는 말이지요.

무진장 열심히 일하고 있어요. 어서 일을 끝내고 자유로워지고 싶답니다. 그리고 건강에 신경을 써야겠어요.

저의 친구 라이엘 선생님께.

찰스 다윈.

추신. 머레이에게 제 책에 대해서 말할 때 어떻게 하면 좋을지 조언을 부탁드립니다. '내 책이 다소 이단적이라기보다 불가피한 주제를 다루고 있으며, 인간의 기원에 대해서는 단 한마디도 거론하지 않았고 「창세기」 따위는 전혀 언급하지 않았다. 단지 사실들만을 제시했고 그 사실에서 매우 정당한 결론을 이끌어 낸 것'이라고 말하는 것이 좋을까요?

아니면, 차라리 아무 말도 하지 않는 게 낫겠습니까? 그러면 이 책이 이단적이라서 반대할 이유도 없고 사실 단순한 지질학 논문에 불과하고 「창세기」에 반할 만한 내용이 없다고 생각할 게 아닙니까.

[동봉]

논문의 발췌

자연선택을 통한

종과 변종의

기원에 대하여

찰스 다윈 M. A. 지음

(왕립 지질학회 & 린네 학회 회원)

런던

1859

찰스 라이엘에게 보내는 편지 1859년 3월 30일

켄트 주 다운, 브롬리

3월 30일

라이엘 선생님께

선생님 손에서 해결된 일을 보니 선생님께서 얼마나 신경을 써 주셨는지 알겠습니다. 많은 곤경과 불안에서 저를 구하셨을 뿐 아니라 저라면 감히 흉내도 못낼 만큼 훌륭하게 모든 일을 마무리해 주셨어요. 머레이에 대해서 자세히 알려 주셔서 고맙습니다. 오늘 내일 중으로 그에게 편지를 쓰겠습니다. 그리고 곧이어 원고 뭉치도 보내야 하겠지만 불행히도 일주일 안에는 힘들 것 같군요. 앞에 세 장을 필사자들에게 맡겨 놓았답니다.

머레이가 원고의 용어에 이의를 제기하다니 유감이군요. 제가 보기에는 참고 문헌과 자료를 충분히 제시하지 못한 것에 대한 변명에 불과해요. 하지만 선생님이나 그의 의견을 존중할 것입니다.

'자연선택'이라는 용어에 대해서도 유감인데요, 설명과 함께 그대로 뒀으면 좋겠어요. '자연선택이나 우세한 품종의 보존을 통해서'라는 정도로 말입니다.

그 용어를 고집하는 이유는 품종 개량에 관한 연구에서는 널리 사용되고 있는 용어이기 때문입니다. 그리고 머레이에게 그 용어가 익숙하지 않다니 놀랍군요. 오랫동안 그 분야의 연구를 해 왔지만 제가 판단하지는 않겠습니다.

다시 한 번 선생님의 소중한 도움에 진심으로 고마운 마음을 전합니다.

선생님의 친구 찰스 다윈.

J. D. 후커에게 보내는 편지 1859년 4월 2일

켄트 주 다운, 브롬리

4월 2일

후커에게

머레이를 조심하라는 자네의 편지는 매우 고마웠네. 그에게 편지를 쓰고 각 장의 제목도 알려주었네. 그리고 열흘 정도는 원고를 받아 볼 수 없을 거라고 했다네. 그리고 오늘 아침 편지를 받았는데, 훌륭한 조건을 제시했고, 원고를 수정하지 않고 출판하기로 동의했다네! 그는 아주 열성적이더군. 어쨌든 경고를 해야 했지만 자네의 편지 때문에 그에게 아주 솔직하게 말을 했다네. 나는 그가 제시한 조건에 대해서만 받아들이고, 그가 논문을 부분적으로 혹은 전체적으로 다 본 다음에 철회하는 권리는 그에게 있다는 조건으로 말이야. 자네는 내가 너무 뻔뻔스럽다고 생각할지 모르지만, 내 책이 꽤 인기를 끌 수 있다고 생각하네. 과학자들이나 과학에 관심 있는 사람들이 내 책을 안 읽으면 굉장한 손해지. 그런 사람들과 대화를 하면서 알았는데 굉장한 흥미를 가지고 있더군. 자네가 읽었던 지리학적인 분포에 관한 책보다 이 책은 지루하지도 딱딱하지도 않다네. 어쨌든 머레이는 가장 훌륭한 판단을 내려야만 할 걸세. 일단 그가 출판하기로 결정을 하면 난 모든 책임에서 손을 뗄 거네. 내 원고에 대해서 그는 아주 훌륭한 거래를 했고, 라이엘 선생님이나 자네가 모든 문제들을 도맡아 주어서 정말 고맙다네.

지쳐서 더 이상은 못 쓰겠군.

나의 친구 후커에게.

찰스 다윈.

존 머레이에게 보내는 편지 1859년 4월 2일

켄트 주 다운, 브롬리

4월 2일

머레이 씨의 답장에 감사드립니다. 그리고 당신의 제안도 기꺼이 수락합니다. 하지만 당신이나 나를 위해서 계약 조건을 명확히 해 두어야겠다는 생각이 듭니다. 원고를 살펴보고 나서 판매 수지가 맞지 않는다고 생각하시면 얼마든지 그리고 솔직하게 제안을 철회하셔도 됩니다. 하지만 원고를 광고해 놓고 출판하지 않으면 내 연구에 불명예가 될 수 있다는 것을 잊지 마십시오. 제 책은 쉽게 읽고 넘어갈 수 없으며 어느 부분은 매우 딱딱하고 난해하기도 합니다. 내가 아무리 잘못 판단을 하더라도 그 책은 분명히 모든 동물들의 기원에 대해 궁금하게 여기는 수많은 사람들에게 흥미를 선사할 것입니다.

일단 책이 출판되면 실망하지 않으실 거라는 말씀과 함께 고마움을 전합니다.

안녕히 계십시오.

찰스 다윈.

추신. 덧붙이고 싶은 것은, 책 전체에서 한 가지 주장을 길게 다루고 있기 때문에 그 책을 전체적으로 읽지 않고서는 당신이나 다른 누구도 제 책의 진정한 장점을 판단하기 어려울 겁니다.

A. R. 월리스에게 보내는 편지 1859년 4월 6일

켄트 주 다운, 브롬리

4월 6일

월리스 선생에게

지난 11월 30일에 선생께서 보낸 친절하고 다정한 편지를 오늘 아침에 받았습니다. 내 원고의 앞부분은 출판해도 좋을지를 결정하도록 머레이 씨에게 보라고 전해 줬습니다. 서문은 없었지만 독자들이 꼭 읽어야 할 간략한 소개글은 썼습니다. 소개글의 두 번째 단락은 저의 초벌 원고에서 그대로 옮겨 적었습니다. 린네 학회지에 선생의 논문을 분명히 통고

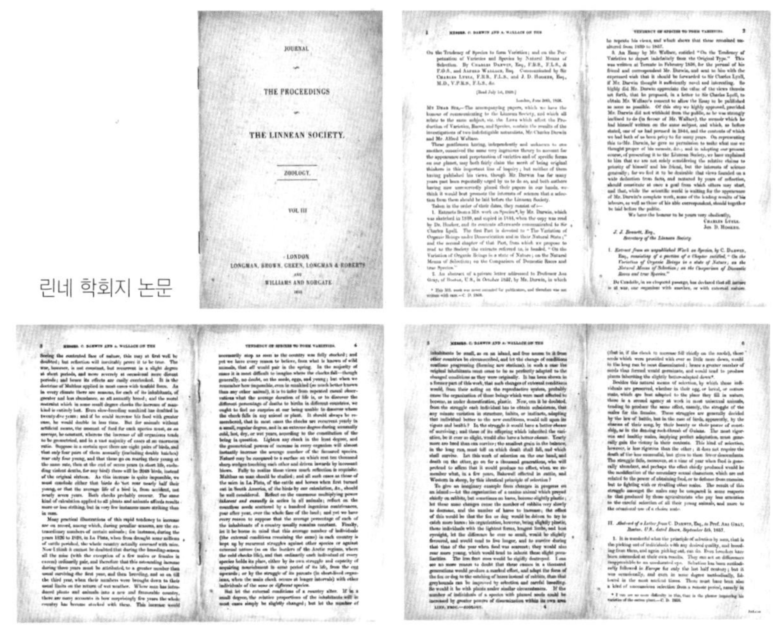
JOURNAL

OF

THE PROCEEDINGS

OF

THE LINNEAN SOCIETY.

ZOOLOGY.

VOL. III

LONDON:
LONGMAN, BROWN, GREEN, LONGMANS & ROBERTS
AND
WILLIAMS AND NORGATE

린네 학회지 논문

하였다는 것을 기억해 주십시오. 그리고 이번 출판은 초안만 다루었고, 참고 자료는 제시하지 않았다는 것을 꼭 알아주시기 바랍니다. 분포에 대한 선생의 논문도 물론 언급할 것입니다. 서신에서 밝힌 법칙에 대한 설명은 제가 제시한 것과 같다는 사실을 덧붙였습니다. 선생의 말씀대로 선택이라는 것은 길들여진 생물을 연구하면서 얻은 변화의 원칙이라는 결론을 내렸습니다. 그리고 나서 맬서스의 책을 읽으니 한번에 알겠더군요. 남아메리카의 최근 자생종들의 지리학적인 분포와 멸종의 지질학적인 관련성에서 제 이론은 출발했습니다. 특히 갈라파고스 군도의 경우에서 말입니다.

다음 달 초쯤에는 인쇄에 들어갈 것 같습니다. 500쪽 분량의 작은 책이 될 겁니다. 물론 선생께도 한 부 보내 드릴 것입니다. 후커에 대해서 말씀을 드렸는지 모르겠는데, 영국 최고의 식물학자이자 어쩌면 세계적으로 뛰어난 식물학자인 그가 완전히 개종을 했습니다. 이제는 자기 믿음의 고백서를 출판하려고 합니다. 교정쇄가 나오기만을 기다리고 있습니다. 헉슬리도 마음을 바꿔서 종의 변이에 대해서 믿게 되었습니다. 우리쪽으로 완전히 돌아섰는지는 모르겠습니다. 아마도 모든 젊은이가 개종을 할 때까지 살아야겠지요. 나의 이웃이자 훌륭한 자연학자인 러벅도 열렬한 개종 지지자입니다.

자연사적인 관점에서 쓰신 갈라파고스 군도에 대한 선생의 훌륭한 책을 읽었습니다. 진심으로 선생의 견해에 공감합니다. 부디 건강에 유의하시길 바랍니다. 자연과학에서 선생만큼 훌륭한 업적을 남긴 사람도 드뭅니다.

건강과 안녕을 빕니다.

찰스 다윈.

추신. 선생의 신념을 얼마나 존경하는지 모르실 겁니다. 우리의 논문이 출판되기까지 선생께서 취하신 태도에 대해서 말입니다. 선생께서 출판하기 전에는 제가 아무것도 출판을 하지 않겠다는 내용을 담은 편지를 쓴 적이 있는데 부치지는 않았습니다. 라이엘 선생과 후커가 제 논문을 보여 달라는 편지를 보냈을 때 선생과 저 두 사람에게 영예롭고 공정하다고 생각하면 결정을 내려달라고 논문을 그들에게 보냈던 겁니다.

J. D. 후커에게 보내는 편지 1859년 4월 12일

켄트 주 다운, 브롬리

12일

후커에게

낡은 논문을 가지고 있었기에 망정이지 그렇지 않고 완전히 잃어버렸다면 난 죽음일세![1] 최악의 상황은 인쇄가 늦어지는 것이지만 그보다 더 최악의 상황은 자네가 읽고 나서 내가 조언을 구할 좋은 기회를 잃을 수도 있다는 걸세. 돌려받은 세 번째 부분만 제외하고 말이야. 두 쪽이나 필사하는 수고를 안겨서 자네 부인에게는 유감스럽게 됐구먼.

여러 세대를 거치면서 종이 변한 것이 아니라 갑자기 변했다는 것에 대해 너무 노골적으로 떠벌리지 말라고 충고하고 싶네(아마도 자네가 내가 모르는 별개의 경우에 대해 알고 있다는 생각이 들더군). 어느 정도 난 그것을 확신하고 있는데, 예를 들면 식물들은 수 세대가 지나기까지(어쩌면 더 오랜 세대일 수도 있고) 변하지 않다가 갑자기 변하기 시작할 수도 있다네. 서서히 변하지 않고 말이야. 하지만 이런 내 신념도 기초가 되는 자료는 매우 적다네. 내가 생각하기에는 또 다른 아주 독특한 설명이 제시될 수도 있다네. 즉, 변이는 주목을 끌지 못하는 일이 잦다는 것이지. 변이가 축적되어 눈으로 확인할 수 있고 주목을 끌기 전까지는 말일세.

자네의 친구, 찰스 다윈.

이 이론에 대해서는 '가축과 재배식물'이라는 장에서 중요하게 다루고 있다네.

A. R. 월리스에게 보내는 편지 1859년 8월 9일

켄트 주 다운, 브롬리

1859년 8월 9일

월리스 선생에게

7일 날짜로 보낸 편지와 연구 논문집은 잘 받았습니다. 내일 린네 학회에 보낼 것입니다. 하지만 11월 초까지는 모임이 없습니다. 논문의 문체나 추론의 방법 등은 매우 훌륭했습니다. 읽어 보도록 해 주셔서 고맙습니다.[2] 몇 달 전에 이 논문을 읽었더라면 곧 출판될 책에 큰 도움이 되었을 것입니다. 아직 수정을 하지는 못 했지만 두 장 정도는 조판 중입니다. 건강 문제도 있고 지쳐 있어서 문체만 약간 수정하고, 단어 하나도 추가하지 않기로 결정했습니다. 선생의 생각도 저와 크게 다르지 않을 텐데, 제가 선생의 이론을 읽고 나서 바꾼 글자는 하나도 없다는 것을 믿으셔도 좋습니다.

해양 섬들에서 토착화된다는 것에 대해서는 선생과 제가 사뭇 다르지만 모든 사람들이 선생의 입장에 설 것 같습니다. 해양에서 멀리 떨어지지 않은 모든 섬들에 관해서는 저도 상당히 동의합니다. 자생 생물로 일단 확실히 무리를 이루고 나면 대륙 간에 가끔 상호이주가 일어난다는 점에 대해서도 상당히 동의합니다. 하지만 이것은 생성 중인 섬이니 무리를 이루지 않는 섬에서는 적용되지 않는다고 생각합니다. 선생께서도 철새들이(아메리카 대륙에서 버뮤다나) 마데이라로 또는 아조레스 섬으로 날아든다는 것은 알고 계시지 않습니까? 포브스의 대륙 팽창이론을 제가 왜 믿지 않는지 그 근거들을 모두 발췌해서 드리고 싶습니다. 하지만 아무것도 고치지 않을 것이므로 이미 늦었다고 생각합니다. 게다가 완전히 녹초가 되어서 휴식이 좀 필요합니다.

확신컨대, 오언은 분명히 우리의 이론에 결사 반대를 할 것입니다. 하지만 이런 점은 개의치 않습니다. 오언은 그저 귀족들의 세계에 관련된 것이나 세상의 고결한 이론에나 신경을 쓸 뿐, 판단력이 빈약한 사람이기 때문입니다.

후커는 오스트레일리아의 식물상에 대한 장대한 소개서를 출판하는데 모든 노력을 쏟고 있습니다. 교정쇄를 절반 정도 봤습니다.

안녕히 계십시오.

찰스 다윈.

건강이 좋지 않아서 짧게 썼는데 양해를 구합니다.

찰스 라이엘에게 보내는 편지 1859년 9월 20일

켄트 주 다운, 브롬리

9월 20일

라이엘 선생님께

제 산호초 이론에 대해서 기대하지도 않았던 관심을 보여 주셔서 아주 유쾌하고 즐거웠는데, 지금 또 선생님께서 제 종에 관한 이론에 대해서도 같은 즐거움을 선사해 주었답니다.[3] 더 이상의 만족감은 없을 것입니다. 선생님이 쓰신 문장 덕분에 많은 사람들이 제 주제를 조롱하지 않고 진지하게 생각하게 될 것이라는 사실을 알기 때문에 인간적인 감사를 전합니다. 선생님이 마음을 바꾸게 된 것은(만약 선생님의 마음이 바뀐다면) 제 책 덕분이 아니라 선생님이 전에 가졌던 종의 불변성에 대한 의심이 큰 몫을 한 것 같습니다. 제 소견만큼이나 선생님의 판단을 중요하게 여긴답니다. 그리고 저는 몇몇 사람들의 시각보다는 세상 사람들의 시각에 대해서 신경을 쓰고, 그게 더 중요하다고 믿고 있지요. 그러니 제발 부탁이니(아마 2주 후가 될 텐데요) 후반부를 받아 보기 전까지는 의견을 보류해 주십시오. 후반부를 봐야만 제대로 된 결정을 내릴 수 있을 것입니다. 마지막 장은 찬반 이론을 균형적으로 다루고 있기 때문에 선생님에게도 도움이 될 것입니다.[4]

저는 제 모든 견해가 다 진실이라고 강력하게 주장할 수 없답니다. 하지만 신께서는 제가 결코 어려움을 피하려 하지 않았다는 사실을 아실 것입니다. 전 어리석게도 선생님이 어떤 판단을 내리실지 불안해하고 있답니다. 선생님이 개종하지 않으셔도 실망하지 않을 것입니다. 제 마음을 바꾸는 데도 그렇게 오랜 시간이 걸렸으니까 말이지요. 우리의 대화가 영향을 끼쳐서 선생님이 개종을 하신다면 정말 기쁠 것입니다. 그때서야 비로소 제 역할을 다 했다는 기분이 들 것입니다. 제 삶에서 또 다시 좋은 일을 할지 못할지는 조금도 염려하지 않을 것입니다.

제 책에 대한 선생님의 훌륭한 평에 대해 진심으로 고맙게 생각합니다.

저의 든든한 후원자 라이엘 선생님께.

선생님의 열렬한 신봉자.

찰스 다윈.

레너드 제닝스에게 보내는 편지 1859년 11월 13일

요크셔 주 오틀리, 일클리, 웰즈 테라스

11월 13일

제닝스에게

다운에서 전해 받은 자네의 친절한 편지에 무척 감사하네. 이번 여름에 건강이 아주 좋지 않아서 이곳에서 물 치료를 받고 있네만 지난 6주 동안 별 호전되는 기미도 없이 지금까지 이러고 있군. 앞으로 한 2주 정도 더 머물러야 할 것 같네.

내 책이 그저 요약일 뿐이라는 것을 기억해 주게. 너무 축약을 해 놓았기 때문에 지성적인 안목으로 신중하게 읽어야만 한다네. 어떠한 비평도 기꺼이 받을 각오가 되어 있어. 하지만 자네가 내가 나아갔던 깊이만큼 전적으로 동의하지 않을 거라는 사실도 분명히 알고 있지. 내가 개종하는 데도 꽤 오랜 시간이 걸렸다네. 물론 내가 지독하게 틀렸을지도 모르지만, 사실들을 몇 가지로 크게 분류하여 설명한 내 이론이(내 생각에는 확실하게 설명했는데) 다 틀렸다는 생각은 추호도 하지 않네. 오늘까지도 내 마음을 흔들고 있는 극복해야 할 몇 가지 어려움이 있지만 말이야.

나머지 더 중요한 부분들도 이미 다 써 두었으니 내가 그 일을 할 수 있을 만큼 건강만 허락된다면 생략하지 않은 완본을 출판하고 싶네. 현재 출판된 원고는 요약일 뿐이라네.

이 편지가 아주 읽기 곤란할 것 같아 걱정이네, 지금은 몸이 너무 좋지 않아서 똑바로 앉아 있기도 힘들다네.

건강히 잘 지내게. 그리고 편지 고맙네. 옛일들을 생각하며 즐거움을 얻는다네.

찰스 다윈.

T. H. 헉슬리에게 보내는 편지 1859년 11월 24일

요크셔 주 오틀리, 일클리, 웰즈 하우스

24일

헉슬리에게

머레이 씨에게서 오늘 내 책의 초판이 다 팔렸다는 말을 들었다네. 곧 다음 판을 출판하고 싶다더군. 교정도 거의 볼 수 없을 텐데 좀 당황스럽더군.[5] 한 친구가 편지를 보내왔는데 조프리 드 생틸레르라는 이름을 잘못 쓴 것 같다더군. 내 기억엔 아닌 것 같네. 타이틀 페이지를 보고 좀 알려 주게. 이런 일을 시켜서 미안하네.

자연선택의 진실성에 대한 자네의 전반적인 감상을 듣고 싶다네. 단

몇 줄이라도 말이야. 언젠가 자네가 길고 긴 비평을 하더라도 무한히 기쁘게 받아들이겠네. 자네 의견을 내가 얼마나 소중히 여기는지 잘 알지 않나.

서둘러 주게. 이번 신판을 준비하느라 죽을 만큼 고달프다네.

자네의 친구 찰스 다윈.

찰스 라이엘에게 보내는 편지 1859년 12월 10일

켄트 주 다운, 브롬리

토요일

라이엘 선생님께

오언과 아주 긴 인터뷰를 했습니다. 아마도 무척 듣고 싶으실 것 같지만 다시 떠올리고 싶지도 않답니다. 짐짓 아주 점잖은 태도로 저를 신랄하게 비난하려고 하는 것 같았습니다. 몇 가지 표현을 보고 추측한 거지만, 실은 그도 마음 깊숙한 곳에서는 우리와 함께 대단한 길로 접어든 건 아닐지 하는 생각이 들더군요. 제가 종의 불변성을 옹호하는 사람들 이름에 자기 이름을 써 넣은 것에 대해 아주 분개해서 얼굴이 새빨갛게 달아올랐어요. 제가 받은 인상도 그랬고 몇몇 사람들에게 들은 의견도 그래서 이름을 넣은 것이라고 말하자 곧 죽을 것 같은 표정이더군요. 그러더니 과학자로서의 자신의 입장과 런던에 있는 자연학자들의 입장을 말했답니다. 아주 거만한 태도로 '당신의 친구 헉슬리'를 거론하면서 말이지요. 종의 형성의 방법에 관한 출판물 가운데 가장 훌륭한 설명이었다는 취지의 말을 했어요. 그리고 제 말을 가로채더니 "내가 모든 점에서 동의한다고는 절대 가정하지 말아야 한다."더군요. 저 역시 동전을 던져서 스무 번 연달아 앞면만 나오는 것이 말도 안 되는 것처럼 모든 점에서 다 제가 옳다고는 생각하지 않는다고 말했답니다.

어느 부분이 가장 취약한 것 같으냐고 물었더니 다른 부분에 대해서는 이의가 없다더군요. 그러고는 아주 냉소적인 어조로, 비판을 해야만 한다면 이렇게 말할 거라고 하더군요. "다윈 씨가 믿는 게 무엇이며 무엇을 이해시키려 하는지 알고 싶지 않습니다. 하지만 무엇을 입증할 수 있는지는 알고 싶군요."라고 말입니다. 제가 이 분야에 대해서 엄청난 죄를 범했을 수 있다는 것은 전적으로 그리고 진심으로 인정했습니다. 하지만 이론을 뒷받침하는 수많은 사실과 자료들이 있다는 설명을 하면서 이론 정립에 대한 저의 전반적인 주장에 대해서는 방어를 했습니다. 덧붙여서 저의 '신념'이나 '믿음'을 바꾸려고 노력할 수 있다는 말도 했지요. 그는 제 말을 가로채더니 "그러면 당신 책의 가치가 떨어질 것이오. 다윈 씨 자신의 모습을 그대로 담고 있는 그 책의 매력이 사라질 것이오."라고 하더군요. 그리고 책에 대해서 반대하는 의견을 하나 더 보탰습니다. 제 책이 너무 '완벽하고 세련되고 노골적(teres atque rotundus)'[6]으로 모든 것을 설명했고, 다시는 없을 것 같은 최고의 수준이며, 그 책으로 제가 성공할 것이라고 말이지요. 다소 미심쩍긴 해도 이런 반대에 오히려 공감이 되더군요. 이 말은 곧 제 책이 아주 나쁘거나 아니면 아주 좋다는 말 아닙니까. 마지막으로 곰과 고래에 대한 비평은 고맙다고 했어요. 그리고 그 부분에서는 완전히 실패했다고 말했답니다.[7] 그랬더니 "아, 그러셨군요. 다른 부분보다 특히 그 부분에 충격을 받았는데 곰과 고래 사이에 두드러지고 중요한 관계를 전혀 모르고 계십니다."라고 하더군요.

그에게 참고 자료를 보낼 생각입니다. 기막히게도, 곰의 한 종류가 고래의 할아버지라고 생각하는 것 같더군요! 이렇게 자세하게 이야기할 필요가 있었는지 모르겠지만 다른 사람에게는 말하지 마십시오. 우리는 의미심장한 말들을 남긴 채 헤어졌답니다. 돌이켜보니 좀 미안한 생각도 들었습니다. 그는 이제껏 제가 만난 가장 놀라운 피조물이었어요.

건강히 잘 지내십시오, 라이엘 선생님. 늘 고맙습니다.

찰스 다윈.

직접 들은 이야기는 아니고 전해 들었는데 허셜 경이 제 책이 '난잡한 것들의 법칙'이라고 했다는데, 그게 도대체 무슨 의미인지 모르겠지만 분명히 아주 모욕적인 언사가 아닙니까. 이 말이 사실이라면 대단한 공격이고, 제 기를 꺾는 것이지요.

T. H. 헉슬리에게 보내는 편지 1859년 12월 25일

켄트 주 다운, 브롬리

12월 25일

헉슬리에게

자네 노트의 한 부분은 매우 유쾌했네. 고맙네. 헨리 홀랜드 경뿐만 아니라 다른 몇몇 사람들도 나를 공격했다네. 하나의 원시적인 창조물이 있다는 확신을 이끌어낸 내 유추에 대해서 말이야(난 그저 생명의 발생에 대해서는 아직 아는 바가 없다는 의미로 한 말인데 말이지). 이 책의 제목에 대해서는 아주 예외 없이 비난을 받았다네. 하지만 나도 할 말은 있지. 비록 내가 그 제목에 대해서 더 신중하게 생각했다고 하더라도 난 그 제목을 삭제하지 않았을 걸세. 가장 합당한 제목이라고 생각해서 지은 것이지 다른 이유는 없다네. 자네도 생각해 보면 내 주장이 터무니없는 것은 아니라는 사실을 알게 될 걸세. 척추동물과 체절동물의 두부(頭部)에서 상동관계가 나타난다는 점을 자네가 이상하다고 표시를 해'줬는데 아주 큰 도움이 되었다네.

헨리 경과 이야기를 나누는 데 자네가 중개 역할을 잘해 주었네(힘든 중개 역할을 자네만큼 무보수로 해 줄 사람은 없을 것이네). 헨리 경은 영향력이 큰 사람이라네. 그는 내가 귀의 뼈 조직에 대해서 무지하다면서 완전히 나를 깔아뭉개더군. 자네에게 몇 가지 사실을 확인하려고 생각해 둔 게 있네.

진심으로 고맙네. 연구에 대한 자네의 열정에 정말 감탄하고 있다네. 잘 지내게.

찰스 다윈.

T. H. 헉슬리에게 보내는 편지 1859년 12월 28일

켄트 주 다운, 브롬리

12월 28일

헉슬리에게

어제 저녁에 전날 발행한 〈타임〉지를 읽었다네. 놀랄 만한 기사를 봤는데 나에 관한 기사더군. 누가 그 기사를 썼을까? 몹시 궁금했다네. 나에 대한 칭찬을 했는데, 내가 그걸 곧이곧대로 다 믿을 만큼 허영심이 강한 사람은 아니지만 아주 인상적이었다네. 글을 쓴 사람은 문학적으로도 소양이 있는 독일의 학자 같던데.

내 책을 아주 진지하게 읽은 사람이더군. 그리고 아주 주목할 만한 점은 필자 역시 자연사에 조예가 깊은 사람이라는 걸세. 내가 쓴 만각류에 관한 책도 읽었고 그 책을 아주 높이 평가하고 있었네. 아주 신기할 정도로 힘 있고 명쾌한 생각으로 글을 썼어. 더 희한한 점은 그의 글 솜씨가 보통이 아닌 데다 위트까지 넘치더군. 몇 문장을 읽으면서 완전히 박장대소를 했다네. 이렇게 괴짜 같은 사람들이 어쩐지 맘에 든단 말이야. 모든 것을 알고서, 모든 생각을 우리 편으로 맞춰 줄 수 있는 사람들 말이야. 누가 그렇게 할 수 있을까? 확신컨대, 영국에 그 글을 쓸 만한 사람이 단 한 사람 있네. 바로 자네. 대단한 능력의 숨겨진 천재성이 있는 걸로 봐서 자네가 아닐지도 모르지. 올림포스 산의 주피터에게[8] 힘을 쓴 건가? 어떻게 그 필자에게 순수과학에 대한 세 단 반짜리 칼럼을 쓰게 했을까? 그 늙은 고집쟁이(리처드 오언을 가리킴—옮긴이)는 아마 종말이 왔다고 생각할 걸세.

아무튼 그 필자가 누구든 간에 보통 간행물에 실린 열두 편의 논평보다도 내 주장을 뒷받침하는 데 더 큰 힘을 발휘했다네. 그 필자는 마침내 보통의 종교적인 편견을 멋지게 뛰어넘었고, 그러한 견해를 〈타임〉지에 박아 넣었지. 나는 이 글이 종에 대한 평범한 질문들과는 완연히 구분되는 아주 탁월한 글이라고 생각하네. 혹시라도 그 필자가 누군지 알게 되거든, 제발 부탁인데 내게 알려 주길 바라네.

친구 헉슬리에게.

자네의 진실한 친구, 다윈.

옮긴이의 글

번역가로서 이 책을 번역하게 된 것은 이루 말할 수 없는 영광이었지만, 한편으로는 우리나라에 처음 선보이는 다윈의 친필 서신을 번역한다는 중압감과 사명감에 어깨가 무거웠던 것도 사실이다. 다윈이 누구란 말인가? 과학계와 종교계를 막론하고 가장 뜨거운 감자였고 지금도 그러한 과학자가 아니던가?

수천 년 동안 '신'이라는 추상적 존재에 우주와 생명의 기원을 맡겨왔던 인류의 눈앞에 진화라는 파격적이고 이단적인 과학 이론을 입증하고 공개하기까지, 과학자로서 다윈이 느낀 감동과 희열 또 인간으로서 다윈이 견뎌야 했던 고통과 인내를 전혀 가공되지 않은 날것 그대로 첫 독자로서 만나본다는 것은 가슴 떨리는 일이었다.

진화론의 첫 주창자가 다윈이 아니라는 것은 이미 알려진 사실이다. 실제로 진화론은 다윈의 조부 에라스무스 다윈의 『주노미아』에서도 등장했고, 당시 많은 과학자들도 저마다 다른 기제를 가진 진화 이론을 거론하고 있었다. 하지만 '창조'라는 개념을 완전히 배제한 다윈의 '자연선택을 통한 진화'는 그야말로 이단 그 자체였다. 아마도 『종의 기원』이라는 장엄한 제목만으로도 파란을 일으키기에 충분했으리라.

과학자로서의 다윈의 삶은 언제 시작된 것일까? 과연 어느 시점에서 자연선택이라는 개념을 생각해 내고, 진화의 실마리를 파악했을까? 비글호 승선을 허락받기 위해 아버지에게 보낸 서신을 보면, 사실 이때만 해도 다윈은 자연학자로서의 연구 욕심이 없었던 것 같다. 한 마디로 '무면허' 자연학자로서 비글호 항해에 합류한 후, 5년 동안 지질학과 생물학을 망라하는 방대한 표본과 자료들을 수집하면서 다윈은 자연과 생명의 경이에 비로소 눈을 떴다. 다윈의 눈에 보인 지질학적 시간의 흐름과 지구적 변화들은 생명의 기원에 대해 의심을 품을 만큼 충분히 경이로웠을 것이다. 하지만 다윈의 과학적 열정은 아직 무르익지 않았다. 수집했던 자료와 표본들을 정리하고, 만각류 연구를 시작하면서 다윈의 과학적 집념과 헌신이 시작된 것 같다. 결혼 후 삶의 대부분을 물 치료를 받거나 요양을 하며 보내야 했을 정도로 건강이 악화되었음에도 다윈의 연구는 멈추지 않았다. 비록 주변의 여러 사람들에게 도움을 받아야 했지만, 끊임없이 서신을 주고받고 자료를 모았으며 종의 기원, 즉 생명의 기원을 탐구한 것이다.

과학 법칙이나 이론들이 뛰어난 한 개인의 우연한 발견이나 독자적 연구로 정립되는 일은 드물다. 그 뒤에는 수많은 조력자들이 있고 앞서 기반을 닦은 선임자들도 있게 마련이다. 다윈 역시 헨슬로 교수나 후커, 폭스, 헉슬리와 라이엘 등 쟁쟁한 인물들의 지지와 후원이 없었다면 이십여 년에 걸친 연구를 완성하지 못했을 것이다. 혹자는 다윈의 성공이 마치 어부지리로 얻은 횡재인 양 비평하기도 하지만, 이 서간집에 담긴 수

십 년 동안의 솔직한 기록들을 읽는다면 다윈의 굳은 신념과 '자연선택'에 대한 헌신을 느낄 수 있을 것이다.

찰스 다윈의 서간 모음집은 어린 시절부터 비글호 항해를 마치고 '자연선택'이라는 이론을 담은 역작 『종의 기원』이 출판된 1859년까지, 그리고 『종의 기원』 출판 후부터 10여 년 동안 자신의 이론을 알리고 인간의 기원에 관한 책의 출판을 준비하는 1870년까지 크게 두 시기로 나누어져 있다. 이 두 권의 서간집은 케임브리지 대학이 소장하고 있는 다윈의 친필 서신들과 지인들이 다윈에게 보낸 서신들 가운데 다윈의 인간적인 면모를 엿볼 수 있는 서신들, '자연선택'에 근거한 진화이론이 탄생하기까지의 과정이 고스란히 담긴 서신들, 그리고 신념과 끈기로 헌신한 과학자로서 다윈의 면모를 유감없이 보여주는 서신들을 엄선한 것이다. 특히 두 번째 서간집에는 다윈이 쓴 편지들뿐 아니라 세계 각지의 독자들과 지인들, 학자들과 여성들이 보낸 서신들도 수록되어 있어서 『종의 기원』 출간 이후 다윈이 받은 비난과 비평뿐 아니라 존경과 갈채를 생생하게 들여다볼 수 있다.

철자도 엉망인데다 암호 같은 단어만 나열하며 일기를 끼적거린 여섯 살 꼬마, 주먹코라는 별명을 자랑스레 떠벌리며 비밀 장소에 잡동사니를 모으고 장난 거리를 찾던 어린 아이. 과연 누가 이런 천진한 모습에서 세상을 떠들썩하게 만들 과학자의 미래를 볼 수 있었을까? 특별한 재능도 없고 의욕도 없는 무기력한 둘째 아들에게 편안하고 안정된 삶이라도 살게 하려고 신학과 의학을 공부하도록 독려한 다윈의 아버지조차도 다윈이 이루게 될 과학적 위업을 짐작조차 하지 못했을 것이다.

사람의 인생은 우연한 기회에, 우연한 만남을 통해 방향이 바뀌기도 하고 목표가 정해지기도 한다지만, 다윈만큼 이러한 '인생 역전'의 기회를 잘 만난 이도 없을 것이다. 헨슬로 교수와의 만남과 비글호 항해는 다윈에게 신천지를 열어준 기회이자 운명이었다. 물론 그 기회와 운명을 과학에의 헌신으로 이어나간 다윈은 한 시대를 풍미한 과학자로서뿐 아니라 인류의 역사에 정점을 찍은 철학자로서도 칭송받아 마땅하다.

최근 세계적 베스트셀러 반열에 오른 『위대한 설계』에서 스티븐 호킹은 양자물리학을 통해 우주 탄생의 단초를 찾고 이를 '자발적 창조'라 명했다. 어쩌면 '자발적 창조'를 통해 생겨난 그 무엇, 시간의 탄생과 동시에 생겨난 그 무엇은 화학 작용을 거치면서 복잡한 유기체의 발현을 야기했고, 그 유기체는 비로소 다윈의 '자연선택'을 거치면서 진화했을 것이다. 그리고 지금 우리가 있다.

이 두 권의 서간집이 인간 다윈의 진면목을 널리 알리고, 과학적 이론의 발견과 확립 과정에 대한 이해를 넓히는 데 귀중한 자료로 읽히길 바란다. 더불어 이 책의 출간을 위해 애쓰신 살림출판사에 깊은 감사의 마음을 전한다.

주

들어가며

1. 이 책에서 언급하고 있는 다윈의 글이나 저서들을 보려면 다윈의 저술 목록을 참조하라.
2. 랠프 콜프 주니어(Ralph Colp Jr.)는 『환자되기*To be a invalid*』(케임브리지 출판사, 1977)에서 다윈의 증세에 대한 심리학적인 견해를 밝히고, 증세의 원인에 대해서 여러 이론을 논했다. 그 이후 존 볼비(John Bowlby)는 『찰스 다윈: 새로운 전기*Charles Darwin: A New Life*』(Norton, 1990)에서 다윈이 어린 시절에 경험한 사별의 영향에 기반을 둔 새로운 가설을 내세웠으며, 파비엔 스미스(Fabienne Smith)는 다윈이 "면역 체계 이상으로 발현한 다양한 알레르기 증세로 고통을 받았다"는 가설을 제시했다.(「생물학사 저널*Journal of the History of Biology*」 23(1990), pp.443~459; 25(1992), pp.285~306).
3. 『다윈 서간집 *Correspondence*』 2, p.431.
4. 『다윈 서간집 *Correspondence*』 2, p.107.
5. A. R. 월리스. "새로운 종의 탄생을 지배하는 법칙에 대하여", 「자연사 연보*Annals and Magazine of Natural History*」 2d ser. 16(1855), pp.184~196.
6. 찰스 다윈과 월리스. "종의 변종화 경향과 자연선택에 따른 종과 변종의 영속화에 대하여 On the tendency of species to form varieties, and on the perpetuation of varieties and species by means of natural selection"[Read 1851. 7.1], 「린네 (동물학) 학회지*Journal of the proceedings of the Linnean Society (Zoology)*」 3 (1859), pp.45~62.

슈루즈베리

1. 에라스무스 앨비 다윈과 메리앤 다윈.
2. 다른 글씨체로 이 부분에 '새빨간 거짓말'이라고 적혀 있다.
3. 조지 캠벨이 쓴 신약의 영역판을 의미하는 듯하다.
4. 시인이자 의사인 토머스 로벌 베도스(Thomas Lovell Beddoes)를 의미하는 듯하다. 그의 아버지인 의사 토머스 베도스는 웨지우드 집안이나 다윈 집안과 친분이 있었다. 하지만 19세기 초 슈롭셔에서 '베도스'란 이름은 매우 흔했다.
5. 윌리엄 베일리로 추정되는데, 슈루즈베리의 마켓 스퀘어에 있는 로크, 이튼, 캠벨, 라이튼 앤 베일리 은행에 다니던 사람이다. 다윈의 여동생 캐서린 다윈은 1826년 1월 15일자 편지에서 다윈이 자신을 꼭 기억해 주기 바란다는 베일리 시장의 말을 적었다(『서간집』 1권).
6. 가정부 마사 존스(Martha Jones)인 듯하며, 다윈의 아버지 은행 계좌에서 1817년에서 1822년 사이에 마사 존스에게 돈을 지급한 기록이 있다. 그 지역의 가난하고 병든 사람들 중에는 존스(O. Jones) 부인도 있었으며, 에라스무스 앨비 다윈은 1826년에 이들을 방문했다[『서간집』 1권, 수전 다윈의 편지(1826년 3월 27일)].
7. 집안의 지인인 클레어 레이턴(Clare Leighton)일 것이다(『서간집』 1권의 수전과 캐롤라인의 1826년 1월 2일자 편지, 캐서린이 보낸 1826년 1월 15일자 편지를 참고할 것).
8. 버그 레이턴(Burgh Leighton). 제4 경 용기병대(Fourth Light Dragoons)의 중령이며 슈루즈베리의 채석장에 거주했다.

9. '입술연지(rouge)'가 아닌데 잘못 쓴 것 같다.

10. 한나 레이놀즈와 그의 딸 수잔나로 알리스톤 근처의 키틀리 뱅크에 거주했다. 한나 레이놀즈는 퀘이커교도이며 주물업자이자 박애주의자인 리처드 레이놀즈의 조카이자 며느리였다. 리처드 레이놀즈는 다윈의 외조부인 조슈아 웨지우드 1세와 친구였다. 수잔나는 존 바틀릿과 결혼했다. 바틀릿은 1822년에 슈롭셔 빌드워즈의 영구직 부목사로 임명되었다.

11. 슈롭셔 웰링턴 지방 근처의 올레톤 홀에 살았던 윌리엄 펨버튼 클루드와 그의 부인 앤 마리아.

에든버러

1. 카를 마리아 폰 베버의 오페라 〈마탄의 사수〉.

2. 토머스 헨리 리스터의 소설 『그랜비*Granby*』 3권. 런던, 1826년.

3. 추문 보도로 악명이 높았던 토리당의 인기 주보. 다윈과 에라스무스는 이 주보의 추문을 즐겨 읽고 재미 삼아 집으로 보냈다. 다윈의 가족은 휘그당이었다.

케임브리지

1. 스티븐스(J. F. Stephens), 『영국 곤충학 도감*Illustrations of British Entomology*』, 런던, 1827~1846년.

2. 1828년 12월 24일 폭스에게 보내는 편지에서 다윈은 페니를 "슈롭셔가 낳은 가장 예쁘고 포동포동하며 가장 사랑스러운 사람"이라고 언급했다.

3. 대학 2학년생들이 치렀던 시험.

4. 다윈은 '세번(Severn) 강의 지층'이라고 쓰려 했던 것으로 보인다. 슈루즈베리는 세번 강 근처에 있는 마을이다.

5. 알렉산더 폰 훔볼트(Alexsander von Humboldt), 『1799~1804년까지 신대륙의 회귀선 여행일지*Personal Narrative of Travels to the Equinoctial Regions of the New Continent During the Years 1799~1804*』, 런던, 1814~1829.

제안

1. F. 다윈, "피츠로이와 다윈, 1831~1836," 「네이처*Nature*」 88(1912) : pp.547~548.

비글호 항해: 남아메리카–동부 해안

1. 찰스 다윈은 누이들로부터 페니 오언이 로버트 미들턴 비덜프와 갑작스럽게 약혼하게 되었다는 소식을 들었다.

2. 알시드 샤를 빅토르 데살리네스 도르비니(Alcide Charles Victor Dessalines d'Orbigny)는 1826년에서 1833년 사이에 남아메리카를 여행하면서 자연사 박물관(The Museum d'Histoire Naturelle)에 전시할 표본들을 수집했다.

3. 『실락원』 4, pp.799~800. 다윈은 항해 중에 밀턴의 시집을 가지고 다녔다.

4. 패트릭 사임(Patrick Syme), 『베르너의 색 도감표*Werner's nomenclature of colours*』, 에든버러, 1814년. 이 책은 자연사 표본들을 묘사하는 데 기준이 되는 색에 대한 지침서였다.

비글호 항해: 남아메리카–서부 해안

1. 라무루(J. V. F. Lamouroux), 『폴립목의 종류에 관한 방법론적 탐구*Exposition methodique des genres de l'ordre des Polypiers*』, 파리, 1821년.
2. 존 나브로(John Narbrough), 『마젤란 해협 등을 향한 최근의 몇몇 여행의 기록*An account of several late voyages...towards the Streights of Magellan etc.*』, 런던, 1694년.
3. 클라우드 게이(Claulde Gay), "1830~1831년 남아메리카, 특히 칠레에 대한 자연사 연구의 개요 Aperçu sur les recherches d'histoire naturelles faites dans l'Amerique du Sud, et principalement dans le Chili, pendant les années 1830 et 1831", 「자연사 연보*Annales des Sciences Naturelles*」 28(1833): pp. 396~393.
4. 멜번 자작은 그레이 경에 이어 수상이 되었다.
5. 런던, 버밍엄, 슈루즈베리의 우편 마차.
6. 리마의 항구 카야오에 비글호가 도착한 날(1835년 7월 19일)을 역산하면 7월을 8월로 잘못 쓴 것 같다.

돌아오는 길

1. 갈라파고스에서 다윈이 쓴 편지는 발견되지 않았다.
2. 어거스터스 얼(Augustus Earle), 『1827년 뉴질랜드에서 보낸 9달 동안의 체류 이야기*A narrative of nine months' residence in New Zealand, in 1827*』 런던, 1832(재판: 케임브리지 대학 출판부, 1966).
3. 그러나 6개월이 지났을 때 케이프타운에서 선교에 대해 강한 거부감을 갖게 되었고, 피츠로이와 다윈은 「남아프리카 기독공보*South African Christian Recorder*」에 자신들의 일에 대한 항명을 담아 출판했다(참고 논문집 1: pp.19~38).
4. 당시에는 일반적인 견해였다. 다윈은 화산 섬 인근의 해저가 서서히 침강하는 동안 산호가 위쪽으로 자라면서 산호초를 형성했다는 이론을 『산호초*Coral reefs*』(1842)에 담아 출간했다.
5. 세즈윅 교수는 슈루즈베리 학교 교장에게 편지를 썼다. "다윈이 집에 보낸 수집물들은 아주 훌륭합니다. 탐사 항해에 참여한 것이야말로 다윈이 세상에서 가장 잘한 일일 것입니다. 자칫 게으른 사람이 될 뻔했지만 성격도 바뀔 것이고, 신의 가호로 살아서 돌아온다면 유럽의 자연학자로서 뛰어난 명성을 떨칠 것입니다." (수전 다윈이 1835년 11월 22일 보낸 편지에 수록되어 있다. 『다윈 서간집』 1: p.469).

1837년

1. 지질학회 주제 연설에서 라이엘은 다윈의 "칠레 해안에서 일어난 최근의 융기에 대한 증거 관찰(Observation of proofs of recent elevation on the coast of Chili)"(『논문집*Collected papers*』 1: pp.41-43)을 언급하고, 그와 더불어 리처드 오언이 다윈의 남아메리카 화석 수집물을 놓고 실험했을 때 얻은 가장 '충격적인 결과'도 간략하게 보고했다. '선교 보고서(The Missionary paper)'는 선교 활동 옹호론을 담은 것으로, 피츠로이와 다윈이 공동으로 저술하여 「남아프리카 기독공보*South African Christian Recorder*」 2 (1836): pp.221~238; 『논문집』 1: pp.19~38에 실었다.
2. 이 복사본에는 이 부분이 빈 칸으로 표시되어 있다. 원본이 존재한다고 알려져 있으나, 케임브리지 대학 도서관의 다윈 기록 보관소에 소장되어 있는 복사본이 유일한 판본이다.

3. 에라스무스 다윈의 『주노미아*Zoonomia*』(런던, 1794~1796) 1: p.158)에 "까마귀 떼는 사람이 총을 들고 있을 때 더 위험하다는 사실을 분명히 식별한다."는 문장이 있다. 다윈은 포클랜드 제도와 갈라파고스 제도의 동물들이 길들여지는 문제를 두고 '후천적 본능'의 유전성에 관심을 기울였다.
4. 윌리엄 엘리스(William Ellis), 『남해 제도에서 6년에 걸친, 폴리네시아 연구*Polynesian reaserches, during a residence of nearly six years in the South Sea islands*』, 2 vols. 런던, 1829.
5. 원주민들이 멸종하는 원인은 이해하기 힘들었는데, 그에 대한 가장 중요한 정보는 『비글호 항해기』 21장에 언급되어 있다. "유럽 사람들이 가는 곳마다 원주민들에게는 죽음이 찾아왔다." (pp.321~322).
6. 앤드류 스미스(Andrew Smith)는 찰스 다윈에게 비교적 메마른 기후인데도 남아프리카에 포유류가 많이 서식하고 있다는 사실을 알려 주었다. 『비글호 항해기』(pp.99~101).
7. 지질학 협회 회장인 윌리엄 휴얼(William Whewell)은 다윈에게 학회의 비서관직을 맡아 달라고 요구했다.

1838년

1. '거위(goose)'라는 단어는 다윈 가족이 흉허물 없이 사용하던 용어다.

1839~1843년

1. 다윈의 맏아들 윌리엄 에라스무스 다윈(William Erasmus Darwin)이 1839년 12월 27일에 태어났다.
2. 찰스 디킨즈의 소설 『니콜라스 니클비*Nicholas Nickleby*』(런던, 1839)에 나오는 늙고 사악한 고리대금업자를 말한다.
3. 앤 엘리자베스 다윈(Anne Elizabeth Darwin)이 1841년 3월 2일에 태어났다.
4. 존 반브러(John Vanbrugh)의 연극 〈재발The relapse(1696년)〉과 리처드 브린슬리 셰리든(Richard Brinsley Sheridan)의 연극 〈스카보로 여행A trip to Scarborough(1777년)〉의 등장인물을 말한다.(『옥스퍼드 영문학 길잡이*Oxford Companion to English literature*』).
5. 후커는 HMS 에르부스(Erebus)호에서 보조 외과 의사를 맡았으며 제임스 클라크 로스가 지휘한 남극 탐험대에는 식물학자 자격으로 동행했다(1839~1843년). 1843년 9월에 영국으로 돌아왔다.

1844년

1. 1838년 가을에 다윈은 처음으로 자연선택 이론을 정립했다.(『노트*Notebooks*』 D: 134e~135e).
2. 찰스 라이엘. 『지질학의 원리*Principles of geology: or, the modern changes of the earth and its inhabitants, considered as illustrative of geology*』, 런던, 1840년 6판 3권.
3. 레너드 제닝스, 『셀번의 자연사*The natural history of Selbourne by the late Rev. Gilbert White, M. A. A new edition with notes*』, 런던, 1843년.

1845~1846년

1. 헨리에타 엠마 다윈(Henrietta Emma Darwin)이 1843년 9월 25일에 태어났다.
2. 조지 하워드 다윈(George Howard Darwin)이 1845년 7월 9일에 태어났다.
3. 찰스 다윈은 『비글호 항해기』의 두 번째 판을 준비하는 중이었다.
4. 작가를 밝히지 않은 『창조, 자연사의 흔적들*Vestiges of natural history of creation*』(런던, 1844)은 로버트 체임버스(Robert Chambers)의 작품이다.
5. 윌리엄 허버트(William Herbert), "식물이 자생하는 지역과 자라지 못하는 지역", 「런던 원예학회지*Journal of the Horticultural society of London*」 1(1826년): pp.44~49.
6. 다윈의 『남아메리카』(1846년).
7. 후커, 『남극 식물지*Flora Antarctica: The botany of the Antarctic voyage of H.M. Discovery Ships Erebus and Terror in the years 1839~1843, under the command of Captain Sir James Clark Ross*』 2 vols, 런던, 1844~1847년.

1847년

1. 비니(E. W. Binney), "디킨필드의 시길라리아(봉인목 화석) 설명", 「런던 지질학회지*Journal of the Geological Society of London*」 2(1846): pp.390~393.
2. 엘리자베스 다윈(Elizabeth Darwin)이 1847년 7월 8일에 태어났다.

1848년

1. 제임스 스미스(James Smith), "최근에 일어난 육지의 침강", 「런던 지질학회 계간지*Quarterly Journal of the Geological Society of London*」 3(1847): pp.234~240.
2. 헨슬로(J. S. Henslow), '1848년 3월 9일, 입스위치 박물관에서 한 연설', 입스위치(Ipswich), 1848.
3. 다윈은 대다수의 만각류와 대조적으로 이블라 쿠밍지(Ibla Cumingii)가 양성이라는 것을 발견했다. 만각류는 암수한몸으로 알려져 있었다.(참고: 『살아 있는 만각류*Living Cirripedia*』(1851): pp.189~203).
4. 프랜시스 다윈(Francis Darwin)이 1848년 8월 16일에 태어났다.
5. 'hoi-polli' 또는 'Poll'이라고 하며, 학위를 취득하는 졸업 시험이다. 다윈은 178명 중에서 10등을 했다.
6. 이 편지는 아버지의 장례식에 참석하고자 슈루즈베리의 본가에 가 있을 때 쓴 편지다. 슈루즈베리에 도착했을 때 장례식이 거행되고 있었으나 다윈은 몸이 좋지 않아서 참석하지 못했다.

1849년

1. 찰스 라이엘, 『두번째 북미 방문*A second visit to United States of North America*』 2 vols, 런던, 1849년.
2. 과학 발전을 위한 왕립협회의 모임이 1849년 버밍엄에서 열렸다.
3. 스칼펠럼(Scalpellum)의 보충 웅성(참고: 『살아 있는 만각류』(1851년): pp.231~234, pp.281~293).

4. 데이나(J. D. Dana), 『1838~1842 미국 탐사*United States Exploring during the years 1838~1842, under the command of Charles Wilkes*』(U.S. N. New York, 1849)의 제10권으로 나온 『지질학*Geology*』 편.

1850년

1. 레너드 다윈(Leonard Darwin)이 1850년 1월 15일에 태어났다.

1852~1854년

1. 1845년에 다윈은 링컨셔 지방의 농지를 구입했다. 존 히긴스는 중개업자였다.
2. 헉슬리는 대영박물관 아시디아(Ascidia, 우렁쉥이) 컬렉션의 목록을 만들었다.
3. 생략은 다윈의 것이다.
4. 찰스 디킨스의 소설 『황폐한 집*Bleak House*』(런던, 1853년)에 등장하는 인물.
5. 후커의 둘째 아이인 해리엇 앤(Harriet Anne)이 1854년 6월 23일에 태어났다.
6. 슐라이덴(M. J. Schleiden), 『식물*The plant: a biography. In a series of popular lectures*』, 아서 헨프리(Arthur Henfrey) 번역, 런던, 1848년.
7. 로버트 체임버스가 익명으로 쓴 『창조, 자연사의 흔적들*Vestiges of natural history of creation*』의 제10판에 대한 헉슬리의 논평. 헉슬리는 이 책에 대해 "가치 없는 무례함에 기초를 두었기 때문에 양심적으로 가책을 느끼며 쓴 유일한 논평이었다"라고 언급했다. (L. 헉슬리, 『헉슬리의 생애와 서간집*Life and letters of Thomas Henry Huxley*』 (런던, 1900년), 1: p.168). 본문에서 말하는 '유명한 교수'는 리처드 오언을 말한다.
8. 인용문의 생략은 다윈이 했다.

1855년

1. 1855년 존 캐텔이 쓴 화훼 종자 목록의 두꺼운 주해판 서문에 다윈은 이렇게 적었다. "후커가 바닷물 실험을 제안하다. 1. 광범위한 지역의 식물들, 2. 수생 식물, 이것들을 얻는 방법은 케텔에게 자문을 구할 것, 3. 녹말질의 식물도감, 4. 다육질 식물도감, 5. 유분을 함유한 식물도감." (케임브리지 대학 도서관의 다윈 기록 보관소).
2. 다운의 이웃 풀밭에서 다른 종을 찾아내겠다는 자신의 계획을 언급했다.
3. 이 기고문은 「가드너스 크로니클」에 실린 것이다. '상록수(evergreen)'라는 단어는 다윈이 쓰려 했던 '화살나무(Euonymus)'가 잘못 인쇄된 것으로 보인다.

1856년

1. 헉슬리의 "일반적인 자연사에 대한 강연", 「의학 타임즈*Medical Times*」에 실렸으며, 리처드 오언을 공격하는 내용도 포함되어 있다.
2. "이것은 자연학자들을 오랫동안 괴롭혀 왔던 질문, 즉 같은 종이 단일 지점에서 한 번에 만들어진 것인지 아니면 각기 다른 지점에서 여러 번 만들어진 것인지에 대한 질문이다."(『자연선택*Natural Selection*』, p.534).
3. 다윈은 독일의 자연사에 관한 요한 마테우스 벡슈타인(Johann Matthäus Bechstein)의 책(『독일에서의 모든 생명의 자생적 자연사*Gemeinnützige Naturgeschichte Deutschlands*

nach allen drey Reichen』, 4 vols, 라이프치히, 1789~1795년)을 『자연선택』에서 자주 인용하였다.

4. "자네의 방대한 글을 읽어 보았네. …… 이전에는 종에 대해서 이렇게 흔들려 본 적이 없네."(후커가 1856년 11월 9일자로 다윈에게 보낸 편지, 『서간집』 6: p.259).

1857년

1. 찰스 워링 다윈(Charles Waring Darwin)이 1856년 12월 6일에 태어났다.
2. 세계 일주의 일원으로 오스트리아에서 첫 번째 과학적 탐사를 실시한다고 아테네움 클럽이 발표했으며, 탐사의 지휘를 맡은 칼 폰 쉐르처(Karl von Scherzer)는 1857년 1월 10일자 「아테네움」지 p.53에서 실질적이고 효과적인 항해 결과를 얻고자 조언을 요청했다.
3. 호라티우스(Horace)가 『풍자*Satires*』에서 여자는 "가장 가증스러운 전쟁의 원인"이라고 한 것을 인용했다.
4. 월리스(A. C. Wallace), "새로운 종의 탄생을 지배하는 법칙에 관하여" 「자연사 연보 및 잡지 *Annals and Magazine of Natural History*」 제2판 16호(1855년): pp.184~196. 여기서 법칙이란 "모든 종은 이전에 존재했던 밀접한 종과 같은 시공간에 동시에 존재해 왔다"는 것을 말한다.

1858년

1. 다윈은 크고 작은 속에서 일어나는 변이에 관한 원고를 후커에게 보냈다. 이 원고가 『자연선택』 pp. 138~167에 후커의 주해와 함께 들어 있다.
2. 월리스는 "원형에서 무한히 벗어나는 변종의 경향에 대해서On the tendency of varieties to depart indefinitely from the original type"라고 제목을 붙인 원고를 다윈에게 보냈다.
3. 찰스 워링 다윈이 1858년 6월 28일 성홍열로 사망했다.
4. 다윈의 딸 헨리에타 다윈은 열네 살이었다.
5. 다윈이 언급한 편지에서 후커와 라이엘은, 종에 관한 월리스의 논문과 다윈의 발췌 원고를 합본하여 린네 학회에 제출할 것을 강력하게 제안했다. 이 논문에서 다윈은 20년에 걸쳐 연구해 왔던 것을 공개하게 되며, 그와 동시에 자연선택 개념이 자신의 독창적인 표현이라는 증거를 보여 준다.

1859년

1. 후커는 다윈이 정서(正書)한 지질학적 분포에 관한 글을 아이들의 그림 종이를 두는 서랍에 넣는 실수를 저질렀다. 토머스 헨리 헉슬리에게 보낸 편지에서 후커는, 아이들이 "자연스럽게 한 바탕 그림을 그려 댔고" 그래서 원고 가운데 거의 1/4이 후커 자신이 읽어 보기도 전에 사라졌다고 적었다(L. 헉슬리, 『조지프 후커의 생애와 서간*Life and letters of Sir Joseph Dalton Hooker*』(London, 1918) 1: 495~496).
2. 월리스의 회고록은 말레이 제도의 동물 지리학에 관한 것이었다. 다윈은 이 문서를 린네 학회(Linnean Society)에 제출했다. 학회는 이 문서를 1859년 11월 3일 모임에서 읽었다.
3. 라이엘은 1859년 9월 애버딘에서 열린 과학의 진보에 관한 왕립협회 지리분과에서 이렇게 말했다. "찰스 다윈은 조사와 논증을 통해서, 유기체의 유사성과 지리적 분포 그리고 지리적 연

속성의 모든 현상에 대해 한 줄기 서광을 던진 것 같다. 이것은 다른 어떤 가설도 해 내지 못했고 또한 시도한 적도 없는 것이었다."(「아테네움*Atheneum*」, 24 September 1859, p. 404).

4. 다윈은 1859년 10월 1일에 『종의 기원』의 교정판을 다 읽었고, 11월 2일에 개인용 사본을 받았다. 다윈은 증정용 사본들을 만들어 11월 24일로 결정된 출판일에 앞서 11월 둘째 주에 미리 배포했다.

5. 존 머리는 11월 22일에 업자들과 거래를 하면서 '기원'을 주문받았는데, 인쇄된 1,250부 가운데 판매 가능한 1,192부보다 250부나 초과하여 주문이 들어왔다(「아테네움*Atheneum*」, 26 November 1859, p. 706).

6. 『풍자』2. 7, p.86~87에서 호라티우스는 스토아학파의 현자들을 "totus teres atque rotundus(완벽하고 세련되고 노골적)"이라고 묘사했다.

7. "새뮤얼 헌(Samuel Hearne)이 관찰한 바에 따르면, 북아메리카의 흑곰은 몇 시간 동안 입을 크게 벌리고 헤엄을 치면서 마치 고래처럼 물속의 곤충을 잡아먹는다고 한다. 이처럼 극단적인 경우에도 ……. 자연선택으로, 입이 점점 커져서 고래처럼 거대한 생물이 될 때까지 구조나 습성이 점점 더 수중 생활에 적합한 곰의 품종이 만들어진다고 생각하는 데 무리가 없다고 본다."(『종의 기원』, p.184).

8. 앤서니 트롤럽(Anthony Trollope)은 『워든*The Warden*』에서 「더 타임스The Times」를 'Daily Jupiter'라고 언급했다(1855년).

인명 찾기

이 목록에는 서신을 주고받은 모든 사람과, 그 서신에 언급된 대부분의 인물들이 실렸다. 목록에 이어지는 리스트는 편찬에 사용한 생물학 관련 중요 문헌들이다.

ㄱ

걸리, 제임스 맨비 Gully, James Manby, 1808~1883
의사. 맬번Malvern에서 물을 이용한 치료법을 고안하여 치료 센터를 운영(1842~1872).

게르트너, 카를 프리드리히 폰 Gärtner, Karl Friedrich von, 1772~1850
독일의 의사이자 식물학자. 독일의 칼브Calw 지역에서 병원을 개업(1802)하고 식물의 교배를 연구함.

게이, 클로드 Gay, Claude, 1800~1873
프랑스의 자연학자이자 여행가. 칠레 산티아고 대학에서 물리학과 화학을 가르침(1828~1842).

고스, 필립 헨리 Gosse, Philip Henry, 1810~1888
자연학자, 여행가, 작가. 해양무척추동물 연구.

굴드, 어거스터스 애디슨 Gould, Augustus Addison, 1805~1866
미국의 의사이자 패류학자. 매사추세츠 보스턴에서 병원 개업.

굴드, 존 Gould, John, 1804~1881
조류학자이자 미술가. 런던 동물학 협회의 박제사(1826~1881)로 활동했으며 비글호 항해 기간 중 수집한 조류를 그림.

그레이, 아사 Gray, Asa, 1810~1888
미국의 식물학자. 하버드 대학의 자연사 교수(1842~1873) 역임.

그레이, 조지 Grey, George, 1812~1898
군 장교이자 오스트레일리아 탐험가. 사우스 오스트레일리아(1841~1845)와 뉴질랜드(1845~1853, 1861~1868), 케이프 콜로니Cape Colony(1854~1861)의 총독으로 있었으며 뉴질랜드 수상을 역임(1877~1879)하고, 1848년 기사 작위를 받음.

그레이, 존 에드워드 Gray, John Edward, 1800~1875
자연학자. 대영 박물관의 동물학 수집품 관리 보조로 활동(1824)하다가 관리자로 일함(1840~1874).

그레이, 찰스 Grey Charles, 1764~1845
2등급 백작. 정치가. 영국의 수상(1831~1834).

그리빌, 로버트 케이 Greville, Robert Kaye, 1794~1866
식물학자. 스코틀랜드의 하일랜드에서 식물학 탐사. 에든버러 의원(1856).

그멜린, 요한 게오르크 Gmelin, Johann Georg, 1709~1755
자연학자이자 탐험가. 상트페테르부르크의 자연사 아카데미에서 화학과 자연사를 가르치고(1731~1747) 튀빙겐 대학에서 의학, 화학, 식물학 교수(1749)를 역임.

ㄴ

나브로, 존 Narbrough, John, 1640~1688
장군. 해군 판무관/장관을 역임(1680~1687).

ㄷ

다윈, 레너드(레니) Darwin, Leonard(Lenny), 1850~1943
다윈의 아들. 장교이자 교관이었으며 울위치Woolwich의 왕립 사관학교를 졸업함.

다윈, 로버트 웨링 Darwin, Robert Waring, 1766~1848
다윈의 아버지. 의사. 슈루즈베리에서 대형 병원 개업. 에라스무스 다윈과 그의 첫 부인 메리 하워드Mary Howard의 아들. 수잔나 웨지우드와 결혼(1796).

다윈, 메리 엘리노어 Darwin, Mary Eleanor, 1842년 9~10월에 태어남.
다윈의 셋째 딸.

다윈, 메리앤 Darwin, Marianne, 1798~1858
다윈의 큰 누나. 헨리 파커Henry Parker와 결혼(1824).

다윈, 수전 엘리자베스(그래니) Darwin, Susan Elizabeth(Granny), 1803~1866

다윈의 누나. 슈루즈베리의 마운트Mount에 있는 부모님 집에서 죽을 때까지 거주함.

다윈, 수잔나 Darwin, Susannah
웨지우드, 수잔나 참고.

다윈, 앤 엘리자베스(애니) Darwin, Anne Elizabeth(Annie), 1841~1851
다윈의 큰딸.

다윈, 에라스무스 앨비(라스) Darwin, Erasmus Alvey(Ras), 1804~1881
다윈의 형. 케임브리지의 크라이스트 칼리지에 입학(1822). 에든버러 대학을 다님(1825~1826). 의사 자격을 취득했으나 개업하지 않고 런던에서 거주(1829~1881).

다윈, 에밀리 캐서린(캐서린, 캐티, 키티) Darwin, Emily Catherine(Catherine, Catty, Kitty), 1810~1866
다윈의 여동생. 찰스 랭턴과 결혼(1863).

다윈, 엘리자베스(리지, 베시) Darwin, Elizabeth(Lizzie, Bessy), 1847~1926
다윈의 넷째 딸.

다윈, 엠마 Darwin, Emma, 1808~1896
다윈의 부인. 조시아 웨지우드 2세의 막내 딸. 자신의 이종 사촌인 찰스 다윈과 결혼(1839).

다윈, 윌리엄 에라스무스 Darwin, William Erasmus, 1839~1914
다윈의 첫째 아들. 럭비 공립학교를 다님. 케임브리지의 크라이스트 칼리지에서 석사학위 취득(1862). 사우스햄튼Southampton에서 금융업에 종사함.

다윈, 조지 하워드 Darwin, George Howard, 1845~1912
다윈의 둘째 아들. 수학자. 케임브리지의 트리니티 칼리지에서 석사학위 취득(1868).

다윈, 찰스 웨링 Darwin, Charles Waring, 1856~1858
다윈의 10명의 자녀 중 막내아들. 성홍열로 사망.

다윈, 캐롤라인 새라 Darwin, Caroline Sarah, 1800~1888
다윈의 누나. 조시아 웨지우드 3세와 결혼(1837).

다윈, 캐서린 Darwin, Catherine
다윈, 에밀리 캐서린 참고.

다윈, 프랜시스(프랭크) Darwin, Francis(Frank), 1848~1925
다윈의 셋째 아들. 식물학자. 케임브리지의 트리니티 칼리지에서 석사학위 취득(1870).

다윈, 헨리에타 엠마(에티) Darwin, Henrietta Emma(Etty), 1843~1927
다윈의 셋째 딸. 다윈의 연구 일부를 도왔음.

다윈, 호레이스 Darwin, Horace, 1851~1928
다윈의 다섯 째 아들. 토목기사. 케임브리지의 트리니티 칼리지에서 석사학위 취득(1874).

더비 경 Derby Lord
스탠리, 에드워드 스미스 참고.

던컨, 앤드류 Duncan, Andrew, 1744~1828
에든버러 대학의 철학 교수(1790~1821).

던컨, 앤드류 Duncan, Andrew, 1773~1832
에든버러 대학의 약물학 교수(1821~1832).

데니, 헨리 Denny, Henry, 1803~1871
식물학자. 리즈에 있는 문학과 철학 학회의 박물관 관장 역임.

데이나, 제임스 드와이트 Dana, James Dwight, 1813~1895
미국인 지질학자, 동물학자. 미국 태평양 탐사대의 자연학자(1838~1842). 「미국 과학기술 저널*The American Journal of Science and Arts*」의 편집자(1846). 예일 대학 지질학 교수(1856~1890).

데이비, 존 Davy, John, 1790~1868
험프리 데이비Humphry Davy의 형제. 실론Ceylon 섬과 지중해의 섬, 서부 인도제도에서 군의관으로 근무함.

도르비니, 알시드 샤를 빅토르 데살리네스 드 Orbigny, Alcide Charles Victor Dessalines d', 1802~1857
프랑스의 고생물학자. 프랑스 자연사 박물관 고생물학 교수 역임(1853).

드 라 베쉬, 헨리 토머스 De la Beche, Henry Thomas, 1796~1855
지질학자. 영국 지질조사원의 수석 연구관(1835~1855).

ㄹ

라마르크, 장 밥티스트 피에르 앙투안 드 모네 드 Lamarck, Jean Baptiste Pierre Antoine de Monet de, 1744~1829

프랑스 자연사 박물관의 동물학 교수(1793)를 역임하였고 동물 원형의 자연발생적인 생성과 점진적인 발전을 믿고 변이 이론을 제창함.

라무루, 장 뱅상 펠릭스 Lamouroux, Jean Vincent Felix, 1776~1825

프랑스의 자연학자. 캉Caen의 자연사 교수(1810).

라이엘, 찰스 Lyell, Charles, 1797~1875

『지질학 원리*Principles of geology*』(1830~1833)의 저자이며 균일론을 주장한 지질학자. 『지질학의 요소*Elements of geology*』(1838)는 여러 판으로 출판되었고 광범위한 지역을 여행했으며 미국 여행서를 출판함. 다윈의 과학적 스승이자 친구.

램, 헨리 윌리엄 Lamb, Henry William, 1799~1848

맬번의 2등급 자작. 정치가. 그레이Grey 장관 내각에서 내무부 장관(1830~1834)과 영국 수상(1835~1841)역임.

램지, 마머듀크 Ramsay, Marrmaduke, ?~1831

케임브리지 대학 시절 다윈의 동료이자 교사(1819~1831).

램지, 앤드류 크롬비 Ramsay, Andrew Crombie, 1814~1891

지질학자로 영국 지질 조사단에 합류(1841)하였으며 영국과 웨일스의 부총재(1862)와 총재(1871~81)를 역임. 런던 대학의 지질학 교수(1847~1852).

랭턴, 찰스 Langton, Charles, 1801~1886

슈롭셔 오니베리Onibury의 교구장(1832~1840). 스태포드셔Staffordshire에 거주(1840~1846)하다 서섹스Sussex의 하트필드 그로브Hartfield Grove로 이주(1847~1862). 샬롯 웨지우드와 결혼(1832)하였으나 샬롯이 죽은 후에 에밀리 캐서린 다윈과 재혼(1836).

랭턴, 샬롯 Langton, Charlotte

웨지우드, 샬롯 참고.

러벅, 존 Lubbock, John, 1834~1913

에이브베리Avebury의 4등급 준 남작이며 1등급 남작. 은행가이자 정치가이며 자연학자. 존 윌리엄 러벅의 아들로 다운에서 다윈의 이웃으로 지냄. 곤충학과 인류학을 연구하였으며 다윈의 자연선택 이론의 열렬한 지지자.

러벅, 존 윌리엄 Lubbock, John William, 1803~1865
3등급 준 남작. 천문학자이자 수학자이며 은행가. 런던 대학의 제1 부총장(1837~1842). 다운에서 다윈의 이웃이었음.

레이턴 대령 Leighton, Colonel
레이턴, 프랜시스 크니벳 참고.

레이턴, 프랜시스 크니벳 Leighton, Francis Knyvett, 1772~1834
군 장교. 로버트 웨링 다윈의 친구.

로스, 제임스 클라크 Ross, James Clark, 1800~1862
해군 장교이며 극지방 탐험가. 북극의 자기극을 발견(1831)하고 남극 탐험대를 지휘(1839~1843)했으며 존 프랭클린을 위한 조사 탐험을 지휘함(1848~1849).

로이드, 새뮤얼 존스 Loyd, Samuel Jones, 1796~1883
오버스톤Overstone의 1등급 남작. 은행가. 하이드Hythe 의원(1819~1826)을 지냄.

로일, 존 포브스 Royle, John Forbes, 1799~1858
동인도 주식회사의 외과 의사이자 자연학자. 사하란푸르Saharanpur식물원 관장(1823~1831). 런던 킹즈 칼리지의 약물학 교수(1837).

로저스, 헨리 Rogers, Henry, 1806~1877
조합교회파의 성직자. 런던 대학의 영문학, 문학 교수(1837)와 버밍엄Birmingham의 스프링 힐 대학Spring Hill College의 영문학, 수학 및 철학 교수(1839).

록스버그, 윌리엄 Roxburgh, William, 1751~1815
식물학자이며 의사. 캘커타의 식물원 관장(1793).

루이스, 존 Lewis, John
켄트 주 다운의 목수.

리자즈, 존 Lizars, John, 1787~1860
이시이지 해부학 신생. 에든버러 왕립 외과 대학의 외과 교수 역임(1831).

리처드슨, 존 Richardson, John, 1787~1865
남극 탐험가. 외과 의사이자 자연학자로서 존 프랭클린 극지방 탐사단에 합류(1819~1822, 1825~1827)하였고 채텀Chatham의 해양 부서에서 외과의(1824~1838)로, 하슬러Haslar의 왕립 병원에서 내과 의사(1838)로 활동하였으며 존 프랭클린을 위해서 탐사를 함(1847~1849).

린네우스(카를 폰 린네) Linnaeus(Carl von Linné), 1707~1778
스위스의 식물학자겸 동물학자. 자연 세계의 분류 체계를 제안하였고 과학 용어를 재정립함.

린들리, 존 Lindley, John, 1799~1865
식물학자 및 원예학자. 런던 대학(후일 유니버시티 칼리지 런던University College London)의 식물학 교수(1828~1860) 역임. 〈가드너스 크로니클 Gardners' Chronicle〉의 편집을 맡음(1841).

ㅁ

마르텡, 콘라드 Martens, Conrad, 1801~1878
풍경화가. 몬테비데오에서 비글호에 동승하여 데생을 주로 하였으며(1833~1834), 이후 오스트레일리아에 정착하였음(1835).

마티노, 해리엇 Martineau, Harriet, 1802~1876
작가, 개혁가, 여행가.

마혼 경 Mahon, Lord
스탠호프, 필립 헨리 참고.

매컬로크, 존 MacCulloch, John, 1773~1835
의사, 화학자, 지질학자.

매킨토시, 프랜시스(패니) Mackintosh, Frances(Fanny), 1800~1889
헨슬레이 웨지우드와 1832년 결혼.

매클레이, 윌리엄 샤프 Macleay, William Sharp, 1792~1865
자연학자. 하바나Havana주재 외교관(1825~1837). 오스트레일리아로 이주하여 시드니 엘리자베스 베이Elizabeth Bay에 식물원을 개원함(1839). 분류의 5진법 체계 창안자.

맥아더, 윌리엄 Macarthur, William, 1800~1882
오스트레일리아 원예가, 포도재배가. 비전문 식물학자. 뉴 사우스 웨일스New South Wales 지방의원 역임(1849~1855, 1864~1882).

맨텔, 월터 발독 듀란트 Mantell, Walter Baldock Durrant, 1820~1895

지질학자, 자연학자, 정치인. 뉴질랜드의 공조(恐鳥)층에 관해 중요한 연구를 수행하였음. 오타고 Otago의 왕실 소유지의 판무관(1851)을 지냈으며 입법의원(1866~1895)을 역임.

맬서스, 토머스 Malthus, Thomas 1766~1834
성직자이자 정치경제학자. 헤일리버리Haileybury 동인도회사 대학The East India Company College에서 정치경제학과 역사학 교수(1805~1834) 역임. 자신의 저서 『인구론*Essay on the principle of population*』(1798)에서 인구 증가와 식량 공급의 상관성을 정량화함.

머레이, 존 Murray, John, 1808~1892
다윈의 책을 출판(1845)한 출판업자.

먼로, 알렉산더 3세 Monro, Alexander, tertius, 1773~1859
해부학자. 에든버러 대학의 내과, 외과, 해부학 교수 역임(1817~1846).

멜번 자작 Melbourne, Viscount
램, 헨리 윌리엄 참고.

모리, 매튜 폰테인 Maury, Matthew Fontaine, 1806~1873
미 해군 장교, 수로학자, 기상학자. 국립 관측소National Observatory 소장 역임(1844~1861).

뮐러, 요하네스 페터 Müller, Johannes Peter, 1801~1858
독일 비교 해부학자, 생리학자, 동물학자. 베를린 대학 해부학과 생리학 교수(1833).

미르벨, 샤를 프랑수아 브리소 드 Mirbel, Charles François Brisseau de, 1776~1854
프랑스의 식물학자. 파리 식물원Le Jardin des Plantes의 행정관이자 교수(1829).

미트포드, 윌리엄 Mitford, William, 1744~1827
역사가, 정치인.

밀네-에두아르, 앙리 Milne-Edwards, Henri, 1800~1885
프랑스의 동물학자. 프랑스 공예 중앙학교École Centrale des Arts et Manufactures의 위생학, 자연사 교수(1832). 프랑스 자연사 박물관의 곤충학 교수(1841)와 포유동물학 교수(1861)를 역임.

ㅂ

바이노, 벤자민 Bynoe, Benjamin, 1804~1865

해군 군의관(1825~1863). 비글호의 의사보(1832~1837)로 활동하다가 외과의(1837~1843)가 됨.

배비지, 찰스 Babbage, Charles, 1791~1871
기계식 컴퓨터의 선구자이며 수학자.

버클리, 마일스 조지프 Berkeley, Miles Joseph, 1803~1889.
성직자이자 식물학자. 노스햄턴셔Northamptonshire의 에이프소프Apethorpe와 우드뉴튼Wood Newton의 종신직 교구 목사(1833~1868).

버치, 새뮤얼 Birch, Samuel, 1813~1885
이집트학자이며 고고학자. 대영박물관 고미술품 부서 부(副)관리자로서 동양, 영국, 중세 고미술품을 관리함(1861~1885).

버틀러, 새뮤얼 Butler, Samuel, 1774~1839
교육자이자 성직자. 슈루즈베리 학교 교장(1798~1836)과 리치필드Lichfield, 그리고 코번트리Coventry 의 주교(1836~1839)를 역임.

베일리, 존 Baily, John
가금류 농장주이자 조류 판매상.

베일리, 윌리엄 헬리어 Baily, William Hellier, 1819~1888
영국 지질조사원Geological Survey에서 지질학자 보조(1845)로 활동하다 지질학자가 되었고(1853) 영국 지질조사원의 아일랜드 분과 고생물학자(1857~1888)로 활동함.

벡슈타인, 요한 마테우스 Bechstein, Johann Matthäus, 1757~1822
독일의 삼림학자이자 조류학자.

벤담, 조지 Bentham, George, 1800~1884
식물학자. 큐Kew에 있는 왕립식물원The Royal Botanic Gardens에서 식물학을 연구함.

벨, 토머스 Bell, Thomas, 1792~1880
영국 가이스 병원Guy's Hospital의 치과의사(1817~1861)이자 영국 킹즈 칼리지의 동물학 교수(1836). 비글호 항해 중에 수집한 파충류를 그림.

보스케, 조제프 오귀스탱 위베르 드 Bosquet, Joseph Augustin Hubert de, 1814~1880
층서학자이자 고생물학자. 마스트리히트Maastricht에서 약제사로 일했음.

보퍼트, 프랜시스 Beaufort, Francis, 1774~1857
해군장교. 해군성 수로학자(1832~1855)로 활동함.

브라운, 로버트 Brown, Robert, 1773~1858
식물학자. 조지프 뱅크스Joseph Banks의 문헌 관리자(1810~1820)로 활동하다가 대영박물관에서 식물학 자료를 관리(1827~1858)하였음.

브로디 Brodie, ?~1873
가워 가(街) 12번지와 다운 하우스의 집에서 다윈의 아이들을 돌보던 보모(1842~1851).

브롱야르, 알렉산드르 Brongniart, Alexandre, 1770~1847
프랑스의 지질학자. 세브르 도자기 공장The Sèvres Porcelain Factory의 공장장(1800~1847)과 프랑스 자연사 박물관Muséum d'Histoire Naturelle의 광물학 교수(1822)를 역임.

브룩, 제임스 Brooke, James, 1803~1868
보르네오Borneo 사라와크의 영주Raja of Sarawak(1841~1863), 영국이 1847년 보르네오의 총영사이자 판무관으로 임명.

블라이스, 에드워드 Blyth, Edward, 1810~1873
벵골 아시아 협회The Asiatic Society of Bengal 박물관 관장을 역임(1841~1862).

비니, 에드워드 윌리엄 Binney, Edward William, 1812~1881
고식물학자. 맨체스터의 변호사.

비덜프, 로버트 미들턴 Biddulph, Robert Myddelton, 1805~1872
덴비셔Denbighshire 의원(1832~1835, 1852~1868). 패니 오언과 결혼(1832).

ㅅ

사라와크 영주 Raja of Sarawak
브룩, 제임스 참고.

사빈, 에드워드 Sabine, Edward, 1788~1883
지구물리학자이며 육군 장교. 영국 과학발전협회British Association for the Advancement of Science의 총비서관(1838~1859), 왕립협회의 외무 분과 비서관(1845~1850)과 재무담당(1850~1861) 그리고 협회 회장(1861~1873)을 지냈음.

사임, 패트릭 Syme, Patrick, 1774~1845
식물화가이며 미술가.

샤프츠버리 경 Shaftesbury, Lord
쿠퍼, 앤서니 애슐리 참고.

소를리, 캐서린 A. Thorley, Catherine A.
다운하우스의 여교사(1850~1856). 맬번에서 앤 엘리자베스 다윈이 죽을 때(1851) 자리를 지켰음.

선더스, 윌리엄 윌슨 Saunders, William Wilson, 1809~1879
로이드 보험자 협회의 창설자. 곤충학 협회의 의장(1841~1842, 1856~1857)과 린네 협회의 재무 담당(1861~1873)을 지냄.

서덜랜드 레비슨 가우어, 조지 그랜빌 Sutherland-Leveson-Gower, George Granville, 1786~1861
서덜랜드Sutherland의 2등급 공작. 콘월Cornwall, 세인트 모스St. Mawes 의원(1808~1812), 뉴캐슬 언더 라임Newcastle-under-Lyme 의원(1812~1815), 스태포드셔 의원(1815~1820), 서덜랜드의 경 대리(1831~1861), 슈롭셔의 경 대리(1839~1845).

서머셋 공작 Somerset, Duke of
세이머, 에드워드 아돌프스 참고.

설리번, 바솔로뮤 제임스 Sulivan, Bartholomew James, 1810~1890
해군 장교. 수로학자. 비글호의 대위(1831~1836).

세이, 토머스 Say, Thomas, 1787~1834
미국의 곤충학자이자 패류학자. 미국 철학협회American Philosophical Society의 감독(1821~1827)과 펜실베이니아 대학University of Pennsylvania의 자연사 교수(1822~1828) 역임.

세이머, 에드워드 아돌프스 Seymour, Edward Adolphus, 1775~1855.
서머셋Somerset의 11등급 공작. 린네 협회의 의장 역임(1834~1837).

세즈윅, 아담 Sedgwick, Adam, 1785~1873
지질학자이며 성직자. 케임브리지 대학의 지질학 교수Woodwardian professor(1818~1873)를 역임했으며, 노리치Norwich 성당의 율수 사제(1834~1873)를 지냄.

쉐르처, 칼 폰 Scherzer, Karl von, 1821~1903

빈Wien의 과학 여행가. 외교관. 런던의 오스트리아 영사(1875~1878).

슐라이덴, 마티아스 야콥 Schleiden, Matthias Jacob, 1804~1881
독일의 식물학자이며 자연학자. 세포이론의 창시자로 알려짐.

스미스, 앤드류 Smith, Andrew, 1797~1872
남아프리카 주둔군의 외과의사(1821~1837). 남아프리카 동물학의 권위자. 채텀의 포트 피트Fort Pitt의 의료 부장(1837)과 감찰관 대리(1845)를 역임. 육군 의료 분과 장관(1853~1858).

스미스, 찰스 해밀턴 Smith, Charlse Hamilton, 1776~1859
육군 장교. 자연사 저자로 활동. 왕립협회 회원(1824).

스미스, 프레드릭 Smith, Fredrick, 1805~1879
대영 박물관의 동물 분과의 곤충학자(1849).

스미스, 제임스 Smith, James, 1782~1867
조던 힐Jordan hill의 스미스Smith로 알려져 있음. 스코틀랜드의 골동품 수집상, 화폐 수집가, 지질학자. 서인도 상인의 동업자.

스첼레키, 폴 에드몬드 드 Strzelecki, Paul Edmond de, 1797~1873
폴란드 태생의 탐험가이며 지질학자. 오스트레일리아 내륙을 탐험함(1839~1840). 영국 국민으로 귀화함(1845).

스탠리, 에드워드 스미스 Stanley, Edward Smith, 1775~1851
더비Derby의 13등급 백작. 프레스톤Preston 의원(1796~1812)과 랭카셔Lancashire 의원(1812~1832)을 역임. 동물학 협회의 의장을 지냄.

스탠리, 필립 헨리 Stanley, Philip Henry, 1805~1875
5등급 백작. 역사학자. 백작의 지위를 승계 받은 머혼 자작으로 알려져 있음(1816~1855). 우턴 바셋Wootton Bassett 의원(1830~1832)과 허트포드Hertford 의원(1832~1833, 1835~1852)을 역임. 예술협회Society of Arts의 의장(1846~1875). 켄트 주 쉬브닝Chevening의 가족 저택에서 거주함.

스탠호프, 필립 헨리 Stanhope, Philip Henry, 1781~1855
4등급 공작. 윈도버Windover 의원(1806~1807). 킹스톤 어폰 헐Kingston-upon-Hull 의원(1807~1812)과 미드허스트Midhurst 의원(1812~1816)을 역임.

스터치베리, 새뮤얼 Stutchbury, Samuel, 1798~1859

지질학자이며 자연학자. 브리스톨 철학협회Bristol Philosophical Institution의 박물관장(1831)과 오스트레일리아 조사위원(1850~1855)으로 활동함.

스톡스, 존 로트 Stokes, John Lort, 1812~1885
해군 장교. 비글호의 소위 후보생으로 승선(1826~1831). 측량사의 조교이며 동료(1831~1837). 대위(1837~1841), 지휘관(1841~1843)으로 활동.

스트릭런드, 휴 에드윈 Strickland, Hugh Edwin, 1811~1853
지질학자이며 동물학자. 동물학의 용어 재정립 지지자.

스티븐스, 제임스 프랜시스 Stephens, James Francis, 1792~1852
곤충학자이며 동물학자. 해군 장교로 서머셋 하우스Somerset House에서 복무(1807~1845). 대영 박물관의 곤충 수집물의 배열 보조원으로 일함.

스티븐스, 존 크레이스 Stevens, John Crace
코벤트 가든에서 경매업자로 일했으며 자연사의 딜러였음.

스티븐스, 캐서린 Stephens, Catherine, 1794~1882
영국의 소프라노 가수이자 배우.

스펜서, 허버트 Spencer, Herbert, 1820~1903
작가. 철도 토목기사(1837~1841, 1844~1846). 「이코노미스트*Economist*」의 부편집자(1848~1853). 진화와 철학, 사회과학에 관한 저작들이 있음.

실리맨, 벤저민 Silliman, Benjamin, 1779~1864
미국의 화학자, 지질학자, 광물학자. 예일 대학의 화학과 자연사 교수(1802~1853), 「미국 과학기술 저널 *American Journal of Science and Arts*」의 창간자이자 초대 편집자(1818).

ㅇ

아이튼, 토머스 캠벨 Eyton, Thomas Campbell, 1809~1880
다윈과 케임브리지 대학 동기이사 슈롭셔 출신의 자연학자. 슈롭셔에 있는 자신의 영지에 박물관 건립. 유럽산 조류의 외피와 뼈대를 수집함.

야보러 경 Yarborough, Lord
워슬리, 찰스 앤더슨 참고.

아가시, 장 루이 로돌프 Agassiz, Jean Louis Rodolphe(Louis), 1807~1873
스위스 지질학자이며 동물학자. 뇌샤텔Neuchâtel 대학의 자연사 교수(1832~1846)와 하버드 대학의 자연사 교수(1847~1873)를 역임.

앨런, 엘리자베스(베시 숙모) Allen, Elizabeth(Aunt Bessy), 1764~1846
조시아 웨지우드 2세와 결혼(1792).

얼, 어거스터스 Earle, Augustus, 1793~1838
미술가이자 여행가. 미술가로 비글호 여행에 동행(1831)하였다가 건강 악화로 몬테비데오에 남음. 그의 자리는 콘라드 마르텐이 맡게 됨.

에렌버크, 크리스티안 고트프리트 Ehrenberg, Christian Gottfried, 1795~1876
독일의 자연학자. 현미경 학자이자 여행가로서 산호초의 형성에 대해 연구함. 베를린 대학 Berlin University의 교수 역임.

엔들리허, 슈테판 라디슬라우스 Endlicher, Stephan Ladislaus, 1804~1849
독일의 식물학자.

엘리스, 윌리엄 Ellis, William, 1794~1872
런던 선교협회의 대외부서 대표. 남아프리카와 사우스 시 아일랜드South Sea Island에서 선교사로 일함.

엠프슨, 윌리엄 Empson, William, 1791~1852
법정 변호사. 헤일리버리에 소재한 동인도 회사 대학East India Company College의 영국 법률 자문 교수(1824~52)였으며 「에든버러 리뷰 *Edinburgh Review*」의 편집을 맡음.

오버스톤 경 Overstone, Lord
로이드 새뮤얼 존스 참고.

오언, 리처드 Owen Richard, 1804~1892
해부학자. 헌터리언Hunterian 왕립 외과 대학Royal College of Surgeons의 교수(1836~1856)였으며 대영 박물관의 자연사 부문 관리자(1856~1884)로 활동함. 비글호 항해의 포유류 표본을 그림.

오언 경, 윌리엄 모스틴 Owen, William Mostyn, Sr.
근위 용기병 연대Royal Dragoons의 부관. 슈롭셔 우드하우스의 대지주.

오언, 패니(프랜시스) 모스틴 Owen, Fanny(Frances) Mostyn
우드하우스의 윌리엄 모스틴 오언 경의 둘째 딸. 로버트 미들턴 비덜프와 결혼(1832). 다윈이 비글호 항해를 떠나기 전의 친구이자 가까운 이웃.

와튼, 헨리 제임스 Wharton, Henry James, 1798~1859
미참Mitcham의 교구 관리자. 윌리엄 에라스무스 다윈의 가정교사(1850~1851).

와틀리, 토머스 Whately, Thomas, ?~1772
정치가이자 문학가.

왓슨, 휴잇 코트렐 Watson, Hewett Cottrell, 1804~1881
식물학자, 식물분포 지리학, 골상학자. 영국 식물의 분포에 관한 다양한 지침서 출간.

우드, 알렉산더 찰스 Wood, Alexander Charles ?~1810
식민지와 이민국 판무관. 로버트 피츠로이의 사촌.

우드워드, 새뮤얼 피크워스 Woodward, Samuel Pickworth, 1821~1865
자연학자. 지질학 협회의 부관장(1839~1845). 왕립 농업대학Royal Agricultural College의 지질학과 자연사 교수(1845)와 대영 박물관의 지질학과 광물학 분야의 자문위원(1848~1865)을 지냄.

워슬리, 찰스 앤더슨 Worsley, Charles Anderson, 1809~1862
야보러의 2등급 백작. 링컨셔 의원(1831~1832)과 북부 링컨셔 의원(1832~1846)을 지냄.

워터하우스, 조지 로버트 Waterhouse, George Robert, 1810~1888
자연학자. 대영 박물관에서 자연사 분야에 공조(1843)하였고, 지질학 분야의 관리자(1857~1880)로 활동함. 비글호 항해에서 얻은 포유류와 곤충류 표본을 그림.

울러스턴, 토머스 버넌 Wollaston, Thomas Vernon, 1822~1878
곤충학자이며 패류학자. 마데이라Madeira 섬에서 수많은 겨울을 보내며 곤충과 어패류를 수집함.

윌리엄스, 존 Williams, John, 1796~1839
태평양의 선교사. 에로망가Eromanga 섬에서 원주민들에게 살해되어 먹힘.

윌리스, 알프레드 러셀 Wallace, Alfred Russel, 1823~1913
아마존에서 수집 활동을 함(1848~1852). 말레이시아 군도에서 수집 활동을 함(1854~1862). 자

웨지우드, 사라 엘리자베스(엘리자베스, 사라 이모) Wedgwood, Sarah Elizabeth(Elizabeth, Aunt Sarah) , 1793~1880
엠마 다윈의 언니. 스태포드셔 메어 홀에 거주(1847)하였고 그 후에 서섹스의 하트필드 Hartfield, 리지Ridge에서 거주함(1847~1862).

웨지우드, 수잔나 Wedgwood, Susannah, 1765~1817
다윈의 어머니. 조시아 웨지우드 1세의 딸. 로버트 웨링 다윈과 결혼(1796).

위컴, 존 클레멘츠 Wickham, John Clements, 1798~1864
해군 장교이며 행정관. 비글호의 일급 대위(1831~1836)였으며, 오스트레일리아 해안 조사단의 지휘관(1837~1841)으로 활동함.

임페이 Impey
다윈의 크라이스트 칼리지 시절 시중을 들던 사람.

ㅈ

제닝스, 레너드 Jenyns, Leonard, 1800~1893
자연학자이자 성직자. 존 헨슬로 스티븐스의 처남. 케임브리지 불벡Bulbeck 스와팜Swaffham의 교구 주관자(1828~1849)로 활동하였으며 비글호 수집물 중 어류에 관한 설명을 맡음.

제프리, 프랜시스 Jeffrey, Francis, 1773~1850
스코틀랜드 법관. 비평가이자 휘그당원. 〈에든버러 리뷰〉의 편집자(1803~1829)로 활동함.

조프리 생틸레르, 에티엔 Geoffroy Saint-Hilaire, Étienne 1772~1844
프랑스의 동물학자. 프랑스 자연사 박물관의 동물학 교수, 1793.

조프리 생틸레르, 이지도르 Geoffroy Saint-Hilaire, Isidore, 1805~1861
프랑스의 동물학자. 그의 아버지 에티엔의 뒤를 이어 프랑스 자연사 박물관의 교수(1841)와 파리 대학에서 동물학 교수(1850)를 역임.

존슨, 헨리 Johnson, Henry, 1802~1881
의사. 다윈과 슈루즈베리 학교 및 에든버러 대학의 동창으로 슈롭셔 병원의 부원장을 지냄.

쥐시외, 아드리앙 앙리 로랑 드 Jussieu, Adrien Henri Laurent de, 1797~1853
프랑스의 식물학자. 프랑스 자연사 박물관의 식물학 교수(1826)역임.

ㅊ

체임버스, 로버트 Chambers, Robert, 1802~1871
출판업자, 작가, 지질학자. 익명으로 『창조, 자연사의 흔적*Vestiges of the natural history of creation*』 출간(1844).

ㅋ

카우퍼, 윌리엄 Cowper, William, 1731~1800
시인. 호머의 작품을 번역했음.

칼라일, 토머스 Carlyle, Thomas, 1795~1881
평론가이자 역사학자.

칼라일, 제인 베일리 웰시 Carlyle, Jane Baillie Welsh, 1801~1866
토머스 칼라일과 결혼(1826).

콜클루, 알렉산더 Caldcleugh, Alexander, ?~1858
사업가이며 남아메리카 식물 수집가.

캉돌, 알퐁스 드 Candolle, Alphonse de, 1806~1893
스위스의 식물학자. 식물학 교수로 제네바 식물원 원장(1835~1850)을 역임. 어거스틴 피라무스 드 캉돌의 아들.

캉돌, 오귀스탱 피라뮈 드 Candolle, Augustin Pyramus de, 1778~1841
스위스의 식물학자. 제네바 아카데미Academy of Geneva의 자연사 교수(1816~1835) 역임.

캐텔, 존 Cattell, John
켄트Kent주 웨스터럼Westerham의 화초 재배가이자 묘목업자, 종묘상.

캠벨, 앤드류 Campbell, Andrew
다즐링Darjeeling 역의 역장(1840), 조지프 돌턴 후커와 함께 시킴Sikkim 지역을 여행하였고 시킴의 영주에 의해 투옥됨.

케네디, 벤자민 홀 Kennedy, Benjamin Hall, 1804~1889
성직자이자 교육자. 슈루즈베리의 교장(1836~1866)을 지냈으며 케임브리지 대학의 그리스학 흠정(欽定)담당 교수(1867~1889) 역임.

케틀레, 랑베르 아돌프 자크 Quetelet, Lambert Adolphe Jacques, 1796~1874
벨기에의 통계학자. 브뤼셀 왕립 관측소Brussels Royal Observatory의 천문학자(1828~74)이자 브뤼셀 왕립 과학 고문서 학교Academie Royale des Sciences et Belles-Lettres의 비서관(1834~1874).

코빙턴, 심스 Covington, Syms, 1816~1861
비글호에서 다윈의 하인이 되었고(1833), 1839년까지 조수, 비서, 하인으로 다윈을 도왔으며 1839년 오스트레일리아로 이주함.

코필드, 리처드 헨리 Corfield, Richard Henry, 1804~1897
슈루즈베리 스쿨을 다님(1816~1819). 1834년과 1835년에 발파라이소Valparaiso에 있는 그의 집에 다윈이 머묾.

쾰로이터, 요제프 고트리브 Kölreuter, Joseph Gottlieb, 1733~1806
독일의 식물학자. 칼스루에Kalsruhe의 자연사 교수. 식물교배에 관해서 광범위하게 연구함.

커밍, 휴 Cuming, Hugh, 1791~1865
자연학자이자 여행가.

쿠퍼, 앤서니 애슐리 Cooper, Antony Ashley
샤프츠버리 Shaftesbury의 7등급 백작(1801~1885). 휘그파 정치인이며 박애주의자. 공장 숙련공, 탄광 및 관련시설 노동자, 굴뚝 청소부를 보호하는 법률의 개정을 촉구함.

쿡, 제임스 Cook, James, 1728~1779
탐험단의 지휘관. 세계일주(1768~1771, 1772~1775)

크레시, 에드워드 Cresy, Edward, 1792~1858.
건축가이며 토목기사. 켄트 주 다운에 살았던 다윈의 이웃.

퀴비에, 조르쥬 Cuvier, Georges, 1769~1832
프랑스의 분류학사, 비교 해부학자, 고생물학자, 행정관, 콜레주 드 프랑스의 자연사 교수(1800~1832)이며 프랑스 자연사 박물관의 비교 해부학 교수(1802~1832)역임.

크로퍼드, 존 Crawfurd, John, 1783~1863
동양학자. 자바Java, 시암Siam, 코친차이나Cochin China 등지에서 민간 및 정치인으로서 여러 임무를 수행한 후에 영국으로 돌아왔음(1827).

크리스토퍼, 로버트 애덤 Christopher, Robert Adam 1804~1857
링컨셔Lincolnshire의 블록스햄 홀Blioxham Hall, 북링컨셔 의원(1837~1857).

클라크, 제임스 Clark, James, 1788~1870
런던의 의사. 빅토리아 여왕의 주치의(1837) 역임.

클리프트, 윌리엄 Clift, William, 1775~1849
자연학자. 헌터리언 박물관The Hunterian Museum과 왕립 외과 대학의 관장(1793~1844) 역임.

킹, 필립 기들리 King, Philip Gidley, 1817~1904
필립 파커 킹의 맏아들. 비글호의 소위 후보생(1831~1836)이었으며 1836년 이후에는 오스트레일리아에 거주함.

킹, 필립 파커 King, Phillip Parker, 1793~1856
해군 장교이자 수로학자. 어드벤처Adventure호와 비글호의 남아메리카 조사를 지휘함(1826~1830). 1834년에 오스트레일리아에 정착함.

ㅌ

테게트마이어, 윌리엄 버나드 Tegetmeier, William Bernhard, 1816~1912
편집자, 저널리스트, 작가이며 자연학자. 비둘기 사육사이고 가금류와 벌의 전문가.

ㅍ

파커, 헨리 Parker, Henry, 1788~1856
슈롭셔 보건소 의사. 메리앤 다윈과 결혼(1824)함.

팔코너, 휴 Falconer, Hugh, 1808~1865
고생물학자이자 식물학자. 인도 사하란푸르 식물원 감독관(1832~1842)과 캘커타 식물원 관장, 그리고 캘커타 의과대학의 식물학 교수(1848~1855) 역임.

패러데이, 마이클 Faraday, Michael, 1791~1867
왕립연구소Royal Institution에서 험프리 데비의 보조(1812)로 일하다가 도서관장(1825)이 되었으며. 전기화학, 자기학, 전기학 분야를 널리 알림.

페일리, 윌리엄 Paley, William, 1743~1805
성공회의 성직자이자 철학자로서 자연 이론을 알기 쉽게 만듦.

포브스, 에드워드 Forbes, Edward, 1815~1854
동물학자, 식물학자, 고생물학자. 킹즈 칼리지의 식물학 교수, 지질학 협회 박물관장. 영국 지질조사단Geological Survey에 합류(1844~1854). 에든버러 대학의 자연학사 교수 역임(1854).

폭스, 윌리엄 다윈 Fox, William Darwin, 1805~1880
성직자. 다윈의 육촌. 케임브리지 대학 시절 곤충학에 대한 열정을 함께 하던 절친한 친구로서 체셔Cheshire 델라미어Delamere의 교구장(1838~1873)을 역임.

폭스, 헨리 스티븐 Fox, Henry Stephen, 1791~1846
외교관으로 브라질과 워싱턴Washington DC에서 근무함.

풀레인, 로버트 Pulleine, Robert, 1806~1868
커크비-위스케Kirkby-Wiske의 교구목사(1845~1868)로 활동.

프리스, 엘리아스 마그누스 Fries, Elias Magnus, 1794~1878
스위스 식물학자. 웁살라Uppsala 대학의 식물학 교수(1835) 역임.

프라이스, 존 Price, John, 1803~1887
웰시Welsh의 자연학자이자 교장을 역임. 슈루즈베리 학교 부교장(1826~1827)을 지내고 체스터Chester에서 개인 교수로 활동함.

프랭클린, 존 Franklin,John, 1786~1847
해군 장교이자 남극 탐험가. 반 디먼즈 랜드(타스마니아)Van Diemen's Land(Tasmania)의 부총독(1837~1843)이었으며 북서쪽 탐사대를 이끌다가 두 팔을 잃음(1845).

피츠로이, 로버트 FitzRoy, Robert, 1805~1865
해군 장교, 수로학자, 자기 기상학자. HMS 비글호의 함장(1828~1836). 더럼Durham 시의 의원(1841~1843)을 지냈으며 뉴질랜드 정부에서 관료(1843~1845)로 활동하다 영국 상무부의 기상관측과(현 영국 기상청) 통계과장(1854)을 맡음.

피콕, 조지 Peacock, George, 1791~1858
케임브리지 트리니티 칼리지에서 수학을 지도하였고(1823~1839) 케임브리지 대학의 지질학, 천문학 교수Lowndean professor를 역임(1837)하였으며 엘리Ely의 학장(1839~1858)을 지냄.

필립스 존 Phillips, John, 1800~1874

지질학자. 런던 킹즈 칼리지 지질학 교수(1834~1840), 영국 지질조사단의 고생물학자(1840~1844)로 활동하였으며 옥스퍼드 대학의 지질학 강사(1853)와 교수(1860~1874) 역임.

ㅎ

허버트, 윌리엄 Herbert, William, 1778~1847

자연학자, 고전학자이자 언어학자, 정치인이며 성직자. 식물의 교배에 관한 연구로 널리 알려졌고 요크셔Yorkshire 스포포스Spofforth의 교구장(1814~1840)과 맨체스터 대학의 학생감(1840~1847)을 지냄.

허셜, 존 프레드릭 윌리엄 Herschel, John Frederick William, 1792~1871

천문학자, 수학자, 화학자이며 철학가. 왕립 주조창Royal Mint의 장인(1850~1855).

헉슬리, 토머스 헨리 Huxley, Thomas Henry, 1825~1895

HMS 레틀스네이크Rattlesnake의 의사 보(1846~1850). 항해 기간 중 해양 무척추동물에 대해서 연구하였고 마인스Mines의 왕립 학교에서 자연사를 강의(1854)하고, 동 학교에서 교수(1847) 역임. 영국의 지질 조사단의 자연학자로 동행(1855)했고 왕립협회의 생리학과의 교수Fullerian professor(1863~1867) 역임. 왕립대학 비교 해부학 교수Hunterian professor(1863~1869) 역임.

헌, 새뮤얼 Hearne, Samuel, 1745~1792

탐험가이자 캐나다의 식민지 행정관.

헨슬로, 존 스티븐스 Henslow, John Stevens, 1796~1861

다윈의 스승이자 친구. 성직자이자 식물학자이며 광물학자. 케임브리지 대학의 식물학 교수(1825~1861). 서포크Suffolk 히참Hitcham의 교구장(1837~1861)을 지냄.

헨슬로, 프랜시스 해리엇 Henslow, Frances Harriet, 1825~1874

존 스티븐스 헨슬로의 딸. 조지프 돌턴 후커와 결혼(1851).

호너, 레너드 Horner, Leonard, 1785~1864

지질학자이자 교육자. 모든 계층에게 과학기반의 교육을 강조함. 찰스 라이엘의 장인.

호프, 토머스 찰스 Hope, Thomas Charles, 1785~1844

에든버러 대학의 화학과 교수(1799~1843) 역임.

호프, 프레드릭 윌리엄 Hope, Frederick William, 1797~1862

곤충학자이자 성직자. 옥스퍼드 대학Oxford University에 자신의 곤충 수집품을 기증하고 동물학 명예교수직(1849)을 취득함.

홀랜드, 헨리 Holland, Henry, 1788~1873
의사. 빅토리아 여왕의 주치의(1852). 다윈과 웨지우드가의 먼 친척으로 몇 년 동안 왕립협회의 의장을 역임.

홀리, 리처드 매독 Hawley, Richard Maddock
의사.

후커, 윌리엄 잭슨 Hooker, William Jackson, 1785~1865
식물학자. 조지프 돌턴 후커의 아버지. 큐에 왕립 식물원을 건립(1841)하고 초대 관장을 역임.

후커, 조지프 돌턴 Hooker, Joseph Dalton, 1817~1911
다윈의 가장 절친한 친구. 큐에 있는 왕립 식물원의 부관장(1855~1865)과 관장(1865~1885)을 역임. 윌리엄 잭슨 후커의 아들로 주로 식물 지리학과 분류학에 대해서 연구함.

후커, 프랜시스 해리엇, Hooker, Frances Harriet
헨슬로, 프랜시스 해리엇 참고.

훔볼트, 프리드리히 빌헬름 하인리히 알렉산더 폰 Humboldt, Friedrich Wilhelm Heinrich Alexander von, 1769~1859
프러시아Prussia의 저명한 자연학자이자 여행가.

휴얼, 윌리엄 Whewell, William, 1794~1866
수학자이며 역사가. 과학 철학자. 케임브리지 트리니티 칼리지의 학장(1841~1866)과 케임브리지의 윤리철학과 교수(1838~1855)를 역임.

휘틀리, 찰스 토머스 Whitley, Charles Thomas, 1808~1895
슈루즈베리 학교를 다님(1821~1826). 더럼 대학Durham University의 자연철학과 수학과의 조교(1833~1855). 베들링턴Bedlington의 교구 관리자(1854~1895).

히긴스, 존 Higgins, John, 1796~1872
부동산 중개업자. 링컨셔Linconshire 비스비Beesby에 있는 다윈의 농장 중개인.

전기 출처 목록 Bibliography of Biographical Sources

J. E. Auden ed. *Shrewsbury School register 1734~1908*. Oswestry: Wooddlshall, Thomas and Co., Caxton Press, 1909.

J. Balteau et al. *Dictionaire de biographie Française*. 17 vols. and 4 fascicles 18. (A~Jumelle). Paris: Libraire Letouzey et Ané, 1933~1992.

Frederic Boase. *Modem English biography containing many thousand concise memoirs of persons who have died since the year 1850*. 3 vols. and supplement (3 vols.). Truro: printed for the author, 1892~1921.

H. F. Burke. *Pedigree of the family of Darwin*. Privately printed, 1888. [Reprinted in facsimile in R. B. Freeman, *Darwin pedigrees*. London: printed for the author, 1984.]

John Burke. *Burke's genealogical and heraldic history of the landed gentry*. 1~18 editions. London: Burke's Peerage Ltd., 1836~1972.

Ray Desmond. *Dictionary of British and Irish botanists and horticulturists including plant collectors, flower painters and garden designers*. New edition, revised and completely updated. London: Taylor & Francis and Natural History Museum. Bristol, Pa.: Taylor & Francis, 1994.

R. B. Freeman. *Charles Darwin: a companion*. Folkestone, Kent: William Dawson and Sons. Hamden, Conn.: Archon books, Shoe String 1978.

Pamela Gilbert. *A compendium of the biographical literature on deceased entomologists*. London: British Museum (Natural History), 1977.

C. C. Gillispie, ed. *Dictionary of scientific biography*. 14 vols., supplement, dex. New York: Charles Scribner's Sons, 1970~80.

George Grove. *The new Grove dictionary of music and musicians*. Edited by Stanley Sadie. 20 vols. London: Macmillan, 1980.

Leonard Huxley ed. *Life and letters of Sir Joseph Dalton Hooker*. 2 vols. London: John Murray, 1918.

Henrietta Litchfield, ed. *Emma Darwin: a century of family letters 1792~1896*. 2 vols. London: John Murray, 1915.

Neue deutsche Biographie. Under the auspices of the Historical Commission of the Bavarian Academy of Sciences. 17 vols. (A~Moller). Berlin: Duncker and Humblot, 1953~1994.

Douglas Pike and Bede Nairn, eds. *Australian dictionary of biography: 1788~1850; 1851~1890*. 6 vols. Melbourne: Melbourne University Press, 1966~76.

Post Office directory of the six home counties, viz., Essex, Herts, Kent, Middlesex, Surrey and Sussex. London, 1845~.

Post Office London directory. London, 1802~. The provincial medical directory. London, 1847.

E. W. Richardson. *A veteran naturalist; being the life and work of W. B. Tegetmeier*. London: Witherby & Co, 1916.

W. A. S. Sarjeant. *Geologists and the history of geology: an international bibliography from the origins to 1978*. 5 vols. and 2 supplements. London: Macmillan, 1980~1987.

Leslie Stephen and Sidney Lee, eds. *Dictionary of national biography*. 63 vols. and 2 supplements (6 vols.). London: Smith, Elder, and Co., 1885~1912. H. W. C. Davis et al., eds. *Dictionary of national biography 1912~1985*. 8 vols. London: Oxford University Press, 1927:J0.

J. A. Venn. *Alumni Cantabrigienses. A biographical list of all known students, graduates and holders of office at the University of Cambridge, from the earliest times to 1900. Part II. From 1752 to 1900*. 6 vols. Cambridge: Cambridge University Press, 1940~1954.

Constant von Wurzbach. *Biographisches Lexikon des Kaiserthums Oesterreich, enthaltend die Lebensskizzen der denkwürdigen Personen, welche 1750 bis 1850 im Kaiserstaate und in seinen Kronländern gelebt haben*. 60 vols. Vienna, 1856~1890.

참고 문헌

아래의 참고 문헌들은 다윈의 편지와 노트에 언급된 문헌들이다. 별표(*)는 보급판 책으로 출판된 문헌이다.

자서전*: 노라 발로(Nora Barlow), 『찰스 다윈의 자서전*The autobiograpy of Charls Darwin, With original omissions restored 1809~1882*』. 런던, 콜린스. 1958. 개정판 뉴욕: 노튼(Norton), 1993.

비글호 일지(Beagle diary): 케인스(R. D. Keynes), 『찰스 다윈의 비글호 일기*Charles Darwin's Beagle diary*』. 케임브리지 대학 출판부, 1988.

논문집(Collected papers)*: 베렛(P. H. Barrett), 『찰스 다윈 논문집*The collected papers of Charles Darwin*』 2권. 시카고 앤 런던: 시카고 대학 출판부, 1977.

서간집: 『찰스 다윈 서간집*The correspondmce of Charles Darwin*』. 1~9권. 케임브리지. 케임브리지 대학 출판부, 1985~1995.

산호초*: 찰스 다윈, 『산호초의 구조와 분포*The structure and distribution of coral reefs*』. 버클리. 애리조나 대학 출판부, 1984.

탐사일지Journal: 가빈 드비어(Gavin de Beer), 『다윈의 탐사일지*Darwin's Journal*』. 대영박물관 회보(Bulletin of the British Museum) (Natural History Historical Series) 2 (pt I): 4~21. 런던, 1959.

연구일지Journal of researches. 참고 『비글호 항해기*Voyage of the Beagle*』.

살아 있는 만각류Living Cirripedia: 찰스 다윈. [Vol. I] 『살아 있는 만각류*Living Cirripedia, A monograph on the sub-class Cirripedia··· The Lepadide; or, pedunculated cirripedes*』 [Vol. 2] 『살아 있는 만각류*Living Cirripedia, The Balanide, (or sessile cirripedes); the Verrucidae*』. 런던: The Ray Society, 1851, 1854.

자연선택Natural selection*: 스토퍼(R. C. Stauffer), 『찰스 다윈의 자연선택*Charles Darwin's Natural Selection, being the second part of his big species book written from 1856 to 1858*』. 케임브리지. 케임브리지 대학 출판부, 1975.

노트북Notebooks: 베렛(P. H. Barrett)외, 『찰스 다윈의 노트북*Charles Darwin's notebooks, 1836~1844*』. 케임브리지. 대영 박물관(자연학사) 기증 판으로 케임브리지 대학 출판부, 1987.

종의 기원(Origin)*: 찰스 다윈. 『종의 기원*On the origin of species by means of natural selection, or the preservation of favoured races in the struggle for life*』. 런던. 존 머레이(John Murray), 1859. (종의 기원은 보급판으로도 출판되었다. 이 책은 에른스트 마이어(Ernst Mayr)의 소개글이 실린 첫 번째 판의 복사본으로 하버드 대학 출판부에서 1966년에 출판했다.)

남아메리카(South America): 찰스 다윈. 『남아메리카에 대한 지질학적 관찰*Geological observations on South America*』. 런던. 존 머레이, 1846.

비글호 항해기(Voyage of the Beagle): 찰스 다윈. 세 권으로 출판된 원본은 『탐사 여행의 보고 *Narrative of the surveying voyages of his Majesty's Ships Adventure and Beagle*』이며, 로버트 피츠로이 선장이 1839년에 'Journal and remarks'라는 부제를 붙여 편집했다. 몇 가지

다른 제목으로 출판되었으나 현재는 『비글호 항해기*The voyage of the Beagle*』로 널리 알려졌다. 이 책에서 인용한 판은 자넷 브라운(Janet Browne)과 마이클 네브(Michael Neve)가 편집한 『찰스 다윈의 비글호 항해기*Charles Darwin, Voyage of the Beagle*』이다. 런딘, 1989.

동물학(Zoology): 『비글호 항해의 동물학*The zoology of the voyage of H. M. S. Beagle…*』 찰스 다윈 편집과 감독. 5권. 런던: 스미스 엘더 출판사(Smith Elder and Co.), 1838~1843.

추가 문헌

미아 알렌(Mea Allan), 『다윈과 꽃들*Darwin and his flowers. The key to natural selection*』. 런던: Faber & Faber. 뉴욕: Taplinger, 1977.

존 볼비(John Bowlby), 『찰스 다윈 전기*Charles Darwin. A biography*』. 런던: 허친슨(Hutchinson), 1990.

보울러(P.J. Bowler), 『찰스 다윈*Charles Darwin: the man and his influence*』. 옥스퍼드: 블랙웰(Blackwell), 1990.

보울러(P. J. Bowler), 『진화*Evolution: the history of an idea*』. 개정판. 버클리 앤 로스앤젤레스: 캘리포니아 대학 출판부, 1989. 9.

자넷 브라운(Janet Browne), 『찰스 다윈*Charles Darwin. Voyaging*』. 뉴욕, 런던: 크노프(Knopf), 1995.

프랜시스 다윈(Francis Darwin), 『다윈의 생애와 편지*The life and letters of Charles Darwin, including an autobiographical chapter*』. 3권. 런던: 존 머레이, 1887.

아드리안 데스몬드(Adrian Desmond)와 무어(J. R. Moore), 『다윈*Darwin*』. 런던: 마이클 조지프(Michael Joseph), 1991.

굴드(S.J. Gould), 『다윈 이후*Ever since Darwin: reflections in natural history*』. 뉴욕, 런던: 노톤(Norton), 1974.

존 메이나드 스미스(John Maynard Smith), 『진화론*The theory of evolution*』. 케임브리지: 케임브리지 대학 출판부, 1993.

조나단 밀러(Jonathan Miller)와 보린 반 룬(Borin Van Loon), 『초보자를 위한 다윈*Darwin for beginners*』. 런던: 라이터스 앤 리더스(Writers and Readers), 1982.

알란 무어헤드(Alan Moorehead), 『다윈과 비글호*Darwin and the Beagle*』. 개정판. 런던: 펭귄(Penguin), 1979.

포더(D. M. Porter)와 그레엄(P. W. Graham), 『문고판 다윈*The portable Darwin*』. 뉴욕, 런던: 펭귄(Penguin), 1993.

찾아보기

찰스 다윈 서간집 기원

펴낸날 **초판 1쇄 2011년 7월 11일**

지은이 **찰스 다윈**
옮긴이 **김학영**
감 수 **최재천**
펴낸이 **심만수**
펴낸곳 **(주)살림출판사**
출판등록 **1989년 11월 1일 제9-210호**

경기도 파주시 교하읍 문발리 파주출판도시 522-1
전화 **031)955-1350** 팩스 **031)955-1355**
기획 · 편집 **031)955-1396**
http://www.sallimbooks.com
book@sallimbooks.com

ISBN 978-89-522-1152-1 03470
ISBN 978-89-522-1605-2 03470(세트)

책임편집 **김원기**